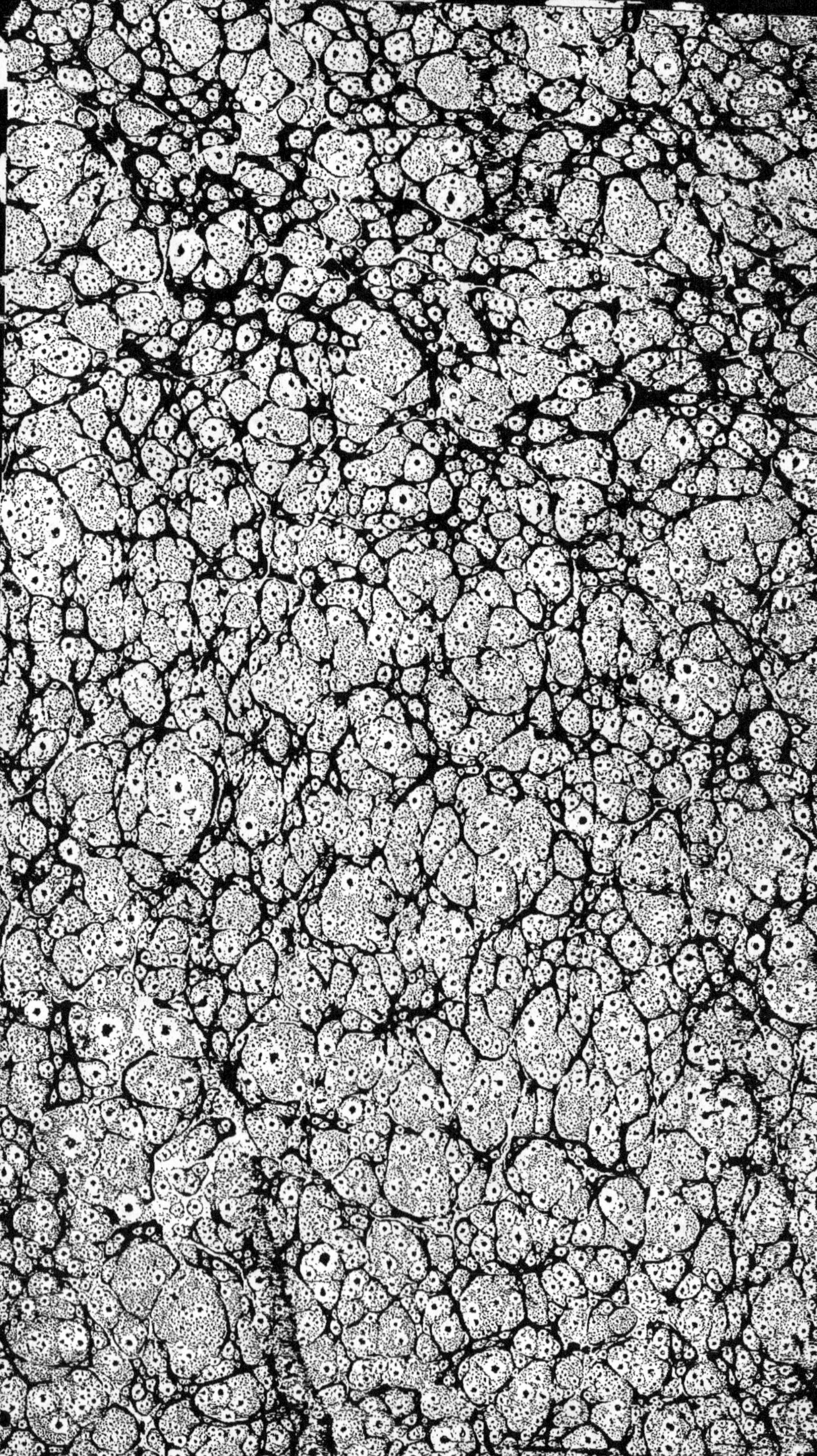

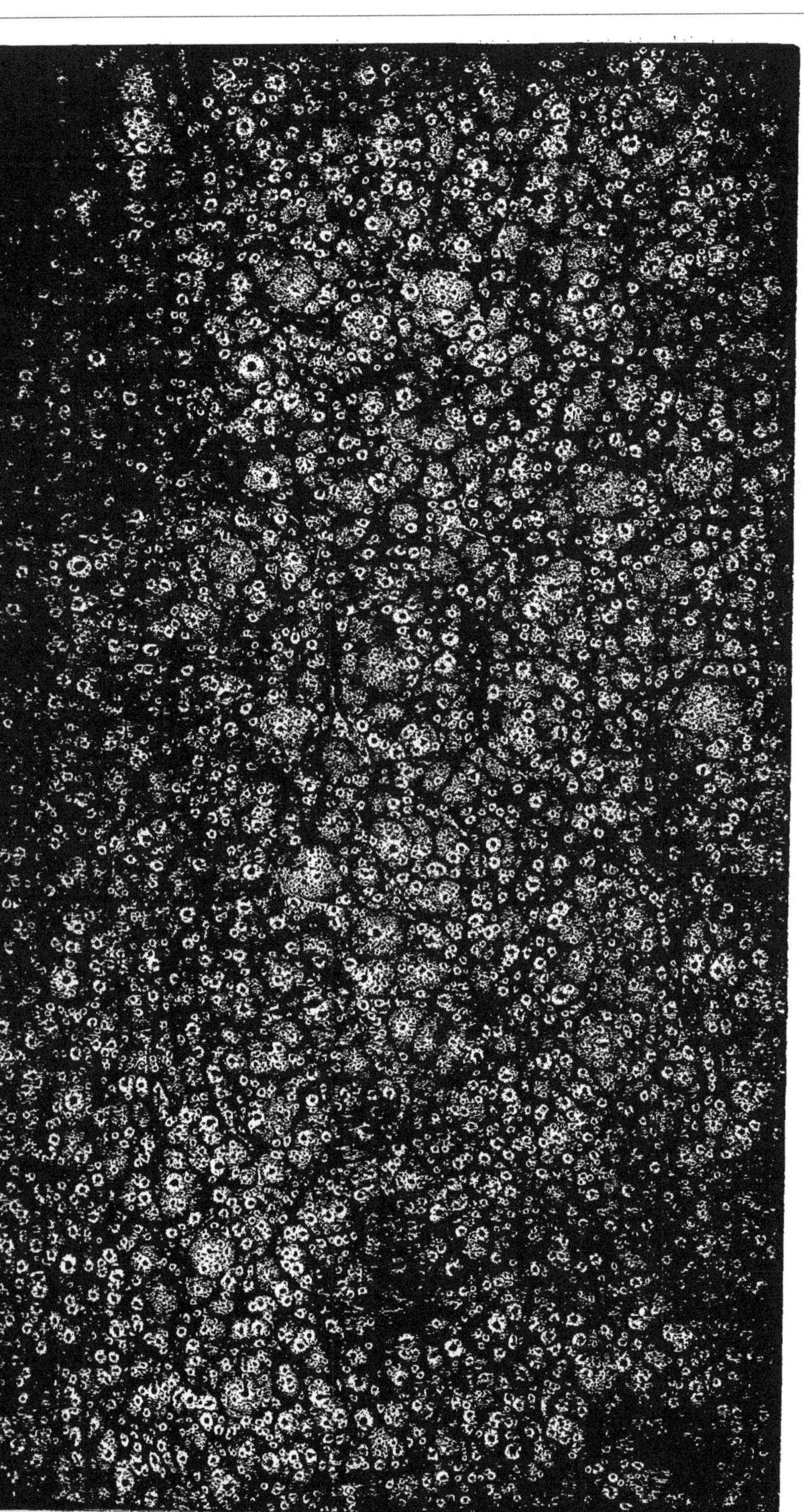

LA FRANCE
CHEVALINE.

LA FRANCE CHEVALINE

1re Partie. — Institutions hippiques.

PAR EUG. GAYOT,

CHEVALIER DE LA LÉGION D'HONNEUR, MEMBRE DE PLUSIEURS SOCIÉTÉS SCIENTIFIQUES.

TOME III.

PARIS,

IMPRIMERIE ET LIBRAIRIE D'AGRICULTURE ET D'HORTICULTURE

DE Mme Ve BOUCHARD-HUZARD,

RUE DE L'ÉPERON, 5,

et au bureau du Journal des haras,

RUE DUPHOT, 12.

—

1849

LA FRANCE CHEVALINE.

Première Partie.

INSTITUTIONS HIPPIQUES.

CHAPITRE TROISIÈME. (*Suite.*)

III. LES COURSES. (*Suite.*)

Sommaire.

Les courses ne sont pas de simples jeux de hasard. — But et utilité de cette institution.—Du nombre et de la nature des prix.—Les essais préliminaires. — Les courses offrent des garanties que ne présentent pas les récompenses arbitraires. — Doit-on repousser des courses les chevaux tarés ou mal construits? — Des gros prix et des seconds prix. — Des circonscriptions de courses comme condition d'admission.— Dangers d'une supériorité trop forte ou de l'absence d'une émulation suffisante. — Nouvelles dispositions à prendre. — Conditions relatives à l'âge et au poids. — Longueur et durée de la course.—Encore l'arrêté du 23 octobre 1847.— Différentes espèces de courses. —Courses d'essai imposées aux jeunes chevaux offerts aux haras pour la remonte des établissements de l'État.— Arrêté du

12 avril 1849.—De l'hippodrome en général.— De la vitesse.— Du chronomètre.—Trois réunions de course à Newmarket et à Chester. —Arrêté du 26 avril 1846. — Tableau des courses en France et en Angleterre.— Marche de l'institution.— *Racing Calendar*.— Les courses en 1847. — Etudes spéciales sur les divers hippodromes de France.— Courses de Lyon,— d'Autun,— d'Arles,—d'Aurillac, — de Tarbes,— de Toulouse,— de Pau, — de Dax, — de Bordeaux, —de Limoges,—de Tulle,— de Pompadour,— de Mézières en Brenne. —Steeples-chases à Tours.—Courses de Poitiers,—de Luçon,— de Rochefort.—Courses de Semur.—Courses dans le Bas-Rhin et dans le Haut-Rhin. — Essais à établir en Franche-Comté. — Courses de Nancy,— de Mézières (*Ardennes*),— de Laon,— de Châlons-sur-Marne,— de Lille,— de Boulogne-sur-Mer,— de Saint-Omer,— de Rouen. — Courses de Normandie : — Cherbourg, — Avranches, — Saint-Lô,— Caen,— le Pin,— Alençon.— Courses d'essai imposées aux jeunes chevaux offerts à l'administration des haras pour la remonte de ses établissements.—Courses d'Illiers—et de Courtalain.— Courses de l'Ouest : hippodromes de — Saint-Brieuc,— Guingamp, —Corlay, — Quimper, — la Martyre, — Saint-Malo, — Rennes, — Vannes, — Langonnet, — Derval et Nozay, — Nantes, — Craon. — Angers. — Steeples-chases de la Croix-de-Berny et des environs de Paris.— Courses — de Versailles, — de Chantilly, — de Paris.

Les hommes qui entendent la matière, ceux qui l'ont étudiée avec attention savent tous que les courses du gouvernement n'ont donné lieu, nulle part, à aucune spéculation honteuse, qu'on n'a jamais pu les considérer comme « de simples jeux de hasard dans lesquels la fortune ne favorise pas les plus heureux, et où le cheval ne paraît que comme un moyen de décider, en peu d'instants, du gain ou de la perte des sommes engagées... » Si les combinaisons du règlement adopté par les haras avaient laissé une porte ouverte à l'abus, nous serions des premiers à le blâmer, et déjà nous aurions réussi à le réformer; mais il n'en est pas ainsi, mais il n'en a jamais été ainsi. — On le sait bien.

Toutefois, ce que ne fait pas le gouvernement, ce qui n'aurait pu être toléré de la part d'une administration publique, est-il aussi blâmable de la part des particuliers ou d'associations libres? Nous ne parlons pas des fraudes, des vols, ni des spéculations honteuses. Sur ce terrain, tout répugne à l'honnêteté, tout offense l'honneur. Nous entendons parler du jeu, des paris...

En bonne conscience, les paris sur les chevaux de course sont-ils plus répréhensibles que les paris à l'écarté? Jeu pour jeu, nous préférons l'hippodrome au lansquenet. L'argent perdu ou gagné en courses peut profiter directement ou indirectement à la production du bon cheval par la passion même du jeu et par le développement des connaissances spéciales; l'or perdu ou gagné sur une carte, sait-on à qui ou à quoi il profite?

Mais ce n'est là que le côté superficiel de la question.

« Nulle tentative au monde, dit à ce sujet le duc de Schleswig-Holstein, ne saurait avoir d'éclatants succès qu'autant qu'elle éveille ou excite des intérêts nombreux et divers, que des masses sont convaincues de son utilité. Eh bien! pour que l'influence du grand nombre sur l'industrie chevaline se fasse activement sentir, il faut que ces intérêts soient excités par la probabilité ou la possibilité de gains proportionnés aux sacrifices que commandent la production intelligente et la bonne éducation des races mères, des types de reproduction les plus précieux; il faut que les hommes de loisir, disposés à dépenser une partie de leurs revenus en avances à l'industrie chevaline, en utilité pour le pays, puissent offrir au public la preuve même de cette utilité et constater, aux yeux de tous, le mérite et la supériorité d'un produit hors ligne; il leur faut un motif d'émulation qui serve à répandre la réputation d'une bonne race.

« Or, dit encore le duc Schleswig-Holstein, quoi, mieux que les courses, peut réunir tous ces éléments d'encouragement et de succès?

« Par elles, l'éleveur qui possède un produit supérieur non-seulement obtient la possibilité de gagner, avec ce dernier, des prix nombreux et des sommes considérables, mais, s'il réussit, il devient encore certain de vendre sa production à un prix élevé; par elles encore, plusieurs élèves doués de quelque supériorité donnent à la race dont ils sont issus une réputation telle, que le propriétaire de reproducteurs appartenant à cette race peut compter, dès lors, que tous ses produits seront à la fois recherchés et bien payés. Les courses exercent une influence d'autant plus salutaire sur cette branche d'industrie, que l'on ne saurait contester que, si elle présentait une perspective de grands bénéfices, on n'épargnerait ni les sacrifices nécessaires à la possession des bons étalons et de bonnes poulinières, ni les soins, ni les frais et les peines que demanderait l'élève bien dirigée de ces jeunes animaux.

« On le voit donc, les courses de chevaux sont d'une extrême utilité; mais je vais plus loin, et je ne crains pas de les présenter, je le répète, comme étant d'une *nécessité indispensable*. La preuve me sera facile.

« . . . . . Les principales qualités exigées dans un cheval de race noble sont le type de son origine, une conformation régulière, la beauté, la vitesse, la force, la durée et un bon tempérament.

« . . . . . Quant aux trois premières conditions, l'œil peut bien les apprécier seul; il peut aussi aider à préjuger des autres qualités par celles-là. Ainsi un cheval est-il doué d'une belle et noble origine, sa conformation est-elle bonne et régulière, on peut croire, avec quelque raison, qu'il possède, en outre, les qualités plus intimes que l'on recherche en lui. Ces conjectures peuvent, toutefois, être hasardées et ne sauraient suffire pour déterminer, à l'égard de ces dernières conditions de perfection, une conviction bien complète, bien entière.

« Cette conviction, en effet, ne peut s'obtenir que par *des faits, des actions;* il importe donc de rechercher quel est le mode d'expérience et d'action qui peut la déterminer le plus sûrement. »

Nous nous arrêtons pour n'être pas amené à reproduire en entier le mémoire du prince, lequel est si vrai dans les principes, si plein de faits et d'observations pratiques. Nous reviendrons ailleurs sur ce point ; mais nous constaterons, dès à présent, que si les courses n'étaient pas tout à la fois l'encouragement le plus efficace et le plus puissant qui existe, et le moyen le plus sûr de connaître en dernier ressort les qualités des animaux appelés à régénérer les races, tous les peuples ne les auraient pas tour à tour adoptées. Aucune institution, en effet, parmi celles qui concernent l'industrie chevaline, n'est plus généralement admise. On la retrouve partout, et partout elle repose sur les mêmes bases ; partout elle a son point de départ, sa raison d'être sur la nécessité bien démontrée d'éprouver tous les chevaux auxquels on doit confier la conservation des races types ou l'amélioration des races secondaires. Tous, en effet, sont loin de naître avec des qualités égales ; et, d'ailleurs, l'éducation peut entraver ou faciliter le développement de celles qui ne sont point appréciables à la simple inspection des formes extérieures.

« La course de vitesse et de fond est la preuve la plus sûre de la force musculaire, de la puissance des poumons, de l'énergie et de la docilité du cheval.

« Si la course est l'épreuve, le prix de la course est évidemment le moyen efficace d'encouragement.

« C'est ici le lieu de reconnaître l'intelligence spéculatrice du peuple anglais, et de signaler l'ardeur avec laquelle il a excité un jeu qui, peut-être bien, a ses excès, mais qui cache, sous une apparence de frivolité, l'encouragement le plus utile et le plus sérieux à l'aide duquel l'Angleterre est parvenue à fournir des étalons et des chevaux de luxe à toute l'Europe (1). »

Les observations de la Société d'encouragement (1842)

(1) M. de Morny, rapport au conseil général d'agriculture au nom de la commission des chevaux. (Session 1841-1842.)

sur les remontes et la production du cheval de troupe ne sont pas moins explicites.

« L'immense utilité des courses est aujourd'hui presque universellement reconnue. M. le ministre du commerce pourrait dire le nombre de sollicitations qui lui sont adressées, de tous les points du pays, pour obtenir de nouveaux prix. C'est, en effet, le plus puissant mobile d'encouragement qu'un gouvernement ait en sa possession. C'est à la seule influence des courses qu'on doit attribuer l'immense supériorité de nos voisins. Leur exemple pourrait suffire pour nous convaincre; mais le raisonnement se joint ici à l'expérience. Tout le monde comprend la nécessité de n'employer, comme régénérateurs, que des chevaux dont la supériorité soit certaine. Si on se laisse diriger dans le choix des étalons seulement par la beauté des formes, si on ne les soumet pas à des essais, quelle garantie aura-t-on de leur vigueur, qualité beaucoup plus indispensable? La course est l'épreuve la plus sûre et la plus impartiale; les chevaux qui se distinguent dans les courses donnent des preuves incontestables de force et de vitesse; et, quand on fait des étalons, on a tout lieu d'espérer qu'ils transmettent les mêmes qualités à leurs descendants.

« Sous ce point de vue seul, les courses seraient nécessaires; mais elles prennent une plus grande importance encore lorsqu'on considère leur influence immédiate sur la production des chevaux de demi-sang. Si l'on admet la valeur de ces derniers, et c'est l'avis de tout le monde, il faut reconnaître aussi la nécessité des chevaux de pur sang, qui les produisent. On ne peut vouloir le résultat et repousser la cause. Si les propriétaires qui se livrent à la production des chevaux de pur sang ne trouvent pas, dans les prix de courses, la récompense de leurs efforts et une indemnité suffisante de leurs sacrifices, les frais sont trop considérables pour qu'ils ne se dégoûtent pas bien vite. Il faut donc que le gouvernement vienne puissamment à leur aide. »

Enfin le comice hippique, dans son mémoire signé par MM. de Grammont, Alexandre de Girardin, et de Torcy, rapporteur, rend aussi justice aux courses.

« Les Arabes attachent d'autant plus de prix à leurs chevaux, que les chevaux ont été plus éprouvés par des trajets longs et rapides, dans leurs jeux ou leurs combats.

« De là l'origine des courses en Angleterre, lorsque les seigneurs, non contents de posséder des chevaux arabes, voulurent constater leur vitesse et leur supériorité.

« L'expérience acquise dans ces luttes a fait connaître que la vitesse et le mérite d'un cheval ne sont pas individuels, et que les pères et les mères transmettent à leurs produits une grande partie des qualités qui les ont distingués. Aussi les Arabes tiennent-ils à honneur de posséder des chevaux dont la généalogie est parfaitement établie. »

« Nous ne reviendrons plus sur l'importance des courses, dit à son tour M. de Boigne, elle est pour nous et pour tout le monde un fait acquis et incontestable. »

M. de Boigne se trompe.

Il y a encore des gens qui nient la lumière. Est-ce parce qu'ils ne la voient pas? Non, car elle les inonde. C'est par passion et en haine des hommes qui font des courses un luxe et un plaisir. Mais ce luxe est utile; mais cette dissipation est profitable à la chose publique. Sachez pardonner à de grandes dépenses le bien qu'elles produisent, et la bonne grâce et l'élégance avec lesquelles elles en répandent le bienfait.

Revenons à la pensée fondamentale qui a dicté les dispositions les plus essentielles du règlement des courses en France. Tout en y restant fidèle, on a pu varier, modifier, ainsi que nous l'avons déjà fait observer, la forme ou les moyens de lui conserver à travers les changements divers l'influence qu'elle devait exercer sur l'amélioration de nos races.

Fonder des prix, c'était chose utile, assurément; ce n'était pas tout. L'institution des courses ne remplit la mission qui lui incombe qu'autant qu'elle est régie par une législation en harmonie avec son but et ses besoins. Chaque progrès obtenu marquait une modification à introduire dans le règlement ; elle a eu lieu sans que le principe en fût atteint. Nous l'avons dit : le but n'a jamais varié.

Il en est de même d'une condition importante, de celle relative au lieu de naissance des chevaux. Aucun cheval n'a jamais été admis à courir, pour les prix du gouvernement, s'il n'était né et s'il n'avait été élevé en France.

Tout cheval présenté aux courses a toujours dû être la propriété de celui qui le présentait ou le faisait présenter en son nom.

Le nombre et la nature des prix ont singulièrement varié. Le règlement de 1806 n'accordait que 25 prix, et c'était tout; car il n'y avait alors aucune course en dehors des courses officielles : le règlement actuel est plus généreux et dote plus richement un plus grand nombre d'hippodromes. Mais ses largesses ne sont encore que la moindre partie des ressources dont dispose aujourd'hui l'institution, qui s'est développée à ce point que, en 1847, la statistique donne 399 courses pour une somme de près de 700,000 fr.

Tout important que soit ce chiffre, il est bien faible néanmoins, si on le compare à celui des sommes engagées et courues dans la même année en Angleterre et dans les différents États du nord. Un relevé, aussi exact que possible, porte à plus de 5 millions le montant des prix gagnés en Angleterre, et à près de 2 millions celui des prix offerts aux éleveurs de la Russie. Les sommes consacrées, en Allemagne, à cette sorte d'encouragement s'élèvent beaucoup plus haut que les nôtres. Tels sont les arguments à opposer aux détracteurs de l'institution des courses; ils ont la force et la brutalité d'un fait.

700,000 fr. de prix et 399 courses donnent les moyens d'épuiser toutes les combinaisons et toutes les chances. Nous avons déjà fait connaître celles que présentent les prix donnés par le gouvernement.

Dans les courses à une seule épreuve, le même propriétaire peut engager autant de chevaux qu'il lui convient; dans les courses en partie liée, on n'admet qu'un seul concurrent au même éleveur. Les motifs de cette disposition sont faciles à saisir.

La classification des prix des haras a toujours été fort simple.

Au début de l'institution, la troisième classe comprenait les prix de 1,200 fr., et la deuxième les prix de 2,000 fr. Le prix de 4,000 fr. formait la première classe.

L'importance des prix était en raison directe du chiffre de leur dotation. Aujourd'hui, la valeur ne détermine plus la classe. Le règlement les distingue par une appellation différente, abstraction faite de la somme qui les constitue.

L'arrêté de 1846 classe les différents prix dans l'ordre suivant :

1re classe. — Le grand prix national de. .	14,000 fr.
2e classe. — 5 prix nationaux, ensemble.	22,000
3e classe. — 11 prix principaux.	39,000
4e classe. — 24 prix d'arrondissement. .	39,700
	114,700
Prix non classés, donnés en dehors du règlement.	95,300
Total.	210,000 fr.

Les adversaires des courses trouvent que l'institution est trop richement dotée. Pour ceux qui ont la moindre idée de ce que coûtent à produire les bons types, des avances qu'il faut faire à la production, des risques qu'il faut courir, des sacrifices qu'un éleveur doit s'imposer avant de se trouver en face d'un sujet d'élite susceptible de lui rendre une partie de ses débours, pour ceux qui savent réfléchir et interpréter sainement les faits, il n'y a qu'étonnement pour les résultats obtenus.

Les Anglais sont plus justes envers nous que nous-mêmes; ils mesurent d'une manière plus impartiale des progrès que l'on nie en France, et ils se demandent comment on a pu marcher si rapidement avec d'aussi minces ressources; ils ne comprennent pas qu'on se lance dans une voie aussi onéreuse avec des chances de gain aussi réduites.

Et, en effet, voyons quelle a été, de la part de l'État, la dotation des courses, à partir de 1819.

Fonds affectés par l'État aux courses de chevaux de 1819 *à* 1848 *inclus.*

ANNÉES.	SOMMES totales.	ANNÉES.	SOMMES totales.
	fr.		fr.
1819..........	32,758	*Report*..	1,236,722
1820..........	64,110		
1821..........	74,866	1835..........	105,968
1822..........	81,097	1836..........	111,208
1823..........	83,374	1837..........	124,485
1824..........	84,908	1838..........	101,675
1825..........	84,157	1839..........	133,449
1826..........	81,110	1840..........	149,662
1827..........	77,595	1841..........	137,250
1828..........	81,189	1842..........	151,944
1829..........	82,105	1843..........	162,674
1830..........	79,618	1844..........	195,566
1831..........	80,355	1845..........	195,639
1832..........	79,228	1846..........	196,945
1833..........	80,000	1847..........	207,900
1834..........	90,252	1848..........	210,000
A reporter..	1,236,722	TOTAL.....	3,421,087

C'est donc une moyenne de 114,036 fr. pour chacune des trente années comprises au tableau. Mais la proportion de cette moyenne change considérablement, si l'on coupe cette somme à l'année 1834, par exemple. On obtient alors le chiffre de 1,236,722 fr. pour les seize premières années, et une moyenne de 77,295 fr. seulement, tandis que, pour les quatorze dernières années, la moyenne est de 156,026 fr., pour un total de 2,184,365 fr.

Toutefois, pour peu qu'on y réfléchisse, on trouvera parfaitement rationnelle la répartition actuelle des fonds entre les différentes classes de courses officielles.

Nous avons déjà vu, par ce qui précède, comment l'institution s'est développée ; mais le chiffre de 700,000 fr., qui a fait sa dotation commune en 1847, n'en prouve pas moins deux choses :

— L'insuffisance de l'allocation ministérielle ;

— L'intérêt qui s'attache à l'institution.

C'est un fait extrêmement remarquable que de voir les départements, les conseils municipaux et les associations privées produire, parallèlement au budget de l'Etat, des allocations partielles, des budgets spéciaux qui ne s'élèvent pas à moins de 390,000 fr. en une seule année. Ce n'est pas une institution vide et stérile que celle qui excite à ce point l'intérêt public. Quelle importance cela ne fait-il pas supposer? Que de capitaux sont engagés dans une pareille industrie! — Des poulinières de choix, des produits de différents âges, des établissements spéciaux en forment le matériel et en représentent la valeur ; mais, à côté, germent, se développent des améliorations et des perfectionnements dont l'importance ne saurait être mesurée, qu'on n'apprécie pas, sans une connaissance très-approfondie de la matière.

Relativement aux formalités à remplir pour l'admission des chevaux à courir tel ou tel prix, il est incontestable qu'elles ont été singulièrement simplifiées. Elles se bornent maintenant à assurer les droits de tous et à prévenir la fraude. Nous n'en dirons pas davantage.

Toutes les conditions de rigueur et de coercition des premiers règlements ont complétement disparu. Seules, les peines disciplinaires contre les jockeys ont survécu. Ces moyens de prévention ont une efficacité réelle. Il est bien rare qu'on ait à constater un délit, à appliquer les dispositions pénales du règlement. Il y a bien longtemps que celui-ci ne menace plus les propriétaires de l'amende et de la confiscation. Avec les précautions prises pour la prévenir, la fraude n'est pas facile en France. Chacun veillant avec sollicitude sur ses intérêts établit un contrôle qui ne permet aucune erreur, qui n'autorise aucune négligence, omission ou méprise.

Quant aux conditions qui relèvent de la circonscription, elles ont donné lieu à de fréquentes et vives réclamations, à partir du moment où les chevaux ont cessé d'être classés en chevaux de première et seconde espèces.

Et d'abord, un mot sur cette distinction.

Elle est née de l'accroissement du nombre et de la supériorité de moyens des chevaux de pur sang importés d'Angleterre. Du moment où ces animaux se multipliaient sur nos hippodromes, au point de susciter une rivalité trop forte aux produits des meilleures races indigènes, il fallait séparer les camps et viser tout à la fois — à ne pas ralentir le mouvement d'importation par suite duquel la famille anglaise de pur sang devait s'acclimater chez nous, — à ne pas décourager l'industrie nationale par une supériorité écrasante. Le règlement de l'administration a su éviter ce double écueil. Il a fait deux parts de sa dotation : l'une applicable aux chevaux étrangers, dits de première espèce ; l'autre aux chevaux indigènes ou croisés, également désignés sous le nom de chevaux de deuxième espèce. A titre d'indigènes ou d'améliorés par le croisement, ceux-ci étaient favorisés en ce sens qu'ils étaient admis à disputer les prix affectés aux chevaux étrangers, tandis que ces derniers ne pouvaient entrer en rivalité pour les courses exclusivement réservées aux premiers.

Ces dispositions étaient sages; elles formaient la base d'un enseignement dont nous avons recueilli tous les avantages.

Pour quelques chevaux qui, dans les commencements, ont remporté, d'une manière éclatante, quelques prix sur les chevaux de première espèce, combien ont été successivement battus? Aussi les chevaux de seconde espèce se sont-ils à la fin lassés de lutter contre des compétiteurs plus puissants et ont-ils, bientôt après, partout cédé le pas au cheval de sang. Dans l'œuvre de l'amélioration, celui-ci montre la même supériorité que sur l'hippodrome. Il est incontestable que les qualités révélées en lui par l'épreuve se transmettent avec la même certitude que le manque d'énergie et de valeur qui a causé la défaite de l'autre. Soyons net, une fois pour toutes. Nous n'aimerions pas qu'on nous fît dire ce que nous ne disons pas. Tous les chevaux de pur sang ne sont pas dignes de la reproduction ; tous les vainqueurs de l'hippodrome ne sont pas, ne peuvent pas être systématiquement appliqués à la conservation de la race pure ou au croisement utile des races secondaires. Nul n'émettra jamais sérieusement, sensément une pareille opinion. Mais, lorsque, par sa conformation régulière et exacte, qu'on nous passe le mot, un vainqueur des grandes courses se montrera capable et digne, employez-le sans crainte, employez-le avec hardiesse, il améliorera vos races, tandis que le cheval indolent et mou les laissera dans l'avilissement et la non-valeur.

Plus tard le règlement supprima la distinction de première et deuxième espèces. Elle était devenue inutile. La leçon avait été comprise. Les chevaux de sang s'étaient multipliés; il était convenable de leur laisser toute liberté de se produire, de favoriser encore leur multiplication, puisque le choix n'est possible et sûr que dans le grand nombre, puisque leur supériorité comme reproducteurs était désormais établie d'une manière incontestable.

Plus tard encore, on exclut le demi-sang du grand prix royal, et maintenant l'exclusion s'est étendue aux prix de la seconde classe.

Cette mesure a peut-être eu son utilité; elle a forcé quelques retardataires à ne plus faire les frais d'entraînement pour des chevaux qui ne pouvaient que se ruiner prématurément dans les courses, sans compensation possible. Cependant nous ne l'aurions ni conseillée ni adoptée; nous aurions laissé au temps le soin de compléter son œuvre et l'instruction de tous.

Nous ajouterons néanmoins qu'il eût été difficile de se montrer plus modéré dans l'application de cette mesure. Et en effet, pour commencer, on n'enlevait qu'une seule chance au coursier de demi-sang, celle de gagner un prix qui alors valait 12,000 fr.; aujourd'hui les sommes auxquelles il ne peut prétendre ne s'élèvent encore qu'à 36,000 fr. sur 210,000.

Tels sont les faits. Ils ont donné lieu à plus de réclamations et de récriminations qu'il n'y a de véritable valeur dans ces chiffres de 12,000 et de 36,000 fr.

Quoi qu'il en soit, dans un nouveau règlement, cette exclusion doit s'effacer; elle serait un non-sens aujourd'hui.

Les règlements de 1810 et 1820 imposaient aux chevaux présentés des essais préliminaires qui les excluaient de la course réelle, s'ils ne les soutenaient pas d'une manière satisfaisante et déterminée.

C'étaient deux courses pour une. On n'avait certainement imposé une pareille condition que pour éliminer des médiocrités honteuses. Une supériorité réelle dans les vainqueurs et dans ceux qui leur disputaient le plus vivement la victoire a rendu ces essais inutiles. La multiplicité des courses, en faisant rechercher les animaux qui pouvaient figurer avec le plus d'avantages, a appris aussi à préparer utilement les chevaux à la lutte, à développer dans une suite d'exercices rationnels, aidés d'une alimentation substantielle, la puissance des poumons et la force des actions musculaires. Tout cheval qui ne résistait pas ou qui ne répondait pas convenablement à cette préparation restait à l'écart, n'arrivait plus au poteau. Dès lors, les essais préliminaires n'avaient plus aucun objet. D'ailleurs, les courses de 4e classe servent d'introduction naturelle et de premier examen, si l'on peut dire. Un cheval sans avenir, dans la carrière, est nécessairement arrêté par le peu de succès obtenu dans les courses du premier degré. Il se classe lui-même dès ses débuts. Entre un mauvais cheval et un cheval hors ligne il y a de nombreux degrés. Les épreuves publiques ont au moins cet avantage qu'elles offrent des garanties qui manquent complétement aux récompenses arbitraires ; il faut bien appeler de ce nom celles qui se donneraient à la seule inspection des formes extérieures. Juger uniquement la forme est d'une difficulté extrême. A part l'intérêt et l'amour-propre, qui, en semblable matière, sont toujours de la partie, il y a encore de telles oppositions dans la manière de voir, de sentir, de comprendre le cheval, que borner les éléments d'appréciation au mérite apparent, c'est tomber dans des discussions insolubles, dans des contestations interminables. Cette voie mène à l'arbitraire ; car rien ne dégage l'inconnu. Je n'ai jamais pris part ou assisté à une discussion de ce genre, sans me représenter la position dans laquelle se trouveraient deux imbéciles qui passeraient leur vie à se contredire sur le poids supposé d'un objet quelconque, au lieu de le poser immédiatement sur la balance et d'en avoir raison sans mot dire. Cet objet n'en a pas moins sa valeur indépendante de son poids ; mais la connaissance de celui-ci peut singulièrement aider à déterminer celle-là. Tout le monde ne distingue pas à première vue l'or de l'alliage, le métal massif de l'ouvrage plaqué. L'or et le fer n'ont ni la même pesanteur spécifique ni la même valeur..... Il y a des chevaux mous et des chevaux énergiques ; des chevaux de navet,— *ein rüben pferdt*, —comme disent les Allemands, et des *chevaux de fer*, suivant l'expression française. C'est à l'œuvre qu'on les reconnaît sans conteste ; la forme seule peut tromper l'œil le plus exercé. Avec les courses, on juge d'après l'expérience; sans l'épreuve, on ne juge que d'après l'apparence.

Toutefois il est telle circonstance où cette dernière peut suffire. Il en est dans lesquelles on n'a certainement pas besoin de recourir à l'épreuve pour juger non du bien, mais du mal que ferait à une race l'emploi, comme reproducteurs, de certains chevaux d'ailleurs parfaitement nés. Il est tels vices de forme, tels défauts de construction que ne rachètent pas, à ce point de vue, les qualités les plus brillantes. Dans ce cas, l'épreuve n'est pas nécessaire. Le choix du connaisseur, du praticien impartial ne court aucun risque de s'égarer de ce côté. Certaines personnes voudraient alors un examen préliminaire à la suite duquel on éliminerait du concours, des courses les chevaux tarés, les chevaux dangereux pour la reproduction.

Ainsi présenté, ce désir n'a rien que de légitime. Il semblerait tout d'abord très-rationnel de se rallier à cette opinion; mais elle a ses inconvénients, ses dangers, allions-nous dire. Nous l'avons maintes fois exprimé : la course n'est pas le but; l'épreuve n'est qu'un moyen, mais un moyen dépouillé de tout arbitraire. Si les tares qui déprécient le cheval étaient toujours un fait parfaitement appréciable et non sujet à contestation, cela pourrait donner lieu à réfléchir. Il n'en est pas ainsi : les tares ont plus ou moins de gravité; à peine apercevables pour ceux-ci, elles sont tout un monde pour ceux-là. Les premiers inclineraient à l'indulgence, les autres se montreraient d'une sévérité excessive. Où sera l'autorité? où la justice? Nous revoilà tombés en pleine Babel.

Ce n'est pas tout. Il faut éprouver cette conformation exacte, irréprochable; il faut la peser pour savoir ce qu'elle vaut. Méfions-nous de l'étiquette du sac; — ouvrons celui-ci et regardons attentivement. Eh bien! il arrive souvent que les qualités les plus désirables n'existent pas sous cette belle enveloppe, et que cette beauté extérieure ne soit qu'un leurre, une trompeuse amorce. Le cheval taré, essayé contre le cheval net, correct, l'emporte quelquefois. Ils ont l'un et l'autre leurs avantages, leur bon côté; mais ce n'est là qu'une supériorité par trop incomplète, elle ne doit satisfaire personne. L'épreuve n'en a pas moins été utile.

Enfin nul ne se livrerait à la production et à l'élève du cheval noble, s'il était tenu de ne produire que des perfections. En attendant celles-ci, il doit pouvoir tirer parti, d'une manière ou d'autre, de tout ce qu'il possède. C'est là l'excitant, le mobile le plus puissant. Enlevez cette chance, il n'y a plus d'éleveurs. Disons vrai : si tous les règlements de course étaient établis d'après les principes du règlement des haras, le nombre de chevaux de bonne race, de ceux qui font la richesse et l'honneur de l'espèce, serait excessivement réduit et ne donnerait pas beaucoup d'éléments à l'amélioration. Il faut à l'éleveur un appât et une indemnité se multipliant autant que possible. L'argent gagné en course par un cheval médiocre soutient les efforts et stimule le zèle. La perfection est rare et n'est en quelque sorte que l'œuvre du temps; ne refusez pas à ceux qui la poursuivent les moyens de l'atteindre.

Les règlements spéciaux rendent donc de grands services quand ils s'écartent de la forme et des principes consacrés par le règlement général des haras. Leurs combinaisons diverses ont l'avantage de faire naître des occasions de courses, de grossir les prix du montant des mises volontaires, des entrées et des engagements dont la condition finit par être une nécessité. Les gros prix sortent de cet ordre d'idées, et les parties intéressées en font à peu près tous les frais.

A côté des gros prix, néanmoins, une autre espèce d'encouragement vient se placer et faire en quelque sorte équilibre. Tout ou partie des entrées revient souvent au cheval qui arrive second; d'autres fois, on ajoute au prix l'appât d'une indemnité quelconque, remise sous le nom de second prix.

Les seconds prix sont une innovation départementale et une imitation de la part faite, sur le montant des entrées dans certains prix, au cheval qui dispute le plus vivement la palme au vainqueur. L'adjonction des seconds prix, lit-on dans le *Journal des haras*, « donne plus d'émulation, plus de hardiesse aux concurrents; elle fait qu'un bien plus grand nombre de chevaux se présentent à la fois pour concourir, et, par conséquent, ajoute au plaisir et à l'intérêt des courses (1). »

Nous-même, dans notre *Guide du sportsman*, publié en 1859, nous nous sommes exprimé sur ce point dans les termes suivants :

Dans quelques localités, on a adopté le principe des seconds prix; c'est ordinairement une faible prime accordée au cheval arrivé après le vainqueur, une indemnité légère des frais d'entraînement offerts pour des produits d'un département où l'industrie chevaline est peu avancée encore, une véritable fiche de consolation donnée au propriétaire d'un cheval qui a vaillamment disputé la victoire. Les seconds prix ont l'avantage de multiplier le nombre des chevaux de course, de peupler l'hippodrome, de familiariser les nouveaux venus dans la carrière avec l'entraînement et l'institution des courses, c'est-à-dire avec les bonnes méthodes de production, d'élève et d'éducation; ils n'ont aucun inconvénient que je sache. Seulement le règlement qui les adopte doit stipuler avec soin que le gain d'un grand prix n'oblige en aucun cas à prendre une surcharge, et laisse en tout et pour tout le cheval qui l'a obtenu dans la classe de ceux qui n'ont encore remporté aucun prix. C'est un principe de toute justice; il ne peut y avoir deux vainqueurs dans une même lutte. Le premier cheval dont la tête dépasse le but gagne la course; celui-là seul est tenu d'égaliser ses chances, dans de nouvelles courses, avec celles des nouveaux concurrents qu'on lui opposera.

(1) *Journal des haras*, tome XXI, page 415.

La délimitation des circonscriptions de courses est un point de la plus haute importance. Suivant qu'elle est rationnelle ou mal établie, elle excite ou décourage. Il y a convenance et justice à stimuler et à récompenser par les mêmes moyens l'émulation entre concurrents groupés autour des mêmes conditions, placés dans les mêmes circonstances, pouvant lutter à armes égales. La rivalité n'est féconde que lorsque ceux qui sont appelés au combat n'ont aucune raison de le décliner. A cette condition seule, la défaite porte ses fruits; l'infériorité se relève, car elle est sans excuse. Or l'amour-propre et l'intérêt peuvent ici décupler les efforts et provoquer les plus heureux résultats.

Telle est l'utilité des épreuves.

En mettant en présence les producteurs d'une même circonscription favorisée par les mêmes avantages, les exhibitions de chevaux, comme les expositions de tous autres produits, exercent sur l'industrie une pression très-salutaire et contraignent les plus arriérés à presser le pas, afin de regagner le terrain qu'ils ont laissé prendre à d'autres, et de dépasser à leur tour ceux qui les avaient devancés.

L'éducation du bon cheval doit être incitée dans nos diverses provinces à chevaux. Il n'en est pas dont les produits ne nous soient utiles, indispensables; mais les conditions de productions ne sont pas favorables au même degré. Il y a donc nécessité de former des circonscriptions et d'égaliser ainsi, autant que possible au moins, les bonnes chances entre rivaux d'une même surface. Sans cette précaution, sans cette bonne organisation qui fait à chacun une part en rapport avec ses forces et ses ressources, on voit apparaître tout à coup dans la lice des rivaux trop favorisés qui en troublent pour toujours les solennelles épreuves.

Les dangers d'une supériorité trop forte, les voici : elle n'apprend rien, elle décourage, elle humilie, elle ruine le bon vouloir et les efforts, elle tarit les sources vives et toujours fécondes de l'émulation.

Ces principes ont sans doute prévalu dès les commencements de l'institution des courses en France. Sur eux a été fondée la distinction en deux grandes divisions d'abord, celle du Nord et celle du Midi, et en arrondissements divers formés chacun d'un certain nombre de départements.

Des prix spéciaux étaient affectés aux arrondissements dont ils ont fini par porter le nom; c'étaient des courses locales, des courses de famille en quelque sorte, des occasions de faire ses premières armes et de s'essayer, sans se compromettre, à des luttes plus sérieuses et plus puissantes. Dans son arrondissement, l'éleveur est sur son terrain, il ne fait pas de grands frais de déplacement, il se meut dans les limites de ses moyens et de ses ressources. Les courses d'arrondissement sont un terrain également abordable pour tous; si elles ne donnent ni grand argent ni haute renommée, elles ne jettent aucune perturbation dans la pratique : elles peuvent satisfaire les ambitions modestes.

Celles du degré supérieur, affectées autrefois à la division exclusivement et auxquelles étaient attachés les prix principaux, réunissaient sur le même hippodrome les chevaux de la division entière, mais ceux de la division seulement. D'ordinaire, les chevaux médiocres ne s'y commettaient pas. L'ambition de l'éleveur, excitée par son intérêt, le poussait jusqu'aux prix principaux. Il recherchait la bonne poulinière et l'étalon capable; il prodiguait des soins intelligents au produit, ménageait ce dernier dans son premier entraînement, et comptait sur le principe si équitable de la surcharge, pour équilibrer le peu qui lui manquait, s'il n'avait pas pour lui la supériorité au début.

Les derniers règlements ont détruit cette émulation en supprimant les divisions et en donnant à tous les chevaux de France la latitude de disputer sur tous les hippodromes officiels et les prix principaux et les prix des deux autres classes. C'était favoriser outre mesure les chevaux d'un seul arrondissement, celui de Paris; c'était retirer à tous les autres l'intérêt qui leur avait été sagement ménagé.

Avec les dispositions antérieures, on voyait quelques prix royaux gagnés de temps à autre par des chevaux d'arrondissement et de division. Maintenant on ne peut plus constater ces bons résultats qui entretenaient le zèle et fortifiaient l'institution. Les chiffres parlent haut ici : la part générale, commune à tous, celle qui résulte des prix compris dans les trois premières classes, emporte 75,000 fr. sur le crédit de 114,700 fr. dont sont dotées les courses inscrites au règlement. Les 39,700 fr. restants sont partagés entre les huit arrondissements conservés; c'est moins de 5,000 fr. pour chacun d'eux. Est-ce là donc un suffisant intérêt? Les faits répondent — non, et les faits ont raison, car le découragement a successivement atteint les plus zélés qui se refusent, à juste titre, à faire un métier de dupes.

La rivalité du cheval de Paris en province n'est point une rivalité ordinaire. Les amateurs les plus riches siégent au centre de cet arrondissement; ils ont pu se procurer, par suite de relations plus faciles, de meilleures poulinières auxquelles on réserve nécessairement les étalons du plus grand mérite; ils ont à leur service les entraîneurs les plus capables et les jockeys les plus habiles; ils ont à leur libre disposition des terrains d'exercice toujours abordables et toujours faciles; ils ont pour eux les prix riches et nombreux de la Société d'encouragement grossis par les subventions de l'Etat, par les entrées, qu'on ne peut pas établir ailleurs, par les recettes prélevées sur la curiosité publique; ils ont mille avantages que nous voudrions plus importants encore, car, en dernière analyse, c'est l'industrie qui en profite. Mais ces avantages, tels qu'ils sont, détruisent l'équilibre et donnent aux éleveurs de Paris des facilités contre lesquelles ne peuvent lutter avec avantage les éleveurs beaucoup moins favorisés de la province.

Nous savons très-bien que les courses de chevaux ne sont

point une institution locale, et qu'elles ne peuvent se perfectionner, atteindre à l'apogée que lorsque tous les éleveurs de la France seront assez avancés pour envoyer sur le premier hippodrome venu l'élite de leurs produits. Nous savons très-bien aussi que les hippodromes de province auraient une tendance opposée et formeraient volontiers autour de l'arrondissement, dont ils sont un chef-lieu, comme une barrière infranchissable pour tous les étrangers. Il y a un *mezzo-termine* possible, et c'est à ce moyen terme que nous croyons devoir nous arrêter.

Les dispositions nouvelles à prendre sembleraient être celles-ci : — plus d'arrondissement, mais la grande division de la France en — Nord et Midi ; — le chef-lieu de Paris devenant terrain neutre en quelque sorte.

Expliquons-nous.

Paris, et nous comprendrions dans sa circonscription les départements de la Seine, — de Seine-et-Oise et de Seine-et-Marne, — Paris n'appartiendrait ni à l'une ni à l'autre des deux divisions ; il formerait un chef-lieu de courses central où les chevaux des deux divisions pourraient se rencontrer et se mesurer. Une modération de poids devrait être accordée aux chevaux qui n'appartiendraient pas à cet arrondissement, et la décharge serait plus forte pour les chevaux de la division du Midi que pour ceux de la division du Nord.

Les prix d'arrondissement changeraient d'appellation, et les prix principaux ne pourraient être courus que par les chevaux de la division.

Les prix nationaux seuls continueraient à être courus par tous les chevaux nés en France.

Ces conditions nous paraissent équitables à tous égards ; elles ramèneraient, à la vérité, aux saines idées beaucoup d'esprits qui, dans ces derniers temps, ne se sont préoccupés que de la concurrence trop décourageante faite aux éleveurs de province par ceux de Paris et n'ont vu, dans l'institution, qu'une occasion de jeux offerte au petit nombre.

Déjà M. de Boigne avait examiné la question au même point de vue à peu près. Qu'on nous permette d'emprunter à son livre le passage suivant :

« Certes, dit-il, les éleveurs de province n'ont pas encore atteint les résultats obtenus par les éleveurs de Paris. Nous reconnaîtrons, cependant, que les départements ont envoyé des vainqueurs au champ de Mars; mais c'était dans un temps où personne ne s'occupait sérieusement de l'élève des chevaux de pur sang. Et les chevaux des départements auraient peu de chances aujourd'hui dans la capitale. Ils se rendent justice; peut-être même se jugent-ils trop sévèrement, car bien peu osent répondre à l'appel parisien qui leur est fait. Ils craignent de ternir leurs lauriers de clocher et de dépenser inutilement des frais de route considérables. Cette modestie et cette conscience exagérée de leur infériorité éteignent en eux ce principe d'émulation, sans lequel tout végète et dépérit. Qu'ils viennent se faire battre à Paris, et plus tard ils battront les autres. Le frottement avec les usages, les mœurs et les ressources de la capitale les instruira plus qu'ils ne croient : ils apprendront, et ce n'est pas peu de chose, à produire sur le terrain des jockeys présentables. Un jockey dont le ridicule accoutrement excite les risées publiques ne gagnera jamais un prix; il est plus qu'à moitié démoralisé, et il lui faudrait un cheval dix fois supérieur à ses concurrents pour arriver le premier.

« Le gouvernement ne fait pas assez de sacrifices pour attirer aux courses de Paris les éleveurs des départements. La Société d'encouragement est, sous ce point de vue, aussi coupable à nos yeux que le gouvernement. Chacun, dans sa sphère, pourrait accorder aux éleveurs situés au delà d'un rayon de 30 à 40 lieues des avantages assez grands pour que l'appât du gain les forçât à se déplacer d'abord, ensuite à changer leur méthode d'entraînement.

« La Société d'encouragement, qui fait payer des entrées

dans toutes ses courses, devrait n'exiger des éleveurs de province que le tiers ou la moitié de la somme demandée aux éleveurs de Paris, et ensuite leur accorder un sensible avantage de poids. Le gouvernement, qui n'a pas d'entrées à diminuer, pourrait, de son côté, les indemniser par des frais de route et de séjour : les 2 kilogrammes de moins dont il les gratifie ne sont pas un attrait suffisant ; je voudrais 5 kilogrammes. Ces avantages ne feraient aucun tort à la Société d'encouragement ; les éleveurs de Paris continueraient, comme par le passé, à garder pour eux les prix de la Société : pendant un certain temps les choses iraient ainsi, et un beau jour la province, ayant terminé son éducation, relèverait fièrement la tête, prendrait sa revanche, et se permettrait de demander sa part au festin des prix. Alors la comédie serait jouée ; tous les avantages accordés à l'infériorité provinciale disparaîtraient. L'Etat n'aurait eu que de bien faibles déboursés à sortir de ses caisses, et cette mesure généreuse serait très-populaire. Pourquoi ne pas faire de la popularité quand elle coûte si bon marché et quand elle peut être si utile? Nous allons au-devant du reproche qu'on nous fera de vouloir favoriser les mauvais chevaux aux dépens des bons, les départements aux dépens de la capitale. D'abord les éleveurs de Paris ont le droit d'aller en province gagner les prix principaux et royaux, et ils ne se privent pas de ce droit. Ce ne serait donc qu'une justice, si les éleveurs des départements venaient, à leur tour, moissonner quelques écus au champ de Mars. Mais la question d'intérêt public, d'intérêt national parle plus haut que tous les intérêts particuliers. On veut que la France soit dotée d'une race meilleure, le pur sang est le seul moyen à employer : il faut donc encourager l'élève du cheval pur sang, en multipliant le nombre des éleveurs par l'appât des récompenses ; il faut patroniser les bonnes doctrines d'accroissement, d'entraînement, de pansage, de soins, et cette grande école n'existe qu'à Paris.

« On ne doit pas prendre pour une boutade de notre esprit la sentence d'infériorité que nous venons de prononcer contre les éleveurs provinciaux. Nous ne sommes pas de ces gens qui croient que hors Paris il n'est pas de salut. Certes, loin de la capitale on peut élever, on élèvera un jour d'aussi bons chevaux que dans les environs ; les mêmes moyens produiront les mêmes résultats. Mais, aujourd'hui, on n'emploie pas encore les mêmes moyens; de plus, l'institution des courses n'est bonne qu'autant qu'elle désigne au choix des éleveurs les étalons dont ils doivent rechercher la race. Il faudrait ne pas connaître ce que sont les courses des départements pour se faire une haute idée de la supériorité des vainqueurs départementaux. Presque tous les chevaux qui y figurent pèchent ou par l'origine ou par l'éducation. Pendant plusieurs années consécutives, les prix ont été remportés par des animaux flétris de tares héréditaires, qu'un bon règlement eût dû exclure du concours comme dangereux pour la reproduction. »

Nous croyons avoir plus approfondi la question que M. de Boigne et lui avoir trouvé une solution plus pratique. Son opinion ne change rien à la nôtre; elle prouve seulement que d'autres se sont occupés de l'avenir des courses en France au point de vue de leur utilité vraie.

L'égalisation des chances nous paraît une justice et une nécessité. Les moyens que nous proposons pour y arriver, quant à présent, ne devront sans doute avoir qu'une application temporaire. Il ne faudra pas les maintenir au delà de quelques années, car il y a un autre écueil à éviter, et nous ne voulons pas échouer contre ce dernier plus que contre le premier. Sous ce rapport, nous partageons complétement l'opinion émise depuis longtemps déjà par M. d'Aure. « On ne gagne jamais rien à encourager la médiocrité, et les propriétaires ou amateurs de courses, qui ne font de cette occupation qu'une spéculation ou une affaire d'amour-propre, n'auraient pas fait les dépenses qu'ils font actuellement pour tâcher de produire des sujets dignes d'entrer en concurrence avec ceux de M. le Dauphin, s'ils avaient trouvé les mêmes avantages avec de mauvais produits indigènes qui ne leur auraient coûté ni soins ni argent (1). »

Les conditions d'âge et de poids à porter se tiennent étroitement unies; on peut les confondre encore avec celles qui déterminent la longueur et la durée de la course.

Ces points essentiels soulèvent des questions de science du plus haut intérêt. Ce n'est pas dans cette partie de notre travail que nous les discuterons. Ici, nous devons nous en tenir aux questions de règlement.

Jusqu'en 1825, les chevaux n'ont été admis à courir qu'à l'âge de cinq ans. A partir de cette année, les chevaux de la division du Nord furent acceptés à trois ans, ceux de la division du Midi à quatre ans seulement. L'autorisation d'admettre les chevaux du Midi à courir dès l'âge de trois ans pour les prix du gouvernement ne date que du règlement arrêté le 15 janvier 1836.

C'est ainsi que les courses ont commencé dans toutes les parties du monde. On l'explique à merveille. Dans son enfance, l'institution ne trouve encore que des animaux incultes et loin de sang; elle ne saurait leur demander ce qu'ils ne pourraient lui donner. Dès que les races s'élèvent et se fortifient par le sang autant que par une hygiène bien comprise, elle devient plus exigeante, elle impose des conditions plus pénibles; elle prend les chevaux plus jeunes, les charge davantage, régularise la longueur des courses et réduit le maximum du temps accordé pour parcourir la distance : on supprime tout à fait cette exigence.

Cette progression logique a été suivie dans la rédaction des règlements qui se sont succédé en France. Nous ne reviendrons pas sur ces différents points, que nous avons indiqués avec soin dans l'analyse rapide des modifications diverses apportées au premier règlement sur la matière.

(1) Projet relatif aux chevaux, — 1829.

Il ne pouvait y avoir aucune corrélation fondée entre la taille et le poids à porter. C'était un mode très-défectueux et qui prouve à quelles races affaiblies on s'attaquait au début de l'institution. Ceci ne mérite plus de nous arrêter.

Il y a, d'ailleurs, bien moins d'arbitraire qu'on ne pourrait le croire dans la fixation des règles relatives aux points essentiels qui nous occupent. De nombreuses expériences ont été faites en Angleterre avec un soin minutieux et un zèle infatigable; elles ont servi à poser des principes auxquels on s'est rattaché dans la pratique.

Ces principes ont été formulés dans les termes suivants par le duc de Schleswig-Holstein :

— « Aux chevaux du même âge il faut faire porter le même poids, et le poids doit être augmenté en raison de l'âge.

— « Le cheval qui, *sur une certaine distance proportionnée à son âge*, devance ses concurrents restera à leur tête, quelque long que l'hippodrome soit. Il est donc inutile de faire courir les chevaux sur des distances plus longues que celles que l'expérience a fait reconnaître suffisantes. »

En ne pesant pas attentivement tous les termes de cette dernière proposition, on la trouverait certainement susceptible de controverse, mieux que cela, entachée d'erreur. Il n'en sera plus de même, si on en complète la formule, si on l'interprète suivant sa véritable signification. Le principe ne s'attache pas à une course isolée, mais à l'ensemble des courses auxquelles doivent prendre part les chevaux qui se soumettent à des épreuves sérieuses. Si la carrière était fermée après une course unique, l'essai ne serait pas incomplet, il serait illusoire, absurde. Seuls, les succès répétés fondent le mérite, la supériorité réels.

Cette question a été fort approfondie au sein de la commission d'enquête, réunie en avril 1848, par l'honorable M. Bethmont, et le rapporteur des travaux de cette commission a bien fait ressortir la solution qu'elle y a obtenue; il s'exprime ainsi :

« Une course de quelques kilomètres paraît, à certaines personnes, insuffisante pour constater le fond des chevaux; la vitesse qu'ils déploient avec des poids légers est, suivant elles, une preuve peu concluante de leur supériorité : c'est là une erreur qu'il faut combattre.

« Quoique limitées à quelques minutes, ces courses sont une épreuve si violente, qu'il n'y a pas de cheval qui puisse la subir dans toute l'extension de sa vitesse. Rien ne met plus en jeu les qualités essentielles de la force que l'usage complet de toutes les facultés qui concourent à la formation de la vitesse : largeur des organes de la respiration, ampleur des muscles et des tendons, fermeté et résistance des points qui forment levier et appui, docilité de caractère, tout est soumis en même temps à l'action de la vitesse, et le cheval le plus rapide est ordinairement celui qui, à une allure moins précipitée, fournira la course la plus longue. De nombreux exemples viennent à l'appui de cette opinion.

« Nous ne citerons que l'expérience faite en Russie. Dans une course de 80 kilomètres, entre des chevaux cosaques et des chevaux de pur sang anglais, ces derniers, réunissant à un plus haut degré la vitesse et le fond, devancèrent de beaucoup leurs concurrents, qui, épuisés de fatigue, succombèrent peu de temps après la course (1).

« Ce n'est pas seulement sur les chevaux cosaques que les chevaux anglais ont l'avantage de la vitesse ; les chevaux arabes eux-mêmes leur sont inférieurs sous ce rapport, et c'est par ce motif que la commission a été d'avis qu'une faveur de poids devait être faite aux chevaux arabes ou issus

(1) En Russie, on sait ce que vaut une expérience. Celle-ci n'a pas été perdue. Il y a maintenant, en Russie, bien qu'elle ait commencé longtemps après nous, beaucoup plus de chevaux de pur sang et trois fois autant de courses qu'en France.

de père et mère arabes courant avec des chevaux de pur sang anglais.

« Des préventions existent encore, et dans les meilleurs esprits, contre les courses. On veut y voir la satisfaction d'un goût futile, au lieu d'y trouver un but d'une utilité incontestable. La réflexion et l'étude peuvent seules les détruire; car l'expérience a décidé depuis longtemps.

« Animés d'une sincère conviction, nous avons cherché à démontrer que les courses sont le moyen le plus certain de reconnaître et de prouver la supériorité des chevaux et des juments propres à améliorer les espèces. »

Cette citation est à sa place; mais elle nous a un peu éloigné de l'excellent travail du prince, l'un des éleveurs les plus positifs de l'Allemagne et du Nord : nous y revenons.

« En ne perdant point de vue ces deux points principaux, dit-il, — le poids et la distance, — on se convaincra facilement que les résultats des courses donnent la mesure exacte de la valeur des chevaux. L'homme agile et léger devancera presque toujours l'homme fort et de haute taille, si l'un et l'autre ne portent rien ; mais qu'on leur donne à chacun un poids de 30 livres à porter, et qu'on leur fasse parcourir une distance de 800 pieds, le résultat sera sans doute tout opposé. De même, tout cheval a assez de force pour porter son propre corps; mais c'est en portant un corps étranger qu'il doit faire preuve de qualités. Il faut que la longueur de la distance neutralise les ressources que, dans les premiers moments de la course, le cheval peut trouver dans son agilité et dans son énergie, et que seulement la force unie à la durée puisse donner la victoire. C'est là le fond de tout le *Jockeyship*, la lutte entre *bottom* et *speed* (fonds et vitesse). Là où les deux se trouvent réunis, le cheval vainc tout seul..... »

Ces réflexions et celles du rapport de la commission d'enquête s'appliquent aux conditions actuelles du règlement de l'administration des haras et montrent que ces dernières ont été appuyées sur une longue pratique éclairée et confirmée par l'expérience.

L'administration n'a jamais mérité le reproche d'avoir poussé à l'épuisement prématuré de poulains d'espérance en offrant aux éleveurs des prix pour des animaux trop jeunes. Le règlement à la main, nous prouvons qu'elle n'a jamais admis les chevaux avant l'âge de trois ans, qu'elle n'est arrivée à cet âge qu'avec une prudente réserve et seulement après que les progrès obtenus dans l'élevage du cheval de pur sang lui en ont fait une nécessité. D'ailleurs, les époques mêmes des courses donnent aux chevaux qui s'y préparent le bénéfice de plusieurs mois ; or, à cet âge, quelques mois de plus sont une affaire importante.

Nous savons bien que les retardataires, et il en est qui se posent en professeurs émérites, voudraient que l'on défendît aux chevaux l'entrée de l'hippodrome avant l'âge de cinq ans, et que l'on prît à cet effet les mesures les plus efficaces. C'est tout bonnement de l'aberration. Défendez donc au cultivateur d'atteler ou de monter ses produits quand bon lui semble, avant l'époque fixée par nos savants; ordonnez-lui surtout de les nourrir substantiellement et de les loger sainement; faites des lois, décrétez des mesures d'hygiène, et assurez-en la stricte exécution..... C'est pitié!

« Sans doute, des erreurs ont été commises, dit avec raison le rapport de la commission d'enquête. Le désir de rentrer dans les frais de l'éducation et de l'entraînement a pu décider, en Angleterre, les éleveurs à faire courir leurs chevaux, avant qu'ils n'eussent atteint l'âge convenable; mais c'est une faute que nous avons évitée. L'éducation provoque, chez les animaux de race pure, un développement beaucoup plus précoce que dans ceux d'espèces communes ; cependant les courses de deux ans, qui existent chez nos voisins, ne devaient être encouragées chez nous par aucune subvention sur les fonds de l'État, et n'y ont en effet nullement participé. »

En principe, nous ne pouvons assez nous élever contre les courses de deux ans. Elles sont destructives, même alors qu'on n'en abuse pas. Personne ne le nie, nul n'oserait défendre la thèse contraire. Ceux-là seulement peuvent se les permettre qui ont de grandes richesses chevalines et qui ont le bon esprit de ne pas choisir, pour des épreuves prématurées, de jeunes sujets d'avenir.

Les Anglais font assez volontiers courir à deux ans. C'est pour eux une affaire, une question tout industrielle. Nous ne dirons pas que leur race s'en trouve mieux ou moins bien. Quand, par exception, un poulain dont la carrière de courses a commencé d'aussi bonne heure résiste et montre, à l'âge fait, toutes les qualités désirables pour la reproduction, ils l'y emploient, et l'expérience leur donne raison; quand, au contraire, et bien qu'ayant gagné des sommes considérables, il s'est taré, usé avant le temps, ils le repoussent, et personne n'en parle plus.

Nous ne sommes pas assez riches en France pour risquer ainsi l'avenir, pour compromettre de gaieté de cœur une partie de nos ressources, le plus clair de nos espérances; car, dans le petit nombre, ce seraient, à n'en pas douter, les meilleurs auxquels on ferait les honneurs de l'hippodrome à deux ans. Nous ne saurions approuver une telle précipitation; nous la blâmerons toujours, si étroites que soient d'ailleurs les limites dans lesquelles on la resserrerait.

Mais peut-on en dire autant de l'âge de trois ans?—Oui, si les poulains sont nés tardivement; oui, si les poulains sont de médiocre origine, s'ils sont mal venants, retardés par une cause quelconque dans leur accroissement et dans le développement de toutes les qualités physiques; oui, s'ils sont en mauvaises mains, si on ne sait pas ménager leurs forces, modérer leur ardeur même et proportionner en tout le travail à l'énergie, à la vigueur acquises : mais non, cent fois non, dans des conditions toutes différentes (1).

(1) J'entends dire quelquefois que trois ans est un âge trop jeune

« Est-ce que des exercices raisonnés, un travail modéré nuisent aux enfants ? Je ne parle pas de ceux confinés dans les fabriques ou manufactures, où ils sont enfermés et trop sédentaires, mais bien de ceux qu'on livre au travail pénible et actif des champs. Qui oserait nier les effets de ce travail sur les individus qui s'y trouvent soumis? Qui n'est complétement convaincu du développement progressif des muscles du jeune cultivateur, du forgeron ou du charpentier (1). »

Nous en avons dit assez pour être compris. Ce sujet reviendra en temps utile. Il nous suffit d'avoir justifié les courses de trois ans. Celles-ci font naître et mûrir de bonne heure les chevaux de haute race. Un puissant intérêt, celui de l'amélioration, commande, exige qu'il en soit ainsi.

Les courses de trois ans sont une preuve incontestable d'élévation et de progrès ; les courses de deux ans seront toujours une dépense folle, l'occasion de la ruine prématurée d'animaux dont on aurait pu tirer de plus longs et de meilleurs services, si on les avait plus longtemps attendus.

Quelques personnes se rient de l'attention avec laquelle on pèse les jockeys; elles critiquent violemment les poids légers donnés aux chevaux qui courent. Il en est, par exemple, qui écrivent de ces gentillesses profondes de savoir : — « Dans vos courses n'admettez jamais de chevaux au-dessous de cinq ans; chargez-les du poids que porte un

pour amener un poulain sur le turf. Il y a là deux considérations à juger : d'une part, la nourriture qui a poussé le cheval et avancé son développement ; de l'autre, le prix énorme que coûte l'entretien d'un semblable cheval, et par conséquent l'empressement qu'on a naturellement d'obtenir le plus tôt possible un dédommagement légitime. Du reste, un cheval de trois ans, de pur sang, préparé depuis sa naissance pour les courses, est deux fois plus fort à cet âge que ne l'est un cheval de cinq ans nourri comme on le fait ordinairement pour les chevaux de service. (DE VEAUCE. — *De l'élevage du cheval, des courses, etc.*, p. 34.)

(1) De l'entraînement du cheval de course. — (*Traduit de l'anglais.*)

« cheval de dragon en campagne, de 80 ou 100 kilo-« grammes par exemple ; puis établissez des distances de « 2, 3 lieues et plus si vous voulez, en modifiant le poids « si besoin est, ou bien, ce qui vaudrait mieux peut-être « (ce *peut-être* est vraiment joli), mesurez le temps pendant « lequel devra durer l'épreuve, et vous verrez les ficelles « retourner à l'écurie ou rester en route ; les spéculateurs « de mauvaise foi, désappointés, disparaîtront, et les véri-« tables bons chevaux auront leur tour, ils amélioreront « véritablement alors nos races... »

On met une grande attention à constater le poids que doit porter chaque cheval en course; c'est un devoir, puisque cette condition est l'une des plus essentielles. Les jockeys tiennent beaucoup à ne prendre que le poids exigé, parce qu'ils savent, par expérience, l'influence du poids sur la vitesse de deux chevaux parfaitement égaux en puissance; celui-là cédera le pas dans une même course, que l'on chargera plus que son rival, dont on accroîtra la supériorité en proportion même de l'aggravation de poids donné à l'autre. En ce cas un demi-kilogramme est une force (1)..... Est-ce qu'il faut plus d'une goutte d'eau pour faire déborder le vase assez plein pour ne plus l'admettre? Que faut-il donc pour faire incliner l'un des deux plateaux d'une balance tenus en équilibre parfait par l'égalité absolue des poids supportés? Les forces motrices et la puissance d'innervation

(1) « Il est reconnu qu'un poids de 4 livres fait, entre deux chevaux également bons, une différence d'une longueur pour la distance d'une lieue ou de deux tours d'hippodrome; c'est-à-dire que, si deux chevaux de même âge, de même qualité, de même force arrivent ensemble au même but en portant le même poids, l'on peut remarquer ensuite que, en faisant porter à l'un d'eux 4 livres de plus qu'à son adversaire, ce dernier arrivera le premier, et celui qui porte les 4 livres de plus arrivera derrière lui, à la distance d'une longueur.

« Avec du poids l'on peut donc équilibrer les forces en augmentant les difficultés. » (DE VEAUCE, *loco citato*, p. 29.)

n'ont qu'une certaine étendue. Au delà de sa capacité le vase déborde, au-dessus de ses forces l'animal succombe : la règle est la même; les mêmes causes déterminent les mêmes effets.

Nous ne reviendrons sur la question d'âge que pour faire remarquer cette exigence de cinq ans. Il semblerait qu'on veuille nous faire revenir au bon temps où nos races les plus estimées ne livraient leurs produits aux services qu'à sept et huit ans. Les choses ont bien changé sous ce rapport; mais qui donc voudrait s'en plaindre? En effet, loin d'être moindre, la longévité du cheval s'est accrue, et cependant les exigences du travail ont partout augmenté. C'est donc qu'il y a progrès, — progrès dans la production et dans l'élevage.

« D'un autre côté, ajoute le duc de Schleswig-Holstein, dont nous avons déjà cité les judicieuses observations, si l'éleveur devait attendre que ses chevaux eussent atteint cinq ans avant de courir, il serait trop longtemps privé des avantages résultant de leur emploi à la propagation, et il courrait la chance de perdre ses avances et ses soins durant une période trop longue. »

Chargez vos coursiers, nous crie-t-on, du poids que porte un cheval de dragon en campagne et imposez-leur des courses de plusieurs lieues..... Eh bien! vous obtiendrez un travail de cheval de dragon, et non plus des épreuves sérieuses. Est-ce que vous voudriez employer au perfectionnement de nos races tous les chevaux capables de supporter avec honneur l'épreuve dont vous donnez le programme? Mais qui peut le plus peut le moins, sans doute. Les meilleurs chevaux, parmi les bons chevaux de dragons, sont des fils de ces ficelles qui vous font pitié et que vous renvoyez dédaigneusement à l'écurie. Pour demander l'établissement de courses semblables à celles-ci, il faut être bien étranger à la matière. Tous les jours, les chevaux de sang fournissent des épreuves plus difficiles et bien autrement concluantes; les annales des courses en contiennent l'histoire. Il est vrai que ceux qui n'ont pas la science infuse doivent étudier et approfondir, et que nos doctes critiques, nos savants réformateurs ne se donnent même pas la peine d'examiner et d'apprendre.

Le poids du cheval de dragon en campagne nous remet en mémoire une exclamation que nous avons consignée quelque part. Un officier des remontes, plusieurs amateurs et nous-même, nous admirions entre autres, en 1840, chez un riche propriétaire, un bœuf de travail à la riche structure, à la forte corpulence, à la membrure large et puissante. — Tout à coup l'officier des remontes lance cette apostrophe à notre adresse : Ah ! messieurs des haras, si vos chevaux de pur sang (les ficelles de tout à l'heure) avaient des jambes comme celles-là ! Et il montrait avec une triomphante satisfaction les quatre membres de l'animal. — Eh bien ! répondîmes-nous, nos chevaux de pur sang marcheraient comme des bœufs.

Oui, chargez les chevaux de course comme des chevaux de dragons en campagne, et au lieu d'épreuves sérieuses, — criterium de la force réelle, de l'énergie vraie, de la puissance matérielle et des facultés morales, — vous n'aurez plus qu'un travail possible et facile à toutes les organisations. — Le régénérateur des races dans le cheval capable de porter, à cinq ans, 80 kilogrammes dans un parcours de 2 à 3 lieues !... voilà le dernier mot de la science de nos habiles...

Il n'y a d'épreuves concluantes que celles qui obligent le cheval à déployer, dans une distance donnée, toute sa force physique et toute sa force morale. Eh bien ! nous l'avons déjà constaté, avec le rapporteur de la commission d'enquête, « quoique limitées à quelques minutes, les courses sont une épreuve si violente, qu'il n'y a pas de cheval qui puisse la subir dans toute l'extension de sa vitesse... »

Sait-on bien ce que serait une épreuve du genre de celle qu'on propose ici et ce qu'elle signifierait ? Mais ce mot —

épreuve — a un sens absolu; il emporte l'idée d'un fait qui ne laisse plus de doute.

Le reproducteur doit avoir été éprouvé dans toutes ses facultés comme on éprouve, dans les arts, tout ce qui a besoin d'être éprouvé. On éprouve le canon avant de le confier à l'artillerie; on soumet un pont à de puissantes épreuves avant de le livrer au public...

On ne limite jamais une épreuve aux usages ordinaires; on en dépasse toujours l'étendue, afin d'atteindre plus sûrement le but.

Ce qu'on ne critique pas dans les arts, on ne saurait le critiquer dans les sciences. Ce sont des faits différents qui prennent naissance dans un même principe.

En Angleterre, on a vérifié quelle distance et quel poids conviennent aux chevaux d'un âge donné. L'expérience acquise chez nos voisins profite à tous les peuples aujourd'hui; elle ne saurait être perdue pour nous. On peut donc s'étonner que, tout en reconnaissant la supériorité de la population chevaline entière de la Grande-Bretagne, on ne veuille pas admettre comme bon, utile et judicieux l'emploi des moyens qui ont graduellement conduit à cette supériorité enviable, mais incontestée.

Quoi qu'il en soit, la longueur ordinaire des courses, en France, est de 2 ou de 4 kilomètres courus en une épreuve ou en partie liée. Une seconde ou une troisième épreuves sont quelquefois nécessaires, elles sont toujours possibles; la lutte alors se trouve d'autant prolongée. Or, quand des chevaux fournissent, dans un intervalle d'une heure et demie à peu près, trois épreuves de 4 kilomètres chacune, et lorsqu'ils sont exposés à recommencer ainsi un certain nombre de fois dans la même saison, on peut les croire suffisamment éprouvés. Ceux qui repoussent le système de courses expérimenté depuis plus de deux siècles n'ont jamais monté un cheval mis dans toute sa vitesse et ne se doutent pas de ce que lui imposent des épreuves subies dans de pareilles conditions.

Il était rationnel d'exiger moins des chevaux de trois ans que des chevaux d'un âge supérieur. Aussi les épreuves de 2 kilomètres sont-elles plus particulièrement le fait des chevaux du premier âge.

Le règlement de l'administration limite encore la durée des épreuves. Le maximum du temps accordé a plusieurs fois changé, mais toujours pour être réduit et imposer une condition plus dure. Cette disposition réglementaire s'est mesurée aux progrès de l'élève; elle a suivi la marche ascendante constatée par toutes les autres exigences. Toutefois, dans un temps donné et lorsque de nouveaux progrès auront généralisé ceux qui se remarquent tout à fait en haut de l'échelle, la condition dont il s'agit disparaîtra complétement. Déjà elle n'existe plus qu'en partie, ainsi que nous l'avons dit en rapportant textuellement l'arrêté du 23 octobre 1847, le dernier en date parmi tous ceux qui intéressent les courses.

La fixation d'un maximum de durée des épreuves a, dans ces derniers temps, soulevé les plus vives réclamations. Autrefois nul ne s'en plaignait : on ne s'en plaignait pas lorsqu'elle était une nécessité, une exigence commandée par l'infériorité même de nos chevaux de course; elle écartait alors du concours des prétentions exagérées et des prétendants ridicules. On a commencé à en reconnaître les inconvénients du jour où notre éducation hippique a été plus complète; maintenant on en demande l'annulation.

Courir contre le temps, disent les plus pressés, est une stupidité réglementaire qui force à crever de bons chevaux, ni plus ni moins que s'ils n'étaient que des rosses. Par les gros temps, certains hippodromes deviennent si lourds ou si profonds, que les meilleurs chevaux ont grand'peine à arriver dans le délai fatal; quand un cheval est seul au poteau, lorsque ses concurrents, se faisant justice ou lui rendant les armes, se sont retirés, pourquoi l'obliger à des efforts inutiles, et risquer de l'estropier dans une lutte vaine et sans but? Cette exigence n'est plus de notre époque; le règlement est arriéré.

Pour ceux qui voient les faits de haut et ne concluent pas du particulier au général, les choses n'apparaissent pas tout à fait avec ce caractère d'exagération. Le temps accordé pour fournir une course est assez long pour que la course s'accomplisse, dans un délai plus court, par le vainqueur et par ceux qui lui disputent le plus vigoureusement la victoire. Voici déjà une condition qui n'affecte que les mauvais chevaux de course, ceux qu'un intérêt de conservation bien entendu doit tenir éloignés d'un entraînement pénible et ruineux. A ce point de vue, courir contre le temps est chose utile et bonne qui porte avec soi son enseignement et sa force.

Dans quelques circonstances, il est vrai, l'état du terrain augmente les difficultés, et quelques prix n'ont point été gagnés qui n'ont pas été courus dans le temps voulu; mais ceci est rare, et les difficultés ont bien plus fréquemment servi à rehausser encore l'énergie des chevaux. Elles ont fait plus de bien à l'institution même des courses qu'elles n'ont découragé d'éleveurs. Ce serait une faute que de supprimer aujourd'hui, en l'état actuel des choses, la condition du temps. Cette suppression protégerait les faibles contre les forts, et nuirait essentiellement aux hippodromes de la province. Les chevaux de troisième ordre, bien entraînés, y auraient trop beau jeu lorsque les prix pourraient dépendre *d'une pointe de vitesse.* Ils n'iraient plus au mérite réel, aux qualités solides, mais à l'habileté, au jeu du jockey; et, tandis que Paris entraînerait ses chevaux avec plus d'art, la province se laisserait prendre aux facilités du règlement et négligerait les soins d'une utile préparation. Supprimer la condition de temps, dans les courses officielles, serait porter un coup funeste à l'élevage du cheval de pur sang dans les départements où il a besoin, au contraire, d'être fortement encouragé.

Toutefois, et en thèse générale aussi, cette condition a parfois quelque chose de trop rigoureux. Telle que l'avait faite le règlement, elle était extrêmement difficile à remplir lorsqu'une épreuve douteuse en imposait une nouvelle, ou lorsque deux épreuves, gagnées par des chevaux différents, soumettaient ceux-ci à une troisième lutte non prévue en quelque sorte, ou tout au moins placée en dehors des circonstances d'après lesquelles on avait calculé et fixé les conditions de la lutte simple. Ici, il y avait une amélioration possible; démontrée utile par l'expérience, elle a été réalisée par un arrêté de M. le ministre de l'agriculture et du commerce. Il n'y a plus de temps fixé pour les épreuves à fournir *en cas d'indécision du juge, ni dans la troisième épreuve* devenue nécessaire dans les courses en partie liée.

Il en est de même du temps que le règlement accordait aux chevaux pour arriver au but après le vainqueur. Le règlement ne veut pas que des chevaux puissent se ménager assez pour avoir, dans une seconde ou troisième manche, sur le vainqueur de la première, une supériorité qui ne serait pas de bon aloi; il oblige donc, sous peine d'exclusion, les chevaux qui ont pris part à la course à arriver ou huit ou dix secondes au plus tard après le gagnant. Ici, la condition du temps devenait excessivement difficile à apprécier par les jockeys, qui ne sont pas tenus à faire plus que le règlement n'impose. La condition est devenue plus facile à remplir par le poteau de distance, établi à 200 mètres du point d'arrivée, par le huitième paragraphe de l'arrêté précité.

Les dispositions prises pour éviter toute erreur et toute réclamation sont simples et d'une application facile.

Après l'avoir supprimé, nous sommes donc revenu au poteau de distance; mais, en y revenant, nous en avons assuré l'efficacité. D'un moyen imparfait et d'une application rigoureuse impossible, nous avons fait un moyen facile, simple, exact.

Le règlement réclamerait une autre amélioration. Il n'admet aujourd'hui à disputer ou la seconde épreuve dans les courses simples, ou la troisième épreuve dans les courses en partie liée, que les seuls chevaux arrivés tête à tête dans les premières ou les deux vainqueurs dans les secondes.

Cette disposition est contraire au but même de la course; elle force à la retraite des compétiteurs qui ne demanderaient qu'à rentrer en lice pour disputer encore la palme aux demi-vainqueurs, qu'on nous passe l'expression. A la première révision du règlement officiel, il est impossible qu'on ne le modifie pas dans ce sens.

Nous n'avons pas épuisé la série des considérations que nous aurions à émettre sur les courses; mais nous sentons que nous avons déjà dépassé nos limites et nous n'irons pas plus loin en ce qui concerne les courses classées.

Il en est d'autres, et c'est là surtout ce qui fait la force de l'institution. Il y aurait vraiment peu de résultats à attendre de cette dernière, si elle était bornée aux seuls efforts, aux ressources insuffisantes de l'administration des haras. Hâtons-nous d'ajouter que le principal mérite de son organisation gît précisément dans la facilité avec laquelle elle provoque le concours actif et puissant de tout ce qui l'entoure.

Nous n'avons pas le projet de nous arrêter en ce moment aux courses de sociétés ou de départements qui, dans la pratique, se fondent à merveille dans celles du gouvernement. Nous en avons déjà dit quelques mots au point de vue de leurs règlements et de leurs programmes, nous aurons bientôt l'occasion de les passer en revue.

Un mot, cependant, avant de passer outre, sur les différentes espèces de courses. En effet, jusqu'ici les courses plates au galop nous ont seules occupé; mais les courses de haies et les *steeples-chases* ont aussi leurs règles et leur utilité.

Celles-ci, il faut le dire, ont bien plutôt intéressé, jusqu'à présent, le cheval de service que les animaux destinés à la reproduction.

Les courses avec obstacles sont trop fortes pour les jeunes chevaux ; elles exigeraient une trop longue attente pour des épreuves qui ont principalement pour but de désigner au choix des éleveurs les étalons les plus capables de servir utilement la marche de l'amélioration.

Les courses plates au galop, lorsqu'elles sont combinées avec intelligence, sont des épreuves de vitesse et de fonds. Les courses avec obstacles, sans exclure précisément un certain degré de vitesse, ont pour but plus spécial de mettre en évidence la force et la vigueur des chevaux, et l'adresse des cavaliers.

Aussi, pour ces sortes de luttes, les chevaux sont-ils assez ordinairement montés par leurs propriétaires, ou par des *gentlemen* de leurs amis.

Les conditions de ces courses sont extrêmement variables; nous n'essayerons pas d'en analyser les mille et une combinaisons.

Dans les steeples-chases, on ne peut suivre les routes publiques. On court à travers champs dans les limites indiquées et sur un terrain le plus ordinairement aussi tourmenté et aussi difficile que possible; on franchit les pentes abruptes, les rivières, les fossés, les haies, et toute espèce d'obstacles enfin qui se présentent sur le terrain choisi à dessein. La distance est généralement de 8 à 16 kilomètres.

Dans les courses avec sauts de barrières, on coupe l'hippodrome par des obstacles simulant des haies; ce sont, pour l'ordinaire, des claies habillées de branchages serrés, plantées en terre et hautes de 3 pieds 1/2 à 4 pieds. Le nombre des barrières à franchir varie de six à dix ; la distance n'est guère que d'un tour à un tour et demi, soit 2 ou 3 kilomètres.

Les courses de haies (*hurdle race*) sont très-intéressantes et très-utiles, mais dangereuses si on ne prend beaucoup de précautions pour établir et placer les obstacles. « Avant tout, il ne faut pas que les haies ou claies soient trop élevées, ce qui présenterait des dangers, mais assez cependant pour que les chevaux soient obligés de faire quelques efforts pour les franchir. 3 ou 4 pieds sont une hauteur suffisante, et les haies doivent être fixées assez solidement pour que le cheval ne les fasse pas tomber en les touchant du poitrail ou des pieds, mais non pas de manière à le blesser, s'il se heurtait contre fortement ou s'il tombait dessus. Les meilleures haies ou claies sont celles qu'on établit avec des branches de saule ou de noisetier, en plaçant à chaque bout un pieu ou piquet un peu fort et long, de manière à le ficher en terre de 12 à 15 pouces, suivant la nature du terrain. En définitive, la claie ou haie doit être assez forte pour résister et forcer le cheval à la franchir, mais pas assez pour que, s'il bronche, il se blesse.

« Dans tous les cas, il faut bien se garder d'établir des barrières ou poteaux et lices de bois de charpente, car rien n'est plus dangereux, et avoir le soin de placer, à chaque haie, des ailes à droite et à gauche, dans une distance de vingt-cinq à trente pas, afin d'empêcher les chevaux de se dérober. Ces ailes devront avoir 2 pieds de plus en élévation que les haies à faire franchir.

« On aura soin d'incliner un peu les haies du côté opposé à celui par lequel les chevaux arriveront, et de placer la dernière à franchir à environ cinquante pas du poteau d'arrivée. Cela permet aux chevaux de se rassembler et de prévenir, en quelque sorte, de légères fautes au dernier saut. Enfin une course de haies doit être de 2 milles (1). »

(1) *Journal des haras.*

Nos courses de haies ne présentent pas, en général, des obstacles assez nombreux, assez rapprochés ; elles dégénèrent trop facilement alors en courses de vitesse et sortent de leur spécialité. Plus les obstacles sont rares, moins la lutte est intéressante et plus elle offre de dangers. La course de haies, sur les hippodromes, est surtout attachante par la manière brillante dont le cavalier enlève son cheval sur l'obstacle. C'est particulièrement une lutte d'adresse et de force à laquelle il faut convier les amateurs, ce qu'en Angleterre on nomme les *gentlemen riders*.

Toutefois l'intérêt qu'on prend aux courses de barrières n'est point comparable à celui qu'inspire un steeple-chase difficile et nerveux. Cette course aventureuse sur un terrain inégal, couvert d'aspérités durcies par la sécheresse et d'ornières profondes, ou fangeux, coupé de rigoles nombreuses, traversé par des cours d'eau, divisé par des haies, des barrelages, des palissades, des clôtures de toute espèce rapprochées les unes des autres, relevé en chaussées, défendu par de larges fossés boueux, glissants..... ; cette course, qu'une grande habileté à manier le cheval et qu'une sorte de témérité seules peuvent faire entreprendre, inspire les émotions les plus diverses, attire et attache au plus haut degré. — A côté de ces grandes courses, il en est de moins prétentieuses qui n'auraient pas une utilité moins réelle, un but moins sérieux, si elles étaient généralisées, partout judicieusement organisées.

Celles-ci intéressent des races plus modestes et s'attachent à la bonne éducation du cheval de service, si inférieur en France, grâce à l'état inculte dans lequel on le laisse croupir au hasard, au lieu de tendre à développer en lui le germe des bonnes qualités qu'il tient de ses ascendants.

Sous ce rapport, l'éleveur français a d'immenses progrès à faire. L'extension des courses de premier degré, des courses primaires en concours publics aurait une très-grande influence sur la recherche de nos produits et l'abandon des chevaux allemands, dont tout le mérite est dans la docilité du caractère et la facilité avec laquelle ils se prêtent à tous les travaux qu'il plaît de leur imposer.

Il se peut que la situation du trésor ne permette pas d'accorder encore aux haras les moyens de seconder, sous ce rapport, l'élan qui, dans ces dernières années, s'est manifesté de toutes parts; mais nous ne voulons pas que l'administration puisse être accusée d'avoir méconnu cet intérêt ou de ne l'avoir pas fait valoir ce qu'il vaut en effet.

En plus d'une occasion elle a introduit le fait dans les documents soumis à l'examen des pouvoirs publics. Le passage suivant, extrait de la note préliminaire annexée au budget de 1849, résume à cet égard ses vues et ses efforts ;

« Considérées comme le moyen le plus certain de mettre en relief les qualités des chevaux, les courses ont pris une grande faveur dans ces derniers temps. Les sociétés particulières, les villes, les départements ont à l'envi cherché à les généraliser, et à cet effet ont consacré des sommes assez considérables soit pour améliorer les hippodromes, soit pour en créer d'autres. Des prix nouveaux ont été fondés en vue d'encourager la production du cheval fort et léger, du cheval de tous les besoins, de celui enfin qui peut fournir les types propres aux différentes armes de la cavalerie.

« Malheureusement l'administration n'a pu seconder, comme elle l'aurait voulu, l'élan qui se manifeste de toutes parts : resserrée dans les limites de son budget, il lui est impossible de prêter aux localités qui prennent l'initiative un concours pleinement efficace; les fonds lui manquent pour subventionner les associations hippiques qui ne demandent qu'un peu d'aide pour marcher ou se soutenir.

« Dans cette situation, l'administration croit utile d'accorder plus d'extension aux courses, et de développer surtout celles qui, affectées aux races indigènes, ont pour but de leur donner plus de valeur par un dressage et des exercices habilement combinés. C'est en effet parce qu'il sort de l'écurie de l'éleveur à l'état brut que le cheval français est moins recherché que le cheval allemand, par exemple; les avantages originels dont il est doué en feraient un cheval supérieur à ce dernier, si l'éducation venait au secours de la nature et développait les qualités inhérentes à sa robuste organisation. Les courses sont le mode le plus sûr qu'indique la pratique pour arriver à ce résultat; elles résument toutes les conditions d'accouplement, d'alimentation, d'hygiène et de soins nécessaires pour obtenir un produit distingué, un produit capable de devenir à son tour un bon reproducteur.

« Ces considérations ont motivé la demande d'augmentation de 90,000 fr. portée au budget, et qui est destinée tout entière, on le répète, à l'organisation des courses *primaires*, s'il est permis de s'exprimer ainsi. La vulgarisation de cette institution opère une prompte révolution dans les méthodes d'élevage aujourd'hui si arriérées. »

Cette question des courses de premier degré est déjà ancienne parmi les hommes spéciaux; on en sent l'utilité, on en mesure les effets, on en découvre la portée. Ce ne sont plus des moyens d'épreuves violentes, mais des occasions de bon élevage et de dressage qui permettent de produire avec succès, en public, des animaux de service souples, dociles, maniables, prêts à tout. C'est un moyen de rappeler aux pays de production indigène le consommateur qui leur fait défaut depuis longtemps.

La nature même de cette institution modeste a été parfaitement appréciée dans une lettre écrite en 1858 au rédacteur du *Journal des haras*, à l'occasion des courses de Saint-Brieuc.

On y lit :

« Il est encore une observation sur laquelle je vous demanderai la permission de m'appesantir; elle est relative au cheval commun, au cheval de simple cultivateur, qui, jusqu'à présent, a fait la majorité des coursiers de Saint-

Brieuc. Il est certains bienfaits, certains encouragements qui ont besoin d'être compris et appréciés, et qui, s'égarant là où ils ne doivent point produire de résultats, deviennent inutiles et même nuisibles : tel a été à peu près, jusqu'à il y a peu d'années, l'établissement des courses de St.-Brieuc; je ne crains pas de dire qu'en définitive, à part le goût du cheval parmi les amateurs, que ce spectacle a continué ou développé, les courses n'ont pas avancé l'amélioration de l'élève du cheval dans les Côtes-du-Nord. En effet, le cheval de pur sang seul peut et doit courir avec avantage, c'est pour lui que sont disposés les hippodromes, à lui que conviennent l'entraînement et l'exercice des courses; c'est pour encourager son élève si dispendieuse que sont accordés les prix de courses. Sans les prix de courses, point de chevaux de sang; sans les chevaux de sang, point d'amélioration. Voilà une vérité bien triviale, et qui cependant n'est pas encore assez généralement sentie. Mais il en est tout autrement du cheval commun; les chevaux de service, les chevaux de voiture, les chevaux du cultivateur, les chevaux destinés à la remonte ou au luxe ne peuvent point et ne doivent point courir, en Bretagne surtout; outre que la nature ne leur a point donné les formes nécessaires pour des luttes de vitesse, les cultivateurs se croient obligés, pour l'appât d'un prix qui les fuit souvent, de faire saillir leurs juments chétives et grêles par des chevaux légers qui ne sont la plupart du temps pas appropriés à leur commerce et à leur industrie. Les poulains qui naissent ne sont pas convenablement nourris ni exercés; ils quittent la pâture ou le travail du trait pour venir lutter sur les hippodromes; qu'ils soient vainqueurs ou vaincus, leur prix n'en est pas plus élevé : les plus grands sont vendus à la remonte, les plus petits servent de poneys dans le pays à des prix minimes. L'amélioration ne gagne rien à cela; l'agriculture, le commerce, les remontes y perdent au contraire, puisque, au lieu de bons et forts chevaux qu'on pourrait élever dans le pays, on se jette dans l'élève des chevaux qui, faute de bonnes mères, de bons soins et de bonne nourriture, ne peuvent jamais qu'être manqués et décousus. Cet état de choses est peu dangereux sur les hippodromes où de bons chevaux de sang, bien préparés par des hommes intelligents, sont venus, dès l'abord, prendre leur place. Les chevaux communs, battus à leur début, n'y ont pas reparu ; mais il n'en a pas été ainsi à Saint-Brieuc. Pendant quinze ans, les vigoureux petits chevaux bretons sont venus, sans gloire pour eux et sans profit pour l'amélioration, fouler les grèves de Saint-Brieuc ; pendant quinze ans, malheureusement pour eux, ils ont battu souvent quelques mauvaises rosses de sang que des personnes peu entendues voulaient leur opposer : alors leur cœur s'est enflé, et maintenant ils viennent encore lutter avec rage et chercher à reconquérir un sceptre qu'ils ne rattraperont plus. Depuis quelques années, de bons chevaux viennent courir à Saint-Brieuc, plusieurs amateurs des environs ont des juments de sang, et dans quelques années cette partie de la Bretagne fournira un nombre considérable de chevaux distingués, qui pourront bravement aller courir partout où ils voudront. Mais pour en revenir aux chevaux du cultivateur, du simple agriculteur, ils seront donc expulsés entièrement des courses ? Oui, cela ne peut pas être autrement ; les éleveurs étaient engagés dans une fausse voie, il faut qu'ils la quittent, et qu'ils retournent à l'élève du cheval d'ensemble et de force, du cheval de troupe, de commerce et d'agriculture. Mais il est un autre moyen de les encourager dans cette nouvelle voie, et déjà il a été adopté, cette année, avec succès aux courses de Saint-Brieuc, c'est la course au trot, seul moyen d'encourager l'éleveur de la petite propriété et de le faire persévérer dans le genre d'élève qui lui offrira le plus de chances de gain et de succès. Déjà, vous le savez, ces courses sont en usage en Normandie depuis deux ans, et leur succès a réalisé toutes les espérances. A ce propos, permettez-moi de vous soumettre une petite réflexion. J'ai entendu faire une objection aux courses au trot, qui est assez spécieuse pour séduire au premier abord : c'est, dit-on, que le genre d'épreuves ne peut que difficilement prouver le mérite, le fonds, la vigueur d'un cheval;—qu'un bon cheval cherchera à galoper, et par là prendra du terrain sur celui qui, plus pacifique, plus calme, filera son chemin sans fougue et sans s'emporter;—enfin que le vainqueur sera souvent le cheval médiocre parmi les concurrents. A cela, je réponds que cela m'est parfaitement égal; le seul moyen d'éprouver le fonds et la vigueur d'un cheval est, je le sais, la course au galop. Mais le but des courses au trot est tout autre : faire bien nourrir, bien soigner et dresser à tous les services une foule de chevaux qui seraient toujours, sans cela, restés dans l'état sauvage ; faire paraître devant les acheteurs, tout prêts, tout dressés, bridés, sellés, attelés, tous les chevaux à vendre, tandis que, il y a quelques années, ils n'avaient qu'un licou à la tête : tel sera le résultat des courses au trot introduites dans nos pays d'élève sur une grande échelle. Maintenant, que les chevaux arrivent une seconde plus tôt ou plus tard, qu'importe? »

La question en était restée à ce point jusqu'en 1846. A cette époque, l'administration lui a fait faire un nouveau pas en décidant que, à l'avenir, elle essayerait les étalons de demi-sang avant d'en effectuer l'achat pour la remonte de ses établissements.

Le domaine des courses au trot, à la guide ou sous l'homme s'est dès lors considérablement agrandi. Ce n'était plus une simple combinaison d'hippodrome adoptée par telle ou telle société de courses dans un intérêt exclusivement local et restreint, mais une institution placée sous le patronage des haras, une création dont les utiles développements ne seraient pas longtemps attendus, une œuvre de suite à laquelle l'industrie prendrait, sans plus d'hésitation, la part large et sérieuse qui pouvait en assurer les bons résultats.

C'est en 1848 que la première application officielle de

cette mesure a eu lieu; un arrêté daté du 4 février de la même année en porta l'essai en Normandie, au Pin d'abord, puis à Caen et à Alençon.

Ce début a été si heureux, que le succès de l'institution est maintenant assuré. Tout dépendait du commencement, de la décision que l'on apporterait dans le fait même. Il y avait nécessité de ne pas fléchir; il ne fallait pas s'en laisser imposer par les parties intéressées. Avec de la fermeté on devait aboutir; avec de la résolution on jetait hardiment dans les esprits les fondements d'une institution dont les fruits seront immédiats et incalculables.

Les choses se sont ainsi passées.

Nous ne reviendrons pas sur les avantages que l'administration a voulu atteindre en créant des courses d'essais spéciaux; pour les justifier, s'il en était besoin, nous renverrions le lecteur à ce que nous en avons dit dans notre premier volume, à partir de la page 307.

Nous nous bornerons à placer ici le dernier arrêté pris sur la matière le 12 avril 1849, et le rapport qui en a motivé la présentation à M. le ministre de l'agriculture et du commerce.

RAPPORT.

« Monsieur le ministre,

« Les courses d'essai imposées aux jeunes chevaux offerts à l'administration des haras pour la remonte de ses établissements ont été inaugurées, en 1848, avec un succès complet, sur les hippodromes du haras du Pin, des villes de Caen et d'Alençon.

« Cette institution a ouvert une ère nouvelle à l'élevage de l'étalon de demi-sang; elle s'est montrée aux éleveurs comme une source de progrès vive et féconde, comme un véhicule puissant à l'adoption des saines idées et des bonnes pratiques. Cette simple expérience, renouvelée trois fois à de courts intervalles, sur une surface assez circonscrite, a opéré toute une révolution dans les habitudes un peu arriérées des éleveurs. Ceux-ci étaient sans doute convertis à l'avance ; mais le dressage intelligent du jeune cheval comporte des soins et des frais dont on ne prend pas l'initiative si l'on n'y est forcé par les circonstances et par un intérêt pressant.

« Les prix de course peuvent seuls offrir cet intérêt. Plus ils seront nombreux, plus vite et plus complétement sera atteint le but que poursuit l'administration des haras, savoir :

« Faire rechercher les producteurs d'élite afin de les marier judicieusement ;

« Nourrir substantiellement les produits afin de les mûrir de bonne heure ;

« Donner à ceux-ci une éducation rationnelle qui favorise le développement de toutes les qualités inhérentes aux meilleures races.

« Une institution qui porte en elle la certitude de semblables résultats doit être grandie et fortifiée chaque année, afin d'embrasser toutes les exigences et de ne pas rester en arrière des besoins qu'elle-même tend à développer.

« Le jour où l'éleveur aura contracté l'habitude des bons accouplements, d'une alimentation suffisante et d'un dressage rationnel, la population chevaline de la France sera puissante et forte par le mérite. Après avoir traité ainsi le poulain, destiné plus tard à la remonte des établissements de l'État, il portera ses soins sur la pouliche destinée à faire souche, et bientôt encore sur le produit de toute provenance et d'aptitude quelconque, afin d'en tirer un parti profitable en le mettant en honneur dans l'esprit du consommateur.

« C'est de l'élevage de l'étalon que naîtront de bonnes pratiques de production, de nourriture et d'élève du cheval de service. On ne fait pas la même chose bien et mal tout à la fois. L'éleveur soigneux n'est pas soigneux seulement pour tel ou tel de ses produits, il le devient pour tous, par besoin, par habitude, par expérience. La tradition commence avec lui; l'exemple est contagieux, l'imitation étend la base, et les saines pratiques se généralisent dès que le succès les fortifie.

« Tel est l'intérêt qui s'attache à la révision du premier arrêté qui ait été pris concernant les courses d'essai imposées aux jeunes chevaux offerts à l'administration des haras.

« L'arrêté du 4 février 1848 s'est borné à instituer ces courses en Normandie, centre et foyer de production de l'étalon de demi-sang.

« Mieux a réussi cette première création, et mieux aussi a été démontrée son insuffisance.

« Comme la Normandie, les Pyrénées peuvent prétendre à l'honneur de fournir les types à une partie de la France; comme les éleveurs de Normandie, ceux des Pyrénées doivent être excités à produire judicieusement et à bien élever les animaux destinés à reporter dans la population chevaline des germes d'amélioration éprouvés.

« D'autres provinces méritent également, sous ce rapport, de fixer l'attention de l'administration et des éleveurs; c'est un nouvel ordre d'idées dont l'application devra s'étendre de proche en proche et changer complétement les pratiques usuelles.

« La première modification apportée à l'arrêté de 1848 porte sur la généralisation du principe et sur l'extension du fait; le tableau qui le termine embrasse la totalité de la France et désigne les chefs-lieux d'essais spéciaux de courses au trot où pourront être éprouvés les jeunes chevaux offerts à la remonte des haras.

« Ce tableau n'est encore qu'un second pas dans la voie ouverte; malheureusement il n'est, en quelque sorte, qu'une indication, car les fonds alloués, cette année, au budget ne permettent pas de doter ces divers chefs-lieux comme il conviendrait qu'ils le fussent et comme l'administration sent la nécessité de le faire.

« Une autre modification très-importante intéresse la nature même des prix.

« En fait d'encouragement de ce genre, l'administration a depuis longtemps des principes bien arrêtés. Son but est de faire ressortir dans toute sa plénitude le mérite réel du cheval supérieur. La conséquence de ce principe, c'est l'accumulation des prix sur la même tête, l'admission à courir le plus grand nombre possible de prix contre des concurrents nombreux et variés. Dans ces conditions apparaît le cheval hors ligne, celui que l'administration a intérêt à connaître et à faire accepter aux producteurs.

« L'arrêté de 1848 était resté fidèle à ce principe ; mais l'expérience a démontré la nécessité de ne pas le laisser entier, car il est arrivé que quelques chevaux d'élite ayant éloigné du concours, par leur supériorité, d'autres chevaux moins vites ou moins bien préparés, ceux-là seuls ont été réellement essayés, qui étaient à peu près certains de la victoire.

« Les autres sont restés prudemment en arrière et ne sont entrés en lice que pour la forme. Le but n'était plus atteint. Il le sera désormais par la distinction qu'établit l'art. 3 du nouvel arrêté et par les dispositions que consacre l'art. 8.

« L'art. 3 divise les prix en première et deuxième classes. L'art. 8 détermine que le même cheval ne peut être admis à gagner qu'un prix de deuxième classe; tous les prix de première classe peuvent, au contraire, être gagnés par le même cheval, les victoires de celui-ci eussent-elles commencé par un prix de deuxième classe.

« Cette combinaison écarte le cheval hors ligne des courses qui ont pour but les prix de deuxième classe; elle va au-devant du découragement qui suit inévitablement une supériorité trop grande et amène à des essais réels des chevaux que l'on craint de déshonorer en les éprouvant contre des forces trop supérieures. Elle fait réserver, pour les prix de première classe, des chevaux pour lesquels on a des prétentions élevées et auxquels on veut donner une haute valeur en dédaignant des victoires faciles pour des épreuves sérieuses et profitables; car, si les prix de deuxième classe sont peu importants, les prix de première classe ne laissent pas que d'offrir un certain intérêt par leur propre fonds d'abord et ensuite par l'addition du montant des entrées dont le principe est admis par le second paragraphe de l'article 5 et dont les articles 20 et 21 disposent conformément à l'expérience.

« Ce principe est fécond; il provoque des soins de toute espèce, et réveille à la fois l'amour-propre et la sollicitude légitime. Le nombre des engagements est encore un moyen de mesurer la marche de l'institution et l'étendue de ses progrès.

« En exigeant que les engagements soient faits un mois à l'avance, on laisse dans l'ombre toute combinaison de jeu incompatible avec le but que l'administration poursuit.

« Les articles 4 et 17 établissent rigoureusement la condition relative à l'origine. L'arrêté insiste à juste titre sur la nécessité de n'admettre aux courses que des animaux déjà recommandables sous ce rapport, que des sujets parfaitement apparentés. Les éleveurs seront bien fixés sur ce que leur demande l'administration.

« L'âge, la taille et le poids sont déterminés comme il convient, avec une modération nécessaire pour le cheval de la division du Midi.

« Aucun cheval porteur d'une tare héréditaire n'est admis à faire ses preuves; ce serait un contre-sens.

« Le nouvel arrêté étend l'exclusion à toutes les mauvaises constructions, fussent-elles exemptes de tares transmissibles. Cette disposition aura pour avantage de faire livrer au bistouri tout cheval entier indigne de se reproduire, tout poulain sur l'avenir duquel il n'y a point à se méprendre (1).

« Les autres dispositions ne soulèvent aucune difficulté ; l'expérience les a déjà consacrées.

« Agréez, etc.

« EUG. GAYOT. »

Arrêté concernant les courses d'essai imposées aux jeunes chevaux offerts à l'administration des haras pour la remonte de ses établissements.

Le ministre de l'agriculture et du commerce,

Vu l'article 5 de l'arrêté du 30 septembre 1846, ainsi conçu :

« A partir du 1er janvier 1848, aucun étalon ne sera acheté par les haras, s'il n'a été éprouvé en concours public, soit dans des courses générales, soit dans des luttes particulières ouvertes à cet effet et jugées par une commission de cinq membres nommés par le ministre, présidée par le préfet ou le sous-préfet.

« Les conditions d'essai comprendront les courses au trot sous le cavalier ou à la guide, les courses plates au galop, ou même les courses au galop avec obstacles; »

Vu l'arrêté du 4 février 1848;

(1) Ces exclusions n'impliquent aucune contradiction avec ce que nous avons écrit un peu plus haut. On se rendra compte qu'il s'agit ici d'essais *spéciaux* et non de courses générales; que le but n'est plus le même, qu'il diffère essentiellement au contraire. Les courses d'essai ont pour objet de vulgariser les bonnes méthodes de production et d'élève, d'amener l'éleveur à raisonner, à appuyer sur des faits la pratique des croisements et des alliances judicieuses, de le contraindre à nourrir en suffisance les produits qu'il destine aux haras et à les soumettre en tout à une éducation rationnelle et perfectionnée. Les courses d'essai s'arrêtent là, elles ne vont pas au delà; il ne faudrait pas leur demander plus que de raison, sous peine d'en fausser l'application.

Considérant que l'industrie de l'élevage de l'étalon prend, chaque jour, une importance plus grande;

Qu'il importe de la diriger vers l'adoption des meilleures méthodes de production et d'élève;

Que, par conséquent, il y a lieu d'instituer, à côté des courses déjà établies en France, des essais spéciaux pour ceux des jeunes chevaux qui n'auraient pas été engagés dans les luttes générales;

Sur les propositions de l'inspecteur général chargé de la direction du service des haras,

Arrête :

Art. 1er. Indépendamment des prix qui sont déjà affectés sur les différents hippodromes de France aux chevaux entiers de trois ans et au-dessus, il y aura des courses spéciales, dites d'*essai*, pour les jeunes chevaux offerts à l'administration des haras pour la remonte de ses établissements.

Art. 2. Les courses d'essai réglementées par le présent auront lieu au trot, les chevaux étant montés ou attelés.

Art. 3. Les prix seront distingués en prix de première et de deuxième classes.

Les prix de première classe ne pourront être courus que par des chevaux engagés un mois à l'avance, et payant une entrée déterminée au programme.

Art. 4. Les chevaux entiers, nés et élevés en France, seront seuls admis à courir.

Les propriétaires justifieront de l'origine par la production d'un certificat délivré par un directeur de haras ou dépôt d'étalons, en échange de la déclaration de naissance que doit porter la carte de saillie de la poulinière.

Art. 5. Ne seront point admis à courir,

Le cheval qui n'aura pas la taille déterminée ci-après :

1 mètre 52 centimètres à trois ans, et 1 mètre 55 centimètres à quatre ans, dans les départements formant la division du Nord;

1 mètre 47 centimètres à trois ans, et 1 mètre 50 centimètres à quatre ans, dans les départements formant la division du Midi;

Tout cheval entaché d'une tare héréditaire;

Tout cheval qui, sans être taré, n'aurait pas la construction désirable chez l'étalon.

Art. 6. La commission sera juge souveraine pour tout ce qui concerne l'admission au concours.

Art. 7. Les chevaux doivent porter, savoir (1):

Chevaux de la division du Nord.

A trois ans, dans les courses communes aux chevaux de trois et quatre ans, 58 kilogrammes;

A trois ans, dans les courses spéciales aux chevaux de cet âge, 60 kilogrammes;

A quatre ans, 65 kilogrammes.

Chevaux de la division du Midi.

A trois ans, dans les courses communes aux chevaux de trois et quatre ans, 54 kilogrammes;

A trois ans, dans les courses spéciales aux chevaux de cet âge, 56 kilogrammes;

(1) « Autrefois l'on pensait, en Angleterre, que le poids n'était pas nécessaire dans une course au trot, et qu'un cheval portant *une plume* (un jeune garçon pesant le moins possible) n'avait pas plus d'avantage que celui chargé d'un poids ordinaire; au contraire même, on choisissait quelquefois de préférence un cavalier lourd. Vers l'année 1783, Lawrence, suspectant la rationalité de cette opinion, consulta plusieurs jockeys, fit lui-même plusieurs expériences, desquelles il résulta que le poids déterminait un effet proportionnel sur la vitesse et l'énergie du cheval, aussi bien au trot qu'au galop. En conséquence, il recommanda dans son ouvrage, publié en 1796, l'adoption des poids dans les courses au trot, chose que l'on pratique depuis cette époque. » (*Traité des courses au trot*, par E. Houel.)

A quatre ans, 60 kilogrammes.

Art. 8. Aucun cheval ne peut gagner plus d'un prix de deuxième classe.

Les prix de première classe, au contraire, n'admettent aucune exclusion.

Tout cheval déjà vainqueur d'un prix de première classe prend les surcharges suivantes :

A trois ans, 2 kilogrammes, à quatre ans, 3 kilogrammes, pour un prix gagné;

A trois ans, 5 kilogrammes, à quatre ans, 6 kilogrammes, pour plusieurs prix gagnés.

Art. 9. Le même propriétaire peut engager plusieurs chevaux dans une même course.

Art. 10. Le même cheval peut courir plusieurs prix le même jour.

Art. 11. Pour les courses attelées, on ne pourra faire usage que de tilburys ou boguets ayant une hauteur de roue minimum de 1 mètre 60 centimètres.

Art. 12. La longueur des courses est ainsi fixée :

Courses montées, chevaux de trois ans, des épreuves de 3 à 4 kilomètres;

Courses montées, chevaux de trois ou quatre ans, des épreuves de 4 kilomètres;

Courses attelées, des épreuves de 4 kilomètres pour les chevaux des deux âges indistinctement.

Toutes les courses auront lieu en une épreuve.

Art. 13. S'il se présente, pour disputer un même prix, un nombre de chevaux trop considérable pour qu'ils ne puissent sans danger entrer en lice en même temps, les concurrents seront divisés par pelotons, qui courront successivement, à moins que les coureurs, à la majorité, n'aiment mieux partir ensemble sur plusieurs lignes.

Les chevaux qui devront former chaque peloton seront désignés par le sort, ainsi que l'ordre dans lequel les pelotons devront courir.

Les vainqueurs de chaque peloton courront entre eux, et le prix sera adjugé au cheval qui, dans cette seconde course, arrivera le premier.

Art. 14. Tout cheval dont l'allure cesse d'être celle du trot doit être arrêté pour repartir.

La commission sera juge de la mise hors de concours, pour l'obtention du prix, de tout cheval qui aurait fourni une partie plus ou moins étendue de la carrière au galop.

Elle prendra telle mesure qu'elle jugera convenable pour assurer l'entière exécution de cette disposition.

Art. 15. La commission décidera s'il y a lieu de faire parcourir une certaine étendue de terrain aux chevaux engagés avant de donner le signal du départ pour la carrière à fournir.

Art. 16. Il n'est pas fixé de maximum de temps pour les épreuves.

On fera usage du chronomètre pour constater les vitesses.

Dans les courses attelées, tout cheval qui aura mis à fournir la carrière un dixième en plus du temps employé par le vainqueur sera déclaré distancé.

Dans les courses montées, le cheval distancé est celui qui n'a pas atteint le poteau de distance au moment où la tête du premier cheval dépasse le but.

Il sera établi deux poteaux de distance, l'un à 300, l'autre à 400 mètres en arrière du point d'arrivée.

Le premier servira pour les épreuves de 3 kilomètres, le second pour celles d'une plus grande distance.

L'arrivée du vainqueur sera signalée par la chute instantanée d'une flamme hissée avant la course au haut du poteau d'arrivée.

Le signal sera immédiatement répété par une personne placée au poteau de distance par le juge.

Art. 17. Indépendamment de l'*engagement* exigé par le second paragraphe de l'article 5 pour le prix de première classe, tout cheval destiné à prendre part aux courses d'essai devra être *inscrit*, huit jours à l'avance, au chef-lieu de chacune d'elles.

L'inscription ne peut avoir lieu que sur la remise d'un certificat de naissance portant le signalement du cheval et sa généalogie, et visé et contrôlé par le directeur du haras ou dépôt d'étalons dans la direction duquel est situé le lieu où le cheval est né.

Art. 18. Dans aucune des courses au trot établies en France sur les fonds de l'administration des haras il ne sera admis à courir ou à conduire les chevaux engagés que les *jockeys* ou *cochers français*.

Art. 19. La commission se réunira, pour l'examen et l'admission des chevaux, l'avant-veille du premier jour des courses, et, s'il y a lieu, la veille.

Elle devra, toutefois, avoir terminé ses opérations *vingt-quatre heures* au moins avant l'ouverture des courses.

Les engagements relatifs aux prix de première classe, déposés par écrit et sous pli cacheté, un mois à l'avance, entre les mains du préfet du département, seront publiés par les soins du préfet, à l'expiration même du délai indiqué au programme.

Les engagements pour les prix de deuxième classe seront déposés en la même forme entre les mains du président de la commission, *vingt-quatre heures* avant l'heure du premier jour des courses, sous peine de nullité.

La liste des engagements sera affichée dans l'enceinte du pesage, deux heures avant l'ouverture de la lice.

Art. 20. Le payement des entrées doit s'effectuer, savoir : moitié au moment du dépôt de la lettre d'engagement, moitié au moment où le jury reçoit les engagements pour les prix de deuxième classe.

Tout cheval retiré après engagement perd ses entrées.

Ce double versement, seul, constitue un engagement complet.

Tout cheval dont l'engagement n'a pas été complété

vingt-quatre heures avant le premier jour des courses est considéré comme ayant été retiré, et ne peut élever aucune prétention quant à la restitution des sommes payées en vue d'un engagement définitif.

Art. 21. Le montant des entrées appartient au vainqueur; le cheval arrivé second sauve sa mise.

Art. 22. Toutes les dispositions relatives à la tenue et à la police des courses comprises au règlement du 15 mars 1842, concernant les courses au galop, sont applicables à celles que détermine le présent arrêté.

Art. 23. Les dispositions réglementaires antérieures contraires aux présentes sont rapportées.

Paris, le 12 avril 1849.

Signé L. BUFFET.

Tableau des chefs-lieux et des époques des courses d'essai.

DÉPARTEMENTS composant la division.	CHEFS-LIEUX.	ÉPOQUES.
DIVISION DU NORD.		
Seine-Inférieure, Eure, Manche, Calvados, Orne, Eure-et-Loir, Seine, Sarthe, Pas-de-Calais, Somme, Nord, Oise, Aisne, Ardennes, Seine-et-Oise, Seine-et-Marne, Marne, Aube, Haute-Marne, Yonne, Moselle, Meuse, Meurthe, Vosges, Bas-Rhin, Haut-Rhin, Haute-Saône, Doubs, Jura, Finistère, Côtes-du-Nord, Morbihan, Ille-et-Vilaine, Mayenne, Loire-Inférieure, Maine-et-Loire, Vendée, Deux-Sèvres, Vienne, Charente-Inférieure....	Haguenau. Courtalin.. Cherbourg. Saint-Lô... Nancy..... Le Pin.... Avranches. Illiers..... Caen...... Alençon (1)	Du 1er au 15 mai. 1re quinzaine de juin. Du 8 au 15 juin. Du 8 au 15 juillet. Du 15 juillet au 1er août. Du 20 au 31 juillet. Du 1er au 10 août. 1re quinzaine de sept. Du 25 sept. au 10 octob. Du 20 au 30 octobre.
DIVISION DU MIDI.		
Loiret, Loir-et-Cher, Indre-et-Loire, Indre, Cher, Nièvre, Allier, Côte-d'Or, Saône-et-Loire, Rhône, Ain, Dordogne, Gironde, Lot-et-Garonne, Tarn-et-Garonne, Landes, Basses-Pyrénées, Gers, Hautes-Pyrénées, Haute-Garonne, Haute-Vienne, Creuse, Corrèze, Charente, Cantal, Lot, Lozère, Aveyron, Tarn, Hérault, Aude, Ariége, Pyrénées-Orientales, Puy-de-Dôme, Loire, Haute-Loire, Isère, Ardèche, Drôme, Hautes-Alpes, Gard, Vaucluse, Basses-Alpes, Bouches-du-Rhône, Var..............	Tarbes.... Pau (2)....	En août, en même temps que les courses classées en l'arrêté du 15 mars 1842.

(1) Pour les hippodromes de la Bretagne et de la Vendée, l'administration avisera dès que les ressources du budget le lui permettront.

(2) D'autres chefs-lieux seront déterminés dès que les ressources du budget le permettront.

— Nous n'avons pas besoin de faire ressortir les différences qui existent entre ce règlement dont le but s'arrête à de simples essais et le code des courses de vitesse. Cette seconde édition devra être reprise en sous-ordre et plusieurs fois revisée. Le règlement devra marcher avec le temps et modifier ses dispositions sur les progrès qu'il aura lui-même provoqués, car il n'est que le point de départ d'une révolution. Grâce à lui, cette dernière s'accomplira promptement dans la production et l'élève du bon cheval de demi-sang.

Maintenant, quelques mots de l'hippodrome et de la vitesse de nos chevaux dans les courses officielles.

Il y a quelques années, nous n'aurions pas pu nous dispenser d'entrer dans les détails de la construction d'un hippodrome. Nous sommes assez avancés aujourd'hui pour abréger et nous en tenir aux généralités.

Bien que nous ayons encore quelques mauvais terrains de course, il faut être juste et reconnaître que la plupart sont admirablement situés et reposent sur un fond excellent ; il en est même que l'on entretient avec un soin particulier.

Les terrains d'exercice sont plus rares que les bons hippodromes ; mais ce n'est point ici le lieu de nous occuper de ce point essentiel ; nous y reviendrons ailleurs. Il ne s'agit, en ce moment, que de la qualité même de la piste. Nous aurons tout dit sur ce point, lorsque nous aurons indiqué ce qui serait la perfection ; partout on devra s'efforcer de s'en rapprocher autant que possible.

Aucun terrain devant servir à l'établissement d'un hippodrome ne peut être comparé au gazon naturel. Le meilleur sable, le gravier le plus fin, la composition la mieux combinée sont toujours inférieurs au gazon le moins bon. Le gazon est élastique par la multiplicité et l'arrangement des racines des plantes qui le composent ; rien ne peut suppléer à cette élasticité. Sur ce point il n'y a qu'une opinion. Les amateurs éclairés du *turf*, les entraîneurs et les jockeys savent tous par expérience quelle différence existe entre un hippodrome tel que celui du champ de Mars, à Paris, et une pelouse gazonnée. Cette différence se juge avec la même facilité et la même certitude que celle que l'on observe entre une voiture montée sur des ressorts et un véhicule de construction grossière et simplement suspendu sur l'essieu, qu'on nous passe le mot, tout trivial qu'il soit.

La supériorité du gazon sur toute autre espèce de sol — naturel ou artificiel — doit suffire non-seulement pour engager à le choisir partout où cela est possible, mais encore à établir une pelouse, un bon gazon, partout où le terrain désigné pour les courses officielles le permet. Or, les grèves exceptées, tous les sols, même les plus sablonneux, s'y prêtent, quand on mêle au sable un peu de terre grasse. Et d'ailleurs, ce qu'on ne fait pas dans un an, on peut le faire en deux, en quatre, en six, en dix années. Le tout est de commencer avec la ferme volonté d'achever.

Les étrangers se sont bien souvent moqués de nous en voyant des chevaux d'un mérite aussi réel que ceux qui courent au champ de Mars, à Paris, lancés avec une vitesse quelquefois égale à celle des meilleurs coursiers de l'Angleterre sur un terrain aussi mauvais. Ils ne comprennent pas, eux si fanatiques des courses pourtant, ils ne comprennent pas que, avant de produire des chevaux de course, nous n'ayons pas songé à établir, — coûte que coûte, — des terrains d'exercice et des hippodromes convenables. Mais nous sommes ainsi faits en France, que nous poursuivons le plus souvent la fin sans vouloir les moyens. Aussi bien serions-nous fort surpris que ce précepte culinaire, — « pour faire un civet prenez un lièvre, » — fût d'invention nationale. Un tel précepte doit être d'importation étrangère (1).

(1) M. Houël, s'occupant plus particulièrement des courses au trot, donne les prescriptions suivantes pour l'établissement d'un hippodrome destiné à ces sortes de luttes :

« La première chose à faire, quand on veut établir un hippodrome, est de choisir un terrain sec ou qui puisse facilement le devenir avec

Mais la nature du sol n'est qu'un point dans la question. Sa surface est à considérer aussi ; elle ne doit pas être trop tourmentée pour les courses à grande vitesse, pour celles que l'on appelle courses plates.

Ici les opinions ont quelquefois été partagées. C'est surtout en Allemagne que les adversaires des courses à l'anglaise ont proposé des modifications partout repoussées par les hommes réellement compétents. L'un d'eux, le duc de Schleswig-Holstein, combat en ces termes l'idée de faire des courses sur un terrain qui serait accidenté :

« Si, comme on le propose, dit-il, on faisait des courses sur un terrain accidenté, ce serait plutôt le cavalier que le cheval qui emporterait la victoire. Le cavalier le plus hardi et doué du coup d'œil le plus sûr serait presque toujours le vainqueur. Mais, quand même on supposerait que les cavaliers fussent égaux en adresse, en force, etc., l'égalité de

quelques travaux. Il n'est pas nécessaire que le terrain soit parfaitement horizontal, quelques légères buttes à monter et à descendre n'ont aucun inconvénient, pourvu, cependant, qu'elles ne se trouvent pas dans les tournants et que l'arrivée et le départ n'aient pas lieu dans une descente. Il faut avoir soin d'éviter les sols pierreux, surtout ceux qui se composent de gros galets, qu'il est impossible d'extraire de la surface du sol ; il faut éviter aussi ces terrains trop gras qui nourrissent une herbe épaisse et succulente. S'il vient à pleuvoir, la piste, pour peu qu'elle soit un peu battue, se détrempe facilement et n'offre plus qu'un sol boueux où il devient impossible aux chevaux de courir. Autre inconvénient encore : rien n'est glissant comme cette herbe épaisse et grasse, et un quart des accidents qui sont le résultat des courses viennent d'écarts ou de faux écarts occasionnés par des glissades. Le sol convenable pour un hippodrome est un terrain maigre, légèrement sablonneux, recouvert d'un petit gazon fin et rabougri, assez épais pour donner de l'homogénéité à la surface de la terre, et offrir un tapis moelleux au pied du cheval, et pas assez pour amortir sa réaction, ou ne lui offrir qu'un appui incertain et glissant. De pareils terrains sont bien difficiles à trouver naturellement ; la plupart du temps, il faut que l'art et le travail viennent au secours de la nature, et c'est surtout là qu'il faut apporter du soin et une attention raisonnée. » (*Traité des courses au trot.*)

l'épreuve serait toujours réduite par l'inégalité du terrain. Abstraction faite même de cette difficulté, il en reste une troisième, et la plus importante, c'est qu'aucun éleveur ne voudrait renvoyer ses chevaux sur l'hippodrome, s'il n'était bien certain qu'ils n'y courent aucun danger. Or, comme cette assurance ne lui est pas même acquise quand ses chevaux courent sur l'hippodrome plane, avec tel poids, pour telle ou telle distance, comment l'aurait-il sur un hippodrome hérissé de difficultés? Il y a plus, il est dans l'intérêt de l'éleveur de connaître de très-bonne heure les qualités de son cheval, pour ne pas s'exposer à prodiguer des soins très-coûteux à des animaux qui ne valent rien. Mais quel homme voudrait faire un *steeple-chase* à un cheval de trois ans. »

En effet, la forme de l'épreuve varie; mais son maximum d'intensité ne saurait être imposé que dans certaines conditions : la course plate seule l'autorise. C'est un fait désormais incontestable (1).

(1) Voici le sentiment de M. Apperley sur ce sujet :
« La nature et la forme des carrières sont des points essentiels à considérer en traitant des courses. Celles qui sont tout à fait unies et droites sont, comme de raison, les plus faciles à parcourir; mais un peu de variété dans le terrain est avantageux au cheval, et n'est pas sans agrément pour le jockey. Celles qui sont inégales et montueuses demandent un jugement bien sûr, pour savoir en quels endroits il est bon de courir plus vite, ou, en d'autres termes, quelle partie du terrain est le plus en rapport avec l'action et la nature du cheval. Quoi qu'il en soit, en thèse générale, tous les chevaux veulent être fortement retenus, soit dans les montées, soit dans les descentes, sans quoi ils auront bientôt épuisé leurs forces. Une légère montée est avantageuse à la fin de la course; elle offre plus de sûreté aux cavaliers, qui parfois rendent un peu la main dans les derniers bonds, comme aussi en cherchant à les arrêter quand ils sont souvent épuisés de fatigue, et par conséquent en danger de tomber ou de glisser sur un terrain inégal, surtout si la sécheresse ou une trop grande humidité l'ont rendu glissant. La plupart des carrières offrent des tournants dans lesquels il faut opérer des deux manières suivantes : d'abord le joc-

Les dispositions de la piste ne sont pas sans influence sur la vitesse. La dimension généralement adoptée en France est celle de 2,000 mètres mesurés à 5 mètres de distance de la corde intérieure. La ligne tracée par celle-ci offre alors un développement de 1,948 environ. La largeur de la piste est tout à fait suffisante à 10 mètres ; toutefois, lorsque l'espace ne manque pas, il est bon de conserver un peu plus de terrain vers les tribunes, afin de faciliter les départs en évitant toute espèce d'encombrement. La forme ordinaire est celle d'une ellipse plus ou moins régulière ; mais la forme même du terrain sur lequel peut être assis l'hippodrome peut faire varier à l'infini le tracé et modifier diversement soit la longueur des lignes droites, soit l'étendue des courbes qui couronnent le parallélogramme à ses deux extrémités. Toutefois deux conditions sont indispensables : — une ligne droite suffisamment longue à parcourir, avant de prendre le premier tournant, au départ; une ligne pareille d'au moins 300 mètres, à partir du quatrième tournant, afin de permettre, à la fin de la course, l'extension de la plus grande vitesse; — le plus d'ouverture et d'aisance possible à la naissance de chaque courbe, afin de prévenir des accidents dont la gravité est toujours à craindre.

L'hippodrome de Nantes, établi dans la prairie de Mauves, a été tracé dans des conditions tellement heureuses, que nous avions engagé l'un de nos amis, sportman distingué à tous

key, en partant, doit s'efforcer de se tenir à droite des autres chevaux, si les poteaux sont à droite, bien entendu, et de prendre la gauche, s'ils sont à gauche ; ou, en d'autres termes, il faut, s'il n'a pas la corde au départ, qu'il tâche de la prendre et de la conserver, à moins qu'il n'ait des ordres contraires ou des motifs pour demeurer en arrière de ses rivaux. De cette façon, on comprend qu'il aura un cercle moins grand à décrire que ses adversaires; et de plus, si les tournants sont à droite, il aura toujours le libre usage de sa main droite, et qui est celle du fouet, ce qu'il n'aurait pas s'il se trouvait en dehors d'un ou de tous les chevaux qui prennent part à la course. »

égards, à en consigner quelque part les dimensions; nous les trouvons dans un rapport fait, en 1859, à la Société académique de Nantes, sous forme de note placée au bas de la page 17.

Cette note s'exprime ainsi :

« La disposition de l'hippodrome, formé de deux lignes droites arrondies à leurs extrémités, a paru tellement avantageuse pour les courses, que nous croyons devoir la consigner ici.

« La dimension de l'hippodrome était calculée sur une piste centrale de 2,000 mètres, à 5 mètres 85 centimètres de la corde intérieure, laquelle offrait une longueur développée de 1,963 mètres 65 centimètres. Celle-ci était retenue par une suite de piquets peints en blanc, qui traçaient parfaitement la ligne pour les coureurs, de manière à ne pas leur laisser la moindre hésitation dans la plus grande vitesse. — Quatre piquets plus hauts que les précédents, et de couleur mélangée noire et blanche, indiquaient la naissance des courbes des deux extrémités de l'hippodrome. Ces courbes étaient jointes par deux lignes droites de 627 mètres 68 centimètres de longueur, et la moitié de cette longueur était occupée par des tribunes disposées pour la commodité des spectateurs, et placées à droite et à gauche du poteau de départ, qui se trouvait appuyé à la tribune du juge, correspondant à un poteau semblable appuyé à celle du jury. — La lice avait 15 mètres de largeur, et la corde qui en marquait l'extérieur, sur une longueur développée de 2,045 mètres 16 centimètres, était contenue par des piquets peints en noir (1). — Un large fossé, n'ayant pu être évité, avait été

(1) En France, on est dans l'usage d'entourer les hippodromes avec des cordes. M. Apperley blâme cet usage en ces termes : « Je trouve que l'on a tort, en France, de clore les carrières par un *double rang* de cordes. Je dirai même que, selon moi, les carrières ne devraient pas être closes du tout avec des cordes, si ce n'est aux 150 ou 200 dernières toises; mais, en aucun cas, on ne doit mettre des cordes à la

couvert par un pont formé de poutrelles et de madriers, et recouvert d'une épaisse couche de terre rendue solide à l'aide du pilon. — Les tribunes du jury et du juge se faisaient face aux deux tiers de la ligne droite de l'hippodrome, du côté du fleuve. La dernière contenait le juge seul. Dans l'autre étaient les membres du jury et les deux teneurs de chronomètres. — Derrière la tribune du jury se trouvaient, dans l'enceinte réservée, les balances et une écurie pour les chevaux de course qui avaient, à côté, un passage spécial. — Cette disposition, qui ne laissait aucun retard possible dans la succession des courses, a beaucoup facilité la tâche du jury. » (*Camille Mellinet.*)

Pour compléter cette note, qui renferme en peu de mots tous les renseignements nécessaires aux meilleures dispositions à donner à l'établissement d'un hippodrome, nous dirons qu'une précaution à ne pas négliger, parce qu'elle a son importance, consiste à ne donner accès aux chevaux de course, sur la piste, que par une entrée placée en avant du poteau d'arrivée. En la mettant en arrière, on court les risques de faire dérober les chevaux au point même où elle se trouve, et, par conséquent, avant d'avoir touché le but. L'entraînement a fait assez de progrès pour que les chevaux qui se dérobent soient rares aujourd'hui. C'est, néanmoins, une chance contraire que la prudence commande de prévoir.

Au début de l'institution des courses, on n'attachait pas, en France, plus d'intérêt à la recherche d'un bon terrain que d'importance aux bonnes conditions d'un établissement régulier et commode. Il y a eu d'étranges hippodromes. Celui de la Corrèze était situé sur un plateau dont les abords étaient de la plus grande difficulté; celui de la Haute-Vienne

partie extérieure du terrain; car quand un cheval se dérobe, c'est toujours en dehors qu'il sort et fuit, et, dans ce cas, une chute devient plus dangereuse. Dans le petit nombre de courses françaises auxquelles j'ai assisté, j'ai été témoin de quatre accidents occasionnés par les cordes. »

était tout simplement sur la grande route. Il n'y a pas si longtemps encore que, à Saint-Brieuc, on se retrouvait, sous ce rapport, en pleine barbarie. Écoutons ce qu'en disait un amateur, en 1838 (1) :

« Depuis qu'il y a des courses à Saint-Brieuc, la lenteur avec laquelle la distance était parcourue faisait l'objet de l'étonnement général, et rien, assurément, n'était moins encourageant pour le succès de l'amélioration, en Bretagne, que le manque de vitesse attribué par les uns au peu de mérite des chevaux, par les autres à leur mauvais entraînement, par les autres, enfin, au mauvais état d'une grève, qui n'offre pas assez de solidité et de soutien au pied du cheval. Cette dernière circonstance surtout était très-fâcheuse et très-inquiétante pour la ville de Saint-Brieuc, car on eût été, tôt ou tard, forcé de chercher un hippodrome ailleurs, et d'enlever à cette localité l'avantage des courses. En effet, lorsque les Côtes-du-Nord et la basse Bretagne auront, ce qui arrivera sous peu, une vingtaine de produits de pur sang à essayer chaque année, les éleveurs ne se soucieront pas de les risquer sur un hippodrome où ils seraient déshonorés ostensiblement, quelque vitesse réelle qu'ils déployassent. Heureusement je ne pense pas que cette crainte soit fondée, car, sans prétendre que toutes les raisons ci-dessus n'aient pas eu chacune leur part d'influence, il en est une autre bien plus grave, dont l'effet a été bien plus direct sur la vitesse des chevaux, et à laquelle il est aisé de remédier; c'est la disposition de l'hippodrome. On ne sait pas généralement qu'il n'y a pas, à proprement parler, d'hippodrome à Saint-Brieuc; c'est tout simplement un poteau de départ, puis sur les grèves au loin un autre poteau, autour duquel il faut tourner court pour revenir au point d'arrivée : or on conçoit ce qu'une telle méthode a de vicieux; le cheval, pour tourner, est obligé de ralentir considérablement son allure,

(1) *Journal des haras*, tome XXI, page 412.

ce qui lui fait perdre beaucoup de temps, ou de faire un long circuit pour tourner, ce qui lui fait perdre du terrain et du temps. Ainsi, dans la petite course de 2,000 mètres, en supposant le poteau de tournée à 1,000 mètres juste du poteau de départ et d'arrivée, — le cheval fera la route suivante, —

d'un poteau à l'autre.	1,000	mètres,
pour tourner environ.	150	—
retour.	1,000	—
Total. . . .	2,150	mètres,

tandis que, dans l'hippodrome ovale, le cheval qui arrive au but n'a fait effectivement que 1,950 mètres environ, puisque la distance de 2,000 mètres est mesurée du milieu de la piste, et qu'il a toujours suivi la corde. Ainsi le cheval courant à Saint-Brieuc pour 2,000 mètres fait évidemment près de 200 mètres de plus que celui qui court à Paris, à Versailles, au Pin, etc. Il n'est pas étonnant, d'après cela, que les courses de Saint-Brieuc aient constamment offert une vitesse moindre que celle des autres localités, sans que pour cela il faille l'attribuer à la médiocrité des chevaux. »

Cette citation fait très-bien ressortir l'un des inconvénients attachés à l'hippodrome droit.

La forme ovalaire a néanmoins eu ses critiques. On lui a surtout reproché de favoriser « les combinaisons des propriétaires et les misérables calculs des jockeys, qui paralysent souvent les efforts d'un bon cheval pour en faire gagner un mauvais. »

Ces combinaisons et ces calculs sont moins fréquents et moins nombreux qu'on ne le suppose. Il faut qu'on le sache. Notre *turf* n'a jamais mérité tout le mal qu'on en a dit ; il est très-généralement honnête : la fraude n'y serait ni facile ni lucrative. Cette circonstance est particulièrement due aux bonnes dispositions des règlements, lesquels sont établis en dehors même des parties intéressées.

Quoi qu'il en soit, disons-nous, on a attaqué la forme elliptique généralement donnée aux hippodromes en Angleterre, en France et dans tous les pays où l'institution des courses a été importée; on l'a attaquée sans rien lui substituer de plus favorable, de plus rationnel surtout.

Un capitaine d'état-major, M. Bellangé, s'était sérieusement occupé de cette question; il aurait voulu remplacer l'hippodrome ovalaire par une forme un peu bizarre, celle d'un 8 parfait, et il a longuement exposé, dans le tome XIII du *Journal des haras*, les avantages que devait offrir l'adoption de son hippodrome. Il faut dire que l'examen, provoqué avec courtoisie par M. Bellangé lui-même, n'a pas fait imprimer une seule ligne. — Nul ne s'en est occupé, et le projet qui avait la prétention « de faire une révolution complète dans la science hippique » s'est trouvé oublié et parfaitement enterré.

Qu'on nous permette une citation; la partie fera juger le tout.

« J'ai dit qu'il importait de ne pas conserver les hippodromes actuels, afin de cesser de donner au cheval de vitesse l'avantage sur le cheval de fonds. Je crois devoir expliquer ma pensée et développer mes idées à ce sujet, en entrant dans quelques détails sur ce qui se passe dans les courses, telles qu'elles sont maintenant établies dans tous les lieux où l'on a adopté ce puissant véhicule de toute amélioration chevaline.

« Le cheval de vitesse fait, en partant, un effort et gagne la corde; là son jockey le laisse souffler, et empêche les autres de passer devant lui; ceux-ci s'épuisent, en étant retenus par leurs jockeys, tout autant que s'ils galopaient à toutes jambes. Lorsque le premier cheval a repris haleine, son jockey le laisse aller, et les autres, qui n'ont point eu de relâche, continuent à s'essouffler pour *le suivre seulement*. Cette manœuvre, continuée jusqu'à la fin du deuxième tournant, ses concurrents, ayant épuisé leurs chevaux, ne peuvent plus lutter contre lui; il arrive donc au but avant eux, ayant fait de 14 à 30 toises de moins, et ayant laissé souffler plusieurs fois son cheval.

« J'ai déjà fait ces réflexions il y a trente-quatre ans, étant témoin oculaire de ce qui se passait aux courses en Angleterre, et je m'étonne de ce que personne n'ait songé à remédier à un abus aussi criant et aussi patent.

« C'est aux deux courbes de l'hippodrome que les jockeys anglais manœuvrent pour prendre la corde; c'est aussi à ces deux endroits qu'il est le plus avantageux de la tenir. Ils fournissent donc leur course en trois petits efforts et en deux longs repos, tandis que les jockeys maladroits, ou ceux qui montent des chevaux qui ne sont pas doués d'une grande vitesse, quoique pleins d'énergie et de fonds, épuisent vainement leurs coursiers et sont toujours battus.

« En vérité, il faut l'avouer, la science des jockeys est bien pernicieuse et contraire à l'amélioration des races chevalines, et je trouverais les Italiens bien plus rationnels que nous, en faisant courir leurs chevaux en liberté, si, d'un autre côté, ce mode ne présentait un grand inconvénient : en effet, ce sont toujours les chevaux peureux et rétifs qui gagnent les courses à Rome, et cela se conçoit; nous savons que la peur donne des jambes! Dans ce pays, on fait ce qu'on peut pour stimuler les chevaux par la peur ou la crainte du mal, en leur attachant des morceaux d'amadou allumé, des linges qui, flottant sans cesse, les épouvantent, des pelotes garnies de pointes aiguës qui les piquent à chaque mouvement qu'ils font. En définitive, qu'ont gagné les Italiens avec leurs épreuves barbares? — La connaissance d'un cheval rétif, difficile ou peureux! Il vaut autant avoir pour producteur un cheval de vitesse *seulement* qu'un cheval peureux ou rétif. »

Il n'y a pas de commentaires à attacher à cette citation; nos lecteurs y suppléeront sans peine.

Complétons les notions précédentes sur la forme à donner à l'hippodrome par un nouvel emprunt au *Traité des courses au trot.*

« En parlant des courses de Russie, dit M. Houël, nous avons mentionné une forme d'hippodrome particulière, en usage dans ce pays pour les courses au trot ; nous en devons la connaissance à M. le vicomte de Rosmorduc, qui, dans ses voyages d'Orient et de Russie, a recueilli de précieux renseignements sur la science du cheval, dont il est un de nos amateurs les plus distingués. Cet hippodrome est semblable, pour la forme, à ceux dont on se sert habituellement en France ; mais il possède une troisième piste, qui le traverse d'un bout à l'autre, et qui donne le moyen de faire trotter ensemble deux voitures sans qu'il puisse en résulter aucun inconvénient, puisqu'elles ne peuvent jamais se rencontrer. Toutefois cette disposition exige un terrain plat et une régularité mathématique dans la construction de l'hippodrome ; mais, quand ces conditions existent, nous croyons qu'il doit être bien préférable de s'en servir, et nous ne pouvons trop engager les sociétés de courses qui ont adopté les épreuves de chevaux attelés de le mettre à exécution. »

Et, pour que le lecteur puisse mieux se rendre compte des dispositions de cet hippodrome, l'auteur en donne le dessin ; celui-ci présente une grande ellipse destinée aux courses de vitesse et aux courses de chevaux au trot montés, puis une piste intérieure, centrale, qui, réunie par deux courbes égales aux grandes lignes de l'ovale principal, forme deux hippodromes égaux et de dimension moindre que le premier ; l'œil du spectateur en embrasse aisément et l'ensemble et l'étendue.

Nous n'attachons pas à ces formes diverses une plus grande importance que de raison ; mais nous leur devions une mention spéciale. Ajoutons néanmoins que l'existence d'une seconde piste, intérieure ou extérieure, peu importe, aurait à nos yeux cette utilité surtout, qu'elle permettrait d'exercer les chevaux, de compléter leur entraînement sans nuire en rien à l'état du véritable hippodrome, sans détériorer la piste officielle qu'il faut toujours livrer aussi bien préparée que possible, le jour même où les prix doivent être disputés.

— C'est par la vitesse, ou plutôt par la violence des efforts qu'elle impose à toute l'économie, qu'on mesure la force d'innervation du cheval, la puissance de ses organes, le degré de résistance qu'offrent tous les tissus, la solidité de la machine en général.

Toutes choses égales d'ailleurs, le cheval qui n'atteint pas à l'extrême vitesse n'a pas fait preuve de qualités égales à celles qui ont été constatées chez d'autres. Le cheval qui ne résiste pas à des efforts d'une certaine intensité, c'est la chaudière qui éclate ; il est incapable de concourir à la conservation de la race, dont il n'est plus qu'un membre indigne.

L'épreuve donnée par le cheval de sang mis en course est à la puissance de son organisation ce qu'est un poids considérable, un lourd fardeau à la force extrême de traction à laquelle peut être soumis le cheval de trait.

Dans la pratique journalière, *l'extrême de la vitesse* tout aussi bien que *l'extrême de la force* ne sauraient amener d'autre résultat que celui de la constatation de ces deux extrêmes. Mais on ne saurait nier l'utilité de cette constatation lorsqu'il s'agit de faire un choix judicieux et rationnel des reproducteurs auxquels seuls on doit confier la conservation des qualités d'une race donnée, car ils en sont la plus haute expression, le type le plus élevé.

L'extrême vitesse du cheval de course a fourni contre le cheval anglais de pur sang l'une des principales objections que l'on fasse à son application au croisement, ou plutôt à l'amélioration progressive des races rebelles. Nous discuterons ailleurs cette importante question, et nous verrons que l'argument à la mode, parmi les hippologues retardataires, n'est qu'une erreur et un non-sens.

Nous nous bornerons ici à relever les plus grandes vitesses obtenues sur l'hippodrome de Paris, à partir de 1825, époque à laquelle l'institution des courses a pris du sérieux et de l'importance.

1° *Courses de 4 kilomètres en une épreuve ou bien en partie liée.*

Année	Cheval	Origine	Prix	1re épreuve.	2e épreuve.
1823	NELL,	par *Don Cossack* et *Cristal*;	prix royal............	5′ 22″ 3/5	5′ 19″ 4/5
1824	PÉNÉLOPE,	— *Hélène*;	—	5 18 4/5	5 13 4/5
1825	MISS,	par *Truffle* et une jument non tracée;	prix du roi............	5 60 1/5	5 3 2/5
1826	TIGRESSE,	par *Tigris* et *Atalante*;	—	5 14 4/5	5 18 2/5
1827	VITTORIA,	par *Millon* et *Geane*;	prix principal..........	5 3	5 11 1/5
1828	LA MÊME,	— —	course particulière.....	5 4 1/5	»
	ZÉPHIR,	par *D. J. O.* et *Biéla*;	prix royal............	5 3 2/5	5 21 1/5
1829	VESTA,	par *Bijou* et une jument limousine;	—	5 1 4/5	5 10
	LA MÊME,	—	prix du roi............	5 9 1/5	5 3 2/5
	LA MÊME,	—	pari de 6,000 fr........	5 5 1/5	»
1830	MALVINA,	par *Manfred* et *Rachaël*;	prix royal............	5 9 3/5	5 4 1/5
	CHARON,	par *Woful*;	course particulière.....	5 4 4/5	»
1831	OBYOU,	par *Obyou* et *Fervale*;	prix royal............	5 4 3/5	5 5 4/5
	SYLVIO,	par *Trance* et *Hébé*;	—	5 6 2/5	5 4 2/5
1832	FÉLIX,	par *Rainbow* et *Young-Folly*;	—	5 8 3/5	5 7 4/5
	CORYSANDRE,	par *Holbein* et *Comus-Mare*;	—	5 9 4/5	5 12 1/5
1833	FÉLIX,	par *Rainbow* et *Y.-Folly*;	—	5 6 1/5	5 4 4/5
1834	LE MÊME,	—	—	4 50 2/5	4 52 3/5
	HERCULE,	— et *Aimable*;	—	5 1	5 » 4/5
1835	MISS ANNETTE,	par *Reveller* et *Ada*;	—	4 52 3/5	5 6 3/5
	LA MÊME,	— —	grand prix...........	4 55 4/5	4 59 3/5
	AGAR,	par *Eastham* et *Danaë*;	prix du roi............	4 54 4/5	4 56 1/5
1836	VOLANTE,	par *Rowlston* et *Geane*;	grand prix...........	5 2 2/5	4 56
	FRANCK,	par *Rainbow* et *Verona*;	prix du prince royal....	4 50 2/5	5 38 seul.
1837	LE MÊME,	— —	grand prix...........	4 57 4/5	5 38 seul.
	LYDIA,	— et *Léopoldine*;	prix du prince royal....	4 53 2/5	5 4
	MISS KELLY,	— et *Pomone*;	prix du roi...........	4 59	5 4
1838	ALI-BABA,	par *Holbein* et *Cloton*;	prix d'arrondissement..	4 55 3/5	»
	EYLAU,	par *Napoléon* et *Delphine*;	prix principal.........	4 56 3/5	4 56 2/5 seul.

(Suite.)

				1re épreuve.	2e épreuve.	
1838	CORYSANDRE,	par *Holbein* et *Comus-Mare*;	prix royal............	4′55″	5 2	
	LA MÊME,	— —	grand prix............	4 53 1/5	5 11	seul.
	FRÉTILLON,	par *Sylvio* et *Emelina*;	prix du prince.........	5 2 1/5	4 53 4/5	seul.
	ALI-BABA,	par *Holbein* et *Cloton*;	prix du roi...........	4 56 1/5	4 50 1/5	
1839	RICHEMONT,	par *Peter Lely* et *princess Mary*;	prix d'arrondissement..	4 55 2/5	»	
	EYLAU,	par *Napoléon* et *Delphine*;	prix principal.........	4 52 4/5	4 51	
	LE MÊME,	— —	grand prix royal.	4 48 3/5	4 47	
	FRÉTILLON,	par *Sylvio* et *Emelina*;	prix royal............	4 55 3/5	4 50 4/5	
1840	ROCQUENCOURT,	par *Logic* et *Contrition*;	prix principal.........	4 53 2/5	4 56 1/5	
	NAUTILUS,	par *Cadland* et *Villoria*;	grand prix royal.......	4 46	5 19	
1841	FIAMETTA,	par *Actéon* ou *Camel* et *Wings*;	prix principal.........	4 49 3/5	»	
1842	ANNETTA,	par *Ibrahim* et *miss Annette*;	—	4 54 3/5	»	
	NAUTILUS,	par *Cadland* et *Villoria*;	prix d'Orléans.........	4 46 2/5	»	
1843	LE MÊME,	— —	—	4 49	»	
	NATIVA,	par *Royal-Oak* et *Naïad*;	prix principal.........	4 47	»	
	DRUMMER,	par *Langar* et *Hornet*;	(même course).......	4 47 1/5	»	
1844	LE MÊME,	— —	grand prix royal.......	4 58	4 56 4/5	
1845	CAVATINE,	par *Tarrare* et *Destiny*;	—	4 48 4/5	4 49	
1846	FITZ-EMILIUS,	par *Y Emilius* et *miss Sophia*;	—	4 59 4/5	4 54 4/5	
1847	WIRTHSCHAFT,	par *Gigès* et *Weeper*;	prix principal.........	4 44	»	
	PRÉDESTINÉE,	par *master Wags* et *Destiny*;	grand prix royal.......	4 41	4 44 2/5	
	PHILIPSHAH,	par *Shah* et *Philip's Dam*;	(même course)........	4 41 1/5	4 44 3/5	

2° *Courses de 2 kilomètres en une épreuve ou en partie liée.*

				1re épreuve.		2e épreuve.
1825	JULIETTE,	1/2 *sang*;	prix d'arrondissement..	2 40		»
1826	MEDEA,	par *Truffle* et *Cristal*;	— ..	2 31 1/5		»
1827	EL PASTOR,	par *Tooley* et *Mira*;	— ..	2 40		»
1828	LIONEL,	par *Truffle* et *Octavia*;	— ..	2 33	seul.	»
1829	SYLVIO,	par *Trance* et *Hébé*;	— ..	2 27		»

(Suite.)

Année	Cheval	Origine	Prix	1re épreuve.	2e épreuve.
1830	Eglé,	par *Rainbow* et *Young-Urganda*;	prix d'arrondissement..	2' 47" 3/5	»
1831	Paméla,	par *captain Candid* et *Geane*;	— ..	2 29 2/5	»
1832	Clerino,	par *Rainbow* et *Diana*;	— ..	2 31 2/5	»
1833	Hercule,	— et *Aimable*;	— ..	2 36 1/5	»
1834	Ibis,	— et *Léopoldine*;	— ..	2 27	»
1835	Sylvino,	par *Sylvio* et *Fair-Helen*;	— ..	2 25 1/5	»
	Ibis,	par *Rainbow* et *Léopoldine*;	prix de la Société......	2 26	»
1836	Belida,	par *Tandem* et *Ténériffe*;	prix d'arrondissement..	2 21 4/5	»
1837	Esmeralda,	par *Sylvio* et *Geane*;	— ..	2 25 2/5	»
	Eylau,	par *Napoléon* et *Danaë*;	— ..	2 19 1/5	»
1838	Frétillon,	par *Sylvio* et *Emelina*;	— ..	2 17 1/5	»
1839	Rocquencourt,	par *Logic* et *Contrition*;	— ..	2 23 4/5	»
1840	Gigès,	par *Priam* et *Eva*;	prix spécial de 2,000 fr.	2 18	»
	Quoniam,	par *Royal-Oak* et *Noëma*;	prix spécial de 3,000 fr.	2 18 2/5	2 22 2/5
1841	Fiametta,	par *Actéon* ou *Camel* et *Wings*;	prix spécial............	2 21 1/5	2 19 4/5
1842	Muse,	par *Royal-Oak* et *Terpsichore*;	prix d'arrondissement..	2 19 2/5	»
1843	Nativa,	par *Royal-Oak* et *Naïad*;	— ..	2 17 2/5	»
1844	Mustapha,	par *Mameluke* et *Clorinde*;	— ..	2 20	2 19 4/5
	Le même,	— —	prix principal..........	2 19	2 19 2/5
1845	Prédestinée,	par *master Wags* et *Destiny*;	prix d'arrondissement..	2 19 4/5	»
1846	Miss Wags,	—	prix principal..........	2 21 3/5	2 21 1/5
	Le Chourineur,	— et *miss Sophia*;	prix d'arrondissement..	2 22	2 21 2/5
1847	Wirthschaft,	par *Gigès* et *Weeper*;	— ..	2 17 2/5 (1)	»
	Le Chourineur,	par *master Ways* et *miss Sophia*;	(même course).......	2 17 4/5	»

(1) Cette vitesse a même été dépassée, en 1847, aux courses de Tarbes par *Premier-Août*, qui a fourni la carrière en 2' 17" 2/5, suivi par *Folly*, qui n'a perdu, aux deux épreuves, que de 1/5 seulement. Aux mêmes courses, *Cinq-Sous* et *Tail'd-Comet* ont couru en 2' 17" et 2' 17" 3/5.

Nous examinerons, dans une autre partie de cet ouvrage, toutes les questions de science et de fait qui ressortent de la constatation de la rapidité avec laquelle nos chevaux de sang subissent maintenant les épreuves qui leur sont imposées. Les relevés qui précèdent disent seulement que les chevaux d'à présent n'ont rien à envier à ceux des années antérieures.

C'est à l'aide du chronographe que l'on constate la vitesse sur l'hippodrome, non la vitesse absolue, mais la vitesse déployée par les concurrents. A moins d'être très-vigoureusement poussé par ceux qui lui disputent la victoire, le vainqueur d'une course ne donne guère que ce qu'il est forcé de donner pour vaincre. Mais, de temps à autre, la lutte est sérieuse et vive, et ces grandes vitesses constatées forment une échelle que les annales des courses conservent avec soin. Les turfmen et les hommes de science consultent cette échelle avec un intérêt égal à celui qui s'attache à la constatation des fortes eaux, par exemple, et, pour être d'un ordre différent, l'utilité n'est pas ici moins réelle.

La constatation de la vitesse n'implique pas la nécessité du temps voulu, du maximum de temps accordé pour parcourir une distance fixe. Ce sont choses parfaitement distinctes et qu'il ne faut pas confondre. Cette réserve entendue, nous dirons toute l'importance que nous mettons à ce qu'il soit fait usage du chronomètre. C'est par lui que, dans les différents chefs-lieux de courses, on mesure les progrès obtenus dans la production et dans l'élevage. En consultant les vitesses observées sur tel ou tel hippodrome, un éleveur sait déjà s'il doit y envoyer ses chevaux.

La vitesse répond à un fait : le chronomètre place ce fait à l'abri de toute contestation ; il marque des degrés et forme une échelle instructive. Après cela, ce n'est pas seulement la vitesse du vainqueur qu'il est utile et nécessaire de noter, mais celle de tous ses rivaux. La comparaison des vitesses obtenues porte avec elle son enseignement ; ceux-là seuls qui savent lire dans le calendrier des courses en comprennent les leçons et la signification.

« Toute la question chevaline, dit M. F. Pluchart, ne se résume-t-elle pas dans ces quatre mots, — *vitesse*, — *fonds*, — *force*, — *docilité?* Le cheval le meilleur sera donc toujours celui qui aura dépensé le plus de puissance *d'action vite et soutenue;* et n'est-il pas digne de remarque que les chevaux les plus célèbres, les plus justement renommés sur nos hippodromes sont précisément ceux dont le chronomètre a marqué avoir déployé *la plus grande vitesse?* »

En Angleterre, on ne court pas contre le temps; cela n'empêche pas d'y constater les vitesses obtenues : celles-ci même y sont l'objet d'études très-attentives et forment, en quelque sorte, le fonds de la science qui préside à la reproduction du cheval de pur sang. Il ne sera pas sans intérêt pour les hippologues d'avoir une sorte d'échantillon des vitesses déployées sur les hippodromes de la Grande-Bretagne. Nous prenons au hasard, et, pour que le tableau soit plus curieux, nous donnerons la vitesse du vainqueur dans toutes les courses de trois réunions différentes : — deux de New-Market en avril et mai 1849, et une de Chester en mai également. Les distances ont été réduites proportionnellement à notre système métrique, afin que les analogies, en tant qu'il est possible d'en établir, puissent être plus facilement saisies. La différence dans les distances parcourues et dans les poids imposés rend toute comparaison à peu près impossible. Malgré cela, nous n'hésitons pas à mettre ces deux éléments d'appréciation à côté du premier, par la raison qu'ils sont inhérents l'un à l'autre, et qu'on ne saurait juger de la vitesse soit relative, soit absolue qu'en tenant compte des causes qui la favorisent ou qui l'entravent.

Voici nos listes.

Trois réunions de courses à New-Market et à Chester.

1849. — *Première réunion du printemps, à New-Market, quatre jours d'avril, courses à petites distances.*

NOMBRE des partants.	NOMS des vainqueurs.	SEXE.	AGE.	POIDS.	DISTANCE en mètres.	VITESSE.	SOMMES gagnées.
				kil.			fr.
8	Nunny-Kirk....	m.	3	54	1,610	1′ 49″	51,250
10	The Flea.......	f.	3	54	1,561	1 46	51,250
8	Vatican..	m.	3	54	1,561	1 48	21,250
6	Clarissa........	f.	3	52	2,024	2 29	17,500
3	Vatican.	m.	3	54	1,561	1 50	16,250
3	Godwood.......	m.	3	54	1,610	1 59	10,000
3	Fire-King......	m.	3	54	1,561	1 52	8,750
1	Cervus.........	m.	4	54	6,764	» »	7,500
3	Rochester.	m.	3	52 1/2	1,561	1 47	6,875
2	Sobraon........	m.	3	52 1/2	1,561	1 48	6,875
2	Red-Bon.	m.	3	54	1,561	1 52	6,250
2	Rochester.	m.	3	54	2,034	2 28	6,250
3	Caïque.........	f.	3	54	1,207	1 24	5,625
3	Memento.......	f.	3	54	1,561	1 53	5,000
6	Saint-Ann......	f.	4	52	1,130	1 15	4,125
8	Saddle.........	m.	5	57 1/2	1,130	1 14	4,000
4	Tophana.	f.	4	55	4,786	8 32	2,625
5	Sword-Player...	m.	4	60 1/2	4,786	7 47	2,625
3	Sotterley.......	m.	4	50	1,561	1 47	2,500
5	Collingwood....	m.	6	56	2,034	2 20	2,000
4	*Le même*.......	m.	6	59	1,561	1 55	1,500
7	Pell-Mell.......	f.	5	49	1,561	1 50	1,500
10	Susan-Lowell...	f.	3	36 1/2	1,561	1 47	1,250
5	Wanota........	m.	5	56	3,617	4 21	1,270
6	Plashing-Alice..	f.	3	52 1/2	796	0 53	1,250
3	Brandy-Face....	m.	5	55	4,869	» »	1,250
5	Keraun.........	m.	4	54 1/2	1,561	1 52	1,000
4	Quinine.......	f.	3	52 1/2	1,130	1 17	750
4	Birdcatcher-Colt.	m.	2	53 1/2	1,130	1 17	750
4	Susan-Lowell...	f.	3	44 1/2	1,561	1 47	730
3	Jone..........	f.	3	45 1/2	1,130	1 17	500
	Racketty-Girl. ..	f.	3	52	1,130	1 16	250
	Plusieurs paris..	»	»	»	»	» »	33,750
				Total			284,250
				En 1848			175,625
				Différence en plus			108,625

1849. — *Deuxième réunion du printemps, à New-Market, trois jours de mai, courses à petites distances.*

NOMBRE des partants.	NOMS des vainqueurs.	SEXE.	AGE.	POIDS.	DISTANCE en mètres.	VITESSE.	SOMMES gagnées.
				kil.			fr.
6	Saint-Rosalia...	f.	3	50 1/2	2,687	2′47″	17,500
10	Essedarius......	m.	3	36	2,414	2 46	9,125
2	Saddle.........	m.	5	54 1/2	1,130	1 20	5,000
8	Impression.....	f.	2	52 1/2	1,130	» »	5,000
2	Retail..........	m.	3	52 1/2	1,130	1 11	5,000
2	—	m.	3	52 1/2	1,130	» »	3,750
1	Sotterley.......	m.	4	55 1/2	1,130	» »	3,750
9	Philosopher. ...	m.	5	50	1,130	1 12	2,500
2	Le Beau.......	m.	»	53	796	» »	2,500
2	Saint-Ann......	f.	4	44 1/2	1,130	1 12	2,500
12	Wasa..........	m.	3	54	1,610	1 50	1,250
2	First-Chance....	m.	»	54	»	» »	1,250
3	Glutton........	m.	4	45 1/2	6,765	» »	1,250
10	Lola-Montez....	f.	4	50 1/2	2,034	2 17	1,250
11	Sagacity........	f.	5	51 1/2	1,130	1 10	1,250
9	Mandane-Colt...	m.	3	39	3,134	3 53	1,250
5	Cayenne.......	f.	3	52 1/2	1,130	1 14	1,000
3	Slashing-Alice...	f.	3	55	796	» 53	1,000
	En tout, 18 prix s'élevant à........						66,125
	En 1848, 12 prix pour.............						37,850
	Différence en plus.................						28,275

1849. — *Première réunion du printemps, à Chester, quatre jours de mai, courses à grandes distances.*

NOMBRE des partants.	NOMS des vainqueurs.	SEXE.	AGE.	POIDS.	DISTANCE en mètres.	VITESSE.	SOMMES gagnées.
28	Malton.........	m.	4	42 1/2	3,621	4 16	60,750
4	Ettiron.........	m.	3	54	1,908	2 20	15,625
6	Stanton........	m.	3	53 1/2	2,816	3 34	8,250
7	Sylvan.........	m.	4	69	3,522	4 21	7,250
10	Post-Tempore ..	m.	3	49	1,871	2 8	6,625
3	Maid of my Soul.	f.	4	43	1,908	2 17	6,250
13	Post-Tempore ..	m.	3	38	1,408	1 22	5,625
5	Jelly fish.......	f.	3	51 1/2	2,103	2 57	4,750
12	Gaffer-Green ...	h.	»	51 1/2	1,908	2 10	4,375
10	Countess of Albemarle.....	f.	2	51 1/2	1,207	1 23	4,250
2	Maid of my Soul.	f.	4	42 1/2	2,213	2 45	3,375
3	Stanton	m.	3	53	2,414	2 55	2,750
3	Athelstane......	h.	4	50 1/2	1,871	2 9	2,750
3	Flatcatcher	m.	4	58	4,954	6 25	2,625
2	—	m.	4	55	2,012	2 20	1,625
4	Miss Bunney	f.	3	33	2,816	3 21	1,550
3	Lady Barbara...	f.	3	55 1/2	1,207	1 25	1,375
	En tout, 17 prix pour une somme de............						139,800
	En 1848, le montant des prix courus s'élevait à....						152,200
	Différence en moins..........................						12,400

Nous laisserons aux hommes d'étude le soin de comparer ces documents avec ceux que nous donnent les annales officielles des courses en France. — Il y a de curieux rapprochements à faire, d'intéressantes inductions à tirer. — Mais elles n'ont d'utilité et ne portent de bons fruits qu'autant qu'on examine les faits de près et qu'on les discute avec soi-même. C'est un travail que nous recommandons à ceux qui ont quelque souci de la science et de la vérité (1).

(1) Nous en trouvons une sorte de modèle à la page 116 du tome X du *Journal des haras;* nous le plaçons ici en manière d'exemple.

Nous copions textuellement.

« Il n'est pas d'exemple qu'un cheval né en France ait jamais fait, jusqu'à ce jour (1832), deux fois le tour du champ de Mars en moins de 5 minutes (la distance est de 2 milles et demi d'Angleterre); ce qui règle la vitesse à l'emploi de 15 secondes pour chaque huitième de mille, 2 minutes pour 1 mille, et 5 minutes pour 2 milles et demi.

« En 1827, la coupe d'or de Duncaster fut gagnée par *Mulatto* en 4′ 46″. La distance à parcourir était de 3 milles moins un huitième; ce qui règle la vitesse à 13 secondes 1/2 pour chaque huitième de mille, 108 secondes pour 1 mille, et 4′ 30″ pour 2 milles et demi.

« Pour la grande poule d'York, la distance à parcourir est de 2 milles; elle a été gagnée par *Mulatto* en 3′ 34″; ce qui règle la vitesse à 13 secondes 1/4 pour chaque huitième de mille, et 106 secondes pour 1 mille.

« Pour la coupe d'or d'York, la distance à parcourir est de 1 mille et un quart : *Mathilde* l'a gagnée en 2′ 12″; ce qui règle la vitesse à 13 secondes pour chaque huitième de mille, 104 secondes 8/10 pour 1 mille.

« Ainsi, puisque les meilleurs chevaux de course anglais emploient moins de 27 secondes pour parcourir un quart de mille, ils peuvent rendre aux meilleurs chevaux de course français un quart de mille sur un mille et demi, et avoir encore 3 secondes ou environ 50 toises d'avantage.

« D'après ce calcul, il est établi que les chevaux de course anglais de première race emploient 104 secondes 8/10 par mille lorsqu'ils ont 1 mille et un quart à parcourir. Si la course est de 2 milles, le mille ne se franchit qu'en 106 secondes; quand la distance est de 2 milles et demi, ils ne font le mille qu'à raison de 108 secondes ou 16 toises par seconde. »

— Bien que cet ouvrage soit un travail de longue haleine, nous ne pouvons l'écrire qu'à bâtons rompus. Chaque jour donc y apporte quelques matériaux qui n'existaient pas la veille. C'est ainsi que nos projets de modifications du règlement des courses au galop sont devenus un fait depuis que nous les avons exposés. Pour n'être pas tout à fait à son rang, l'arrêté du 29 avril 1849 ne s'en trouvera pas moins à sa place ici; nous le donnerons *in extenso* en le faisant précéder du rapport de présentation à la signature du ministre.

RAPPORT.

« Paris, le 26 avril 1849.

« Monsieur le ministre,

« L'arrêté du 15 mars 1842, concernant les courses de chevaux, a subi, à diverses reprises et par des arrêtés partiels, des modifications assez nombreuses et assez importantes pour n'être plus que le fond même du règlement qui régit la matière; la forme en a réellement changé.

« Plusieurs de ses dispositions ont vieilli; des lacunes se sont montrées, quelques améliorations sont désirables, le moment est venu de le soumettre à une révision générale.

« Le conseil spécial des haras s'est livré à cet examen. J'ai l'honneur de vous apporter le résultat de ses études et de vous proposer de donner votre approbation au nouveau règlement ci-annexé.

« Le point de départ des modifications introduites en l'arrêté de 1842, c'est un retour vers le passé. A une certaine époque, la France chevaline avait été partagée en deux grandes divisions, celle du Nord et celle du Midi. Des prix spéciaux à chacune d'elles, en stimulant le zèle des éleveurs, protégeaient utilement les plus faibles contre une supériorité par trop grande.

« La division du Nord, ayant pour elle la force du nombre, une position géographique plus heureuse à certains égards, des fortunes plus considérables, une agriculture plus riche, entrait en lutte contre la division du Midi avec des avantages très-marqués. En face d'une rivalité décourageante, les éleveurs du Midi menaçaient de s'abstenir, beaucoup étaient frappés déjà. L'administration le comprit. De ses encouragements elle fit deux parts,—l'une spéciale en quelque sorte, — l'autre générale. De là cette division de la France, et des prix de courses qui ne pouvaient être courus que par les chevaux de l'une ou de l'autre division.

« Plus tard, on crut le moment venu où cette distinction pouvait disparaître, et la barrière fut levée. C'était trop tôt. Le Midi se trouvait encore attardé dans sa marche; on ne lui avait pas donné le temps de regagner le terrain perdu. Les courses générales, en lui prouvant son infériorité, l'ont de nouveau jeté dans le découragement. Il se débat en vain contre une rivalité trop forte, et succombe. Ses réclamations menacent de cesser, mais elles ne cesseront que faute de réclamants. Sous le bénéfice du règlement en vigueur, les courses du Midi appartiennent à peu près exclusivement aux éleveurs du Nord. Ces derniers font de leurs chevaux deux parts : les meilleurs, les plus capables restent dans la division du Nord, et s'y disputent avec énergie des prix qui sont toujours vaillamment gagnés; les autres, qui auraient peu de chances contre les premiers, émigrent et vont cueillir de faciles victoires sur les hippodromes du Midi.

« Tout bien considéré, après mûr et sérieux examen des faits, le conseil spécial des haras a pensé qu'il était juste de relever le courage et le zèle des éleveurs du Midi. Ceux-ci se sont imposé de réels sacrifices, ils sont aussi dans une voie de progrès incontestable; il y a profit pour le pays, avantage pour la mission confiée à l'administration des haras à ce que les quarante-cinq départements dont est formée la division du Midi ne soient pas contraints, faute d'une protection intelligente et juste, de se retirer de l'industrie chevaline à laquelle ils donnent le double concours de leurs lumières et de leurs sacrifices.

« Le nouvel arrêté revient donc à l'ancienne division de la France chevaline. Ce retour à une disposition équitable, impérieusement commandée par les circonstances, pour un temps nécessairement limité, nous l'espérons du moins, est un hommage rendu à la supériorité d'adversaires qui ne sont d'ailleurs aucunement lésés; car l'arrêté, autant que la répartition du crédit général affecté aux courses, leur fait une part proportionnelle fort équitable aussi.

« Là est la modification principale, essentielle apportée au dernier règlement, les autres en découlent tout naturellement; je ne ferai que les mentionner en passant.

« Il ne fallait point ôter au Midi la faculté de venir chercher dans la division du Nord les éléments d'amélioration que celui-ci possède en plus grand nombre; il ne fallait pas non plus, par une protection excessive, ralentir les efforts ni paralyser les sacrifices des éleveurs du Nord. Le règlement obvie à ce double inconvénient en donnant des lettres de naturalisation, dans la division, à tout cheval qui les a acquises par un séjour non interrompu ou d'une ou de deux années.

« Deux ans de séjour donnent le droit de courir pour les prix spéciaux, et par conséquent dans toutes les courses;

« Un an seulement de séjour ne permet de courir que les prix principaux et nationaux.

« Ce droit, d'ailleurs, est réciproque pour les deux divisions.

« Les arrêtés antérieurs avaient établi de petites circonscriptions et attribué des *prix d'arrondissement* à chacune d'elles. C'étaient des courses de famille peu intéressantes et d'ordinaire mal disputées. La division fait disparaître les arrondissements. Au surplus, il suffisait d'un séjour de six mois dans un arrondissement quelconque pour lui appartenir et rendre illusoires toutes ces barrières si faciles, mais si désagréables à franchir en raison de la nécessité où étaient les éleveurs d'éloigner leurs poulains quand ils voulaient leur faire acquérir un droit en dehors de celui que leur réservait le lieu même de la naissance.

« L'arrondissement avait des frontières trop rapprochées; en dehors de lui, il n'y avait plus de limites; la division est un moyen terme qui réunit tous les avantages et replace chacun en face d'une rivalité suffisante et d'encouragements équitablement répartis.

« Une autre disposition vicieuse des arrêtés précédents a dû faire place à une mesure qui se trouvera inscrite pour la première fois dans les règlements de l'administration.

« Quand une course devient nulle par l'incertitude dans laquelle se trouve le juge de désigner le vainqueur, ou lorsque, dans une course en partie liée, les deux épreuves ont été gagnées par des chevaux différents, il était ordonné de ne remettre en course que les deux chevaux vainqueurs, ou arrivés tête à tête sans que le gagnant ait pu être indiqué. Le nouveau règlement est plus large; il veut que tous les chevaux qui ont déjà couru conservent la faculté, le droit de rentrer en lice et de disputer le prix avec une nouvelle ardeur. C'est un moyen de multiplier les épreuves et d'avoir un plus grand nombre de courses de fond.

« L'ancien arrondissement de Paris est sans contredit celui qui a rendu les services les plus importants au pays. Là sont les riches éleveurs et les grands sacrifices, les établissements les plus considérables et le plus précieusement peuplés, les connaissances pratiques et le goût, une entente parfaite de tout ce qui tient à l'institution des courses, et nécessairement aussi la dotation la plus large. C'est justice!

« Mais toutes ces considérations imposent, tous ces avantages obligent. Le nouvel arrêté veut donc que tout cheval n'appartenant pas à cet arrondissement par six mois de résidence reçoive une modération de poids qui, égalisant ses chances, l'excite à venir se mesurer contre des rivaux dignes de lui. La consécration de l'hippodrome central sera toujours nécessaire au mérite d'un cheval. Les vainqueurs de la province ne jouiront jamais que d'une demi-réputation, s'ils ne se risquent pas dans les hautes luttes du champ de Mars, de Versailles ou de Chantilly. Les prix de vente se proportionnent toujours à la renommée acquise; ce n'est pas seulement sur l'hippodrome, mais dans les grandes courses, que les athlètes de la race prennent position et se classent.

« Un fait assez remarquable, c'est le petit nombre de jockeys français qui ont marqué dans nos courses. Il est permis de croire encore ici que la supériorité incontestable des jockeys anglais est le grand obstacle. Le nouvel arrêté fait un premier pas dans une voie nouvelle; il donne une modération de poids au jockey français luttant contre des jockeys anglais. L'expérience dira bientôt s'il y a mieux à faire encore.

« Enfin, et pour ne jeter aucune perturbation dans les courses de cette année, une disposition transitoire porte que le nouveau règlement ne commencera à avoir son effet qu'à partir du 1er janvier 1850. Chacun ainsi aura été informé en temps utile.

« Agréez, etc.

« EUG. GAYOT. »

ARRÊTÉ.

Le ministre de l'agriculture et du commerce,

Vu les décrets des 31 août 1805 et 4 juillet 1806;

Le règlement du 16 mars 1825 et les arrêtés des 9 juin 1826, 13 avril 1827, 31 octobre 1832, 2 juin 1834, 5 janvier 1835, 15 janvier 1836, 15 décembre 1837, 26 février et 7 avril 1840, 15 mars 1842, 2 mars 1846 et 23 octobre 1847,

Arrête :

Art. 1er. Les courses seront classées en deux divisions, celle du Nord et celle du Midi.

Ces divisions, ainsi que les époques où les courses devront avoir lieu, sont déterminées conformément au tableau annexé au présent arrêté.

Art. 2. Les prix seront classés dans l'ordre suivant :

1re classe. — Grand prix national.

2e classe. — Prix nationaux.

3e classe. — Prix principaux.

4e classe. — Prix spéciaux.

Art. 3. Aucun prix ne pourra être couru que par des chevaux entiers ou juments nés et élevés en France.

Art. 4. Les prix spéciaux et les prix principaux ne seront disputés que par des chevaux de la division.

Ceux des deux divisions pourront concourir pour tous les prix nationaux et pour le grand prix national.

A Paris, par exception, tous les prix pourront être courus par les chevaux des deux divisions.

Art. 5. Seront considérés comme appartenant à la division et aptes à concourir pour les prix des 4e et 3e classes :

1° Les chevaux nés et élevés dans la division ;

2° Les chevaux qui, sans être nés dans la division, y auront résidé sans interruption et à quelque époque que ce soit, savoir :

Pendant deux ans, pour avoir droit de courir les prix spéciaux ;

Pendant un an, pour avoir droit de courir les prix principaux.

Les certificats constatant la naissance ou la résidence devront être signés par les propriétaires, attestés par le maire du lieu de la résidence, et contrôlés par le directeur du haras ou dépôt d'étalons dans la direction duquel sont situés les lieux de naissance ou de résidence.

Art. 6. Le nombre, la classe et la quotité des prix, l'âge des chevaux aptes à les courir et les distances fixées pour chacun d'eux sont déterminés ainsi qu'il suit :

DIVISION DU NORD.	PARIS	Prix spécial de....	3,000	pour poulains entiers et pouliches de 3 ans	2 kil.	en une épreuve.
		Prix spécial de....	3,500	pour chevaux entiers et juments de 3 ans et au-dessus	2 kil.	en partie liée.
		Prix principal de..	4,500	pour poulains entiers et pouliches de 3 ans	2 kil.	en partie liée.
		Prix principal de..	5,000	pour chevaux entiers et juments de 3 ans et au-dessus	4 kil.	en une épreuve.
		Prix national de...	6,000	pour chevaux entiers et juments de 4 ans et au-dessus	4 kil.	en partie liée.
		Grand pr. nation. de	14,000	pour chevaux entiers et juments de 4 ans et au-dessus	4 kil.	en partie liée.
	CAEN	Prix spécial de....	2,000	pour poulains entiers et pouliches de 3 ans	2 kil.	en une épreuve.
		Prix spécial de....	2,500	pour chevaux entiers et juments de 3 ans et au-dessus	4 kil.	en une épreuve.
		Prix principal de..	3,000	pour chevaux entiers et juments de 4 ans et au-dessus	4 kil.	en partie liée.
		Prix national de...	4,000	pour chevaux entiers et juments de 4 ans et au-dessus	4 kil.	en partie liée.
	NANCY	Prix spécial de....	1,500	pour chevaux entiers et juments de 3 et 4 ans	2 kil.	en partie liée.
	SAINT-BRIEUC	Prix spécial de ...	1,500	pour poulains entiers et pouliches de 3 ans	2 kil.	en une épreuve.
		Prix spécial de....	2,000	pour chevaux entiers et juments de 3 ans et au-dessus	2 kil.	en partie liée.
		Prix principal de..	3,000	pour chevaux entiers et juments de 4 ans et au-dessus	4 kil.	en une épreuve.
	NANTES	Prix spécial de....	1,500	pour poulains entiers et pouliches de 3 ans	2 kil.	en une épreuve.
		Prix principal de..	2,000	pour chevaux entiers et juments de 3 ans et au-dessus	2 kil.	en partie liée.
		Prix national de...	4,000	pour chevaux entiers et juments de 4 ans et au-dessus	4 kil.	en partie liée.
	ANGERS	Prix spécial de....	1,200	pour poulains entiers et pouliches de 3 ans	2 kil.	en une épreuve.
		Prix spécial de....	1,500	pour chevaux entiers et juments de 3 ans et au-dessus	2 kil.	en partie liée.
		Prix principal de..	2,000	pour chevaux entiers et juments de 4 ans et au-dessus	4 kil.	en une épreuve.

DIVISION DU MIDI.

Dépôt	Prix	Montant	Conditions	Distance
AURILLAC	Prix spécial de....	2,000	pour poulains entiers et pouliches de 3 ans	2 kil. en une épreuve.
	Prix spécial de....	2,000	pour chevaux entiers et juments de 3 ans et au-dessus	2 kil. en partie liée.
	Prix principal de..	2,000	pour poulains entiers et pouliches de 3 ans	4 kil. en une épreuve.
	Prix principal de..	2,500	pour chevaux entiers et juments de 4 ans et au-dessus	4 kil. en partie liée.
BORDEAUX	Prix spécial de....	2,000	pour poulains entiers et pouliches de 3 ans	2 kil. en une épreuve.
	Prix spécial de....	2,500	pour chevaux entiers et juments de 3 ans et au-dessus	2 kil. en partie liée.
	Prix principal de..	3,000	pour chevaux entiers et juments de 4 ans et au-dessus	4 kil. en une épreuve.
	Prix national de...	4,000	pour chevaux entiers et juments de 4 ans et au-dessus	4 kil. en partie liée.
LIMOGES	Prix spécial de....	1,500	pour poulains entiers et pouliches de 3 ans	2 kil. en une épreuve.
	Prix spécial de....	1,500	pour chevaux entiers et juments de 3 ans et au-dessus	2 kil. en partie liée.
	Prix principal de..	2,000	pour poulains entiers et pouliches de 3 ans	4 kil. en une épreuve.
	Prix principal de..	2,500	pour chevaux entiers et juments de 4 ans et au-dessus	4 kil. en partie liée.
POMPADOUR	Prix spécial de.....	1,500	pour poulains entiers et pouliches de 3 ans	2 kil. en une éprouve.
	Prix spécial de....	1,500	pour chevaux entiers et juments de 3 ans et au-dessus	2 kil. en partie liée.
	Prix national de...	4,000	pour chevaux entiers et juments de 4 ans et au-dessus	4 kil. en partie liée.
TARBES	Prix spécial de....	1,000	pour poulains entiers et pouliches de 3 ans	2 kil. en une épreuve.
	Prix spécial de....	1,200	pour juments de 4 ans	2 kil. en partie liée.
	Prix spécial de.....	1,500	pour poulains entiers et pouliches de 3 ans	2 kil. en une épreuve.
	Prix spécial de....	1,800	pour chevaux entiers et juments de 3 ans et au-dessus	2 kil. en partie liée.
	Prix spécial de.....	2,000	pour chevaux entiers et juments de 4 ans et au-dessus	2 kil. en partie liée.
	Prix principal de..	2,500	pour poulains entiers et pouliches de 3 ans	4 kil. en une épreuve.
	Prix principal de..	3,000	pour chevaux entiers et juments de 4 ans et au-dessus	4 kil. en partie liée.

Art. 7. Le maximum du temps accordé pour les épreuves est déterminé ainsi qu'il suit :

Pour chaque épreuve de 2 kilomètres, 2' 40'';

Pour chaque épreuve de 4 kilomètres, 5' 20'';

Pour chaque épreuve du grand prix national, 5' 5''.

Si le cheval arrivé le premier n'a pas parcouru la distance dans le temps fixé, la course sera déclarée nulle et ne pourra être recommencée.

Dans les courses à une épreuve, si deux chevaux arrivent ensemble au but et que le juge ne puisse décider lequel a gagné, la course sera déclarée nulle et devra être recommencée.

Tous les chevaux qui auront pris part à cette épreuve seront admis à recourir.

Dans les courses en partie liée, si les deux premières épreuves sont gagnées par des chevaux différents, tous les chevaux engagés conserveront le droit de courir la ou les épreuves subséquentes.

La condition de courir contre le temps n'est imposée, savoir :

Dans les courses à une épreuve, que pour la première;

Dans les courses en partie liée, que pour les deux premières épreuves.

Art. 8. Un poteau de distance, placé à 200 mètres en arrière du poteau d'arrivée, fera connaître les chevaux distancés par le vainqueur.

Au moment même de l'arrivée du vainqueur, le juge fera tomber une flamme hissée avant la course au haut du poteau d'arrivée.

Ce signal, immédiatement répété par un membre de la commission placé au poteau de distance par le juge, indiquera les chevaux qui se trouvent distancés.

Le cheval distancé est celui qui n'a pas atteint le poteau de distance au moment où la tête du premier cheval dépasse le but.

Aucun cheval distancé ne peut être admis, dans la même course, à courir une épreuve subséquente.

Art. 9. Le premier cheval dont la tête dépasse le but gagne la course.

Art. 10. Les chevaux doivent porter, suivant leur âge, les poids suivants :

AGE.	CHEVAUX entiers.	JUMENTS.	OBSERVATIONS.
3 ans............	51 kil.	49 k. 1/2	L'âge des chevaux se compte à partir du 1er janv. de l'année de leur naissance.
4 ans............	60	58 1/2	
5 ans............	62 1/2	61	
6 ans et au-dessus..	64	62 1/2	

Les chevaux qui n'appartiendront pas à l'ancien arrondissement de Paris, formé des départements de la Seine, Seine-et-Oise, Oise et Seine-et-Marne, recevront, lorsqu'ils viendront courir un des prix du gouvernement sur l'hippodrome de Paris, une réduction de poids ainsi déterminée :

1 kilog. 1/2 pour les chevaux de la division du Nord;

2 kilog. 1/2 pour les chevaux de la division du Midi.

Tout cheval qui, sans être né dans l'un des quatre départements ci-dessus désignés, y aura résidé pendant six mois, à une ou plusieurs époques de son existence, sera réputé leur appartenir et ne pourra profiter du bénéfice de la disposition qui précède.

Art. 11. Tout jockey devra se faire peser avec sa selle avant de monter à cheval, et compléter le poids prescrit, s'il se trouve au-dessous. La bride, le collier et la martingale ne compteront pas pour le poids et ne seront pas pesés.

Le pesage aura lieu en présence du juge et d'un membre de la commission désigné par celle-ci, sans que ni l'un ni l'autre deviennent responsables des erreurs qui pourraient se présenter sur les poids et surcharges portés aux cartes-programmes. C'est aux propriétaires des chevaux et à leurs entraîneurs et jockeys à connaître les poids du règlement, suivant l'âge et les *performances* (1) des animaux.

Art. 12. Tout cheval monté par un jockey français ayant à lutter contre un ou plusieurs jockeys anglais recevra une modération de poids ainsi fixée :

2 kilogrammes dans les épreuves de 2 kilomètres;
4 kilogrammes dans les épreuves de 4 kilomètres.

Art. 13. Les chevaux d'un âge déterminé ne pourront être admis à courir pour les prix affectés à des chevaux d'un autre âge.

Le grand prix national de 14,000 francs ne peut être gagné qu'une seule fois par le même cheval.

Art. 14. Nul cheval ou jument ne pourra disputer un prix d'une classe inférieure à celui qu'il aura déjà obtenu, quelle que soit la somme affectée à ce prix; mais il peut être admis à courir un prix de même classe, en portant, outre le poids de son âge, une surcharge ainsi fixée :

Cheval ou jument ayant gagné un prix et courant pour un prix de même classe, 3 kilogrammes;

Cheval ou jument ayant gagné deux prix ou plus, et courant pour un prix de même classe, 4 kilogrammes.

Art. 15. Les poulains et pouliches ayant gagné un prix à trois ans ne porteront pas de surcharge lorsqu'ils courront, à quatre ans, un prix de même classe.

Les poulains et pouliches de trois ans ayant gagné un prix spécial ou un prix principal affecté aux chevaux de trois ans pourront courir, également sans surcharge, les prix spéciaux ou principaux affectés aux chevaux de trois ans et au-dessus, et *vice versâ*, dans la même année.

Les poulains et pouliches de trois ans qui auront gagné

(1) Leurs antécédents sur l'hippodrome.

un des prix spéciaux ou principaux affectés aux chevaux de trois ans et au-dessus porteront la surcharge spécifiée à l'article 14, lorsqu'ils courront un ou plusieurs autres de ces prix dans la même année.

Art. 16. Le cheval ou la jument qui, après avoir reçu une ou plusieurs surcharges, courra un prix d'une classe supérieure à celui ou ceux qu'il aura déjà gagnés reprendra le poids affecté à son âge.

Art. 17. Un cheval ou une jument courant seul pourra obtenir le prix, pourvu qu'il subisse l'épreuve ou les deux épreuves exigées dans l'espace de temps déterminé par l'article 7.

Art. 18. Tout propriétaire présentant ou faisant présenter en son nom un cheval pour les courses est tenu de justifier de l'origine de ce cheval. A cet effet, il devra être produit un certificat signé du propriétaire, et constatant le lieu où le cheval est né, et celui ou ceux où il a été élevé, depuis sa naissance jusqu'au moment des courses.

Si ce cheval n'est pas né chez le propriétaire qui le présente, celui-ci sera obligé de produire un second certificat signé par le premier propriétaire du cheval, et attestant le lieu de sa naissance.

Ces certificats, qui devront contenir, en outre, le signalement du cheval et sa généalogie, seront visés et contrôlés par le directeur du haras ou dépôt d'étalons dans la direction duquel sont situés les lieux où le cheval est né et où il a été élevé. Le directeur s'assurera, par tous les moyens qu'il jugera convenables, des faits qu'il aura à contrôler.

Art. 19. Nul ne pourra engager, dans une course à plusieurs épreuves, plus d'un cheval ou d'une jument lui appartenant en totalité ou en partie, quand même les chevaux ou juments seraient inscrits sous le nom d'un autre propriétaire.

Art. 20. Il sera nommé une commission chargée d'appliquer les articles du présent règlement.

Pour les courses des prix spéciaux attribués aux courses de Paris, et pour les courses qui auront lieu dans les autres départements, la commission sera composée

1° Du préfet, qui présidera;

2° D'un officier des haras;

3° De trois autres membres que le ministre choisira sur une liste de candidats double de ce nombre, qui sera présentée par le préfet.

Quant à la commission des courses qui auront lieu à Paris pour les prix principaux, le prix national et le grand prix national, le ministre nommera directement, chaque année, les membres qui devront la composer.

Si l'un des commissaires nommés par le ministre dans les départements ne pouvait, par quelque cause que ce fût, remplir cette fonction, le préfet pourvoirait immédiatement à son remplacement.

Art. 21. Nul ne pourra être commissaire, s'il a un cheval engagé dans une des courses.

Art. 22. Un juge nommé par le ministre sera seul chargé de placer les chevaux au point de départ, de les faire partir et de désigner le vainqueur. A cet égard seulement, les décisions du juge seront sans appel. Il assistera aux délibérations de la commission avec voix consultative.

Art. 23. Toute personne qui engagera un cheval ou une jument pour les courses devra le présenter à la commission deux jours avant le concours, et y déposer en même temps les certificats indiqués à l'article 18.

Pour la visite et la réception des chevaux à engager, cette commission se réunira aux jours, lieux et heures fixés par le ministre ou les préfets.

La commission pourra, si elle le juge convenable, dispenser d'une nouvelle visite les chevaux qui auront déjà couru *sur le même hippodrome*.

Art. 24. Lorsque plusieurs prix seront courus le même jour, chaque propriétaire devra spécifier, au moins *qua-*

rante-huit heures à l'avance, par une déclaration écrite et remise cachetée au président de la commission ou à son délégué, le prix pour lequel il engage son cheval.

Le même cheval ne pourra être engagé pour plus d'un prix le même jour, à peine de nullité de l'engagement.

Art. 25. Le propriétaire du cheval ou de la jument présentée devra fournir, avant la course, une déclaration signée de lui, constatant que le cheval qu'il présente ne se trouve pas dans le cas prévu par le paragraphe 1er de l'article 14 du règlement. En cas de fausse déclaration, le signataire sera tenu de restituer le prix, s'il a gagné ; ce prix appartiendra dès lors au propriétaire du cheval qui y aurait eu droit après le premier, s'il a rempli les conditions voulues.

Art. 26. Dans le cas où le propriétaire du cheval vainqueur ne devrait pas recevoir le prix, ce prix appartiendra,

1° Dans une course à trois, quatre ou cinq épreuves, à son concurrent dans la dernière épreuve fournie ;

2° Dans une course à deux épreuves, au cheval qui sera arrivé le premier au but après le vainqueur dans les deux épreuves, et, à défaut, à celui qui, en somme, aurait mis le moins de temps à franchir les deux épreuves ;

3° Dans une course à une seule épreuve, au cheval arrivé le second.

Art. 27. Il sera construit deux tribunes en face du but, l'une pour la commission, l'autre pour le juge.

La commission devra être pourvue de deux chronomètres propres à indiquer avec exactitude le temps que chaque cheval aura mis à franchir la distance.

Le juge et le président de la commission désigneront chacun une personne pour tenir les chronomètres.

Art. 28. A chaque épreuve, les chevaux seront placés au point de départ suivant le sort.

S'il se présente, pour disputer un même prix, un nombre de chevaux trop considérable pour partir sur une seule et même ligne, il en sera formé plusieurs. Les places seront tirées au sort.

Il est expressément défendu de se servir de fouet pour exciter les chevaux au moment du départ ou pendant la course, et généralement de commettre aucune action qui pourrait nuire à la course.

Art. 29. Toute course doit finir le jour où elle a commencé.

Dans les courses de Paris le ministre, et dans celles des départements le préfet, fixeront, au moins deux jours d'avance, l'heure où la lice devra s'ouvrir.

Art. 30. A l'heure fixée pour la course, la cloche sonnera; un quart d'heure après, la lice sera ouverte, et le départ aura lieu sans attendre les absents.

Art. 31. Entre chaque course et entre chaque épreuve il sera accordé une demi-heure de repos.

A la fin de la demi-heure de repos, la cloche sonnera pour seller les chevaux ; un quart d'heure après, la cloche sonnera de nouveau pour annoncer que les chevaux doivent entrer en lice, et la course aura lieu immédiatement, sans attendre les absents.

Art. 32. Après chaque épreuve, le jockey devra conduire son cheval à l'endroit indiqué, descendre là, et non auparavant, et se faire peser de nouveau devant le juge et le membre de la commission désigné à cet effet.

Si le jockey néglige ou refuse de se conformer à cette disposition, ou s'il est reconnu n'avoir plus le poids prescrit, il pourra être déclaré incapable de courir à l'avenir pour aucun prix du gouvernement; et, s'il a gagné la course, le prix sera décerné au propriétaire du cheval qui aurait obtenu l'avantage après lui, conformément à l'article 26.

Art. 33. Tout cheval qui se jettera hors de la lice devra, pour n'être pas exclu de la course, y rentrer par l'endroit même d'où il en sera sorti.

Art. 34. S'il est reconnu qu'un jockey, dans la course,

a frappé le cheval de son adversaire, ou son adversaire lui-même, qu'il l'a jeté contre la corde ou hors des limites de la lice, qu'il a barré le chemin ou traversé un autre cheval, le cheval monté par ce jockey n'aura pas droit au prix de cette course, quand même il l'aurait gagné; le prix sera accordé au cheval qui aura obtenu l'avantage après le sien, conformément à l'article 26, à moins que la commission ne décide que la course doit être recommencée.

Ledit jockey pourra être, en outre, déclaré incapable de courir, à l'avenir, pour aucun prix du gouvernement.

Art. 35. Toutes les fois qu'un jockey aura été déclaré incapable de courir pour les prix du gouvernement, son nom et son signalement seront envoyés dans tous les lieux de courses.

Art. 36. Toute contestation relative au poids ou à la conduite des jockeys sera jugée aussitôt par la commission.

Toute réclamation, de quelque nature qu'elle soit, devra être adressée à la commission après chaque épreuve et pendant le pesage des jockeys; sinon elle ne serait plus reçue.

La commission prononcera immédiatement aussi sur les difficultés qui pourraient naître entre les concurrents avant et pendant les courses relativement à l'application des présentes dispositions.

Ses délibérations auront lieu à la majorité des voix; en cas de partage, la voix du président l'emportera.

Il sera dressé procès-verbal de toutes les opérations de la commission, dont la mission cesse aussitôt après le pesage auquel donne lieu la dernière épreuve courue.

Art. 37. Toutes dispositions réglementaires prises antérieurement, concernant les courses, sont rapportées par les présentes, *qui, toutefois, n'auront leur effet qu'à partir du 1er janvier* 1850.

Paris, le 26 avril 1849.

Signé L. BUFFET.

Tableau des divisions et des chefs-lieux de courses, avec indication des époques des courses.

DÉPARTEMENTS composant les divisions.	CHEFS-LIEUX de courses.	ÉPOQUES.
DIVISION DU NORD.		
Seine-Inférieure, Eure, Manche, Calvados, Orne, Eure-et-Loir, Seine, Sarthe, Pas-de-Calais, Somme, Nord, Oise, Aisne, Ardennes, Seine-et-Oise, Seine-et-Marne, Marne, Aube, Haute-Marne, Côte-d'Or, Yonne, Moselle, Meuse, Meurthe, Vosges, Bas-Rhin, Haut-Rhin, Haute-Saône, Doubs, Jura, Finistère, Côtes-du-Nord, Morbihan, Ille-et-Vilaine, Mayenne, Loire-Inférieure, Maine-et-Loire, Vendée, Deux-Sèvres, Vienne, Charente-Inférieure, Charente..........	Paris.....	Les courses auront lieu dans le mois d'octobre.
	Caen......	Les courses commenceront dans les derniers jours de juillet et devront être terminées le 10 août.
	Nancy.....	Les courses commenceront le 15 juillet et devront être terminées le 1er août.
	St.-Brieuc.	Les courses auront lieu dans la première quinzaine de juin.
	Nantes....	Les courses auront lieu dans la première quinzaine d'août.
	Angers....	Les courses auront lieu dans la première quinzaine de juillet.
DIVISION DU MIDI.		
Loiret, Loir-et-Cher, Indre-et-Loire, Indre, Cher, Nièvre, Allier, Saône-et-Loire, Rhône, Ain, Dordogne, Gironde, Lot-et-Garonne, Tarn-et-Garonne, Landes, Basses-Pyrénées, Gers, Hautes-Pyrénées, Haute-Garonne, Haute-Vienne, Creuse, Corrèze, Cantal, Lot, Lozère, Aveyron, Tarn, Hérault, Aude, Ariége, Pyrénées-Orientales, Puy-de-Dôme, Loire, Haute-Loire, Isère, Ardèche, Drôme, Hautes-Alpes, Gard, Vaucluse, Basses-Alpes, Bouches-du-Rhône, Var......	Limoges...	Les courses auront lieu du 15 au 30 mai.
	Pompadour	Les courses auront lieu du 18 au 31 août.
	Aurillac...	Les courses commenceront dans la deuxième quinzaine de juin et devront être terminées le 1er juillet.
	Bordeaux..	Les courses commenceront le 15 avril et devront être terminées le 5 mai.
	Tarbes....	Les courses auront lieu dans le mois d'août.

Approuvé pour être annexé à l'arrêté du 26 avril 1849.

Le ministre de l'agriculture et du commerce,

Signé L. BUFFET.

Quittons ce terrain et arrivons à l'appréciation générale et spéciale des courses dans nos différentes provinces.

En nous livrant à cette étude nous rapprocherons, nous résumerons tous les faits recueillis par le *Racing calendar* français. Cette petite revue rétrospective fera convenablement ressortir l'importance actuelle de l'institution.

Le tableau suivant en offre le cadre complet au moment où nous écrivons.

Tableau des courses en France.

DIVISIONS.	HARAS ou dépôts d'étalons	ANCIENNES provinces.	CHEFS-LIEUX de courses.	ANNÉES de la fondation.	ANNÉES de la cessation.
DIVISION DU MIDI.	Cluny	Lyonnais	Lyon	1839	1848
		Morvan	Autun	1845	»
	Arles	Camargue	Arles	1837	»
	Aurillac	Auvergne	Aurillac	1820	»
	Villen.-s.-Lot.	Agenais	»	»	»
	Rodez	Rouergue	»	»	»
	Tarbes	Bigorre	Tarbes	1805	»
		Languedoc	Toulouse	1837	»
	Pau	Béarn	Pau	1842	»
		Gascogne	Dax	1810-1844	»
	Libourne	Guienne	Bordeaux	1820	»
	Pompadour	Limousin	Limoges	1820	»
			Tulle	1805	1825
			Pompadour	1837	»
	Blois	La Bren. (Ber.)	Méz. en Brenne	1845	1848
DIVISION DU NORD.	Saint-Maixent	Poitou	Poitiers	1820-1844	»
	Napoléon-Ven.	Vendée	Luçon	1844	»
	Saintes	Saintonge	Rochefort	1847	»
	Montierender	Bourgogne	Semur	1370	»
		Champagne	Montierender	1849	»
	Strasbourg	Alsace	Strasbourg	1820	1828
			Haguenau	1840-1847	»
	Jussey	Franche-Comté	»	»	»
	Rosières	Lorraine	Nancy	1828	»
	Braisne	Ardennes	Mézières	1810-1848	»
		Partie de l'Ile-de-France	Laon	1844	»
	Abbeville	Boulonnais	Boulogne-s.-Mer.	1835	1848
		Flandre franç.	Saint-Omer	1836	»
		Pays de Bray	Rouen	1843	1848
	Saint-Lô	Cotentin, Bessin, Plaine de Caen	Cherbourg	1836	»
			Avranches	1840	»
			Saint-Lô	1838	»
			Caen	1837	»
	Le Pin	Merlerault	Le Pin	1806-1844	»
		Plaine d'Alenç.	Alençon	1840	»
		Perche	Illiers	1847	»
			Courtalin	1848	»
	Lamballe	Bretagne	Saint-Brieuc	1807	»
			Guingamp	1843	»
			Corlay	1841	»
			Quimper	1842	»
			La Martyre	1841	»
	Langonnet	Bretagne	Saint-Malô	1840	»
			Rennes	1846	»
			Vannes	1843	»
			Langonnet	1839	»
	Angers	Bretagne	Derval ou Nozay	1845	1848
			Nantes	1835	»
		Craonnais	Craon	1848	»
		Anjou	Angers	1836	»
	Dépôt des remontes (Paris)	Partie de l'Ile-de-France	Croix-de-Berny	1833	1848
			Versailles	1836	1849
			Chantilly	1834	»
			Paris	1806	»

En examinant ce tableau, on voit tout d'abord que trois dépôts d'étalons n'ont pas de chefs-lieux de courses dans leur circonscription ; ce sont les dépôts de — Villeneuve-sur-Lot et Rodez, dans la division du Midi ; — celui de Jussey, dans la division du Nord.

Nous voyons, en outre, que, sur cinquante hippodromes, — trente-huit sont établis dans la division du Nord — et douze seulement dans celle du Midi. Si l'on cherche la raison de cette différence, on la trouve dans le fait de la grande importance qu'a l'industrie chevaline en Bretagne et en Normandie, les deux centres de production équestre les plus considérables de la France.

Mais n'anticipons pas, et disons tout de suite que nous avons beaucoup moins d'hippodromes qu'il n'en existe dans la Grande-Bretagne, la terre classique des courses et la mère patrie du cheval de la civilisation moderne.

Les quelques chiffres qui suivent accuseront à quelle distance nous nous tenons des Anglais ; ils expliqueront aussi, peut-être, pourquoi nous sommes plus arriérés qu'eux. N'oublions pas, toutefois, qu'ils ont deux cents ans d'avance sur nous, et qu'en 1762, il y a bientôt un siècle, la dotation des courses était déjà chez eux de 1 million et demi. A cette époque, nous n'avions pas encore commencé ; aujourd'hui on voudrait tout remettre en question.

Notre statistique remontera seulement à 1822 ; elle ne donnera qu'une partie des chiffres, afin de ne pas surcharger le tableau : les progrès de l'institution n'en seront pas moins saisissants pour le lecteur.

Statistique partielle des courses en Angleterre.

ANNÉES.	NOMBRE des hippodromes.	PRIX courus.	VALEUR des prix.	CHEVAUX qui ont couru.
1822..........	106	883	3,050,000	988
1827..........	126	1,079	3,810,000	1,166
1832..........	117	1,182	4,250,000	1,239
1837..........	138	1,161	4,010,000	1,213
1842..........	141	1,146	4,400,000	1,269
1843..........	136	1,218	4,780,000	1,294

Depuis 1843, les chiffres ont grossi dans une proportion correspondant à l'élévation successive que présentent les années antérieures.

Pour 1843, les courses comparées, en Angleterre et en France, donnent les résultats suivants :

	Angleterre	France.	Différence en moins.
Nombre d'hippodromes..........	136	38	102
Prix courus....................	1,218	214	1,004
Valeur des prix.................	4,780,000	354,000	4,426,000
Chevaux qui ont couru..........	1,294	621	673
Sommes en jeu par tête de cheval amené au poteau...............	3,694	584	3,110

Notre infériorité est immense ; nous n'osons pas la comparer à la supériorité de l'Allemagne. Cette dernière ne s'est mise en marche qu'après nous, et déjà nous sommes loin derrière elle. A quoi tient donc cette lenteur? Ne serait-ce pas à cette accusation stupide toujours renouvelée, et par suite de laquelle certains esprits étroits nous vouent à l'exécration du pays, sous prétexte d'anglomanie, d'imitation servile, honteuse, par conséquent, des usages d'outre-Manche? Plût à Dieu que cette imitation eût été large et puissante à la fois dans la conception et dans l'exécution; plût à Dieu que nous ayons su agir avec la force et l'ampleur nécessaires à une réussite prochaine et complète! Loin de là, nous allons encore à tâtons, de crainte d'irriter des susceptibilités irréfléchies, inexplicables, en présence des faits, et nous prenons des précautions infinies pour dire aux sourds qui ne veulent pas entendre : « *Et pourtant elle tourne.* »

Malgré tout, l'institution marche; nous en avons fourni les preuves certaines. 1848 a éprouvé un temps d'arrêt, mais nous regagnerons bientôt le terrain perdu. Nous ne voulons même pas en tenir compte dans la revue à laquelle nous allons nous livrer des courses en France. A raison de cela notre étude s'arrêtera à 1847 toutes les fois qu'il s'agira d'apprécier l'institution dans la plus grande étendue des ressources qu'elle a offertes à l'industrie chevaline.

Loin de renoncer aux courses, les localités qui en ont institué songent à les raviver et à leur donner plus d'éclat que par le passé. De toutes parts, en effet, des efforts se manifestent, des demandes se produisent en vue de stimuler le zèle et de pousser à l'adoption des meilleures pratiques d'élevage. On sait maintenant que la production n'est que l'un des côtés, l'une des faces de l'industrie chevaline; on comprend que l'élève, l'éducation, trop négligées jusqu'ici, sont le côté faible de nos races équestres.

Au lieu de n'être qu'un détail, le point de départ de l'industrie, la production en a longtemps été le tout. La question des courses a élargi le terrain; elle prend le cheval dans les sources mêmes qui le donnent, dans la pensée routinière ou scientifique qui décide du mariage des sexes, et l'accompagne, pour lui être utile, dans toutes les phases de son développement et de sa première existence. Elle préside à son élevage et complète son éducation; elle le poursuit au delà de la mise en service, car elle ne l'oublie dans aucune des conditions où les circonstances peuvent le placer. — Étalons ou juments, elle dit d'où viennent les ascendants, ce qu'ils ont été, ce qu'ils peuvent donner à la reproduction; — cheval hongre, elle sait raconter la cause des succès obtenus et dire la raison du mérite qui le recommande.

Pour qui sait lire dans les annales des courses, il y a un enseignement sérieux dans les faits qu'elles révèlent; ceux-là qui le nieraient ou qui le contesteraient n'y auraient jamais pensé avec maturité.

Les courses, — telles qu'elles s'organisent en dehors de toute sollicitation, par les soins et l'initiative des populations, — ne sont point une affaire de caprice ni d'engouement; elles s'établissent avec force et ne périssent pas. Leur installation est chose dispendieuse; néanmoins l'industrie privée, à peu près abandonnée à elle-même, suffit à ce premier effort. Ce n'est qu'après avoir fondé d'une manière durable qu'elle demande à l'autorité locale son concours, au gouvernement son intervention et ses subsides. Peut-on s'empêcher de reconnaître, dans ce fait, une nécessité de l'époque, un besoin bien senti? Si l'on répondait par la négative, il faudrait admettre que le pays tout entier se trompe. Mais qui donc prouverait l'erreur, puisqu'elle serait dans la pensée, puisqu'elle serait la pensée même de tous? Que seraient à l'opinion commune, au fait général la croyance d'un seul, la manière de voir de quelques dissidents? Quand on ne peut être qu'avec soi, il faut bien laisser les autres aller tous ensemble.

Aussi bien les dissidents n'empêchent pas l'institution de marcher, de s'étendre et d'envahir non-seulement toutes les contrées, mais toutes les races que celles-ci possèdent.

En effet, les derniers hippodromes établis ont cela de remarquable qu'ils repoussent, de parti pris, la concurrence des étrangers, des voisins. Chaque localité court sur elle-même, si l'on peut s'exprimer ainsi; elle protége les chevaux nés sur son territoire contre l'invasion de ceux qui ne lui appartiennent pas par droit de naissance. On crée des courses spéciales et de premier degré; on n'en fait pas une question d'octroi pour telle ou telle ville, mais une affaire de haute utilité pour le perfectionnement des méthodes d'élevage.

Dans ces localités neuves, sur ces hippodromes nouveaux, l'institution commence; elle est à son premier âge. Ceux qui l'ont implantée et dirigent son développement ont leurs raisons pour ne la grandir qu'avec le temps. S'ils se font petits, c'est à dessein; ils ne veulent rien précipiter, afin de ne rien compromettre; ils pensent, ils agissent prudemment.

Ils font mieux, sans doute, que cet esprit pressé, brouillon, incapable, qui avait monté un service public de messageries sur une route seulement ouverte ici, achevée là, puis sans tracé plus loin, puis avec un tronçon à peu près praticable, aboutissant à une nouvelle lacune après laquelle on arrivait à une impasse; tout cela dans un pays pauvre, peu peuplé et n'ayant aucun besoin de sortir de ses maigres terres, de ses landes incultes.

La diligence n'en allait pas moins; elle alla même tant et si bien, que véhicule, équipage, chevaux, conducteur, actionnaires, tout fut ruiné à la fois, le même jour, à la même heure, au moment où l'autorité procédait à la réception de la route achevée et la livrait au public.

Celui-ci donc se vit à pied à partir du jour où il entrait en possession d'une voie carrossable. Le carrosse s'en était allé au diable; il avait disparu emportant avec lui les écus et les bonnes dispositions du petit nombre d'hommes qui auraient pu, en temps utile, utilement associer leurs efforts dans l'intérêt de tous. L'impuissance, sous toutes les formes, y compris celle de la peur du numéraire, occupe aujourd'hui, sur cette grande communication, la place qu'y devrait tenir le service défunt, mort le jour où il aurait dû naître.

Les sociétés de courses évitent un pareil écueil ; elles prennent à tâche de faire l'instruction hippique primaire des producteurs et des éleveurs de chevaux. Honneur à elles! Faisons des vœux pour que les moyens ne leur manquent pas, pour qu'un grand succès couronne l'œuvre entreprise.

En Angleterre, la saison des courses ouvre en mars et ferme en octobre. En France, le steeple-chase de la Croix-de-Berny inaugure d'ordinaire les courses de l'année qui se terminent en octobre, à Paris, pour les grandes courses, et à Alençon pour les courses d'essai.

Notre calendrier n'a pas encore la certitude de celui de l'Angleterre ; il tend néanmoins à se fixer. On comprend que la mobilité des époques doit nuire au succès. La nécessité de l'entraînement oblige ; les coureurs, les sportmen ont besoin de faire longtemps à l'avance toutes les dispositions que leur commandent le temps et l'espace.

Le règlement officiel n'a jamais rien laissé à désirer sous ce rapport. Les départements, les villes, les sociétés tardent trop à l'imiter, soit dans la fixation définitive, une fois pour toutes, des époques des courses, soit pour la publicité à donner aux programmes de chaque année.

Quoi qu'il en soit, voici comme sont distribuées les courses, en France, aux différentes époques de la saison des courses :

Avril.—Croix-de-Berny, du 10 au 15.
Bordeaux, du 25 avril au 5 mai.
Paris (*réunion du printemps*), du 25 avril au 10 mai.

Mai.—Haguenau et Lyon, le 1er.
Corlay, du 5 au 10.
Chantilly (*réunion du printemps*), du 10 au 20.
Poitiers, du 12 au 20.
Limoges, du 15 au 30.
Guingamp, du 25 au 30.

ARLES, du 25 au 30.
VERSAILLES, du 25 mai au 10 juin.
Juin.—COURTALIN, du 1er au 10.
SAINT-BRIEUC, du 10 au 20.
CHERBOURG, du 10 au 15.
AURILLAC, du 15 juin au 1er juillet.
TOULOUSE, du 25 juin au 5 juillet.
Juillet.—ANGERS, du 1er au 15.
SAINT-LÔ, du 10 au 15.
LA MARTYRE, du 10 au 15.
NANCY, du 15 juillet au 1er août.
HARAS DU PIN, du 20 au 30.
LUÇON, du 25 au 31.
Août.—NANTES, du 1er au 8.
AVRANCHES, du 5 au 10.
BOULOGNE, du 10 au 15.
SAINT-OMER, du 10 au 15.
TARBES, dans le courant du mois.
QUIMPER, du 12 au 18.
RENNES, du 15 au 25.
POMPADOUR, du 20 au 31.
ROUEN, du 20 au 25.
PAU, du 25 au 31.
SAINT-MALO, du 25 au 31.
ROCHEFORT, du 25 au 31.
VANNES, du 25 au 31.
DAX, du 25 au 31.
CAEN, du 25 août au 10 septembre.
Septembre.—AUTUN, du 1er au 10.
LAON, du 1er au 10.
LANGONNET, du 1er au 10.
CRAON, du 6 au 10.
ILLIERS, du 8 au 15.
MÉZIÈRES EN BRENNE, du 12 au 18.
DERVAL ou NOZAY, du 12 au 18.
MÉZIÈRES (*Ardennes*), du 20 au 30.
CAEN (*courses d'essai*), du 25 septembre au 10 octobre.
Octobre.—CHANTILLY (*réunion d'automne*), du 1er au 5.
PARIS (*réunion d'automne*), du 10 au 20.
ALENÇON (*courses d'essai*), du 20 au 30.

Au moyen de ces renseignements, il sera toujours facile

de s'orienter et de voir, en temps utile, de prime abord, sur quel terrain on pourra conduire ses chevaux avec le plus d'avantage.

Il a été ouvert, en 1847, à la direction des haras, un livre qui, dans quelques années, sera fort curieux à consulter. Sa rédaction, faite sur pièces officielles et d'ailleurs surveillée avec intérêt, est correcte, c'est-à-dire exacte et conçue de manière à faciliter la recherche de tous les renseignements nécessaires à une appréciation fidèle et raisonnée de tous les faits d'hippodrome qui viennent s'encadrer dans une saison de courses.

Chaque année formera un volume, et chaque volume sera terminé par des tableaux récapitulatifs.

Nous puisons les documents qui suivent dans le premier volume.

Il a été couru, en 1847, pour 541,405 fr. de prix. En ajoutant à cette somme le montant des entrées (150,940 fr.), on obtient un total de 692,345 fr. — On sait qu'une partie des entrées, peu considérable à la vérité, est réservée pour le fond de courses et ne revient en prix que l'année suivante. Vingt et un objets d'art, dont la valeur n'est pas indiquée, ont été, en outre, offerts et gagnés.

Tout importante qu'elle soit, nous l'avons déjà fait remarquer, cette dotation de 700,000 fr. environ est bien minime, si on la compare aux sommes engagées dans la même institution en Angleterre et dans les différentes contrées du Nord.

Toutefois ce sont moins encore les gros chiffres après lesquels nous voudrions voir courir qu'après un mode d'emploi toujours bien combiné, toujours judicieux. Une bonne répartition des fonds, des conditions sagement calculées servent bien cette nature d'encouragement et la développent sûrement; l'argent alors lui manque moins.

Quoi qu'il en soit, voici les différentes sources qui ont produit les sommes offertes en 1847 :

Famille royale. . . . . . 25,000 fr.
Dons et paris particuliers. . . 11,100
Allocations municipales et départementales. 98,450
Sociétés hippiques. 196,855
Administration des haras. . . 210,000
Entrées. 150,940
Objets d'art d'une valeur inconnue. . . . . . . 21.

12,030 fr. et un objet d'art n'ont point été gagnés.

Il y a eu trois cent quatre-vingt-dix-neuf courses ; elles se trouvent ainsi réparties :

NATURE DES COURSES.	COURSES à une épreuve.	COURSES en partie liée.	TOTAL des courses.	Pour une somme de
Au galop..............	176	92	268	442,430
De haies..............	40	3	43	27,340
Steeples-chases........	5	5	10	23,995
Au trot, sous l'homme..	50	2	52	29,480
Au trot, attelés........	18	3	21	14,600
A toute allure..........	4	»	4	3,500
A l'amble..............	1	»	1	60
TOTAUX..........	294	105	399	541,405

Dans ce dernier chiffre n'est pas compris le montant des entrées.

Neuf cent cinq chevaux ont été engagés dans ces courses; d'après leur âge, leur sang et la part qu'ils ont prise à la lutte, ils se classent comme suit :

AGES.	Chevaux engagés.		Chevaux qui ont couru.		Chevaux retirés.		Chevaux gagnants.	
	Pur sang.	Autres.	Pur sang.	Autres.	Pur sang.	Autres.	Pur sang.	Autres.
2 ans..........	28	»	22	»	6	»	5	»
3 ans..........	91	155	64	146	27	9	35	47
4 ans..........	52	130	47	123	5	7	20	40
5 ans..........	38	94	35	92	3	2	18	25
6 ans..........	20	39	19	32	1	7	11	10
Au-dessus......	13	245	10	191	3	54	4	59
TOTAUX....	242	663	197	584	45	79	93	181
TOT. par catégorie.	905		781		124		274	

Nous n'accompagnerons ces chiffres d'aucun commentaire; ils sont faciles à interpréter.

Les sept cent quatre-vingt-un chevaux qui ont couru se répartissent, comme il est indiqué ci-dessous, entre les divers genres de courses.

NATURE DE COURSES.	2 ANS.		3 ANS.		4 ANS.		5 ANS.		6 ANS.		AU-DESSUS de 6 ans.	
	Pur sang.	Autres.	Pur sang.	Autres.	Pur sang.	Autres.	Pur sang.	Autres.	Pur sang.	Autres.	Pur sang.	Autres.
Courses au galop...	22	»	64	56	47	45	35	28	16	21	»	93
— de barrière.	»	»	1	2	3	8	4	9	7	3	4	31
Steeples-chases....	»	»	»	»	»	1	1	4	»	1	2	25
Courses au trot sous l'homme........	»	»	»	71	»	49	»	36	»	5	»	31
— attelées. ...	»	»	»	29	»	32	»	25	»	1	1	24
Courses à toute allure.............	»	»	»	1	»	1	»	3	»	1	»	5
— à l'amble...	»	»	»	»	»	1	»	»	»	1	»	2
TOTAUX....	22	»	65	159	50	137	40	105	23	33	7	211

En réunissant tous les chiffres de la dernière ligne de ce tableau, on obtient pour total huit cent cinquante-deux chevaux. Le nombre des animaux qui ont couru n'est pourtant, en réalité, que de sept cent quatre-vingt-un.

Cette différence tient à ce que soixante-cinq chevaux ont couru dans deux espèces de courses, et trois dans trois espèces. Par suite de ce double et triple emploi, le chiffre des coureurs est augmenté de soixante et onze sans que celui des existences se trouve accru.

Nous avons précédemment établi que deux cent soixante-quatorze chevaux vainqueurs s'étaient partagé la totalité des sommes offertes et les trois cent quatre-vingt-dix-neuf prix formés. Ce n'est pas deux prix par gagnant. On voit tout d'abord que l'encouragement n'est pas très-riche. A ce point de vue déjà, la dotation des courses se montre complétement insuffisante. Chaque tête de cheval engagé n'avait pas, en perspective, une somme de 900 fr. à courir.

Si, d'un autre côté, nous divisons les 700,000 fr. dont se compose le crédit entier par le nombre 399, nous voyons que la moyenne de chaque prix ne s'élève pas à 1,755 fr.

Ces résultats doivent donner à réfléchir à ceux qui se livreraient aux courses dans une pensée de gain. Heureux doivent s'estimer ceux qui, selon une expression triviale, mais juste, peuvent joindre les deux bouts. Au rebours de ce qui se passe chez nous, l'attrait des gros prix excite les éleveurs anglais à s'imposer de gros sacrifices qui tournent à l'avantage du perfectionnement des races et au profit de la richesse hippique du pays.

Les courses de premier degré ne sont pas richement dotées; les prix y sont plus nombreux que considérables. Ils s'adressent moins à la haute aristocratie qu'aux races moins avancées; ils vont moins aux grandes fortunes qu'aux petits propriétaires, pour qui ils sont spécialement créés. Aussi les conditions en sont modestes, peu ambitieuses; il n'est pas besoin d'une préparation ni longue ni coûteuse pour devenir apte à les disputer. Cette sorte de courses n'exige ni un *training* en règle, ni tout l'attirail que celui-ci comporte; elle est plus à la portée du cultivateur intelligent, et ne demande guère qu'un bon commencement de dressage. Mais, pour arriver à ce dressage, on le comprend, il faut nourrir davantage et plus substantiellement les produits, les développer par une alimentation plus forte, fonder en eux, dès le jeune âge, cette valeur intrinsèque qui les rend capables d'un service plus long et plus résistant; il faut s'en occuper enfin, et leur donner une éducation qui les familiarise de bonne heure avec l'homme et toutes ses exigences.

Ce n'est pas ce genre de préparation qui rend les courses onéreuses : elle donne plus de prix aux chevaux et rapporte plus qu'elle ne coûte; tout éleveur judicieux qui saura s'y soumettre y trouvera toujours son compte.

Il n'en est plus ainsi des courses à toute volée; celles-ci sont pour un autre monde et pour des bourses mieux garnies. Ce sont jeux de princes et de grands seigneurs, tant que les prix sont peu nombreux et peu importants. Ceux-là ne spéculent pas, ils s'amusent utilement et dépensent une partie de leurs revenus dans un intérêt général, immense, pour conserver à la race de pur sang les hautes qualités de force et de distinction qui assurent l'amélioration de toutes les autres.

Les deux cent soixante-quatorze chevaux vainqueurs sont nés de quatre-vingt-dix-neuf étalons plus ou moins renommés. Parmi ceux-ci, soixante et onze sont de pur sang et vingt-huit de trois quarts ou de demi-sang. Nous citons, dans le tableau suivant, ceux qui ont obtenu le plus de succès dans leur descendance.

NOMS des pères.	NOMBRE des produits.	NOMBRE des prix gagnés.	MONTANT des prix.
			fr.
Master Wags	4	15	43,500
Beggarman	3	14	41,700
Y. Emilius	8	18	38,700
Royal-Oak	10	20	37,700
Lottery	4	11	32,450
Napoleon	9	21	24,340
Liverpool (1)	2	4	17,000
Gigès	1	4	16,000
Physician	4	9	15,800
Mameluke	3	9	14,400
Elis (1)	1	5	13,090
Tetotum	4	17	11,000
Tarrare	2	5	10,500
Shah (1)	1	3	10,000
Eylau	4	9	9,200
Alteruter	3	5	6,200
Impérieux (2)	1	4	5,500
Bizarre	5	6	5,000
Quoniam	2	4	4,880
Hœmus	2	3	4,200
Frank	4	11	4,180
Marengo	4	9	4,180
Ali-Baba	1	2	4,000
Terror	3	3	3,000
Y. Sydnus	2	9	2,000
Y. Snail	3	4	1,410

(1) Cet étalon n'appartient pas à la France.

(2) Les noms en italique indiquent les chevaux qui ne sont pas de pur sang.

A cette première liste, qui comprend les noms des vingt-six étalons qui ont le plus marqué, nous ajouterons tous ceux dont les produits ont obtenu quelque succès, remporté des prix plus ou moins importants.

Et d'abord la liste des chevaux de pur sang :

Belmont, — Beni, — Blackfoot, — Caravan, — Carlino,

Cédar, — Chaban, — Clearwell, — Copper-Captain, — Dardanus, — Don Quichotte, — Emilio, — Faunus, — Hector, — Ibis, — Ibrahim, — Jocko, — the Juggler, — Lancastre, — Lanercost, — Marcellus, — Marino, — Mazaniello, — Mentor, — Muezzin, — Muley-Moloch, — Neptune, — Novelist, — Paddywhack, — Paradox, — Pontchartrain, — Premium, — Rowlston, — Royal-George, — the Saddler, — sir Benjamin Backbite, — Skirmisher, — Sonnant, — Sylvio, — Uncle-Toby, — Vélocipède, — Windcliffe.

Étalons non tracés :

Algérien, — Bonton, — Caron, — Cook, — Dispos, — Doriclès, — Esope, — Fairfax, — Favori, — Forestier, — Glocester, — Hippomène, — Hutin, — Mahomet, — Mokareff, — Octavius, — Palafox, — Pigale, — Percheron, — Prince-Albert, — Railleur, — Y. Saint-Patrick, — Sauvage, — Y. Spring-Gun, — Tatius, — Vagon, — Xénocrate.

Les prix gagnés par les produits de ces soixante-neuf étalons s'élèvent à la somme de 76,000 fr. environ.

Nous les avons mentionnés afin que les éleveurs des circonscriptions dans lesquelles ils font le service de la monte puissent les retrouver aisément et leur accorder le degré de confiance qu'ils méritent.

Si ce travail avait été annuellement entrepris et publié, l'art des croisements, les règles qui doivent présider à l'union des sexes auraient sans doute fait plus de progrès dans la pratique de tous les jours.

Il est temps que la question du sang se vulgarise et prenne dans l'esprit du cultivateur la part d'autorité qu'elle doit avoir.

Nous ne pousserons pas plus loin l'examen des faits qui résultent des courses de 1847. Il nous serait facile de leur faire dire beaucoup plus ; mais ceux qui travaillent pour apprendre n'ont pas besoin de l'étude que nous ferions nous-même, et ceux qui ne lisent qu'avec les yeux et pour oublier ne retiendraient aucun des commentaires auxquels nous pourrions nous adonner.

Au surplus, nous ne nous sommes livré à cette appréciation de détail que pour donner la pensée de la faire, chaque année, dans chaque circonscription, afin que les éleveurs soient mis à même de profiter des renseignements utiles qu'elle peut leur offrir.

Arrivons maintenant à des données moins générales ; voyons quelle a été jusqu'ici, quelle pourra être surtout l'utilité spéciale des courses instituées sur les différents points de la France.

Courses de Lyon. — Nous n'entrons pas dans cette étude par un côté bien brillant. Les courses de Lyon n'ont jamais eu de retentissement. Une société d'amateurs en a pris l'initiative en 1839 et en a conservé seule la direction. Celle-ci n'a pas été ce qu'elle aurait dû être. Le *jockey-club* lyonnais n'a pas su définir le but qu'il se proposait; nul, en raisonnant ses programmes, ne saurait en saisir la pensée utile.

Sur quatre prix courus le même jour, le 1er mai, un seul, le moindre de tous, avait une signification. Donné par les haras, il s'appliquait aux poulains et pouliches de quatre ans et au-dessus, d'une petite circonscription spéciale au chef-lieu. Les trois autres, d'une valeur totale de plus de 5,000 fr., appelaient les chevaux de tout âge et de tout sexe, et offraient des primes d'une certaine importance, qu'on nous passe le mot, à ces quadrupèdes vagabonds qui font métier de courir un jour ici, un jour là, sans but déterminé comme sans honneur; car ils n'ont d'autres ressources que le droit de glanage que leur réservent certains hippodromes par trop hospitaliers. Ils vont là où il y a quelques milliers de francs à moissonner, et portent, dans les petites courses, dans celles que ne fréquentent pas d'ordinaire les chevaux de mérite, qui doivent être ménagés pour les luttes sérieuses, le découragement d'une rivalité stérile. Ce sont des animaux tarés qu'on ne redoute pas d'engager à tout venant, car ils n'ont rien à perdre; ce sont des parasites d'une nouvelle espèce dont il faut savoir se garer lorsqu'on arrête la rédaction d'un programme.

Il est évident que nos observations ne vont pas au delà des hippodromes de second ou de troisième ordre, des luttes spéciales, des courses que nous appelons de premier degré, et qui, elles, s'imposent comme moyens, avec la pensée d'atteindre un but parfaitement déterminé.

Comme pendant à ce manque de direction, nous trouvons à Lyon un champ de courses d'une forme et d'une dimension singulières. On a eu l'étrange idée de creuser une sorte de bassin plat, une manière de saladier de 720 mètres de tour, qui tient lieu d'hippodrome, et que la foule, debout sur ses bords, doit encadrer le jour de la fête. Ce chef-d'œuvre a coûté cher à établir ; il est dans la ville même. Il a donné, pendant la morte-saison de 1839-1840, de l'ouvrage aux ouvriers sans travail, qui ont exécuté tous les déblais à dos d'hommes, sans le secours d'aucun véhicule quelconque. Ç'a été un véritable atelier national. Au commencement de 1840, époque à laquelle nous avions l'honneur de diriger le dépôt de Cluny, nous avons timidement risqué quelques observations sur le peu d'utilité de cette besogne au point de vue de la spécialité qui l'avait fait entreprendre; nous avons essayé de faire comprendre les dangers qu'offrirait un pareil terrain aux chevaux qui l'accepteraient, et prédit, sans crainte de nous tromper vraiment, qu'il éloignerait tous les coursiers de quelque valeur..... On nous répondit avec une telle superbe ces mots : « La ville a entrepris un travail de Romains, » que nous nous sommes humblement retiré sans ajouter un mot, sans nous préoccuper davantage de ces travaux malencontreux.

Comprend-on, en effet, une piste circulaire de 720 mètres ouverte à l'extension de toute la vitesse de chevaux puissants? Trois tours pour une course de 2,160 mètres ! Des chevaux sans avenir, des animaux de hasard, des individus tarés, le rebut de toutes les écuries pouvaient seuls former la population d'un pareil hippodrome; ils n'y ont pas manqué.

Aussi, loin de grandir et de jeter quelques racines dans les habitudes des amateurs du pays, qui, par elles, seraient bientôt devenus des éleveurs sérieux, les courses de Lyon sont restées sans excitation et sans force.

C'est en 1842 que pour la première fois le *Racing calendar* les mentionne et leur donne une place au bulletin officiel. Il est muet à leur égard pendant les trois premières années de leur existence. Les résultats qu'il a depuis lors enregistrés ne confirment que trop les observations précédentes.

Cependant Lyon était admirablement placée pour que ses courses devinssent une institution féconde, un fait utile.

Le département du Rhône n'est pas un centre de production chevaline; mais Lyon est la seconde ville de France. Lyon est habitée par des hommes riches et de loisir; Lyon a de nombreuses exigences à remplir, elle consomme beaucoup de chevaux. Il fallait tendre à chasser de ses marchés le cheval allemand, y appeler, au contraire, le cheval de luxe indigène. Dans leur enfance, les courses de Lyon auraient pu être une excitation à la recherche du cheval de sang né en France, et capable d'être mis immédiatement en service; elles auraient dû offrir, aux marchands qui se sont faits les pourvoyeurs de la ville, des primes d'importation pour les chevaux indigènes les mieux nés, les mieux dressés à la selle ou à la guide, les plus brillants sous le rapport des allures usuelles; elles eussent été des causes d'essais précédant la vente, et le point de départ d'une direction nouvelle imprimée à l'institution. Bientôt Lyon fût devenue un marché immense, abondamment et diversement approvisionné, sur lequel nombre de consommateurs auraient trouvé à se remonter, conformément à leur goût ou à leurs besoins.

Les contrées qui avoisinent Lyon, si elles avaient été mises en demeure d'alimenter son marché, lui eussent, en peu d'années, fourni la plus forte part de ses besoins. Que faut-il au cheval du Charolais, aux anciennes races du Morvan, de la Dombe et du Bourbonnais, pour se relever et s'approprier aux exigences actuelles? — Des soins et une alimentation plus substantielle, c'est-à-dire un intérêt sérieux pour le producteur à s'occuper de sa jument et de ses élèves. Cet intérêt, le débouché de Lyon le créait. D'autre part, Lyon pouvait devenir un lieu et une occasion de placement facile pour les chevaux de pur sang qui ne sont point assez méritants pour être livrés à la reproduction, mais qui, pleins de qualités d'ailleurs, deviennent d'excellents serviteurs et des hacks brillants.

Telles avaient été nos vues personnelles sur les courses de Lyon pendant notre court passage dans la circonscription du dépôt de Cluny ; déjà nous avions fait de premières ouvertures à de jeunes amateurs qui n'attendaient qu'une bonne impulsion pour entrer à pleines voiles dans une carrière toute d'utilité, de plaisir et de progrès. Mais la rapidité du courant nous a entraîné avant d'avoir pu rien organiser; l'idée est tombée. A d'autres à la reprendre ; ils nous trouveront toujours prêt à les encourager, à leur faciliter les voies.

Le moment est peut-être plus favorable que jamais. Les courses de Lyon n'ont pas eu lieu en 1848. Cette interruption pourrait servir de prétexte à un remaniement complet de cette institution, inerte et vide jusqu'ici, parce qu'elle a manqué d'une direction heureuse et rationnelle. Il faut licencier les habitudes prises, opérer à nouveau, marquer le but à atteindre, jalonner la route et la suivre avec hardiesse sans dévier. Il faut trouver un autre hippodrome, jeter les fondements d'une société hippique nombreuse, mettre au creuset les vieux programmes, et insuffler la vie, donner le mouvement à toute cette population avide de plaisirs et d'émotions. Il y a un bon parti à tirer de toutes les conditions de luxe et de position qui se trouvent réunies à Lyon. Il ne faut qu'un boute-en-train; mais sous notre plume et dans cette circonstance, ce mot a une haute signification, il donne par avance une grande valeur à l'homme utile qui saura faire jouer tous les ressorts et vibrer toutes les cordes.

Il y a ici une belle mission à remplir ; honneur à qui voudra la comprendre et s'y dévouer.

La dotation des courses de Lyon était ordinairement de 6,000 fr. En prenant bien ses mesures, en combinant avec un peu d'intelligence les dispositions relatives à la tenue même des courses, il est possible de grossir ce chiffre et de prélever sur la curiosité publique une partie des ressources nécessaires pour donner plus d'importance, d'éclat et de véritable utilité aux courses de Lyon.

Ce que nous disons ici, nous le tenterons. Mais, si nous pouvons inspirer une idée, souffler un projet, il est évident que nous ne pouvons rien exécuter par nous-même. Il nous faut au moins un homme de dévouement et d'action. Espérons qu'il se trouvera et que l'expression de nos vœux ne sera pas toujours lettre morte.

Courses d'Autun. — A Autun commence le Morvan, cette Écosse de l'ancienne province du Nivernais. Le cheval morvandiau a été justement célèbre, bien plus recommandable, toutefois, par des qualités solides que par la distinction des formes; celles-ci même n'étaient rien moins que séduisantes. De taille moyenne, mais bien prise, le cheval du Morvan se montrait étoffé, robuste, très-résistant au travail, sobre, et, de plus, facile sur la nourriture. C'était le moteur essentiellement propre au transport du voyageur lourdement équipé, à travers un pays fortement accidenté et dépourvu de voies de communication.

Un tel cheval est, dans tous les temps, un animal précieux

à obtenir; mais, comme pour tous les produits du sol, la réussite et l'excellence de celui-ci sont subordonnées aux causes favorables à sa culture. Or, depuis quelques années déjà, la spécialité d'emploi du cheval morvandiau n'est plus qu'un souvenir; le cheval a disparu avec elle. En effet, il n'avait plus de raison d'être.

Toutefois, pour avoir changé, pour être différents, les besoins du pays n'en sont pas moins réels. Une race s'affaiblit dès que le cercle de son utilité spéciale s'est rétréci. Donc le cheval du Morvan avait perdu de son mérite par cela seul qu'il ne s'était point mis à l'unisson des exigences de l'époque. Les conditions de sol et de climat étant les mêmes, les conditions d'alimentation offrant, dans le présent, des ressources supérieures à celles du passé, on a pu supposer avec raison qu'il était facile de développer la nature de la race morvandelle et de l'amener par degrés aux modifications de formes désirables en ce temps-ci.

Ces modifications doivent être poursuivies par deux voies parallèles dans leur influence et dans leurs résultats. Ces deux voies ouvertes à l'amélioration sont le choix bien fait des reproducteurs et les bonnes méthodes d'élevage. Les courses, la préparation qu'elles nécessitent résument ces conditions et conduisent au but par la ligne la plus courte.

Ces considérations ont-elles été pour quelque chose dans la fondation des courses d'Autun? Nous voulons le croire; car le programme laisse percer des intentions qui nous les auraient suggérées à nous-même.

Quoi qu'il en soit, nous constaterons que la première idée de cette création, dans Saône-et-Loire, a germé au sein de la Société d'agriculture d'Autun. Le fait mérite d'être noté et mentionné d'une manière toute particulière.

C'est dans les premiers mois de 1844 que la Société en a arrêté le projet et jeté les fondements. Ce premier travail d'organisation fut confié par elle à une *commission provisoire*, chargée d'aviser et de mener l'idée à la réalisation.

Faisons bien ressortir le fait ; il a au fond une haute portée ; nous y puiserons un enseignement utile.

Les sociétés d'agriculture ont, certes, une autre mission à remplir que celle d'instituer et de diriger des courses de chevaux. Ce n'est pas à dire qu'elles en repoussent le principe ou qu'elles en méconnaissent les bons effets. Pourtant et en général, elles laissent à des associations spéciales le soin d'organiser et de réglementer une institution qui, tout bien considéré, n'est qu'un simple détail, si important soit-il, du grand tout appelé — agriculture, de cet ensemble qui ressort des intérêts nombreux et variés, généraux et particuliers attachés à l'exploitation du sol, et au mouvement industriel immense dont elle devient la source intarissable.

La Société d'agriculture d'Autun ne voulait pas, assurément, se détourner de son œuvre; mais lorsqu'une pensée utile s'était produite au milieu d'elle, si éloignée qu'elle fût en apparence de ses études ordinaires, de ses travaux habituels, elle ne pouvait la repousser ni lui refuser l'autorité de son patronage : elle l'adopta donc et lui fit porter de bons fruits.

Elle réunit, elle associa les grands propriétaires et les hommes de loisir ; autour d'eux, elle en groupa d'autres dont l'influence était nécessaire ; elle sollicita les administrations locales, obtint leur adhésion, et s'assura du concours des haras.

Cette tâche remplie, ce premier pas, — le plus difficile de tous, — une fois marqué dane la carrière, elle abandonna la direction suprême à de plus compétents et se tint à l'écart, heureuse de son initiative et du succès qui l'avait couronnée.

L'hippodrome d'Autun, établi sur les bords de l'Arrou, a été disposé aux frais de l'association créée par la Société d'agriculture. Des membres fondateurs s'imposant pour cinq ans le versement d'une cotisation annuelle de 50 fr. réalisèrent en peu de temps les vues patriotiques de la Société, et les courses d'Autun furent brillamment inaugurées le 2 septembre 1845 ; elles se sont ainsi classées dans l'arrière-saison.

Vingt chevaux étaient engagés dans les trois premières courses annoncées; quinze entrèrent en lice et rivalisèrent d'efforts et de vaillance. C'était un magnifique spectacle pour la population de la contrée, qui en jouissait pour la première fois. Comme partout, elle s'en montra avide, elle en fut vivement impressionnée; mais ce n'était là qu'un premier acte, une manière de préface qui promettait pour la seconde journée un attrait nouveau, des émotions plus vives encore. Les beaux prix et le grand prix devaient être disputés ce jour-là, et l'on en disait merveille. La fête commencerait et finirait par une course d'amateurs, une course de gentlemen riders, — la première plate, l'autre avec obstacles ; avant celle-ci, mais après celle-là, une lutte animée, saisissante, entre chevaux de pur sang dont les noms étaient déjà d'anciennes connaissances pour les habitués du turf... Le programme avait été habilement conçu, avait marié avec art l'intérêt au plaisir.

La foule accourut et prit place; elle applaudit franchement, car aucune déception n'avait suivi ses espérances; puis, et comme si toutes les scènes possibles sur un hippodrome avaient dû se dérouler à la fois devant elle, elle fut témoin d'un affreux événement.

La course de haies s'accomplissait dans toute l'ardeur d'une lutte puissante, effrénée, comme tout ce qui se passe sous la pression d'une multitude joyeuse et brillante; elle passionnait, elle exaltait les têtes; elle s'accomplissait au milieu des émotions et des acclamations diverses, sous l'anxieuse attente du résultat, toujours si prompt et toujours si lent.

Tout à coup l'un des coursiers se dérobe, court dans une direction fausse, se précipite et tombe dans un fossé, jetant loin de lui son cavalier. Presque au même moment, un autre, après un magnifique élan, après un saut énergique qui le porte au delà d'une haie à franchir, s'abat violemment sur le hardi gentleman qui le montait. La tête de ce dernier avait rudement porté contre terre; il était mortellement frappé. Quelques heures après, il n'existait plus. C'était le digne président de la Société des chasses à courre connue sous le nom de *Rallie-Bourgogne*, M. le marquis de Mac-Mahon, l'un des fondateurs de la *Société autunoise d'encouragement pour l'amélioration de la race chevaline.*

Il serait impossible de dire le sentiment indéfinissable de terreur qui s'empara de la foule au moment de la chute. Muette et consternée, elle s'élance comme un seul homme et ne veut pas croire à cet horrible malheur. Bientôt ses regrets montent avec l'expression sincère d'une douleur non moins vraie. — C'en était fait, cet homme si plein de vie à l'instant même, ce n'était plus qu'un cadavre.

Les courses d'Autun se sont renouvelées. Les hommes passent, leurs œuvres ont parfois plus de chances de durée.

Celles-ci ont suivi une marche ascendante en 1846 et 1847. Le chiffre de la dotation ne s'était élevé, la première année, qu'à 7,850 fr.; elle a été de 14,000 fr. en 1847, non compris les entrées. Mais l'influence des événements politiques s'est fait ressentir ici comme ailleurs; 8,500 fr. seulement ont été courus en 1848. Que sera l'année 1849? Espérons que la crise est passée, que les courses d'Autun ne succomberont pas sous l'indifférence ou sous les préoccupations du moment; elles arrivent, toutefois, à une époque critique. La constitution de la Société autunoise ne lui donne qu'une existence de cinq années à l'expiration desquelles elle demeure libre de se reformer ou de prononcer sa complète dissolution. Faisons des vœux pour qu'elle reprenne sa tâche et continue à servir, avec le même zèle, la même intelligence, le même succès, les intérêts de l'industrie chevaline en France.

Pour être plus partiels que généraux, ses effets ont néanmoins une grande portée. Autun s'est fait le centre d'une circonscription qui embrasse les neuf départements suivants : — l'Yonne, — la Côte-d'Or, — Saône-et-Loire, — l'Ain, — l'Isère, — le Rhône, — la Loire, — l'Allier — et la Nièvre. Plusieurs prix sont particulièrement réservés à ce petit arrondissement, dans lequel on retrouve de vieilles traditions équestres et grand nombre d'amateurs que l'exemple, joint au désir d'être utiles, portera certainement, avant peu, à se livrer à l'éducation améliorée du cheval.

Mais ce n'est pas seulement l'amateur que les courses excitent, l'agriculture en ressent, à son insu, l'influence. Quelques années encore de persévérance, et la cause sera gagnée à tout jamais. Est-ce donc une vaine espérance? Lisons ce qu'a écrit à ce sujet M. de Veauce, dans le petit opuscule qu'il a publié en 1848 :

« Nous n'avons pas été peu surpris, dit-il, de voir, cette année, à Autun amener sur l'hippodrome, pour un prix d'agriculture donné par la ville, des chevaux de demi-sang élevés dans le pays, depuis l'établissement des courses, qui étaient vraiment très-beaux et surpassaient tout ce que l'on pouvait espérer en si peu de temps, les courses d'Autun n'ayant été instituées qu'en 1845. — Les courses de chevaux de cultivateurs ont aussi produit d'excellents effets. »

En dehors de ces courses spéciales qui, nécessairement, se passent en famille, le programme appelle des chevaux de valeur et institue des courses de haute volée. Sous ce rapport, la Société autunoise suit les principes adoptés par la Société d'encouragement de Paris ; ainsi elle n'impose aucune condition de temps, elle admet des chevaux à réclamer, et fixe les poids en conséquence ; enfin, cela va de soi, elle demande des entrées et exclut les chevaux dont la généalogie n'est point tracée au *stud-book*.

Ces différents points nous occuperont plus tard (1).

(1) Chemin faisant, nous devons mentionner deux courses acciden-

COURSES D'ARLES. — Il ne s'agit plus ici d'une succursale du *jockey-club*, mais d'un établissement modeste et spécial s'il en fut. Après la formation, par les haras, d'une manade modèle en Camargue, on a dû se dire ceci :

L'administration des haras voit bien que l'utilité immédiate, à peu près exclusive du cheval camargue se resserre tous les ans ; elle découvre parfaitement que, dans l'île, la

telles qui ont eu lieu, en 1834, aux portes de Moulins (Allier); l'une d'elles a été un steeple-chase difficile, dangereux même. La jeunesse bourbonnaise faisait les frais de la fête; le prix consistait en un vase d'argent d'un magnifique travail. La distance à parcourir était de 4 kilomètres environ, sur une ligne à peu près droite, jalonnée de petits drapeaux convenablement espacés, coupée par des obstacles nombreux et sérieux.

Sur cinq concurrents, quatre entrèrent en lice, précédés sur le terrain par tout ce que le pays comptait d'élégants, par la population tout entière à qui un pareil spectacle n'avait point encore été offert. A côté d'un immense intérêt, il y avait donc ici un attrait de plus, celui de la nouveauté.

Après quelques instants perdus devant les dames réunies au *Winning-post*, les *hard-forward-riders* (style de Nemrod) se rendirent au départ, puis s'élancèrent à une bonne allure pour fournir la carrière avec des chances diverses. Ici, comme dans l'évangile, les premiers devaient être les derniers. Les plus pressés restèrent forcément en arrière, arrêtés par des chutes dont l'une au moins excita quelques craintes. Enfin la course se termina aux grands applaudissements de tous et fut gagnée sans conteste par une jument puissante et froide dont le cavalier avait d'ailleurs admirablement tiré parti.

Ceci se passait le 20 septembre.

Le 21, une autre course eut lieu, mais sans obstacles cette fois. Il s'agissait d'une cravache riche à disputer en partie liée: distance, 1 mille anglais; *gentlemen riders*.

Sept chevaux avaient été engagés; six fournirent la carrière et firent un magnifique lendemain à la fête de la veille.

Moulins n'a rien à revendiquer au delà de cette mention au calendrier des courses. Ce début n'a point eu de suites, et c'est dommage dans un pays où les chasses attirent une si nombreuse clientèle à Saint-Hubert. Quoi qu'il en soit, on peut dire des courses de Moulins comme de certaines existences : — courtes et bonnes.

machine tend à prendre la place du *moteur animé*, que les besoins changent, qu'on demandera bientôt à la race camargue des services d'un ordre tout opposé à ceux qu'elle rend depuis des siècles. Des formes nouvelles ou seulement plus développées, des aptitudes différentes ne sauraient surgir de son état d'abandon et de sauvagerie. Pour en tirer un autre parti, il faut nécessairement intervenir ; avant de la soumettre à d'autres exigences, il faut modifier le milieu dans lequel elle vit et ajouter à ses éléments de reproduction et de développement actuels, sous peine de la voir disparaître par le fait même de son inutilité.

La manade modèle n'a pas d'autre objet; le but qu'elle se propose est bien marqué. Comme moyens, c'est simple et partout praticable; comme résultats, la comparaison n'exige aucun effort d'imagination, car les termes sont en présence. L'enseignement est tout matériel, l'œil suffit à la tâche; l'exemple enfin est facile à suivre, car il est à la portée de tous.

De quoi s'agit-il donc ici? Un abri digne à peine de ce nom, un peu de nourriture, pour deux sous de fourrage par jour, voilà la grande affaire, l'immense difficulté! La conséquence, c'est l'élévation de la taille, l'augmentation des forces, la réussite d'un plus grand nombre de sujets, des services plus pressés et plus profitables. Un peu moins de misère encore, et ces avantages ressortent avec un caractère plus prononcé.

Il y a là peu à reprendre sans doute. L'œuvre de la manade modèle devait être lente comme tout progrès durable, mais elle était assurée dans ses effets. C'était une question de civilisation que le temps seul pouvait résoudre.

A côté d'elle on en a mis une autre ; on a pensé qu'il fallait unir la preuve au fait, afin de le rendre plus palpable, afin qu'il ne pût échapper à personne. La pensée des courses est venue à l'esprit. Une société hippique s'est formée ; des souscriptions toutes patriotiques ont été versées; le conseil général des Bouches-du-Rhône, la municipalité d'Arles ont répondu à l'appel qui leur était adressé ; les haras, pressés par de nombreuses et vives sollicitations, ont accordé une subvention ; on trouva un hippodrome, on organisa une fête, les courses furent créées.

C'est en 1837 et le 2 septembre qu'elles eurent lieu pour la première fois, à Espeyran, près Saint-Gilles, sur un terrain offert par M. Sabatier, dont les connaissances et le zèle ont été d'un grand secours à l'inexpérience de la nouvelle société à laquelle il appartenait d'ailleurs. Les camargues purs et les camargues croisés étaient seuls appelés dans la lice; la lutte était tout entière entre le cheval sauvage de l'île et les résultats immédiats d'une intervention au premier degré. L'épreuve devait parler aux yeux et à l'intelligence.

Si le produit croisé n'avait pas, sur celui de l'état de misère, une supériorité évidente, toute tentative d'amélioration devenait inutile ; dans le cas contraire, l'intérêt imposait quelques sacrifices et commandait quelques soins.

Voyons les faits.

Fidèle à la pensée des fondateurs, le programme fait d'abord trois parts des sommes disponibles et institue trois prix : — l'un pour les chevaux de race camargue pure, ainsi qu'on les appelle ; — l'autre pour les chevaux issus d'une mère camargue et d'un étalon étranger à l'île; — le dernier pour chevaux de toute origine, nés dans les départements des Bouches-du-Rhône, du Gard et de l'Hérault, qui seuls nourrissent des chevaux camargues.

L'expérience est décisive ; le camargue pur montre une infériorité notoire. Les diverses épreuves auxquelles on le soumet ne font que mieux ressortir la double dégénération dont il est atteint au physique et au moral. Il ne montre pas de vitesse, nul ne lui en demandait ; mais il ne fait rien d'extraordinaire comme cheval de fonds. Qu'il coure contre lui-même, c'est-à-dire contre ses pareils, ou qu'il s'essaye contre ses demi-frères, dans les deux cas son insuccès est le même. Le gardien qui le monte ne le reconnaît plus; il croyait faire tous les jours quelque merveille dans ses courses vagabondes à travers l'île, mais il ne s'était jamais rendu compte ni du temps ni de l'espace. Maintenant qu'il est aux prises avec des conditions positives qu'on ne croyait certainement pas avoir établies trop rigoureuses, il ne sait plus où il en est, il pousse, pousse son cheval qui n'avance pas, et fait tant et si bien des pieds et des mains, qu'il sort le coursier de son train. Le malheureux animal, après avoir donné tous ses efforts, perd la tête et se dérobe, pour se soustraire à des exigences auxquelles il ne peut suffire.

Le camargue croisé soutient mieux l'honneur du nom et montre les avantages d'une alliance en dehors de la race. L'étalon arabe et quelquefois aussi l'étalon anglais brillent dans leur descendance avec la jument de l'île; l'indigène pur conserve son nom de guerre, — celui de *bête rossatile.*

Le camargue pur, toutes proportions gardées, bien entendu, est au camargue croisé ce que le cheval d'Afrique est au cheval anglais. Le barbe se livre à d'admirables *fantasia*, et il s'en tire à la complète satisfaction du Bédouin, qui se joue avec lui dans ces exercices surprenants de promptitude et de souplesse; mais il se déshonore à lutter soit dans la marche, soit dans des courses rapides, courtes ou prolongées, contre la race pure européennisée. Le camargue pur montre, à ce que l'on dit, une grande énergie, un fonds inépuisable dans l'opération de la *ferrade* ou dans la chasse au lièvre; nous ne voulons pas lui refuser ce mérite, mais nous venons constater son infériorité sur le camargue croisé quand il se trouve en champ clos avec lui.

Du reste, les courses de la Camargue étaient toutes primitives; les chevaux étaient montés nus et se présentaient sans grande préparation. Il aurait, sans doute, fallu beaucoup de temps pour décider un gardien à soumettre son coursier à quelque chose qui eût ressemblé, même de loin, à un entraînement tel quel. Le gardien des manades nous semble moins disposé à adopter de bonnes méthodes qu'à mourir dans l'impénitence finale des traditions routinières que les siècles ont fixées dans sa vie.

Dès 1838, les courses d'Arles ont été rapprochées de la ville et fixées dans la plaine de Meyran : l'époque en a été changée en même temps; au lieu de les faire à la fin de l'été, elles ont eu lieu, dès la seconde année, en mai, et, plus tard, tantôt en juin et tantôt en mai.

La population entière de l'île s'y est vivement intéressée. Tous les ans, les journaux de la localité se mettaient en frais pour chanter poétiquement les hauts faits de l'hippodrome. Comme partout, les courses étaient une occasion de plaisir, et ouvraient des jours de fête. La foule ne leur a pas manqué; elles ont fortement remué la fibre populaire; l'amour du cheval a percé partout. On voyait dans l'institution un moyen de régénérer l'espèce indigène, de la grandir, de la fortifier, de l'approprier aux besoins plus pressés de l'époque. On disait vrai et juste à cet égard; chacun savait ce qu'il y avait à faire pour marcher sûrement vers un but aussi utile, et l'on poussait à l'augmentation des ressources qui devaient exciter l'intérêt du propriétaire. Multiplier les courses, disait-on, c'était travailler avec certitude au perfectionnement et compléter l'œuvre des haras.

De tous ces efforts il est sorti quelque chose. La dotation faible, à peu près insignifiante des deux premières années, s'est successivement accrue et élevée jusqu'à 7,700 fr.

Eu égard à la nature des courses d'Arles, cette somme avait son importance et sa force. Mais, lorsqu'on s'est vu en possession d'un budget relativement considérable, on a fait comme le camargue pur des premières courses, on a déraillé, on s'est laissé emporter loin de la ligne tracée, on a songé au spectacle, et l'on a fait de gros prix pour attirer des chevaux étrangers. Ceux-ci sont venus. Nous savons déjà qu'il est des illustrations manquées qui fuient les hippodromes sérieux et qui hantent, au contraire, les petites courses, où ils récoltent sans beaucoup d'efforts les sommes de 1,500 à 3,000 fr., que la bonhomie des faiseurs de programmes semble leur réserver tout exprès. Ils portent alors un préjudice réel aux chevaux du pays, à la race locale qu'il faudrait protéger puissamment et par tous les moyens contre ces inutilités nomades, dont toutes les ressources sont dans l'inhabileté des sportmen du cru.

A Meyran, on est tombé dans cette erreur commune à beaucoup d'hippodromes. On y a donné aux étrangers, en un seul prix, le tiers du budget dont on pouvait disposer. A partir de ce moment, il n'y a plus eu aucun penchant pour le cheval camargue. Les chevaux de pur sang anglais, si mauvais fussent-ils, que le hasard avait amenés à Arles, formaient, pendant la lutte, un tel contraste avec les allures sauvages et campagnardes des produits indigènes, que tout intérêt abandonna ces derniers. Les courses d'Arles furent mortellement frappées. Le gardien des manades estime son cheval et ne veut pas le déshonorer en en faisant un terme de comparaison qui blesse son amour-propre.

D'autre part, le cheval camargue perd, chaque jour, de son terrain; les bonnes méthodes de production et d'élève ne pénètrent pas dans l'île; aucun progrès ne se fait sentir, et la race ne gagne rien à cet état de choses.

Mais nous ne devons pas empiéter sur un autre chapitre, dans lequel cette question sera développée; nous bornons là nos réflexions.

Les courses à toute vitesse, les courses de chevaux de pur sang anglais ne peuvent être d'aucune utilité sur l'hippodrome de Meyran, du moins quant à présent. Si des courses plus modestes ne peuvent y être maintenues avec quelque avantage pour le cheval camargue, il y a sans doute d'autres secours à lui porter.

Nous examinerons bientôt ce point.

Mentionnons, pour l'acquit de notre conscience, les courses officielles de second ordre instituées dans les Bouches-du-Rhône par l'arrêté du 30 octobre 1810 (1). Elles ont eu lieu, sans résultats appréciables, en 1811, — 1812, — 1813 — et 1817, en mai ou septembre. Leur cessation n'amena, sans doute, ni trouble dans la production ni regrets chez les amateurs.

Courses d'Aurillac. — Les courses d'Aurillac, essayées en 1813 par le département, qui donna 550 fr. divisés en trois petits prix courus par dix concurrents, sont nées à la vie officielle de par l'arrêté du 27 mars 1820, lequel en avait fait des courses de second ordre et de printemps. Elles devinrent en même temps l'un des quatre chefs-lieux du douzième arrondissement. La subvention de l'Etat fut fixée alors au chiffre de 7,000 fr. partagés en prix locaux et en prix d'arrondissement.

Le règlement du 16 mars 1825 fit d'Aurillac le chef-lieu d'une circonscription distincte, indépendante ; il lui accorda quatre prix d'arrondissement, un prix principal et un prix royal. C'était une dotation de 10,500 fr. Les cinq premiers prix étaient disputés en mai ; le prix royal, couru seul en août, formait une seconde saison de courses et provoquait, à Aurillac, la réunion de tous les chevaux qui avaient marqué sur les hippodromes du Midi.

En 1832, les courses d'Aurillac obtiennent une nouvelle preuve d'intérêt. L'arrêté du 31 octobre institue quatre prix royaux pour la France entière. Deux de ces derniers devaient être courus en Auvergne. Deux fois, en 1833 et 1834, cette disposition a reçu son exécution.

(1) Tome II, page 433.

Le règlement de 1837 traite favorablement les courses d'Auvergne; il ne leur accorde que quatre prix; mais il élève la subvention à 13,500 fr.

En 1842, une société hippique se forme et provoque les secours du conseil général et de la ville en faveur de l'institution. Ces efforts réunis ajoutent un fonds de 2,600 fr. à l'allocation consentie par les haras. Dès l'année suivante, la dotation spéciale se réduisit à 1,400 fr., puis à 800 fr., puis enfin à 400 fr. Le conseil municipal lâcha pied le premier; la société se débanda ensuite; le département tint jusqu'en 1847.

A partir de 1844, l'hippodrome d'Aurillac avait été déshérité du seul prix royal qui lui restât. Il n'a conservé que deux prix d'arrondissement et un prix principal dont les différents chiffres ne formaient plus qu'un total de 8,500 fr. Aujourd'hui la même dotation est autrement répartie, ainsi que le constate l'article 6 de l'arrêté du 26 avril 1849 (1).

Cette répartition nous paraît être plus en rapport avec l'état actuel de la production du cheval d'élite en Auvergne.

Étudiées avec soin et quant au fond, les courses d'Aurillac n'ont jamais eu, sur la production du cheval d'Auvergne, une influence bien marquée. Cette industrie ne s'y trouve pas aux mains d'hommes assez riches pour donner au pays ces reproducteurs d'ordre, ces chevaux de tête dont les courses servent à mesurer la valeur et à rehausser le mérite.

On serait peut-être dans le vrai, si l'on posait en fait que la race d'Auvergne, autrefois renommée à juste titre comme fournissant, aux services de la selle, des chevaux de fer, n'a jamais brillé, au contraire, parmi celles qui pouvaient offrir à d'autres de précieux éléments de régénération. Ce n'est

(1) Page 90 de ce volume.

sans doute pas ici le lieu de vider cette question, elle aura bientôt son tour. Nous revenons.

Sous le rapport de l'utilité générale, il n'y a rien à objecter contre l'établissement des courses à Aurillac; c'était, géographiquement parlant, un chef-lieu admirablement posé au milieu de la division du Midi, un point complétement central, une ville amie, une population quelque peu hippique, un rendez-vous agréable à tous égards. Il n'était pas aisé de rencontrer à la fois plus de conditions ni des conditions meilleures; c'était un excellent terrain.

Si une institution du genre de celle qui nous occupe, si les courses naissaient à la pratique d'un seul coup, sans tâtonnements, avec toutes les ressources chevalines et pécuniaires que lui apportent seulement de grands efforts et une longue expérience, les organisateurs ne commettraient ni faute ni contre-sens; les choses iraient de soi et iraient à merveille. Il n'en est pas ainsi : toute institution est faible à son début, elle grandit lentement, et, lorsqu'elle a acquis de la force et jeté de profondes racines, elle conserve longtemps encore des traces de sa débilité première;—effacer ces traces n'est pas toujours facile. Pour nous racheter du péché originel, il a fallu que Dieu se fît homme et mourût sur la croix.

Ce qui devait faire de l'hippodrome d'Aurillac un chef-lieu central pour toute la division du Midi, c'était sa position et sa pauvreté chevaline; celle-ci le constituait en quelque sorte terrain neutre.

Les premiers règlements ne l'ont pas entendu ainsi. Ils ont porté les grandes courses dans les Hautes-Pyrénées et dans la Gironde; les courses de second ordre sont échues au Limousin, à l'Auvergne, au Poitou. On a procédé partiellement et sans embrasser la question dans son ensemble. On ne pouvait faire mieux alors; car, répétons-le, ces divers établissements n'ont vu le jour que l'un après l'autre et successivement à de longs intervalles. Nous ne blâmons personne ; nous constatons seulement les faits.

Le temps n'est pas encore venu de faire table rase et de réédifier non sur des ruines, mais sur les larges assises que le progrès de chaque jour consolide ici et là, sur tous les points du territoire.

Dès qu'on n'érigeait pas l'hippodrome d'Aurillac en capitale du Midi, il aurait fallu déterminer d'une manière plus nette le genre d'utilité spéciale qu'on pouvait attendre des courses instituées en Auvergne.

Cette contrée n'élevait pas l'étalon nécessaire à ses propres besoins ; on trouvait pourtant, parmi les produits qu'elle faisait naître, quelques sujets d'élite susceptibles de tourner à bien si une hygiène honorable et soigneuse venait en aide au développement des bons germes qui étaient en eux.

L'administration des haras a recueilli pendant longtemps ces produits d'espérance pour les élever et en tirer parti dans l'intérêt de la production chevaline du Midi.

Mais l'amélioration ne marchait qu'en boitant ; elle ne résultait pas d'un système bien arrêté, nettement défini dans la pensée du producteur. Le poulain, quand il naissait bon, n'était guère que le résultat du hasard et non la conséquence forcée d'une alliance rationnelle, d'une combinaison judicieuse. Il était donc rare, très-rare, et ne s'élevait pas chez le producteur. Il ne restait aux mains de ce dernier que des femelles et des produits mâles destinés à la vente. Ceux-ci ne pouvaient guère être amenés à la condition de cheval, à d'autre fin que d'aller au dépôt des remontes. L'arme de la cavalerie légère est la spécialité du cheval d'Auvergne ; il a de tout temps montré pour ce service une admirable aptitude ; le housard et le chasseur ne regretteront jamais d'être montés sur des produits auvergnats.

Ainsi dégagée, la question des courses devint très-simple sur l'hippodrome d'Aurillac. La solution est tout entière dans l'établissement de prix modestes, mais nombreux, s'attachant — 1° au bon élevage des pouliches et à la conservation, comme poulinières, de toutes celles qui auront fait preuve de qualités solides ; — 2° au bon élevage et au dressage intelligent du poulain mâle, hongré en bas âge.

Les courses du Cantal tomberaient ainsi au second rang, non parce qu'elles auraient une utilité douteuse, mais parce qu'elles s'arrêteraient aux éléments mêmes de la production améliorée et de l'élève judicieuse. C'est une utilité propre, toute spéciale, qui rendrait une activité vraie et profitable à l'industrie chevaline de la contrée.

Ce n'est point assez que de faire des chevaux ; encore faut-il prouver aux consommateurs que ces chevaux sont bons à quelque chose, qu'ils sont prêts surtout à entrer en service. On devient très-difficile sur le choix d'un cheval qu'on est obligé d'acheter à la simple inspection des formes ; on devient très-coulant, au contraire, qu'on nous passe le mot, sur l'acquisition d'un cheval qui se révèle par l'épreuve, dans sa puissance et sa docilité. L'œil est d'autant plus sévère que l'esprit a le droit de rester plus soupçonneux ; on se relâche d'autant plus volontiers de sa sévérité qu'on a pu mieux juger et apprécier l'action et le mérite. C'est pour l'acquisition du cheval de service qu'on peut dire avec vérité : les courses mettent l'ignorance au niveau du savoir. Il n'est pas besoin de grandes connaissances, en effet, pour suivre des yeux des chevaux qui s'essayent sur une piste ovalaire et pour décider s'ils marchent vaillamment au premier rang, ou bien s'ils ne soutiennent pas l'épreuve avec l'énergie désirable.

Telles sont les courses que nous voudrions voir mettre en honneur à Aurillac : — courses de juments de trois et quatre ans ; — courses de chevaux hongres du même âge. Les premières formeraient le fonds de la race, et des primes viendraient ensuite aider à leur conservation à l'état de poulinières ; le commerce et l'armée se disputeraient à l'envi la possession des autres.

Le département, la ville, une société d'encouragement, l'administration des haras devraient concourir ensemble à ce but. Leurs allocations réunies formeraient sans doute une dotation suffisante, et de prompts résultats surgiraient de l'application heureuse d'un moyen dont la certitude et le succès sont hors de toute discussion aujourd'hui.

Pour nous, nous ne cesserons de tendre à réaliser ces vues, parce que nous les croyons sûres et rationnelles. Notre programme n'est pas brillant, mais il est établi en terre ferme. Il peut blesser la susceptibilité, froisser l'amour-propre des fils d'Auvergne; il n'en sera, pour cela, ni moins bien raisonné, ni moins vrai. Il y a beaucoup de poésie chez le sportman auvergnat, mais les richesses de l'imagination n'ajoutent rien à la réalité.

Voyons les faits.

Après avoir été courses de second ordre, les courses d'Aurillac se sont élevées au rôle que nous leur assignions nous-même tout à l'heure. Tant que les contrées voisines ne sont pas sorties de l'état de pauvreté qui a suivi l'immense consommation, l'immense ruine des derniers temps de l'empire, l'Auvergne s'est vaillamment défendue avec les bribes de sa race, mortellement atteinte comme toutes celles du Midi. Du jour, au contraire, où l'industrie rivale a repris faveur, l'Auvergne est tombée par cela seul qu'elle n'a pas marché. Elle s'est éteinte avec éclat, il faut le reconnaître ; elle s'est fait beaucoup d'honneur en usant de son reste ; elle a brillé jusqu'au dernier moment, c'est vrai, mais à la manière de l'étincelle. *Petit bonhomme vit encore*, telle était la dernière signification de ses dernières victoires qui n'étaient point un succès, mais une sorte de miracle. Quand petit bonhomme vit encore, c'est que petit bonhomme est bien près de n'être plus.

Il y avait peu d'éléments pour de hautes destinées en Auvergne lorsque fut reprise l'œuvre de notre restauration chevaline. Cette contrée donne beaucoup de nerf et de solidité à ses produits, mais ceux-ci n'atteignent pas à une grande élévation. La race auvergnate n'a jamais été une race mère, mais une famille de chevaux précieux pour le service, une émanation puissante et forte d'une race supérieure, ainsi que nous le verrons plus loin, une excellente race moyenne d'une grande utilité pratique, mais peu apte à fournir des régénérateurs ou même des producteurs pour elle-même.

Ces paroles seront mal sonnantes pour messieurs de l'Auvergne. Nous avons lu leurs pages enthousiastes sur le vaillant produit de leurs montagnes, nous les avons admirées ; mais à côté des belles paroles nous avons cherché les faits ; les faits n'apparaissent tout d'abord ni aussi éloquents ni aussi éclatants qu'on pourrait le croire.

Sous cette pompe se cache une grande indigence; c'est dommage. Nous aurions aimé à y trouver de grandes richesses. Nous aussi, nous tenons en haute estime la race d'Auvergne; nous aussi, nous prisons fort la valeur intrinsèque, le mérite solide qu'acquiert, sous l'influence de cette contrée, le cheval bien né et convenablement traité; nous voyons bien qu'au lieu de se fortifier et de s'étendre les qualités les plus précieuses se retrempent ici dans un milieu favorable à l'énergie native, à la conservation des forces mêmes de l'espèce, mais à une condition pourtant, c'est que l'homme interviendra avec intelligence, c'est qu'il n'abandonnera pas complétement ses produits aux seuls efforts de la nature. Celle-ci veut être aidée; elle a surabondamment prouvé qu'elle était généreuse : on n'a pas su tirer parti de ses trésors.

Le sportman du Cantal, fanatique, comme tout bon Auvergnat, de ses montagnes et de ce qui les recouvre, a trouvé beaucoup de chaleur et de verve pour célébrer les victoires hippodromiques du cheval né en Auvergne. Il en a été des courses d'Aurillac comme de toutes choses pour l'Auvergnat, une affaire de patriotisme de clocher, une question de province, un point d'honneur qui s'arrêtait à la frontière. On venait à l'hippodrome, non pour admirer de beaux chevaux, pour applaudir à la bonne fortune du vainqueur et chercher l'explication de la victoire dans ses causes scientifiques, mais pour maudire le voisin, l'étranger qui aurait gagné, et pousser des vivat frénétiques à la gloire du cheval d'Auvergne, si la chance était pour lui. Les courses d'Aurillac n'ont point excité chez l'éleveur du pays l'émulation, mais la rivalité; le cheval auvergnat n'était point engagé dans une lutte effrénée en vue de l'amélioration de la race locale, mais pour défendre son honneur et sa réputation attaqués par la présence seule d'un voisin. Peu importait qui était, à qui appartenait le vainqueur, pourvu qu'il fût d'Auvergne. Ce sentiment-là n'était pas moins celui du vainqueur que de ses compatriotes. Un prix gagné! ce n'a jamais été une indemnité pour l'éleveur, un moyen de rentrer dans des avances faites à une spéculation, une rémunération de sacrifices consentis en faveur d'un grand intérêt; non; mais une occasion de fêtes et de divertissements pour le pays entier. Une pensée d'argent n'a jamais pris pied dans l'esprit d'un coureur auvergnat; il s'agissait bien de cela vraiment.....; et les prix s'en allaient en joies bruyantes et en fumée.

Puis, quand revenait la lutte, on avait oublié de préparer de nouvelles armes, et l'on était vaincu. La consternation était tout aussi grande et tout aussi générale. La mauvaise humeur éclatait aussi violente qu'avait été vif le bonheur, mais elle éclatait contre les rivaux. On n'avait rien fait pour se prémunir contre la défaite, et l'on s'en prenait à tout et à tous : de là, des plaintes et des récriminations dont nous pèserons la valeur et le fondement dans un autre chapitre.

Nous avions bien raison de dire qu'il faut à Aurillac des courses de famille, des luttes qui excitent l'amour du cheval pour lui-même. La science de sa production et de son élevage n'existe pas en Auvergne; on accepte trop le cheval tel qu'il sort des mains de la nature. Il y a ici de bonnes pratiques à importer et des idées fécondes à répandre. Celles-ci ne germeraient pas, celles-là ne fructifieraient pas en présence de la rivalité étrangère, dont le premier effet est une surexcitation patriotique et dont la conséquence est un découragement absolu.

L'Auvergne a tenu une place trop honorable sur la carte hippique de la France pour qu'il n'y ait pas un intérêt puissant à la rappeler à son ancienne utilité spéciale que nous déterminons ainsi : — fonder la race par les mères et ne pas viser à des destinées trop hautes; s'appuyer sur tous au lieu de travailler en vue de quelques individualités; rendre la race auvergnate au service de la cavalerie légère.

Les meilleurs coursiers d'Auvergne, ceux dont on a le plus vanté les hauts faits se sont rarement compromis sur les hippodromes étrangers. L'amateur du Cantal a peu de goût pour les pérégrinations prochaines ou éloignées; il reste volontiers chez lui et se complaît avec lui-même. Raison de plus pour lui donner des courses spéciales.

Au demeurant, s'il n'a pas toujours été parfaitement entretenu, si même il n'a pas été assis sur un terrain aussi favorable qu'on le désirerait, l'hippodrome d'Aurillac est néanmoins fort bien situé et bien aménagé. Les tribunes ont été élevées en maçonnerie et commodément établies. Les annales du turf local étaient autrefois, sont probablement encore officiellement ouvertes à l'institution et reproduites en un tableau qui décore la pièce principale. L'histoire des courses est ainsi conservée, pour être consultée avec intérêt par ceux-là qui savent et peuvent tirer d'utiles enseignements d'une lecture instructive (1).

(1) En juin 1813, et sans que nous ayons pu en découvrir la cause, le département du Cantal a ouvert la lice aux éleveurs du pays. Les annales officielles des courses ont conservé le souvenir de quatre prix courus à Mauriac. La somme à disputer était peu importante : —550 fr. furent partagés en trois prix, dont deux de 200 francs chacun. Dix concurrents se présentèrent, et l'on constata l'abstention de tout che-

Courses de Tarbes. — Les courses des Hautes-Pyrénées, instituées par le décret du 31 août 1805, ont été inaugurées en mai 1807. A cette époque, nos lecteurs peuvent se le rappeler, les quelques courses établies avaient toutes lieu au printemps, à l'exception de celle de la Seine, dont on avait fait un chef-lieu central, un point de réunion commun à tous.

Plus tard, sous l'empire du règlement publié en 1820, et jusqu'en 1831, Tarbes eut deux saisons de courses, — en mai et juillet.

Il n'y eut plus ensuite qu'une seule réunion; celle-ci eut toujours lieu en été, mais l'époque en a changé trois fois. D'abord fixée au mois de juillet, on l'avait devancée d'un mois dès 1835; à partir de 1842, elle a été de nouveau reculée et portée au milieu de l'été, en août.

Les courses de Tarbes ont débuté avec une dotation de 4,400 fr. C'était fort modeste, assurément; mais le crédit s'est progressivement élevé avec le temps, ainsi que le constate, d'ailleurs, la petite statistique que voici :

val entier. Le peloton partit trois fois, à l'exclusion du vainqueur du premier prix d'abord, puis du gagnant du second prix ensuite. Il en résulte que le vainqueur du troisième prix fournit trois fois la carrière lorsque le plus heureux de tous n'eut besoin de courir qu'une seule fois. Au surplus, la distance était courte, elle ne mesurait que 450 toises.

Cette tentative ne s'est pas renouvelée à Mauriac, mais à Riom-ès-Montagnes, trente ans après, le 30 juillet 1843.

Quatre courses de 2 kilomètres eurent lieu, suivant les règles ordinaires, pour disputer quatre prix d'une valeur totale de 675 francs.— Dix-neuf chevaux prirent part à ce concours, qui avait convié à des luttes spéciales les chevaux du canton, ceux de l'arrondissement, ceux du département, et enfin des volontaires de tous les âges et de tous pays. A ces derniers on avait réservé un prix de 100 fr., gagné par *Cocotte;* le *Racing calendar* en a précieusement inscrit le nom.

Tableau des courses de Tarbes, de 1807 à 1848 inclus.

ANNÉES.	ÉPOQUES des COURSES.	PRIX COURUS.	CHEVAUX ENGAGÉS.	DOTATION ANNUELLE.
				f.
1807..	Mai...........	3	10	4,400
1808..	Août..........	4	20	
1809..	—	4	24	
1810..	Mai...........	4	36	
1811..	Juin...........	4	64	5,600
1812 .	Mai...........	4	24	
1813..	Juin...........	4	non indiqué.	
1814..	Septembre......	4	—	
1815..	Juin...........	4	—	
1816..		»	»	
1817..	Lacune........	»	»	Lacune.
1818..		»	»	
1819..	Juillet.	4	19	5,600
1820..	Mai et août.....	9	41	8,200
1821..	—	9	62	
1822..	—	9	110	9,000
1823..	—	9	78	
1824..	Mai et juillet...	9	72	
1825..	—	5	65	6,800
1826..	—	5	60	
1827..	—	7	55	
1828..	—	7	84	
1829..	—	7	87	
1830..	—	7	99	9,000
1831..	Juillet.	7	97	
1832..	—	6	90	
1833..	—	6	65	
1834..	—	6	63	
1835..	Juin...........	6	44	8,700
1836..	—	8	51	14,200
1837..	—	6	48	8,700
1838..	—	8	72	9,600
1839..	—	10	68	14,300
1840..	—	10	57	11,700
1841..	—	10	59	11,100
1842..	Août..........	10	61	12,300
1843..	—	11	67	16,200
1844..	—	16	90	19,750
1845..	—	17	107	23,600
1846..	—	18	136	25,000
1847..	—	18	121	23,580
1848..	—	10	72	14,200

Ce tableau témoigne d'un progrès constant dans la marche de l'institution. Le nombre des prix courus est exact. L'administration des haras, le conseil général, une société d'encouragement, des fondations princières ou des largesses dues à de simples particuliers ont été les sources vives dont les bienfaits ont profité à l'hippodrome des Hautes-Pyrénées, à l'industrie chevaline de cette belle contrée. Le nombre de chevaux engagés indique une quantité de coursiers supérieure au nombre réel par suite des engagements multiples. C'est sans doute par une précaution excessive que nous consignons cette remarque ; mais nous ne voulons rien laisser à une interprétation exagérée des faits : ils sont assez concluants pour qu'on n'ait pas besoin de chercher à en grossir l'importance.

Sur aucun autre hippodrome de France on ne trouverait, en effet, des inscriptions aussi nombreuses, une émulation aussi soutenue.

Dès l'origine, les courses de Tarbes ont produit une excitation sans égale; elles ont tout d'abord été accueillies avec une grande faveur et pratiquées avec autant de véritable ardeur que de suite. Elles allaient aux habitudes locales; elles ont répondu à l'amour du Tarbéen pour sa poulinière. L'Arabie exceptée, en aucun lieu peut-être on ne trouve chez l'éleveur de chevaux une affection plus vraie, une sollicitude de meilleur aloi, car elle ne se traduit pas en vaines paroles, mais en faits de tous les ans. Dans la plaine de Tarbes, le cheval est de la famille ; c'est un fils de la maison. Il vit autant par les caresses que par les soins. Le cultivateur l'aime, la femme le choie, les enfants jouent avec lui. On se croirait dans les meilleures parties de l'Orient, sous la tente de l'Arabe. Les caractères de la race prêtent encore à l'illusion. Par la physionomie et les formes, le cheval de Tarbes se rapproche singulièrement du type primitif; il est, d'ailleurs, une grande partie de la fortune du cultivateur : l'intérêt de ce dernier lui commande une culture attentive, des soins intelligents.

Les courses étaient donc un besoin, mieux que cela, — une nécessité pour les Hautes-Pyrénés ; elles y furent bientôt populaires. Les bons esprits savent ce qu'elles y ont rendu de services à la bonne production. Peu après leur création, il fut établi, à peu de distance du chef-lieu, dans le village de Laloubère, un hippodrome permanent qui pouvait passer alors pour l'un des plus beaux et des meilleurs de France. Assis sur un terrain sec, *bien gravelé*, disait-on, il était praticable en tout temps et servait à peu près toute l'année ; il devenait l'occasion ou le prétexte de défis et de jeux souvent renouvelés. Pour une bouteille de vin, pour un oui, pour un non, pour mettre fin à une discussion commencée au cabaret sur le mérite de telle jument comparé au mérite de telle autre, on voyait descendre dans l'arène ces champions d'un nouveau genre, et, collés au dos de la poulinière, courir à toute vitesse, sans autre préparation, une de ces courses folles dans lesquelles l'honneur de l'écurie se trouve imprudemment engagé. Que de chutes et d'avortements, d'efforts de jarrets, de tares de toute espèce n'ont pas été la suite nécessaire de ces luttes sans nom que le hasard et l'amour-propre ont tant de fois et si inopportunément fait surgir ?

Le commencement des courses de Tarbes a été marqué par un trait qui s'est fixé dans la mémoire de la population. C'est un petit roman qui a sa couleur et dont les jeunes filles du pays conservent fidèlement la tradition.

Le meunier de Laloubère avait en sa possession une magnifique poulinière d'origine orientale incontestablement. Témoin des luttes préparatoires que le voisinage de l'hippodrome lui avait permis de juger, il ne voyait pas dans cette foule de prétendants ni meilleur ni plus beau que sa jument. Son parti fut bientôt pris ; il la donnera pour rivale inattendue à ces coursiers qui se croient déjà vainqueurs : ils auront compté sans le meunier de Laloubère, qui, lui, veut compter avec eux.

Il y avait au moulin un jeune gars, hardi et bien découplé, un de ces valets maîtres qui se sentent appelés à une autre destinée. Plein de vie et de puissance, confiant aussi dans quelques avantages personnels, il avait avisé la fille du meunier, laquelle était jolie et tendre,

« Et par ses dix-huit ans doucement tourmentée. »

On devine de mystérieuses et discrètes amours. Éprise en secret du valet, la petite meunière n'osait point avouer ce sentiment ; elle souffrait donc en silence.

Son père ne la voyait pas dépérir sans chagrin ; il cherchait vainement la cause de cette langueur et ne la soupçonnait pas. Un matin qu'il revenait de l'hippodrome, où il avait devancé ses futurs rivaux et d'où il rapportait des espérances très-fondées pour les jours de lutte, il bâtit, chemin faisant, son petit château en Espagne; il en ménageait la surprise à sa fille. Le bonhomme s'était rappelé qu'il possédait un frère, et, mieux que cela, un neveu passablement tourné, garçon de vingt-deux à vingt-quatre ans, si la mémoire le servait bien. Ce gaillard-là serait sans doute très-heureux de devenir l'époux de sa cousine qu'il avait fort admirée, l'an dernier, à la fête du village. On l'engageait à venir à Laloubère à l'époque des courses, et ma foi! si la chance était bonne, si la fortune ne trahissait pas la valeur de *Triomphante*, les deux familles resserreraient encore les liens qui les unissaient.

Tous les petits arrangements venaient à la suite. Le projet souriait à son auteur; tous les détails étaient prévus. La joie était au cœur du meunier ; il ne pensait qu'à son enfant. En rentrant au logis, celle-ci lui apparut plus triste que jamais; il n'y tint pas, il lui dit : « Petite, si notre jument gagne, je te donnerai le prix de la course, et tu te choisiras un mari ; quant à toi, mon garçon, fit-il en se tournant vers le valet qui *galopait et devait courir Troimphante*, tu auras une bonne étrenne. »

A partir de ce moment, ils espérèrent à trois.

Le jour des courses arriva enfin ; longue avait été l'attente. La jument avait reçu des soins inaccoutumés ; elle parut coquette et fière sur la piste. Sa robe était brillante et vive ; sa crinière ondoyait au souffle léger de l'air ; ses naseaux larges et puissants, son œil hardi, sa marche ferme et assurée, ses muscles grossis, son impatiente ardeur, la confiance du cavalier, tout promettait un succès...

Trois cœurs battaient à se rompre. Il y avait d'autres compétiteurs qui attiraient les regards et provoquaient une admiration fondée ; il y avait bien d'autres espérances aussi, mais toutes devaient s'évanouir comme celles que Perrette avait autrefois assises sur la fragilité de son pot au lait.

Pendant les préparatifs de la course, la gentille meunière priait avec ferveur ; on devine par quelles tumultueuses émotions la pauvre enfant passa. Au départ des coursiers, elle eut comme un éblouissement ; elle regarda sans voir, elle écoutait sans rien entendre. Où était-elle donc ?... Tout entière renfermée en son cœur, elle était entre le ciel et l'abîme, entre le désespoir et le bonheur, entre la vie et la mort.

Mais *Triomphante* était de la partie. A elle, ce jour-là, un prix de 1,200 fr., et, trois jours après, un autre prix, le grand prix de 2,000 fr.

Le meunier resta fidèle à lui-même. Sa fille ne trahit pas son propre cœur ; le grand neveu assista les époux comme premier garçon d'honneur. Les noces se firent joyeusement à la grande satisfaction du village tout entier, qui partagea l'orgueil du meunier.

Ce n'était pas *Triomphante* qui avait gagné deux prix sur des rivaux en réputation, c'était une jument de *Laloubère* ; le nom lui en resta.

Depuis lors, il ne s'est pas démenti. Nous le retrouverons

plus tard sous notre plume, et nous constaterons que ce village est devenu le foyer le plus actif et le plus heureux des améliorations qui se poursuivent dans les Hautes-Pyrénées.

La popularité qui, dès l'origine, s'est attachée aux courses de Tarbes leur a imprimé une physionomie particulière. Ici, l'industrie chevaline est aux mains de tous. C'est principalement la petite propriété qui fait naître et qui élève, non quelques rares individus parmi lesquels peuvent se rencontrer deux ou trois chevaux d'un mérite plus ou moins réel, mais une masse de produits, des générations nombreuses appelés à renouveler une espèce homogène, haute en réputation par les qualités inhérentes à son origine, au sol, à la sollicitude avec laquelle elle est entretenue. Dans cette contrée vraiment privilégiée, les belles juments se comptent par centaines; on les trouve aussi bien sous le chaume que sous l'ardoise, bien plus encore à la ferme qu'au château. C'est donc au grand nombre que doivent s'adresser les encouragements, et c'est rester fidèle à leur but que de les rendre accessibles à tous.

En ce qui concerne les courses, l'administration a pendant longtemps obéi à cette pensée; mais, à côté des avantages qu'elle offre, la petite propriété a aussi quelques inconvénients. Si l'éleveur qui opère sur une ou deux juments et sur les fruits qu'elles lui donnent les traitait avec un savoir égal à celui du jardinier qui tire dix fois plus de revenu de sa petite culture que le gros laboureur n'obtient proportionnellement des vastes domaines qu'il exploite, tout irait à merveille et serait pour le mieux. L'amélioration ne serait pas un mot, la race ne demeurerait pas stationnaire, les progrès seraient réels et partout appréciables. Il n'en est pas ainsi. L'éleveur de Tarbes n'aime pas seulement sa race, il aime surtout sa jument; le poulain qu'il a fait naître est toujours le plus beau. Toutes ses connaissances sont là, concentrées dans son amour aveugle pour tout ce qu'il possède. A cet égard, rien n'égale sa partialité.

Tandis qu'il se complaît dans son admiration un peu stérile, les idées d'amélioration lui restent étrangères, les besoins se modifient, et ses produits ne changent pas. Le temps passe sans qu'il en tienne compte, et un beau jour la production s'est trouvée attardée pour n'avoir répondu à aucune des exigences qui s'étaient faites autour d'elle. Le cheval de Tarbes alors était tombé dans un grand discrédit et se présentait avec une grande défaveur. L'industrie en a été atteinte. En effet, elle ne savait pas tirer parti de ses produits. Pour elle, les courses n'étaient pas un moyen, mais le but. Nous nous exprimons mal, les courses n'étaient qu'une occasion, une fête. Nul ne s'en préoccupait à l'avance. Aucun soin d'hygiène spéciale n'entourait les jeunes sujets destinés à la lutte. Les exercices préparatoires étaient inconnus ; on ignorait complétement les effets d'une bonne gymnastique combinés avec l'heureuse influence d'une alimentation riche et substantielle. Ainsi privée, l'économie ne se développait pas avec assez d'activité ; l'élévation de la taille, l'ampleur des formes ne répondaient pas aux exigences de la course ; la race restait petite et mince quand les besoins de la consommation commandaient qu'elle prît d'autres proportions et qu'elle se fortifiât.

Pour faire sortir l'éleveur du *statu quo*, il fallait lui montrer un autre modèle, lui fournir la preuve matérielle des progrès obtenus ailleurs, mettre sous ses yeux le riche *spécimen* d'un élevage tout autre que le sien. Ceci a été l'œuvre concertée de quelques personnes dévouées et de l'administration des haras. Les règlements de courses ont ouvert la lice aux étrangers ; des chevaux de pur sang anglais sont venus disputer aux Tarbéens les prix qui, jusque-là, leur avaient été exclusivement réservés, et des importations de juments et d'étalons de même race ont eu lieu, afin qu'il restât dans le pays des exemples vivants de la puissance de l'homme sur la nature du cheval.

Depuis lors, d'immenses progrès ont été obtenus. L'éleveur de Tarbes a mieux compris les exigences de l'époque, et son cheval est en pleine voie de transformation. Nous dirons, ailleurs, l'histoire de cette race et des modifications qui la saisissent pour la rendre plus utile et plus précieuse ; nous devons nous renfermer ici dans la spécialité du chapitre.

La supériorité du cheval anglais est si grande, que le cheval tarbéen ne doit pas songer, quant à présent, à entrer en lutte avec lui. Une concurrence illimitée eût donc produit un immense découragement et amené l'abandon des courses par les éleveurs des Pyrénées. Cependant, s'il est vrai que les courses soient le véhicule le plus puissant à la production améliorée et à l'élevage judicieux, il est incontestable qu'il faut ménager au cheval de Tarbes le bénéfice de ce moyen. C'est donc servir à la fois les intérêts de la bonne science et ceux du pays que de mettre des limites sérieuses à une rivalité destructive de toute émulation. Le nouveau règlement a fait preuve d'intelligence en partageant la France en deux grandes divisions. Il ne permet plus qu'une localité s'isole complétement ; mais il ne veut pas non plus que les exceptions seules forment la règle. L'expérience dira bientôt de quel côté se trouve le sens droit et vrai de la question.

Ainsi que nous l'avons déjà écrit (tome II, page 421), un hippodrome ne pouvait être mieux placé que dans la plaine de Tarbes, au centre même de cette précieuse et importante production chevaline connue encore aujourd'hui sous le nom de navarraise, au milieu de cette population amie du cheval et dévouée à son élève. A part cela, Tarbes eût encore mérité de devenir un chef-lieu de courses, en raison de son éloignement de la capitale, de la beauté du site et de la richesse des eaux qui attirent, chaque année, une grande foule d'étrangers, cette pléiade de fashionables et d'élégantes qui courent tout l'été pour obéir aux exigences de la mode autant qu'à des prescriptions hygiéniques, et viennent se retremper dans l'atmosphère vive et pure des montagnes, sans perdre, pour cela, aucune occasion de plaisir.

Fixées au mois d'août, les courses de Tarbes coupent heureusement la saison des eaux, et font diversion à la vie qu'on y mène ; aussi ont-elles le privilége d'être suivies par le grand monde. C'est, en effet, pour lui un spectacle à part, quelque chose d'original que ce grand concours de Bigordans, — hommes et chevaux, — courant l'un portant l'autre avec une même ardeur et une égale émulation. L'hippodrome de Laloubère, toujours si peuplé, offre une animation qu'on ne retrouve pas ailleurs ; le nombre et l'ambition des concurrents tiennent lieu d'un mérite exceptionnel et hors ligne. Le cachet du cheval prête au tableau. Cette finesse d'expression dans l'attitude générale, cette élégance et cette gentillesse particulières à la race impriment un cachet spécial qui fait souvent oublier des qualités d'un ordre plus élevé. Ici, la grâce l'emporte sur la puissance; à défaut de celle-ci, l'autre satisfait comme un simple plaisir des yeux.

Tel est, en effet, le goût du Bigordan pour toutes les luttes de rivalité qui ont le cheval pour objet, qu'il ne recule devant aucun dérangement quand il s'agit de le produire ou de mesurer ses forces. Sans les conditions exigées pour l'admission aux courses, a-t-on pu écrire quelque part, sans les exclusions qui en résultent, on ne sait combien elles dureraient, combien de jours il faudrait pour les terminer. Malheureusement on ne s'y prépare pas avec la même intelligence, on a moins conscience des soins qu'elles nécessitent; la science n'égale pas l'ardeur. Pendant longtemps le spectacle était offert à la curiosité des étrangers, de gros paysans courant à côté de jockeys d'un poids léger et lançant leurs chevaux à toute bride, les poussant de toutes leurs forces, à coups de fouet et d'éperon, se jetant les uns sur les autres pour gagner la corde, accueillis sur tout le pourtour de l'hippodrome par les bruyantes acclamations de leurs amis respectifs....., et tout cela s'accomplissant avec un entrain, une ambition immenses qui n'avaient certainement pas toujours l'appât du gain pour unique mobile.

Aux courses de Tarbes, le nombre des concurrents a toujours été considérable. Aussi la nécessité de former des pelotons était devenue un fait usuel. Cette multiplicité des courses ajoutait beaucoup au spectacle et à l'intérêt même de la lutte. Il n'était pas rare de voir partir trois et quatre groupes distincts pour chaque prix offert, et, chose remarquable à tous égards, dans ce troupeau de coursiers, un ou deux seulement se trouvaient distancés. Il y avait donc beaucoup d'ensemble dans les courses dont les prix n'étaient vraiment gagnés que de haute lutte. Ces résultats n'appartiennent qu'à l'hippodrome de Laloubère.

Parmi les coureurs les plus ardents et souvent aussi les plus heureux, on a vu des prêtres, des desservants dont le nom est resté comme l'une des gloires des courses de Tarbes. Nous leur devons ici une mention toute particulière pour leur goût prononcé et le savoir dont ils font preuve, en général, quand il s'agit de se monter. Les curés des Hautes-Pyrénées sont presque tous possesseurs de magnifiques poulinières dont ils soignent avec sollicitude les produits. C'est un exemple utile qu'ils donnent autour d'eux. Nous nous rappelons, entre autres, le nom de M. Deffit, curé de Barbazan-Debat, que le journal des chasseurs appelait, en 1837, le Seymour de Tarbes, et il ajoutait : — « Lord Seymour, lui, ne sera jamais curé de Barbazan. »

Sous l'influence de l'alimentation concentrée qui lui est donnée, sous l'influence aussi d'un régime peu abondant, en l'absence, d'ailleurs, de tous moyens d'élevage empruntés à l'art, aux méthodes perfectionnées d'éducation, le cheval du Midi se développe avec lenteur. Cette circonstance avait fait une loi de ne point l'admettre aux courses avant l'âge de quatre ans. Les éleveurs de cette partie de la France ont réclamé, en 1837, contre cette disposition réglementaire. Par suite, l'exclusion des chevaux de trois ans a dû être levée. Faire rentrer le Midi et la plaine de Tarbes en particulier dans le droit commun, c'était constater un progrès. L'expérience a prouvé que l'élève était assez avancée pour n'avoir point à souffrir de la plus grande latitude accordée aux propriétaires. L'avantage des courses de trois ans, nous l'avons déjà constaté, c'est de faire mûrir de bonne heure le produit en provoquant sa naissance précoce et en le soumettant à une hygiène riche et substantielle.

A Tarbes, le résultat des courses n'excite pas l'envie comme à Aurillac. Chacun fait de son mieux pour vaincre, mais il n'y a point de ces hourras frénétiques qui, dans le Cantal, acclament le vainqueur, lorsqu'il n'est pas un habitant du pays. On fait sonner moins haut la fanfare quand la victoire appartient à un indigène, mais on n'insulte pas à l'étranger qui a loyalement combattu.

Ce n'est pas que la défaite soit acceptée avec plaisir : loin de là, elle décourage; elle décourage parce que, après avoir mesuré les armes, on trouve trop de chances favorables dans les mains des adversaires.

L'invasion des chevaux anglais de pur sang, avec toute la perfection de méthode qui les accompagne, dit clairement que la partie n'est plus égale. Ce point seul touche le Tarbéen, à qui il en coûterait trop de se retirer par impuissance; il acceptera un combat difficile, il sent que l'émulation et le progrès sont à ce prix, mais il ne se résignera pas à des luttes impossibles.

Il regarde comme un bienfait les nouvelles dispositions du dernier règlement : elles le protégent contre une supériorité trop forte et lui laissent le champ libre pour de nouveaux perfectionnements dont il comprend bien aujourd'hui la nécessité. Il n'aurait pu rivaliser de science et d'habileté ni avec l'entraîneur ni avec le jockey anglais; mais le point d'honneur l'excitera à ne pas se laisser vaincre par des compétiteurs auxquels on a fait une part moins large, au devant desquels on a jeté des difficultés qui ne l'atteignent pas afin d'égaliser les chances. Il faut maintenant l'attendre à l'œuvre; il faut à ses chevaux une meilleure préparation, des jockeys moins lourds et plus de discernement dans les engagements. Tout cela viendra, car la vérité a été entrevue, et les bons principes ont déjà battu en brèche les vieilles méthodes et les idées routinières du passé.

A Tarbes, on n'a pas crié, comme en Auvergne, contre le cheval de pur sang anglais ; à Tarbes, on n'a pas érigé en fait, comme en Auvergne, la supériorité de moyens du produit anglo-tarbéen comparé au cheval inscrit au stud-book. La résistance aux saines pratiques, l'opposition aux croisements judicieux n'ont point ici enfanté de brillants articles de journaux. On a mieux fait, on a pratiqué sagement, on a étudié, on a raisonné les résultats, et l'on est arrivé à une conclusion logique que nous formulerons plus loin.

C'est en parlant des succès d'une jument de demi-sang, née d'un étalon anglais et d'une poulinière du pays, qu'un esprit judicieux et pratique a écrit les lignes suivantes à l'adresse des éleveurs des Pyrénées : « Ce serait tomber dans une grave erreur que de conclure d'une manière absolue, des grands et légitimes succès d'*Allingtone*, que cette belle et bonne jument serait capable de lutter, avec quelques chances de succès, contre les chevaux de pur sang que nous voyons courir sur les hippodromes de Paris, Versailles, Chantilly, Bordeaux, Limoges, etc., etc. Il est une vérité qu'on ne peut se lasser de répéter, c'est que la vitesse du cheval de pur sang est quatre-vingt-dix-neuf fois sur cent supérieure à celle du cheval de demi-sang. Que les éleveurs ne se laissent donc pas séduire et enivrer par des victoires qui ne sont dues, la plupart du temps, qu'à l'origine ignorée de leurs chevaux, dont ils ne connaissent pas la noblesse et la pureté, et auxquels il ne manque que des parchemins.

Telle est *Anna Bolena*, qui vient encore d'être victorieuse à Nancy; tel est *Antony*, qui compte autant de victoires que de courses; tels ont été une foule d'autres coursiers dont on a vanté les exploits, en s'en servant mal à propos pour attaquer un principe dont la vérité est, chaque jour, de plus en plus constatée.

« *Allingtone* elle-même, fille d'un étalon de pur sang anglais, descend d'une jument probablement issue d'un père arabe, barbe ou turc, et d'une mère ayant la même origine : dira-t-on que ce n'est qu'une jument de demi-sang, et partira-t-on de là pour prétendre que le demi-sang a battu le pur sang, lorsque cette jument aura eu l'avantage sur quelques chevaux dont les noms sont portés au stud-book? Il faut repousser de telles prétentions, car il y aurait danger à les admettre. »

Combien ces paroles et ces conseils diffèrent du langage qu'aurait fait entendre un Auvergnat, si *Allingtone*, née en Auvergne, eût battu, sur l'hippodrome d'Aurillac, des chevaux anglais de pur sang!.....

Depuis quelques années, la population chevaline des Hautes-Pyrénées s'est accrue d'une riche importation de juments de pur sang anglais. Le département semble disposé maintenant à introduire des poulinières arabes pures. Les deux familles y seront donc entretenues avec une égale sollicitude, et le beau dépôt de Tarbes offrira aux unes et aux autres des reproducteurs non moins précieux de l'une et l'autre race.

La science et la pratique marcheront de pair ici; les deux genres de production et d'élevage auront leurs partisans, la masse profitera du double enseignement qui lui sera offert, et d'utiles croisements ajouteront aux qualités de l'espèce indigène.

Les courses prêteront à tous le secours d'un fait certain, positif. Le conseil général aura ici une mission particulière à remplir. Il lui appartient, en effet, d'allouer des fonds avec une destination autre que celle donnée aux subventions accordées par les haras. A côté des courses de la division, qui appellent un concours général, il devra donner le moyen de faire des courses locales et d'établir des prix spéciaux pour les représentants immédiats de la famille arabe.

La préparation des chevaux issus de sang oriental est plus à la portée de tous et n'exige plus toute la science d'un entraînement bien en règle ; elle sera un premier pas vers des luttes plus sérieuses et amènera graduellement l'éleveur à mûrir hâtivement ses produits.

La forme de l'hippodrome de Laloubère est bonne ; mais la piste en est dure, et, par cela même, fatigante pour les membres. Il se trouvera bien sans doute quelque sportman zélé pour faire comprendre au département la nécessité d'en gazonner la surface. Quelques labours à la herse à dents de fer pratiqués en temps opportun, la semaille de fonds de greniers par-dessus lesquels on passerait le rouleau, rendraient raison de la difficulté sans exiger de grands sacrifices. Au surplus, la dépense peut être divisée; ce qu'on ne peut faire en un an, on le fait en deux, quatre ou six années. Il ne faut pas compter avec le temps lorsqu'il s'agit d'une chose utile, d'une amélioration importante. On pourrait se dire ici qu'on serait depuis longtemps en possession du fait, si l'on y avait travaillé patiemment à partir d'un nombre d'années dont le point de départ peut remonter jusqu'à 1806. Il suffit de vouloir; car vouloir, c'est pouvoir.

Un bon hippodrome a plus d'influence qu'on ne croit sur le succès de l'institution. Il attire un grand nombre de chevaux, entraîne et provoque l'arrivée prématurée de beaucoup de compétiteurs; il est une occasion de dépenses qui profitent surtout à la localité. A ce titre, le conseil municipal de Laloubère trouverait un avantage marqué à se charger des travaux, si peu coûteux d'ailleurs, qu'exigerait le gazonnement de l'hippodrome. Le loyer qu'il retire de ce dernier serait nécessairement alors plus élevé.

Nous voudrions aussi qu'on excitât l'intérêt du petit éleveur par des poules à bas prix, et qu'on réussît à organiser, au moyen de souscriptions volontaires, une ou deux de ces courses qui ont tant de succès en Angleterre et en Allemagne. C'est là une idée toute neuve lorsqu'on l'applique aux petits éleveurs. Habilement répandue, elle deviendrait une mine féconde ; il n'y a pas de raison pour qu'elle ne produise pas en France le même bien qu'à l'étranger. Le succès est tout entier dans la manière dont on s'y prendra pour la faire accepter par les plus intelligents et les mieux disposés.

Courses de Toulouse. — Bien que le *Racing calendar* ne donne les résultats des courses de Toulouse qu'à partir de 1840, elles datent de 1837. Leur création a été provoquée auprès du conseil municipal par les sollicitations de la commission permanente du congrès méridional. La question chevaline intéressait fort peu le congrès et n'entrait pour rien dans sa demande. Celle-ci n'avait pour objet que d'ajouter un nouvel attrait à l'éclat des fêtes musicales, occasion d'une immense affluence annuelle dans les murs de la ville.

Les premières courses obtinrent un si grand succès, elles intéressèrent à tel point la population, que bientôt l'administration municipale fut aidée dans ses vues par le concours des souscriptions volontaires et des allocations départementales. M. le duc d'Orléans, sollicité, répondit aussi à l'appel qui lui fut adressé ; les haras vinrent les derniers en date, comme pour protester contre les tendances qu'on leur prêtait de favoriser outre mesure l'institution des courses. Nous qui fouillons dans les archives, nous pouvons bien les laver de cette accusation, car ils n'ont fait autre chose, pendant bien des années, que d'entasser refus sur refus; car ils se sont particulièrement attachés, en maintes circonstances, à repousser, par les plus mauvaises raisons, les instances qui leur étaient adressées de tous les côtés à la fois.

Tous motifs de refus pouvaient et devaient se résumer en un seul, — l'insuffisance des crédits accordés. En s'abritant derrière cette raison, qui la dispensait vraiment d'en donner d'autres, l'administration ne se serait pas attiré des reproches beaucoup plus fondés, en réalité, que celui d'ignorante anglomanie, auquel elle pouvait demeurer insensible lorsque tant d'incitations lui en prouvaient la parfaite absurdité. Sa résistance à doter les courses de Toulouse ne lui a pas fait honneur, et quand, de guerre lasse, elle a cédé en 1842, c'est-à-dire sept ans après l'inauguration de ce nouvel hippodrome, nul ne lui a su gré de ses tardifs secours. La ville, le conseil général, la députation qui avait alors son influence, le jockey-club, car là aussi une association spéciale s'était formée, toutes les puissances du jour enfin avaient épuisé leurs forces et vainement réclamé en faveur de l'hippodrome toulousain. Eh bien! que répondaient les haras à ceux qui leur venaient en aide et qui les provoquaient à assurer la permanence des sacrifices de tous? Ils répondaient ceci : — La production et l'élève du cheval de la contrée ne comportent pas l'établissement de courses à Toulouse; — d'autres villes moins importantes obtiennent des subventions pour leurs hippodromes, mais elles sont placées, elles, au centre d'une population chevaline considérable; — on ne peut pas reviser un règlement qui vient d'être arrêté, et ajouter après coup un nouvel arrondissement de courses à ceux qui existent déjà...

Un homme spécial eût-il parlé ainsi? Un autre que nous arrondirait sa phrase et la terminerait par une citation : *Ab uno disce omnes*. Le chef de bureau qui répondait par de pareilles pauvretés était sans doute animé des meilleures intentions; mais, complétement étranger à l'art de l'horloger, il cherchait vainement midi à quatorze heures. Les ennemis de l'administration ne devraient pas la quereller pour tout le mal qu'il a été puissant à lui faire à la façon de M. Jourdain, hélas! — sans le savoir.

Revenons à Toulouse et replaçons-nous dans la bonne voie. Les autorités étaient dans le vrai; nulle part l'institution n'était susceptible de produire de meilleurs résultats. On aime les fêtes dans le Midi; on y recherche avidement les occasions de plaisir. Toulouse est une grande ville, elle a de grands besoins, elle est un centre de consommation actif, considérable; les fortunes y sont à un niveau plus élevé qu'en beaucoup d'autres villes; le beau monde s'y montre disposé à jouir de tous ses avantages; la mode pourrait exercer ici un empire salutaire et commander en despote, imposer un luxe nouveau, de nouvelles exigences à la fashion. En s'emparant avec adresse de la direction des courses, on aurait fait naître parmi les jeunes gens le goût du cheval en renom, le désir de l'équiter avec art, la nécessité de l'équiper avec soin, avec recherche; on aurait ainsi imprimé un cachet de haute utilité commerciale à une institution qui rend avec usure à qui sait lui prêter avec intelligence.

Les courses de Toulouse devaient être dirigées dans des vues conformes à celles que nous avons déjà émises en parlant de celles de Lyon. — Toutefois et pour ne pas leur enlever un certain intérêt local, on pouvait, ainsi que le voulaient tous ceux qui ont bien voulu s'en occuper, on pouvait faire deux parts des encouragements offerts; l'une qui eût excité les amateurs du Midi, l'autre qui eût appelé la spéculation éloignée. Les courses de Toulouse ont été abandonnées au hasard; elles ont été là ce qu'elles sont à peu près partout. Elles ont rendu des services; elles ont éveillé l'attention et le zèle, elles ont produit un bien incontestable; mais elles n'ont pas revêtu ce caractère d'utilité spéciale qui les eût puissamment implantées dans le sol, qui en eût assuré la permanence, qui en eût fait une nécessité pour l'industrie chevaline de la contrée, tandis qu'elles n'ont pas été beaucoup au delà du simple niveau d'une occasion de fête et de plaisir. Elles ont été, qu'on nous passe le mot, une affaire de présent, et non point une institution dans la bonne et vraie acception du mot. Aussi se trouvent-elles fort menacées aujourd'hui, alors qu'elles devraient résister à l'écueil contre lequel elles viennent échouer.

Cet écueil, c'est le changement des administrations municipales et départementales ; c'est la dissolution de la société hippique. Le jockey-club, en effet, se lasse de soutenir de ses souscriptions une œuvre qui, au fond, ne l'intéresse pas au delà d'une partie de jeu.

Telle est la différence entre les mœurs de l'Angleterre et de la France, que ce qui fait la force et la durée des courses par delà la Manche ne lui donne qu'un appui temporaire et complétement éventuel ici. La passion du jeu est assez forte chez les Anglais pour produire de grandes choses et renouveler incessamment des prodiges; elle n'a plus les mêmes racines en France et ne détermine qu'un effort momentané. Aussi devons-nous chercher à appuyer les courses sur une autre base, sur une assise plus large et plus certaine, sans repousser, pour cela, le concours d'aucun auxiliaire quelconque, d'où qu'il vienne.

Si la question industrielle, une affaire de débouché avaient appelé aux courses de Toulouse le marchand de chevaux indigènes et le simple éleveur des bonnes parties du Midi, de fortes habitudes seraient prises, et l'hippodrome de Toulouse, rivé à l'intérêt de la production améliorée et de l'élève perfectionnée, n'aurait rien à redouter maintenant de l'indifférence des amateurs ou du mauvais vouloir de quelques nouveaux conseillers étrangers aux meilleures traditions de l'industrie chevaline.

Espérons encore que les courses de Toulouse survivront

aux difficultés qui les entourent ; mais faisons des vœux pour que nos avis ne soient pas tout à fait perdus, pour qu'on intéresse à leur succès ceux qui, en définitive, doivent en retirer à la fois le plus d'honneur et le plus de profit.

En 1840, l'hippodrome de Toulouse n'offrait encore aux amateurs qu'une somme de 4,700 fr., divisée en cinq prix. Quatorze chevaux se sont disputé ces faibles encouragements. Dès 1845, le nombre des prix était de huit, et leur importance s'élevait au chiffre de 15,500 fr., non compris le montant des entrées. Cinquante chevaux y prenaient part. En 1848, il n'a plus été couru que six prix formant encore un total de 12,500 fr. ; mais, en 1849, nous venons de le dire, l'institution est fort compromise dans son existence.

Les courses de Toulouse se sont produites sous l'influence d'une idée de localité, et n'ont pas appelé le concours des étrangers. Toulouse s'est fait centre d'un arrondissement assez circonscrit et a offert des encouragements aux éleveurs et aux amateurs d'un petit nombre de départements. Certains prix néanmoins ont été réservés aux chevaux de tous les âges et de toutes les conditions. C'est la partie municipale de la fête; c'est le côté-octroi de la chose. L'administration d'une ville, lorsqu'elle veut bien donner un prix de course, ne s'occupe que de la question financière ; elle octroie 1 pour avoir 2 ; elle est parfaitement dans son droit. Aussi bien, ne s'est-elle pas trompée dans ses calculs. Les courses de Toulouse ont eu le privilége d'attirer toujours et la foule et le grand monde, assurés l'un et l'autre d'y trouver un spectacle plein d'animation et d'émotions.

L'hippodrome de Toulouse est, assurément, l'un des plus beaux que nous ayons en France. Situé à une demi-lieue de la ville, au centre du vaste polygone de l'artillerie, on y arrive par la magnifique route qui mène à Tarbes. La pelouse est parfaitement unie, la piste est tracée en forme d'ellipse, ses courbes sont bonnes, et les lignes droites ont assez d'étendue pour permettre le développement d'une grande vitesse; la ligne d'arrivée surtout est admirable.

Avec des dispositions aussi favorables, on a lieu d'être surpris que les courses de Toulouse ne soient pas des plus vites de France. Loin de là, des épreuves ont souvent été annulées, faute de vitesse.

La commission chargée de l'organisation des courses s'est toujours fait remarquer par le soin et le goût apportés à la bonne confection et à l'arrangement convenable des tribunes.

Il faut citer enfin M. de Castellane au nombre des principaux fondateurs des courses de Toulouse.

Que si nous recherchons la part d'influence que cette création a exercée sur l'amélioration, nous la trouverons partiellement active ici et là, un peu partout, germant, promettant des pousses vigoureuses dans l'avenir, mais n'ayant pas, quant à présent, séve suffisante pour annoncer une grande vitalité, une action très-vivace.

On voit bien qu'elles provoquent au luxe, à la possession des beaux chevaux, aux brillants équipages, aux somptueuses toilettes, qu'elles excitent l'homme riche à répandre l'argent sur presque toutes les industries, qu'elles sont une occasion de dépenses productives; mais elles n'ont pas encore, quant à l'amélioration des races, produit un effort très-appréciable. C'est qu'il faut des années pour obtenir des résultats notables, lorsque le but à poursuivre n'est pas nettement déterminé dès le point de départ; lorsque les voies ne sont pas, dès l'abord, promptement déblayées et largement ouvertes.

Quoi qu'il en soit, les courses de Toulouse ont eu leur utilité. L'admission des chevaux d'un arrondissement déterminé, à l'exclusion de ceux d'un rayon plus étendu, était une protestation contre les facilités du règlement de l'administration. Cette condition favorisait certains éleveurs qui ne se trouvaient plus suffisamment encouragés, et contribuait à maintenir le zèle et les efforts d'un petit nombre.

Si nous avions à organiser les courses de Toulouse, nous voudrions faire deux parts de la somme dont nous aurions à disposer. Nous consacrerions la plus importante à provoquer des épreuves entre chevaux de service nés en France et susceptibles d'être achetés pour les besoins mêmes de la consommation locale; nous destinerions l'autre à des courses de vitesse, à disputer entre chevaux de bonne race de la division du Midi.

Ces quelques mots assignent un but spécial et bien défini à l'utilité de l'hippodrome de Toulouse. La ville n'y perdrait pas le spectacle qu'elle a voulu donner à sa population, les consommateurs y trouveraient des garanties réelles de bons choix, le commerce serait assuré d'une vente profitable pour les chevaux de mérite, les éleveurs enfin auraient un nouveau motif d'émulation qui tournerait certainement à l'avantage de l'amélioration de l'espèce (1).

Courses de Pau. — La fondation des courses est chose récente dans les Basses-Pyrénées. La population chevaline de ce département, autrefois confondue avec celle des Hautes-Pyrénées dans l'estime des consommateurs et même dans le classement des races par les hippologues, était sin-

(1) C'est pour compléter, autant que possible, cette étude que nous mentionnons ici quelques courses faites, en 1834 et 1835, à Auch.

Ces dernières ne se sont point élevées à la hauteur d'une institution susceptible de durée et d'avenir; elles n'ont été qu'un passe-temps utile pour quelques amateurs, un plaisir de garnison qui intéressait de jeunes officiers de cavalerie, un fait bien exceptionnel, n'est-ce pas? car messieurs les officiers de cavalerie ont peu mérité jusqu'ici la qualification de *turfmen*.

Quoi qu'il en soit, trois paris ont été engagés et courus, en 1834, à Auch. La distance était de 2,500 mètres.

En 1835, sept paris et quatre poules renouvelèrent, pour la population, un spectacle plein d'attrait comme toujours; mais oncques depuis le département du Gers n'a revu pareilles solemnités.

gulièrement déchue en fait, et ne comptait plus, pour ainsi dire, sur la carte hippique de la France. Mais une ère nouvelle s'était ouverte. — Nous ferons plus tard l'histoire de cette résurrection, — et la contrée a senti la nécessité de marcher d'un pas égal avec les départements les plus favorisés.

C'est en 1842 qu'ont eu lieu les premières courses de Pau. Elles ont commencé avec une dotation de 4,500 fr., divisée en six prix courus par trente et un chevaux. En 1845, le nombre des prix s'élevait à dix, formait un total de 12,500 fr., et cinquante et un coursiers figuraient sur la liste des engagements. En 1848, les chiffres sont considérablement réduits; le thermomètre a baissé; l'indicateur ne marque plus que six prix, une valeur de 7,700 fr., et une feuille d'inscription s'arrêtant au numéro 18. C'est la suite inévitable d'une grande secousse; espérons que ce n'est, que ce n'aura été qu'un contre-coup d'un effet temporaire.

L'initiative de cette création a certainement été prise par un homme de cheval. Mais, après avoir jeté l'idée dans l'oreille d'un préfet ardent, l'homme spécial a fait retraite. Il s'est modestement laissé distancer pour ne pas compromettre le succès qui était presque tout entier dans une satisfaction d'amour-propre, dans une question de vanité personnelle. Aussi les choses furent poussées avec rapidité. Toutes les sources furent habilement explorées, et le concours de tous fut, dès l'origine, assuré à l'œuvre.

Une société se forma, le département fit un effort, l'administration municipale se montra favorable, les haras ne purent s'attarder et consentirent, le fait mérite d'être noté, à entrer de prime saut dans ce concert général.

Pau devint alors le second chef-lieu de l'arrondissement des courses de Tarbes. On lui donna deux prix d'arrondissement qui le classèrent tout de suite au nombre des hippodromes de second ordre. D'autres encouragements furent spécialement réservés aux produits des Basses-Pyrénées ;

mais il fallait appeler aussi quelques étrangers au milieu des indigènes, et l'on fit une certaine part aux chevaux nés en France. On créa des courses plates au galop; le règlement des haras fut la charte de ce nouvel hippodrome; c'est dire qu'on imposa les mêmes distances que pour les prix accordés par le gouvernement, et que l'on courut contre le temps.

Pendant les quatre premières années, on donna une course de fonds; nous en reparlerons plus bas.

En 1842, la piste se ressentait de la précipitation avec laquelle on l'avait tracée au beau milieu d'une lande immense. Cette condition même avait été aggravée par de gros temps. On n'en comprit que mieux la nécessité de travaux complets, entrepris et achevés en temps opportun. Dès 1843, époque de l'inauguration de la statue de Henri IV à Pau, l'hippodrome était parfaitement établi; de provisoire, il était devenu définitif. Toutes les inégalités de terrain avaient disparu; 15,000 fr. au moins avaient été dépensés pour l'approprier à sa destination et en faire l'un des plus beaux champs de courses qui soient en France.

Tout souriait à l'institution. M. le duc de Montpensier, présent aux fêtes d'inauguration de la statue élevée en l'honneur d'un Béarnais, devenu plus tard un roi populaire, voulut bien assister aux courses de Pau, les prendre sous son patronage, ajouter à leur importance par la fondation d'un prix spécial, et consentir enfin à donner son nom à l'hippodrome. Plus tard, il sut associer M. le duc de Nemours à ses dispositions favorables. En 1845, le prince sportman allouait un prix de 1,500 fr. pour les chevaux de l'arrondissement.

Le *Journal des haras* a fait connaître à ses lecteurs l'hippodrome de Pau. Voici ce qu'il en a dit en 1843 : « Le terrain en est élastique et gazonné; il répond sous les pieds des chevaux, prévient les accidents, et donne de l'âme et de la vigueur. Des banquettes de gazon l'entourent dans toute son étendue et servent de siéges pour le public et de défense contre les bestiaux qui paissent sur la lande. Sa position, à 4 kilomètres de la ville, au bord de la grande route de Bordeaux, sur un vaste plateau d'où l'on voit se dérouler la chaîne imposante des Pyrénées, le rend des plus pittoresques et des plus grandioses.

« Une foule immense, venue de tous les environs, des Eaux-Bonnes et de Cauterets, formait un cordon de trente-cinq mille âmes au moins. Le sportman parisien n'avait pas plus manqué au rendez-vous que le paysan des vallées. Deux cents voitures, rangées sur deux files, stationnaient avec ordre sur la pelouse. Des danses champêtres, au son du tambourin et du galoubet, des tables amplement servies et occupées dès le matin, répandaient un air de fête que nous devons renoncer à décrire..... Tout fait présager un brillant avenir aux courses du Béarn. »

Cette belle médaille a pourtant son revers. C'est un rôle parfois pénible que celui de l'écrivain ; mais nous avons fait une courte visite à l'hippodrome de Pau, et nous lui devons la vérité. Nous lui avons reconnu plusieurs vices de conformation ; les dénoncer, c'est peut-être donner la pensée de corriger un jour ce qu'il y a de défectueux dans ce magnifique établissement.

Et d'abord la forme donnée à la piste. Elle est unique en son genre; elle n'a certainement pas été dessinée par un turfman. On nous a dit qu'elle était sortie de la volonté du préfet, soit ; va pour la conception de M. le préfet. Elle est au moins originale; qu'on en juge.

On pouvait tailler en plein drap. Impossible de rencontrer un emplacement plus facile, plus convenable à tous égards. Cet hippodrome pouvait affecter toutes les formes ; on l'eût maintenu en ligne droite, on l'eût tourné en manière de cirque, on l'eût tracé en ellipse, en ovale plus ou moins irrégulier; on se fût contenté de décrire une simple parabole. tout était possible, aisé. Au lieu de cela, on en a fait une sorte d'octogone ; on lui a donné huit tournants au lieu de quatre. Sa largeur est excessive et prise aux dépens de sa longueur, puisque l'étendue totale de la piste ne mesure que 2,000 mètres. Cette disposition, essentiellement défectueuse, nuit beaucoup à l'extension de la vitesse, et doit maintenir pendant longtemps, sous ce rapport, les courses de Pau dans une condition d'infériorité relative extrêmement fâcheuse. En ne laissant pas aux chevaux qui vont se mesurer sur ce terrain le moyen de se développer dans toute leur action, elle leur ôte le mérite d'une vitesse égale à la vitesse déployée sur d'autres hippodromes par des chevaux qui n'ont réellement pas une valeur plus grande.

On a fait un autre reproche à l'hippodrome de Pau. Il est encaissé entre deux talus fort élevés, défendus eux-mêmes par des fossés d'une certaine profondeur. On regarde, avec quelque raison, ce mode de clôture comme dangereux. Insuffisant pour empêcher les chevaux de se dérober, il leur donnerait bien le moyen de se rompre le cou, sans compter ce qui pourrait advenir aux cavaliers. L'homme de cheval déclarerait donc, sans hésiter, qu'il y aurait tout avantage à raser ces remparts et à combler ces fossés. Mais à côté de l'homme spécial se trouvent l'amateur bénévole et l'administrateur ou de la ville ou du département. Ceux-ci penseront que ces tertres gazonnés forment bancs de verdure, siéges commodes pour la foule, et ils les maintiendront comme dispositions utiles aux spectateurs, heureuses pour l'établissement en lui-même. L'inconvénient n'apparaîtra sérieux que lorsque l'expérience l'aura brutalement révélé. Par bonheur, l'art de l'entraînement, l'élève du cheval font d'assez rapides progrès dans toutes les parties de la France, pour que le *dérober* devienne chose rare et tout à fait exceptionnelle. La constatation de ce fait atténue considérablement le danger du mode de clôture adopté à Pau et ailleurs. C'est comme observation générale que nous avons placé nos remarques ici. Chemin faisant, tous les cas se rencontrent, et les lacunes se remplissent.

A côté de ce reproche, nous avons à poser un éloge. Un entraîneur anglais, qui a porté son domicile aux environs de Pau, a su y importer aussi de bonnes pratiques. Il a obtenu d'établir, à ses frais, une piste d'entraînement et d'exiger, de ceux qui voudraient en user, une redevance qui sert à son entretien. De la sorte, l'hippodrome n'est livré aux chevaux que pour les courses officielles, et sa surface, unie et douce, réunit toujours les avantages d'un excellent terrain.

Dans les Basses-Pyrénées, comme en d'autres localités, on a essayé des courses de fonds. En 1842 et 1843, 26 kilomètres étaient imposés comme principale condition d'un prix de 500 fr. donné par la Société d'encouragement. En 1844, la longueur de la course était réduite de 1 myriamètre; en 1845 et 1846, on n'exigeait plus que 8 kilomètres. C'est ainsi que dégénèrent toutes ces luttes; l'expérience apprend bientôt qu'une course de fonds, faite en pareille circonstance, n'est plus que la parodie sans but d'un petit voyage forcé. Ce n'est plus une épreuve sérieuse, car la distance est trop grande pour que la vitesse puisse être satisfaisante, et trop courte pour que les chevaux d'âge, engagés, puissent donner la mesure de leur puissance, de leur fonds.

Ces courses à toute allure, exigées de chevaux actuellement en service, non d'animaux destinés à la reproduction ou de produits à mettre en valeur pour une vente facile et profitable, n'ont aucune utilité réelle et sont bientôt abandonnées par ceux-là même qui les ont défendues avec le plus d'ardeur. A partir de 1847, le programme des courses de Pau n'a plus compté de courses de fonds; elles ne servent point la science qui ne leur doit aucun progrès; elles n'indiquent en rien la capacité même des chevaux qui y prennent part; elles n'excitent point d'intérêt par cela même qu'elles n'offrent jamais de lutte. Elles mettent une somme quelconque dans la poche d'un homme qu'on récompense pour avoir su se procurer un cheval de service supérieur à ceux qui ne lui ont même pas disputé le prix. A cela se réduit l'utilité de ces prétendues courses de fonds, ordinairement gagnées par un cheval inconnu, enfant perdu d'aïeux auxquels on n'a même pas l'avantage d'en faire les honneurs.

Le rôle des courses de Pau doit être tout modeste, au moins pour quelques années encore. Les questions de production et d'élève sont admirablement comprises et dirigées dans les Basses-Pyrénées par l'officier des haras qui commande le dépôt de Gelos depuis 1841. La saine pratique vient partout appuyer les saines idées. Le but à atteindre, parfaitement déterminé, est poursuivi avec une persévérance vraiment louable, récompensée déjà par les meilleurs résultats. On s'occupe particulièrement ici du petit éleveur, et l'on s'efforce de se mettre à sa portée tout en réussissant à lui faire monter un à un les différents degrés de l'échelle hippique.

Mais n'anticipons pas sur l'histoire des progrès obtenus dans ces derniers temps, grâce à un zèle bien entendu, à des vues intelligentes, à de judicieux efforts; disons seulement que l'on couronnera l'œuvre en popularisant les courses dans les Basses-Pyrénées, en mettant cette institution au niveau du petit propriétaire qui élève. Qu'elle soit pour lui la pierre de touche de toutes ses opérations; qu'elle lui apprenne ce que valent une alliance bien raisonnée, des avances bien faites à la spéculation, une alimentation suffisante dès le jeune âge, des soins sérieux, une éducation convenablement dirigée. Cet enseignement, l'hippodrome le donne; il est tout entier dans la course de dressage ou d'essai. Une course gagnée ou perdue parle également à l'esprit et aux yeux; elle ne saurait égarer par de fausses lueurs, car ce qu'elle dit, elle le dit avec la précision d'un chiffre et avec l'éloquence d'un fait.

Courses de Dax. — Ainsi que nous l'avons déjà constaté, le gouvernement avait institué, en 1810, des courses de *second ordre* dans le département des Landes. Une dotation de 1,500 fr., divisée en quatre prix, leur avait été affectée comme aux autres courses créées par l'arrêté du 30 octobre.

Le calendrier des courses donne très-imparfaitement les résultats de ces luttes pour 1811, 1812, 1813 et 1814, sans indiquer le lieu même où elles ont été tenues, le point du département sur lequel elles ont eu lieu (1). Il montre cependant qu'elles n'ont offert aucun intérêt, qu'elles n'ont jeté aucun éclat. Les chevaux n'y ont jamais été nombreux ni pressés; plusieurs prix sont restés sans vainqueurs, faute de vitesse, ou n'ont point été disputés, faute de concurrents. Alors pourtant les exigences n'étaient pas bien grandes ; les courses de 4 kilomètres devaient être fournies en huit minutes. Il ne faut pas perdre de vue qu'elles n'intéressaient que des animaux destinés à la reproduction, au perfectionnement des races.

Ce fait est peut-être une bonne réponse à faire à ceux qui vantent, au détriment de ce temps-ci, le mérite des chevaux qu'ils prétendent avoir connus dans leur jeunesse, il y a de cela quelque trente ans, juste à l'époque à laquelle nous venons de nous reporter.

Quoi qu'il en soit, les courses des Landes sont tombées d'elles-mêmes et par inanition ; ce n'est pas le cas d'écrire, sans doute, qu'elles sont mortes de leur belle mort.

De 1814 il faut sauter à 1844 pour retrouver les courses en vigueur, en honneur dans le département des Landes.

Cette partie de la France n'est pas dépouillée d'éléments de succès. Les haras y ont toujours placé quelques étalons de bonne origine, dont l'influence s'est fait assez sentir

(1) Nous croyons savoir que les courses des Landes se sont tenues autrefois au chef-lieu du département, aux portes mêmes de Mont-de-Marsan.

pour modifier utilement et améliorer d'une manière sensible l'espèce chevaline indigène au département. Les faits le prouvent aussi bien que cette pensée de retour vers une institution qui n'avait pas trouvé d'aliment en 1810.

Ici encore l'initiative a été étrangère à l'administration des haras; elle n'est venue en quelque sorte que pour confirmer la mesure adoptée par elle sous l'empire, et mesurer l'étendue des progrès obtenus depuis lors.

C'est au comice agricole de l'arrondissement de Dax que les éleveurs sont redevables de la fondation de 1844. Les bassins de l'Adour, du Lœny et du Gave lui parurent si favorablement disposés pour l'élève perfectionnée du cheval landais, qu'il résolut d'ajouter aux encouragements déjà établis « le plus efficace de tous, » l'offre de prix de courses spéciaux. Il s'entendit facilement avec le conseil municipal du chef-lieu, et le premier essai, brillant au delà de toutes les espérances, eut lieu au mois de septembre de la même année.

Comparée à la vitesse des courses constatée sur les autres hippodromes de la circonscription, la vitesse déployée aux courses de Dax fit bien augurer de l'avenir du nouvel établissement en faveur duquel le département et l'administration des haras furent bientôt sollicités avec beaucoup d'instance et de chaleur. L'un et l'autre se sont laissé attendrir. Les courses de Dax coûtent jusqu'à 300 fr. au budget de l'État.

Les éleveurs ont répondu avec empressement aux avances qui leur étaient faites; une société d'encouragement s'est formée; les courses ont survécu.

Elles commençaient, en 1844, avec une somme de 800 fr. qui avait suffi à former le fonds de trois prix. Vingt-trois chevaux étaient venus les disputer, et l'on se félicita avec raison de l'ordre qui avait présidé aux épreuves, de la force et de la vigueur avec lesquelles elles avaient été soutenues. Sur trois courses, deux ont été courues en partie liée;

chaque épreuve était de 1,500 mètres et a été fournie avec une vitesse moyenne de deux minutes cinq secondes. Ce résultat, donné par des chevaux pesamment chargés et aucunement préparés, laisse loin en arrière le résultat constaté des courses landaises en 1811 et années suivantes; il marque un progrès qu'on n'oserait certainement pas discuter.

La forme de l'hippodrome était elliptique, mais la piste n'offrait qu'un terrain fort inégal et assez tourmenté, à fond sablonneux et mal préparé à la hâte.

En 1847, la dotation s'élevait à 2,600 fr.; le programme offrait six prix, et quarante-cinq chevaux partaient. Les conditions s'étaient modifiées quant à l'étendue des épreuves et aux poids à porter. Le succès a été aussi complet que possible. Mais, en 1848, l'allocation est réduite à 2,000 fr.; il n'y a plus que cinq prix au programme et vingt-cinq chevaux en lice. Du reste, bonne tenue et bonne vitesse; même empressement de la part de la population à jouir du spectacle, à applaudir au triomphe des vainqueurs.

Dans notre pensée, les courses de Dax devraient être soutenues et encouragées à se maintenir dans leur organisation modeste. Nous voudrions des prix plus nombreux et d'une importance limitée entre ces deux chiffres, — 500 et 1,000 fr. Il nous semble qu'on pourrait leur assigner une position spéciale; elles devraient précéder les courses de Toulouse, de Bordeaux, de Pau et de Tarbes, dont elles seraient en quelque sorte la préface. Courses d'essai, elles diraient aux éleveurs quelles espérances ils pourraient conserver pour des luttes d'un ordre plus élevé. Chacun, sachant à peu près à quoi s'en tenir à la suite de ce premier pas dans la saison, qu'on nous permette le mot, aurait plus de hardiesse pour engager ses produits et moins d'hésitation à payer des entrées.

Que les organisateurs de ces courses y réfléchissent, ils ont une place à prendre et un but plus marqué à montrer aux éleveurs qui viendront mesurer leurs chevaux sur l'hippodrome de Dax.

Les courses d'essai ne sont pas des épreuves de fonds; on ne devrait pas l'oublier dans la rédaction des programmes. Il ne faudrait ici que des courses à courte distance et à une seule épreuve. Elles suffisent à faire bien élever les produits et à les mûrir de bonne heure; elles n'exigent pas une préparation complète ni des dépenses considérables, et si elles avancent assez les chevaux pour donner des espérances, pour désigner les bons, elles laissent encore assez d'incertitude pour ne pas livrer aux concurrents le dernier mot de la force et de la vitesse de chacun. Cet inconnu est nécessaire ; s'il ne restait rien à apprendre, les courses subséquentes n'auraient aucun effet utile. Les plus faibles seraient retirés de la lutte, et, dès qu'ils n'auraient plus aucune rivalité à craindre, les plus forts sommeilleraient dans une attente stérile pour le développement progressif de leurs qualités et de leur puissance. L'institution des courses a cet avantage, qu'elle se prête merveilleusement à toutes les combinaisons profitables au perfectionnement même de l'individu, point de départ du perfectionnement de l'espèce entière.

Courses de Bordeaux. — L'initiative de cette création appartient au gouvernement. Les courses de la Gironde datent de l'arrêté du 27 mars 1820, qui avait formé des cinq départements des Landes, de Lot-et-Garonne, de la Dordogne, de la Charente-Inférieure et de la Gironde un arrondissement particulier dont Bordeaux fut le chef-lieu, — un chef-lieu de premier ordre — doté de quatre prix locaux, de quatre prix d'arrondissement et d'un prix principal : — 9,000 fr. furent affectés à cette fondation.

A l'exception du département des Landes, qui a possédé une famille de petits chevaux pleins de qualités natives, les autres parties du nouvel arrondissement de courses ne devaient pas lui être d'un grand secours ni lui fournir d'importantes richesses aux jours fixés pour la lutte. En effet, l'hippodrome de Gradignan n'a pas toujours été puissamment peuplé, les prix offerts n'ayant même pas toujours été disputés.

D'autre part, Bordeaux est demeurée froide pour l'institution. Ses habitants ont eu peu de souci de l'hippodrome. D'autres intérêts et d'autres plaisirs les absorbaient ou les attiraient ailleurs. Ils ont prouvé qu'ils n'avaient aucun amour pour le sport, qu'on n'en ferait pas aisément des amateurs passionnés du turf; c'est chose rare qu'un tel fait. Bordeaux est certainement la seule ville de France qui soit restée indifférente au mouvement que provoquent partout les courses.

La population bordelaise a-t-elle réagi sur l'arrondissement, ou bien la pauvreté chevaline de ce dernier a-t-elle produit l'indifférence de celle-là? Il y avait sans doute aussi peu d'éléments d'un côté que de l'autre pour le succès. De part ni d'autre, en effet, on ne voit ni élan ni initiative. Là où l'on eût pu rencontrer des ressources d'argent, exciter des efforts, obtenir quelques sacrifices, il n'y avait ni goût ni désir; là où la volonté de marcher eût pu se traduire en fait, il n'y avait ni savoir ni pouvoir.

Dans ces conditions exceptionnelles, les courses de Bordeaux ne devaient avoir qu'une chétive existence; elles sont longtemps restées sans retentissement; elles ont longtemps vécu à l'état latent, qu'on nous permette l'expression.

Au point de vue budgétaire, elles ont passé par des phases diverses. En 1825, l'allocation primitive fut ramenée à 6,800 fr. En 1828, madame la Dauphine ajouta à ce faible encouragement un prix annuel de 2,000 fr.; mais 1830 emporta tout à la fois et la bonne intention et le fonds. M. le duc d'Orléans combla le vide en 1831. A sa mort, l'affectation princière pouvait disparaître. M. le comte de Paris intervint, il n'y eut pas de lacune. Pressé de toutes parts, le conseil général avait fini par voter la somme ronde de

1,800 fr.; mais, en 1842, il eut comme un remords. Il supprima, sans sourciller, cette dépense folle impatiemment supportée pendant les huit plus belles années de sa vie. Le conseil municipal n'a jamais eu, sous ce rapport, aucun reproche à se faire; on ne l'a point encore accusé de *sportomanie*, du moins que nous sachions.

Les regrets du conseil général ont porté bonheur aux courses de Bordeaux. Dès l'année suivante, une société d'encouragement, un vrai jockey-club fonctionnait et apportait dans la rédaction du programme la puissance de ses cotisations et le feu de la nouveauté. Les ressources s'accrurent. Les prix furent plus nombreux et plus considérables. La somme à disputer s'éleva promptement au chiffre de 22,000 fr.; mais, en 1848, elle retomba tout à coup à 17,500 fr. Espérons encore que cet échec n'aura été que passager.

L'élan était donné. Après un long sommeil, Bordeaux s'était enfin décidée. Quelques amateurs avaient donné l'exemple, et cet exemple devait être suivi. La Gironde avait enfin compris qu'on ne peut réussir en courses qu'à la condition de produire et d'élever de bons chevaux de pur sang; que l'utilité des courses était tout entière dans la nécessité de ne pas laisser déchoir les qualités inhérentes à la race; que la dégénération est prompte, inévitable surtout, lorsque des soins spéciaux, bien entendus n'en combattent pas incessamment les effets, lorsque des épreuves certaines ne viennent pas éclairer le jugement du connaisseur sur le mérite vrai, sur la valeur positive du petit nombre de reproducteurs dignes de concourir à la conservation même des qualités et de la pureté de la famille. Les éleveurs bordelais étaient donc entrés dans la bonne voie; leurs efforts ajoutaient à la somme des sacrifices que s'impose l'industrie privée au bénéfice de tous, en vue de progrès partout désirables et à l'issue desquels, il faut bien le reconnaître, on trouve la satisfaction d'un immense intérêt, l'accroissement de la richesse publique, des garanties d'indépendance nationale. Croyons à la continuation d'un concours désormais nécessaire; passé oblige. Les sacrifices déjà faits imposent, ils donnent à penser qu'on en retirera quelques avantages; cet espoir est un stimulant de bon augure. La France n'a pas trop de ses enfants; l'industrie chevaline n'a pas trop des ressources qu'elle était parvenue à réunir; elle ne s'arrêtera point en route, puisqu'elle est assurée de toutes les sympathies de l'administration, puisqu'elle trouve, dans les dernières dispositions concertées à son intention, des preuves non équivoques d'une sollicitude toujours éveillée, d'un désir constant de tenir entre chaque province la balance égale, la volonté bien arrêtée d'une protection éclairée pour tous.

Ces réflexions sont particulièrement à leur place ici. Bordeaux, en effet, a longtemps réclamé contre deux mesures réglementaires qui ont pesé sur le Midi tout entier, nui au développement de l'élevage du cheval de pur sang dans cette importante division de la France, jeté le découragement parmi les éleveurs et entravé la marche progressive de l'amélioration. Nous voulons parler — 1° de la non-admission aux courses des poulains et pouliches de trois ans dans la division du Midi, tandis que des prix spéciaux étaient accordés aux animaux de même âge dans la division du Nord, — et 2° de la latitude donnée plus tard aux chevaux du Nord d'aller courir tous les prix que le règlement avait primitivement réservés à la production et à l'élève des chevaux du Midi.

Les réclamations, quant à l'âge, des éleveurs de cette dernière division ont été l'occasion d'une lutte assez vive et assez prolongée, puisqu'elle a duré plusieurs années. L'un des tenants les plus fermes a été M. David Brown, fondateur d'un haras particulier, qui n'a pas répondu à toutes les espérances qu'on aurait pu s'en promettre; il a soutenu le débat avec beaucoup de chaleur et définitivement avec succès, car l'administration a dû se rendre.

La constatation de ce fait a bien son importance; elle

prouve toute la résistance que les haras ont opposée aux exigences des éleveurs du Midi, moins favorisés par le règlement que leurs compétiteurs du Nord. En supposant qu'elle ait eu tort de céder, il ne faut pourtant pas accuser l'administration d'avoir ouvert une fausse voie à l'élève; ce serait tout au plus l'industrie qui aurait forcé la position.

Mais voyons sur quoi cette dernière appuyait ses réclamations.

C'est de la correspondance officielle que nous tirerons les arguments invoqués alors en faveur de l'admission des chevaux du Midi aux courses à l'âge de trois ans.

Les propriétaires de cette partie de la France, commence-t-on par dire, n'ont pas participé, jusqu'à présent (1831), dans une proportion satisfaisante, aux encouragements offerts par l'État aux éleveurs de chevaux. Il faut rapporter à cette cause le peu de progrès obtenus, le peu d'extension donnée aux sacrifices qu'imposent la production et l'élève du cheval de pur sang. Il est à désirer, néanmoins, qu'on stimule le zèle de tous, et qu'en donnant une activité plus grande à cette branche de l'industrie on en vienne à faire profiter le pays tout entier des efforts produits en vue du perfectionnement de l'espèce.

Il est impossible, disait-on, que le gouvernement ne voie pas ces efforts avec intérêt, avec le désir bien arrêté de les seconder par les trois moyens que voici :

— L'envoi d'étalons de pur sang anglais de bon choix dans le Midi;

— La concession de primes nombreuses aux juments de même espèce;

— La facilité de faire courir les produits à trois ans, c'est-à-dire la fondation de prix spéciaux pour cet âge.

Les éleveurs du Nord jouissent de cette permission, mais ils en ont le privilége; nous ne demandons qu'une égalité de droits et de faveurs; l'équité le veut ainsi.

A ceux qui, plus soigneux de nos intérêts que nous-mêmes,

craindraient pour nos produits des fatigues excessives, une ruine prématurée, nous répondrions simplement par des faits. Tous les raisonnements du monde échouent nécessairement contre l'expérience et la preuve brutale, mais décisive des faits. Eh bien ! nous pouvons montrer à qui veut les voir nos poulains de deux ans ; ils sont tout aussi formés, tout aussi développés et forts qu'aucun produit de même âge, né dans la division du Nord. Une nourriture riche et des soins convenables donnent partout des résultats analogues, opèrent partout ce miracle toujours facile à renouveler.

C'est une grave erreur contre la science et contre la pratique que de croire qu'une course faite à trois ans peut nuire au poulain de pur sang. Un tour d'hippodrome, sous le poids réglementaire, n'excède point ses forces quand il est de bonne souche et qu'il est né de bonne heure, lorsqu'il a été bien nourri et convenablement soigné, lorsqu'il a toujours été bien venant. Il y a trop de dépenses et d'attente pour l'éleveur auquel on ne donne pas le moyen d'essayer ses produits à trois ans ; il est d'ailleurs le premier intéressé à ménager l'avenir et à prendre toutes les mesures pour ne pas étouffer les bons germes que l'art lui apprend à développer, à utiliser. Enfin l'expérience est là, parlant avec l'autorité que donne une suite non interrompue d'observations séculaires, et disant, preuves en mains : les chevaux de pur sang anglais dont la carrière de course commence à trois ans, quelquefois même un an plus tôt, parviennent presque tous à l'âge de vingt-cinq ou trente ans, bien que les services ne les épargnent guère dès que les luttes sur l'hippodrome leur sont interdites.

C'est astreindre l'éleveur à des frais intolérables, sans nécessité comme sans utilité, que de le forcer à garder un an de plus ses chevaux dans l'oisiveté. En lui faisant une loi de mûrir de bonne heure ses produits, on le met dans une voie de progrès décisive pour leur avenir, on l'engage à supporter des frais notoirement plus utiles au perfectionnement de l'espèce qu'à lui-même.

Telle est, en raccourci, l'argumentation à laquelle les haras ont dû céder. Dans la lutte établie entre l'administration et les éleveurs, il faut l'avouer, les bonnes raisons n'étaient ni avec elle ni pour elle. L'administration n'a perdu qu'une mauvaise cause, celle de la routine. Mais l'ignorance est tenace, elle persiste. Ainsi font ceux qui jugent à la légère, ceux qui, au lieu d'examiner à fond les questions de science et de fait, prennent un préjugé pour une vérité; ils tombent bénévolement dans l'erreur, et nuisent essentiellement au progrès. Les haras se sont rendus à l'évidence. Que de gens encore les blâment pour n'avoir pas nié la lumière!

L'époque des courses de Bordeaux n'a pas toujours été la même. D'abord fixée au mois de juillet, elle a ensuite été double, et les deux réunions ne se trouvaient séparées que par l'intervalle d'un mois. Les courses alors avaient lieu en juillet et août. Cette disposition était vicieuse; elle forçait à un long séjour, ou bien elle obligeait certains chevaux à deux déplacements pour un. Du reste, cette condition avait été imposée avec connaissance de cause. Les autorités locales tenaient à nous ne savons plus trop quel anniversaire; elles avaient donc subordonné leur décision à une question d'almanach. Les affaires de chevaux ont quelquefois été conduites avec cette haute intelligence de la chose. En 1834, il n'y avait plus qu'une seule époque de courses à Bordeaux. Les jours alors ont été mieux calculés et mieux espacés. Autrefois les prix étaient courus pendant trois jours de suite; plus tard, il n'y eut plus qu'un jour de courses par semaine; il semblait vraiment que tout ici dût aller au rebours du sens commun. A qui donc se trouvait abandonné le soin de cette petite organisation quand les choses se passaient ainsi? Mais pourquoi ces reproches? Passons l'éponge sur toutes ces misères. A l'époque, elles ne nuisaient guère, puisqu'elles ont pu se renouveler.

En 1842, les courses de Bordeaux devinrent des courses de printemps. C'est par elles aujourd'hui que la saison ouvre en France; elles se tiennent en avril et mai. Nous n'avons jamais pu nous rendre compte du pourquoi. Dans la plus grande partie de la division du Midi, l'hiver et le printemps sont pluvieux; le sol, par conséquent, est détrempé, profond. La plupart des hippodromes sont impraticables alors; l'entraînement n'est pas facile sur les grandes routes; il n'existe guère de terrain convenable pour les exercices sérieux. D'où vient donc qu'on a fait des courses de printemps à Bordeaux? Que d'autres répondent; nous sommes incompétent.

Avant que le règlement des haras ne détruisît les arrondissements et les divisions des courses, les éleveurs des Pyrénées et de l'Auvergne, ceux du Limousin surtout fréquentaient avec de belles chances l'hippodrome de Bordeaux. Les trois provinces rivalisaient de zèle et d'efforts, la lutte était vive et toujours animée par l'esprit de rivalité qui a de tout temps existé entre les habitants de ces contrées; mais bien plus particulièrement encore entre les Limousins et les Auvergnats. L'arrêté libre échangiste du 7 avril 1840 a porté une profonde atteinte au développement des sacrifices qu'avaient déjà faits les éleveurs du Midi pour se mettre au niveau de ceux du Nord. Une mesure prématurée, en les frappant tout à la fois dans leurs intérêts et dans leur amour-propre, a singulièrement retardé le progrès. Les dispositions du règlement du 26 avril 1849 ont déjà relevé le courage, restitué un intérêt affaibli et ranimé un zèle éteint : leur application réparera promptement les torts de l'ancien arrêté; la division du Midi prouvera bientôt qu'elle était digne de la juste protection dont elle vient d'être l'objet.

En 1836, l'hippodrome de Gradignan a été abandonné. Le champ de courses fut alors tracé au Bouscat. Le premier n'avait pas une grande réputation ; le second ne paraît pas avoir excité une grande admiration. On lui reproche d'être assis sur un mauvais terrain. Lourd et profond par la pluie, il devient dur et raboteux par la sécheresse ; il offre des rampes un peu roides et des tournants qui laissent à désirer. Quels avantages lui restent ? — Mais l'autre n'était pas meilleur; il avait, de plus, l'inconvénient d'être à 12 kilomètres de la ville. Celui-ci n'en est éloigné que de 4,000 mètres. Ses abords sont faciles ; sa position est meilleure et plus à la portée des petits centres de population, qui peuvent former la sienne aux jours de fête. Il nous paraît assez facile d'améliorer la piste de cet hippodrome. Il faut y protéger la pousse d'un gazon fin, en reliant la couche de grosse grève qui est à la surface et qui recouvre une terre d'alluvion très-meuble. Des transports de sable provenant de curures de route rempliraient admirablement cet objet. Des fonds de fenils, le passage du rouleau, le piétinement du mouton compléteraient le travail : en le divisant, il serait peu onéreux ; quelques années suffiraient à la tâche.

En la condition actuelle du terrain, une grande vitesse est impossible ici. Le cheval qui court au Bouscat perd une bonne partie de ses avantages, et ne donne que fort incomplétement la mesure de ses moyens. C'est un grave inconvénient.

La route de Bordeaux à l'hippodrome présente, de distance en distance, de charmantes maisonnettes dont la construction est postérieure à l'établissement des courses sur la commune du Bouscat. Coquettement élevées au centre de beaux bouquets d'arbres, elles regardent et provoquent la foule qui se rend aux courses ou qui en revient. Ce sont, ou des cabarets avec leurs séductions ordinaires et de circonstance, ou des habitations d'entraîneurs avec leurs boxes spacieuses et commodes. On trouve d'autres écuries de courses dans le village de Vigean, un peu au delà de l'hippodrome : celles-ci sont au premier occupant, elles appellent les étrangers ; les autres sont des propriétés particulières.

Les courses ont fait beaucoup de progrès en France. On doit comprendre partout maintenant la nécessité d'améliorer tous les hippodromes qui ne réunissent pas à de bonnes conditions de sol toutes les dispositions heureuses de la forme. Cette tâche incombe nécessairement aux localités, et jusqu'ici les autorités locales n'ont guère fait défaut aux hommes compétents. Qu'il s'en trouve donc un, un seul qui s'attache à ce point essentiel, et que l'hippodrome de Bordeaux s'améliore à son tour, et devienne bon, ainsi que d'autres le sont devenus à la longue. Les difficultés sont faciles à surmonter pour qui n'a pas à compter avec le temps.

La Gironde ne connaît que les courses plates au galop. Une seule fois, en 1846, on lui a donné le spectacle d'une course de haies. C'est un moyen d'attirer et d'intéresser la foule. A ce titre, les courses avec obstacles devraient être multipliées à Bordeaux, qui a besoin d'être un peu remuée. La ville devrait en supporter les frais. On aura marché quand on aura obtenu un vote favorable du conseil municipal, qui s'est tenu à l'écart jusqu'ici. L'argent est le nerf de toutes choses; deux prix avec sauts de barrières, dont les conditions seraient judicieusement établies, pourraient amener le concours de chevaux étrangers parfaitement dressés et d'une recherche agréable pour les amateurs.

Bordeaux est du nombre de ces villes où la consommation veut être incessamment alimentée. Pourquoi ne pas appeler aux courses des marchands auxquels on donnerait l'occasion de faire valoir leurs remontes dans des courses d'essai dont les résultats conduiraient à la vente, à bons prix, des animaux qui auraient montré du mérite et de la docilité? Il va sans dire que, pour tous les chevaux admis, on aurait préalablement administré la preuve authentique qu'ils sont nés en France. Comprend-on l'influence salutaire qu'exercerait sur l'industrie indigène l'organisation de pareilles courses, dans des centres de consommation tels que Lyon, Toulouse, Bordeaux, et au beau milieu de contrées de production et d'élève, comme la Normandie, la Bretagne, le Poitou, le Limousin, l'Auvergne, les Pyrénées? Qu'on essaye seulement sur les quelques points les plus importants. Une fois reçue, l'idée fera son chemin. Il ne lui faut qu'un patronage sérieux pour le grandir et l'élever à la hauteur d'un fait considérable.

S'occuper exclusivement de la production ainsi qu'on l'avait fait jusque dans ces derniers temps, c'était ne voir qu'un côté de la question, et l'on se frappait d'impuissance en ne prêtant aucune attention au revers de cette médaille, à la question des débouchés. L'amélioration des races donne un levier, mais à ce levier il faut un point d'appui; or il n'y en a pas d'autre que la certitude de la vente des produits. Ce fait nous préoccupe sans cesse; il domine à nos yeux toute la question dont il est le point culminant et la raison suprême. Nos tendances et nos actes éveilleront bien un peu la sollicitude des hommes dont les efforts et le patriotisme servent la cause à laquelle nous-même avons attaché toutes nos forces, toute notre intelligence et notre entier dévouement. Espérons que la voie sera bientôt ouverte et parcourue avec succès.

Courses de Limoges. — Nous voici en Limousin, dans la patrie du cheval de sang. Le nom seul de la contrée réveille tout un monde de souvenirs. La race limousine a été l'une des gloires hippiques de la France, elle vit encore dans la pensée du pays; mais, disons-le bien vite et sans ombrage, avec des vertus que les anciens ne lui ont pas connues. De nos jours, en effet, ceux-là surtout se la rappellent qui n'ont jamais touché un cheval ni du doigt ni de l'œil; ceux-là surtout qui n'ont jamais étudié le cheval sur le terrain de la pratique voient celui du Limousin autre qu'il n'a été, différent de lui-même et tout à fait méconnaissable pour les hippologues sérieux. Ces derniers le connaissent de plus loin et le connaissent mieux.

Nous ne voudrions pas être lapidé. Pour échapper aux colères de nos savants, nous nous abriterons, avant de passer outre, derrière une citation empruntée au rapport fait par Echassériaux jeune au conseil des Cinq-Cents, le 25 août 1798.

« Aucune partie de la France, dit ce précieux document, ne peut présenter des avantages comparables à ceux dont la nature a favorisé les ci-devant provinces du Limousin, de l'Auvergne et du Périgord, pour l'élève des chevaux de selle ; cependant ce sol si intéressant, *qui s'en trouve dénué aujourd'hui*, donnait naissance *autrefois* à des espèces de la plus grande distinction par leur vigueur, leur légèreté et leur durée. Ces chevaux, infiniment recherchés de toutes parts, *remplissaient parfaitement les objets de service et d'agrément auxquels le consommateur les destinait*, soit à la guerre, soit à la chasse ou au manége. Par quelle fatalité est-il donc arrivé que cette race si renommée *est tombée dans la plus grande dégénération?* C'est que des anciens administrateurs n'avaient pris aucune précaution pour maintenir ces belles espèces par des encouragements, et qu'il n'y avait que des chevaux étrangers de la plus grande médiocrité. Cependant les haras du Limousin, *très-détériorés avant* 1780, commencèrent à être améliorés lorsque le grand écuyer, à qui ils furent confiés, y envoya un directeur pour les réparer. Ce dernier peupla l'établissement de Pompadour, qu'il venait de créer, de chevaux bien choisis en Espagne, en *Angleterre*, et de quelques-uns venus d'Arabie; *il y joignit un bon nombre de juments anglaises, d'où il résulta des productions de mérite.* C'est pourquoi les haras de ces départements commençaient à donner une certaine multiplication de chevaux précieux, lorsque le décret du 12 novembre 1790 ordonna la vente de tous les étalons nationaux, et qu'ensuite les réquisitions nécessaires à l'armée, mais mal ordonnées, enlevèrent indistinctement les chevaux entiers et le plus grand nombre des poulinières. »

Tout homme de bonne foi qui aura lu ce passage sera au moins convaincu de ceci :

— La race limousine était déjà très-détériorée avant 1780, il y a de cela quelque soixante-dix ans aujourd'hui ;

— Lorsqu'on s'est occupé de la régénérer, c'est au bon cheval et à la bonne jument, d'où qu'ils vinssent, mais notamment à la race anglaise, que l'on s'est adressé ;

— Le cheval limousin était en voie de progrès quand la révolution le mit au régime des réquisitions forcées.

Ce moyen de destruction a été couronné d'un plein succès.

Pour le moment, nous ne voulons pas nous arrêter davantage sur ces faits ; l'appréciation complète en viendra plus tard.

Il s'agit ici de sport ; voyons ce qu'il a été au cœur du Limousin.

Les courses de Limoges datent de l'arrêté du 27 mars 1820 ; elles faisaient partie du deuxième arrondissement, lequel avait quatre chefs-lieux. Celui qui nous occupe, seul, était de premier ordre ; cinq prix d'une valeur de 10,000 fr. ont formé sa dotation, réduite à 6,800 fr. dès la sixième année de la fondation. Ce chiffre s'est néanmoins relevé à partir de 1827 ; il a flotté depuis entre les extrêmes 8,000 et 10,600 fr., le plus haut terme qu'il ait jamais atteint. En vingt-neuf ans, de 1820 à 1848 inclusivement, la moyenne annuelle des fonds disputés en courses sur l'hippodrome de Limoges s'arrête à la somme insuffisante de 8,400 fr. Dans ces derniers temps, l'allocation avait monté à 10,500 fr. ; mais ici, comme ailleurs, 1848 a fait fléchir les ressources ordinaires de ce petit budget. Cependant un nouvel effort s'est produit ; une nouvelle société s'est formée avec la pensée de doter plus richement les deux hippodromes du Limousin. L'institution ne peut que gagner à ce nouveau contact.

On s'étonne à bon droit que, dans un pays où le cheval est si fort en honneur, où tant d'hommes naissent avec la passion de cet utile animal, les éleveurs soient restés si longtemps isolés, n'aient pas depuis longtemps associé leurs vues en de communs efforts, pour donner plus de force et de vitalité aux courses de la province. A cet isolement nous avons reconnu une cause; nous nous hasardons à la dire, puisque l'établissement d'une récente société de courses tend à prouver qu'elle s'est affaiblie, puisqu'une observation, vraie encore il y a quelque temps, n'est plus entière aujourd'hui.

En Auvergne, nous avons vu l'amour du cheval poussé jusqu'au fanatisme et élevé à la hauteur d'une question de nationalité; seulement la nation est toute concentrée ici sur le territoire de la province, elle ne dépasse pas ses frontières. Le bon cheval, c'est le cheval d'Auvergne, peu importe qui l'a fait naître, à qui il appartient; ses hauts faits sont du domaine de tous; ils ajoutent à l'illustration de la race, et chacun en est fier, mais chacun en est fier pour tous.

En Limousin, on se soucie peu de la province et de la race; on produit et l'on élève en vue du gain, on fait courir par spéculation; dans chaque amateur on voit un concurrent, et au fond de tout cela il y a bien un peu d'hostilité, d'inimitié même. On court pour rentrer dans ses avances et pour faire quelque argent; si la victoire a coûté des efforts, elle donne au vainqueur la double satisfaction d'un prix gagné et d'un adversaire humilié.

L'Auvergnat qui perd est heureux du triomphe d'un cheval d'Auvergne; le Limousin qui ne gagne pas souffre de la victoire remportée par un autre, quel que soit ce dernier.

Le trait saillant dans le caractère du Limousin, c'est l'individualisme le plus prononcé. Lorsqu'un prix lui échappe, le Limousin est toujours blessé dans son amour-propre et dans ses intérêts. Qu'il coure ou qu'il ne coure pas, c'est même chose. Pour lui, l'alpha et l'oméga de l'institution, c'est le prix gagné, c'est l'argent qu'on empoche.

Avec de telles dispositions d'esprit, l'amateur du Limousin a été droit et vite au but; il ne s'est pas attardé, comme l'Auvergnat, dans les embarras d'une production bientôt inutile. Il a vu où était la puissance; pour l'atteindre, il s'est mis promptement en marche; en adoptant le cheval du jour, il a su appliquer à sa culture les méthodes perfectionnées qui ont fait des races chevalines de l'Angleterre la population la plus forte et la plus riche d'Europe.

On n'a pas longtemps couru à Limoges avec le cheval indigène; on y a tout de suite importé le cheval de pur sang anglais, et la nouvelle famille s'y est naturalisée avec beaucoup de succès, grâce à des sacrifices bien entendus et à des soins intelligents.

On n'a jamais vu sur l'hippodrome de Limoges des troupeaux de coursiers, mais on y a toujours admiré des produits de grand mérite et de haute valeur. Sous ce rapport, les courses du Limousin ont offert un cachet tout partculier; elles n'ont eu ni le nombre comme à Tarbes, ni la faveur populaire comme à Aurillac; mais elles ont montré le côté utile, important, sérieux de l'institution. A Tarbes, les courses sont un besoin; à Aurillac, elles deviennent un sujet d'allégresse ou d'un grand mécompte; à Limoges, elles sont un fait grave, qui intéresse l'amélioration en général, parce qu'il enrichit toujours la population chevaline de quelques individualités brillantes, dont le contact mène sûrement au perfectionnement des espèces secondaires. Dans les Pyrénées, on croit tous les chevaux en état de courir, et l'on s'en passe volontiers la fantaisie; en Auvergne, on court avec des brides, et l'on est toujours prêt à vendre la peau de l'ours avant qu'on ne l'ait mis par terre. On oublie trop ceci : — supériorité vantée, supériorité manquée. En Limousin, on a moins de présomption, mais on se prépare sérieusement à la lutte. Le Tarbéen est plein de confiance dans son produit, parce qu'il l'a entouré de toute la sollicitude dont il est capable ; l'Auvergnat compte sur son cheval par cela seul qu'il est né et qu'il a vécu en Auvergne; le Limousin sait ce que vaut son élève, mais il est toujours en défiance contre les forces du voisin ; on lui rend pleine et entière justice en disant qu'il craint plus qu'il n'aime ses rivaux. Ajoutons un seul trait à cette esquisse de physiologie comparée. L'amateur du Cantal vit de sa propre exaltation, qui déborde à tout propos et hors de propos; malheur à qui ne la comprend pas, à qui ne la partage pas avec lui. Son enthousiasme est toujours au niveau de ses plus hautes montagnes, à 1,856 mètres au-dessus du niveau de la mer; il n'a jamais pu traduire en fait cette recommandation qui n'est pas de son cru : *Res, non verba.*

Nous ne prétendons pas que l'éleveur limousin manque de chaleur, qu'il soit sobre de paroles et froid dans le discours, ce serait une calomnie, et nous en sommes incapable; mais s'il parle haut et vite, s'il gesticule et s'anime, si parfois il s'agite, au moins il marche, il avance et ne tourne pas incessamment sur lui-même comme un toton; il a une autre activité que celle de la toupie.

La moyenne des chevaux qui ont couru sur l'hippodrome de Limoges, — de 1820 à 1848, — ne dépasse pas le nombre trente; elle a été de près de soixante-quinze pendant la même période à Tarbes. Mais, si l'on consulte les faits pour en connaître la signification réelle, la sorte des animaux engagés est précisément, quant au mérite, dans le rapport inverse, accrue en même proportion, en ce qui touche l'utilité de la race et la somme des services rendus.

On n'a point songé, en Limousin, à mettre en parallèle le cheval arabe et le cheval anglais. Malgré tous les mérites du premier, on sait que les produits en ont été abandonnés par le consommateur du jour où de nouvelles exigences ont porté la faveur du côté du second. Les causes de décadence de la race ne sont ignorées de personne, on les voit dans les progrès immenses qu'ont faits les voies carrossables en France, et dans la recherche plus active qui s'en est suivie du cheval propre à l'attelage. — La statistique, si elle accusait des chiffres qu'elle n'a probablement pas conservés, apprendrait, à bien des gens qui ne veulent pas s'en rendre compte, que le sellier confectionne et vend aujourd'hui bien plus de harnais qu'il ne confectionnait et ne vendait autrefois d'équipages de cavalier.

Dans ce fait est toute l'histoire de la grandeur et de la décadence des races légères; dans ce fait se trouve aussi l'intelligence des besoins actuels, des exigences que la production et l'élève doivent s'efforcer de remplir sous peine d'opérer dans le vide et d'éterniser de vains regrets. Sous ce rapport, le Limousin est plus avancé qu'aucune autre partie de la division du Midi; il a depuis longtemps accepté le cheval anglais comme un élément de progrès; les prix de vente lui ont donné gain de cause. Mais l'examen de ce point de fait ne serait pas à sa place ici.

Les courses de Limoges sont des courses de printemps. Nos observations précédentes s'appliquent admirablement à l'hippodrome de Tessoniéras. L'époque choisie est celle des foires importantes de la Saint-Loup. Ce nom leur porte malheur. *Un temps de la Saint-Loup* est une phrase proverbiale parmi les Limousins pour exprimer un mélange de vent froid et de pluie fine et pénétrante, ou de bourrasques violentes et souvent renouvelées. Le terrain alors devient affreux et presque impraticable; pendant la course, les jockeys revêtent une croûte humide qui les rend méconnaissables, et chargent les chevaux d'un poids extra-réglementaire. Malgré cela, les vitesses constatées sont encore fort raisonnables.

En Limousin, on sait tout ce que vaut une bonne éducation. L'entraînement y est depuis longtemps admis comme une nécessité, comme un moyen sûr de développer des qualités qui, en dehors de lui, sommeilleraient dans l'organisme, faute d'aliment. Mais c'est l'éleveur lui-même qui préside à la préparation de ses produits; l'entraîneur et le jockey anglais sont fort dépaysés ici; le maître est bien le maître chez lui. C'est un fils de métayer qui endosse la casaque et chausse la botte à revers. Les affaires de l'écurie sont menées avec un peu moins de faste; mais la raison sociale n'en est que mieux établie. Le jockey limousin ne manque pas d'une certaine entente de la course. S'il est mauvais à l'entraînement dont les saines pratiques entreront difficilement dans son intelligence, il comprend assez la lutte et montre suffisamment d'intérêt et d'ambition. L'avantage que le nouveau règlement fait au jockey français courant contre des jockeys anglais stimulera sans doute encore ses désirs, et lui apprendra l'utilité de ne faire porter au cheval que le poids rigoureusement exigé. Cette attention n'a pas, jusqu'ici, passé dans les habitudes du jockey français. Patience, nous sommes en route, et nous marchons de manière à ne pas rester à mi-côte.

Les courses de Limoges sont heureusement situées. La protection accordée au Midi par le dernier arrêté doit particulièrement relever le courage des propriétaires du Limousin. Ceux-ci ont de grandes richesses. Assez heureux pour avoir pu se procurer des poulinières du meilleur sang, ils ont aussi à leur portée des étalons de choix et d'un mérite éprouvé. Au goût et aux connaissances premières ils joignent une expérience peu commune; ils ont tous les éléments de succès, ils doivent réussir. A eux de donner un haut enseignement aux éleveurs de la division, à eux de ressaisir un sceptre qui leur avait échappé, de donner surtout raison aux haras accusés de partialité par le Nord, non parce que la part qui leur a été faite est trop large, mais parce que leurs efforts et leurs sacrifices ne seraient point au niveau des libéralités consenties.

Limoges n'est pas aujourd'hui, quant à l'importance de sa dotation, convenablement pourvue. Ceci est une affaire de temps. L'époque de ses courses est mal choisie, mais un travail d'ensemble viendra sans doute bientôt mettre plus de raison dans l'ouverture et la succession des courses établies dans la division du Midi. Enfin l'hippodrome de Tesoniéras, déjà fort amélioré, exige encore d'importants travaux.

Un mot à ce sujet.

Ici il n'y a pas de la faute du département, à la charge duquel est tombé l'établissement du champ de courses, dans la Haute-Vienne comme ailleurs lorsqu'il s'agit de courses fondées au moyen des subventions de l'État. En effet, le département s'est exécuté à diverses reprises en achetant des terrains, en payant des travaux considérables, en construisant un chemin commode qui permît d'aborder facilement, par tous les temps; mais il avait remis originairement l'emploi de ses allocations à une intelligence si bornée, qu'il a fallu opérer à la façon de madame Pénélope et détruire par trois fois ce que l'on avait fait à grands frais. On avait primitivement donné à cet hippodrome, établi sur une lande immense, de faible valeur assurément il y a trente ans, on avait donné une forme si extraordinaire, qu'on pourrait défier tous les architectes du monde de la retrouver, si on les mettait à la recherche facile de cette proposition : sur un terrain convenable d'ailleurs, déterminer la forme d'hippodrome la plus défectueuse possible. Heureusement, aujourd'hui, le tracé est bon. C'est une ellipse un peu irrégulière, mais d'un parcours aisé. La surface n'est pas plane dans toute sa longueur; mais, si les chevaux montent en partant et pour arriver, la ligne opposée offre, par compensation, une descente douce et prolongée. Quoi qu'il en soit, cette disposition du terrain nuit essentiellement à la vitesse. Il ne faudrait pas par trop s'en plaindre, si le sol, élastique et gazonné, favorisait, d'autre part, la marche des coursiers. Loin de là, il est boueux, profond, difficile par la pluie, ou bien dur et rude par la sécheresse. Maintenant que la route est achevée et qu'il n'y a plus de dépenses à faire pour améliorer la forme, il faut espérer que l'attention se portera sur la piste et qu'on s'efforcera de hâter son entier gazonnement. C'est à ce résultat qu'il faut tendre. À mérite égal, les chevaux du Limousin, courant à Tessoniéras, paraîtront toujours d'une infériorité notoire. C'est une faute que de nuire à leur réputation en n'égalisant pas des chances qui ne tiennent qu'au mauvais état du sol.

La nouvelle société limousine s'occupera certainement de cette question. À ce titre, nous regardons celle-ci comme résolue, sauf le bénéfice du temps nécessaire pour arriver à complet achèvement.

La ville et le département se sont toujours montrés sympathiques aux efforts des éleveurs. Quelque faibles qu'aient été leurs secours, il faut leur en savoir gré et leur en demander l'utile et précieuse continuation.

Courses de Tulle. — Le décret du 31 août 1805 avait institué des courses dans la Corrèze. Elles ont été inaugurées en 1808 seulement, sur un plateau fort élevé et au niveau duquel les Anglais eux-mêmes n'auraient certainement pas été chercher des courses de chevaux. Mais l'empereur avait ordonné qu'on trouvât le moyen d'établir un hippodrome dans la Corrèze; Tulle s'empressa d'obéir afin d'avoir pour elle les honneurs de la création.

Les courses de Tulle ont cessé d'exister en 1825. A cette époque, on courait à Limoges depuis cinq ans. On réunit les deux chefs-lieux et l'on fit bien, mais nous ne saurions approuver la réduction qui pesa alors sur les efforts des éleveurs. De 1820 à 1824, les deux dotations de Tulle et de Limoges s'élevaient ensemble à 17,000 francs, divisés en quinze prix. En 1825, la somme des encouragements tomba à 6,800 francs.

L'hippodrome de Tulle n'a jamais eu de succès. Il faut dire à sa décharge qu'il a été ouvert à l'industrie au moment de la plus grande détresse, alors qu'elle avait été complétement dépouillée. Rien ne le prouve mieux que ce fait : en 1808, sur quatre prix dont le moindre était d'une valeur de 1,200 francs, et dont le plus riche offrait une bourse de 2,000 francs, il ne se présenta que huit concurrents pour deux prix de 1,200 francs, et, l'année suivante encore, six chevaux seulement disputaient pour la forme trois des prix insérés au programme.

C'était le bon temps, où l'on gagnait en fournissant une carrière de 4 kilomètres en 8' 30", la vitesse d'un trotteur de nos jours, avec cette différence qu'il la soutient en franchissant un espace sept fois plus long.

Les courses de Tulle allèrent ainsi jusqu'en 1815. Les trois années suivantes forment lacune. Elles reprennent en 1819 avec une dotation de 7,000 francs et un nombre de prix qui s'élève à huit. Durant ces six dernières années de leur existence, elles offrent un plus grand intérêt, la moyenne des chevaux qui y prennent part est de 25 par chaque année; mais ils n'y sont pas seulement plus nombreux, ils s'y montrent surtout d'un ordre supérieur, ce que constatent les tables de vitesse inscrites aux procès-verbaux officiellement dressés.

En 1820, les courses de Tulle avaient été classées parmi celles de second ordre. L'arrêté de 1825, nous l'avons dit, n'en fait plus mention.

Courses de Pompadour. — Des phases bien diverses ont marqué l'existence du bel établissement qui porte ce nom. Peut-être en dirons-nous quelque chose dans un autre chapitre; ces notes n'iront pas au delà des faits relatifs à l'institution des courses.

Au point où nous en sommes aujourd'hui, on aurait peine à comprendre qu'un haras de l'importance de ceux du Pin ou de Pompadour pût jamais être privé non-seulement d'un hippodrome, mais de sa saison de courses. Un terrain d'exercices, une carrière, des luttes sérieuses, n'est-ce point là le complément obligé, indispensable d'un vaste établissement de production et d'élève? On était moins avancé autrefois. Pompadour n'a des courses que depuis douze ans. Encore l'initiative de la fondation n'appartient-elle pas à l'administration ; on la doit au département, qui a donné les moyens d'asseoir un hippodrome au beau milieu des propriétés du haras. Tracée sur la surface accidentée d'une prairie, magnifiquement posée en face du château, la piste a nécessité des travaux considérables. Ce n'est dans toute son étendue que déblais et remblais, tranchées profondes, mouvements de terrain de toutes sortes; ici des lices, là des poteaux pour recevoir les cordes, plus loin des barrières, puis les tribunes destinées au public et au jury. Laissons dans l'oubli les fossés d'assainissement, les puisards, les aqueducs, les ponts et mille détails dont on ne se rend compte que dans la pratique. Tout s'est enfin établi, et les premières courses ont eu lieu dans l'été de 1837, à la fin du mois d'août. Cette époque n'a point été changée depuis. Elle est heureusement choisie. Pourtant elle coïncide avec celle des courses de Tarbes, mais il ne serait pas difficile de terminer ces dernières plus promptement ou de retarder les autres de quelques jours seulement, de façon à clore, dans la division, les courses de l'année par celles de Pompadour.

La place que nous leur assignons au calendrier fixe aussi le rang que les courses de Pompadour doivent occuper en fait. Il ne s'agit plus ici ni de courses d'essai ni d'un hippodrome de second ordre, mais du chef-lieu de la division tout entière. De grandes réunions, d'importants meetings devraient appeler sur ce point et confondre en de communes épreuves les chevaux de valeur de tout le midi de la France.

Espérons qu'il en sera ainsi un jour; qu'il nous sera donné, à nous, dans un avenir assez prochain, de porter un peu d'ordre et de méthode dans la confusion actuelle.

Sera-ce donc un travail d'Hercule que d'amener tout le monde à s'entendre, à accepter, à force de bonnes raisons, un plan général qui enveloppera la question sous toutes ses faces? Celui-là sera vraiment utile au producteur et à l'éleveur, au marchand qui spécule comme au consommateur dont les besoins doivent être remplis, qui saura élever l'institution au niveau des exigences d'une amélioration bien comprise, faire la part intelligente de chacun et de tous, spécialiser après avoir vu et touché de haut les faits dans leur ensemble. Alors le règlement devra être établi sur d'autres bases, nous ne disons pas d'après d'autres principes. Le service rendu consistera dans une application rationnelle substituée à des efforts confus, en partie perdus par divergence, malentente ou fausse direction.

L'hippodrome de Pompadour est, d'ailleurs, admirablement situé pour le but que nous lui assignons; sa position centrale et l'intérêt qui s'attache à l'œuvre importante poursuivie par le haras en font un chef-lieu à part, un point sur lequel il est bon que la curiosité publique et l'attention des hommes compétents puissent être fréquemment et utilement appelées.

En attendant que ce qui se fait aujourd'hui sur une petite échelle se fasse sur de larges proportions, disons ce qu'ont été les courses de Pompadour pendant ces douze premières années de leur existence.

Soixante-sept prix d'une valeur de 104,000 fr. environ ont été disputés par trois cent dix-huit chevaux. C'est une moyenne de plus de vingt-six chevaux par an, et un prix à peu près pour chaque groupe de cinq chevaux engagés. La valeur composée des prix attribue à chacun des soixante-sept vainqueurs une moyenne de 1,550 fr. à très-peu près.

Avec un programme aussi léger, avec une perspective aussi étroite, qu'auraient été les courses de Pompadour, sans l'importance, sans l'attrait irrésistible du haras? Elles n'auraient eu ni succès ni durée; elles ont une grande vitalité au contraire, et nous pouvons leur prédire un très-brillant avenir du jour où le Midi, judicieusement organisé, hiérarchisera ses hippodromes et spécialisera ses courses.

Pompadour a cela de particulier qu'on y envoie volontiers ses chevaux en traîne. Si le terrain, toujours ouvert aux exercices, est parfois profond, du moins n'y est-il jamais lourd; la nature du sol est légère. C'est un tuf qui se raffermit sans se durcir avec une promptitude égale à la facilité avec laquelle il se détrempe sous la pluie. Cette propriété du terrain est en quelque sorte une assurance contre les accidents ordinaires de l'hippodrome; les nerfs-férures y sont à peu près inconnues; les pieds s'y conservent intacts.

Indépendamment de cet avantage, les propriétaires peuvent toujours réclamer l'obligeante surveillance du directeur du haras. Ce fonctionnaire se fait un plaisir de jeter, en passant, l'œil du maître sur tous ces chevaux et sur tous ces jockeys, pour lesquels il n'a et ne peut avoir que sollicitude et bienveillance. Aucun amateur, aucun sportman n'est étranger à Pompadour; tous y sont assurés d'un cordial accueil : on fait vite connaissance, on se lie promptement, il semble qu'on s'appartienne les uns les autres quand on est réuni dans ce coin de la Corrèze, où toutes les pensées se concentrent nécessairement sur un seul fait et sur un seul intérêt.

Ces courses-là ne ressemblent à aucune autre; on y est tout à soi, c'est-à-dire tout à la chose. On y parle chevaux, courses, pur sang arabe, pur sang anglais, croisements, production, élevage, entraînement, et puis encore, et puis toujours, sans fin ni trêve, sans épuiser jamais le sujet.

C'est que là il prête encore, il prête toujours. Les faits sont nombreux, la pratique parle à tous les yeux et multiplie les observations. Où qu'on aille, de quelque côté qu'on se dirige, on est toujours en plein haras. Ici les étalons, et il en est de tous les âges, de générations diverses et d'origines bien différentes, le pur sang anglais et le pur sang arabe, — l'un arrivant d'Orient en droite ligne, l'autre d'outre-Manche, — montrent à l'œil embarrassé et surpris des qualités d'un ordre à part; un peu plus loin, des reproducteurs de l'une et l'autre race encore, mais nés en France et le plus souvent au haras même. En poursuivant, on s'enquiert, on a sous les yeux des produits mêlés, des anglo-arabes dont la famille augmente tous les ans, et l'on admire toujours; enfin quelques demi-sangs ou arabes ou anglais ne sont là que pour attester ce fait, que l'étalon de pur sang, bien élevé, est de tous points préférable. Il a plus de grâce et de distinction dans les formes, il a plus de force et d'ampleur dans toutes les parties du corps. Le demi-sang donne de magnifiques chevaux de service; mais son père ne lui cède en rien, et son mérite comme reproducteur en rehausse singulièrement le prix.

Qu'est-ce pourtant que ces richesses?... Allez aux jumenteries, visitez la Rivière et la Villate; arrêtez-vous aux succursales de Chignac et du Puy-Marmont; continuez vos études — ici sur les mères, — là sur les quatre générations de poulains qui se suivent et qui se poussent dans le progrès comme dans la vie. Dans ces établissements, la science impose ses principes; l'art, toujours difficile, combat les difficultés et tourne les obstacles; la tête commande, les bras exécutent. Aussi tout marche et prospère; l'ordre et la discipline vont de pair; chacun est à sa place et travaille avec zèle, avec intelligence; tous les efforts convergent vers un seul et même but, — le succès.

Dans toutes ces excursions le haras vous poursuit, ou plutôt vous ne le quittez pas. Ces prairies si fraîches et si vertes, ces terres si bien labourées, cette belle agriculture, ces instruments perfectionnés, ces haies et ces fossés soignés, ces petits massifs si coquettement posés et tournés, ces riches plates-bandes, ces allées fleuries, ces chemins unis et si bien entretenus, c'est toujours, c'est encore le haras. Partout l'utile et le beau se rencontrent ; point de luxe, mais du confortable ; point de recherches superflues, mais toutes les convenances, toutes les commodités désirables; au milieu de tout cela enfin, une immense propreté qui charme, une exquise politesse, une grande simplicité de manières, des facilités de tout voir, de tout demander et de tout dire..... Non, il n'y a rien de pareil nulle part.

Pompadour, nous a-t-on souvent répété, n'a qu'un inconvénient, — l'inconvénient d'être loin de Paris et de former le fond d'une impasse. — Eh! qu'importe, répondions-nous, qu'importe, si, fidèle à sa mission, il accomplit bien sa tâche, s'il dote la France de types véritablement précieux, qu'importe, après tout, qu'il remplisse le monde de sa renommée? La modestie sied aux plus méritants; ce que nous ambitionnons, nous, c'est qu'il soit réellement utile au pays, et qu'à l'occasion on puisse le dire hautement sans qu'une voix, une seule, ose jamais s'inscrire en faux contre la vérité.

Le plus bel éloge à faire de Pompadour est celui-ci : un amateur, un connaisseur n'y est jamais venu sans en emporter un bon souvenir et la pensée d'y revenir. Serait bien exigeant, pensons-nous, qui ne se contenterait pas d'un tel résultat.

Revenons à l'hippodrome. Sa dotation actuelle est de 8,000 fr.; elle avait débuté par une somme de 2,600 fr. Dans les premières années, le département votait quelques fonds. Ses besoins l'ont pressé de reprendre ses faveurs, de retirer son assistance aux courses de Pompadour. Il a donné ses soins et ses secours à l'amélioration des voies de communication. C'est une autre manière de servir les intérêts de l'industrie chevaline. Il n'y a pas si longtemps encore qu'on ne pouvait aborder Pompadour par aucun côté. Aujourd'hui plusieurs routes excellentes y conduisent ; d'autres en projet ou même déjà en voie de construction y aboutiront aussi, et formeront du haras un centre important, un carrefour aux rayons multiples.

L'établissement des courses, si populaire dans la Corrèze et dans les départements circonvoisins, n'a pas été étranger à ce résultat inespéré dans un délai si court.

Une société que nous ferons connaître en temps et lieu, et qui a pris pour nom celui du haras, offre annuellement un prix de 1,000 fr. aux courses de Pompadour ; les sept autres 1,000 francs viennent de l'administration des haras. De nouveaux encouragements ne tarderont sûrement pas à accroître l'intérêt d'argent qu'il faut attacher aussi à cet hippodrome.

Mais ce qu'on ne voit pas ailleurs, ce qui ne peut avoir lieu sur d'autres points, ce sont les essais publics, les épreuves sérieuses auxquels sont soumis les produits du haras ; ce sont les courses avec obstacles dans lesquelles on n'engage que des étalons à peine rentrés des sections. Celles-ci et celles-là ont le privilége d'intéresser au plus haut degré la foule toujours avide de ce spectacle, cette multitude d'hommes, de femmes et d'enfants accourus de toutes parts et d'on ne sait où encore. Nulle récompense n'attend les vainqueurs : ils courent pour l'honneur du haras qui est aussi l'honneur du pays. Cela suffit et répond à la pensée de tous, car les courses d'essai, exclusivement composées des élèves de l'établissement, sont toujours accueillies avec une immense faveur, toujours applaudies avec le même enthousiasme.

Ce qu'on ne voit point davantage ailleurs, c'est le spectacle qui suit les courses et qui vide l'hippodrome au profit du haras dont les immenses cours sont envahies et pleines en un instant. Alors commencent la sortie et la présentation des étalons les plus précieux. Ils viennent tous la tête haute et fière, brillants et souples, pleins de feu, rongeant le frein, hennissant, frappant du pied le sol, impatients d'air et d'espace, mais gracieux et dociles, mais soumis à la volonté qui dirige. On admire, on s'exclame, on n'a point assez d'yeux pour voir ; l'enthousiasme déborde lorsqu'on donne la liberté aux plus fougueux ; ceux-ci jouent, courent, bondissent, s'ébattent, explorent tous les points du petit espace qui leur appartient, puis recommencent, tournent et retournent, font mille grâces et mille gentillesses ; après quoi, embarrassés d'eux-mêmes, ils sont trop heureux qu'on veuille bien leur permettre de rentrer chez eux.

Enfin ce qu'on rencontre peu ailleurs, c'est l'animation et le travail de tous les jours. Deux mois avant l'époque des courses, Pompadour est complétement transformé ; on ne se croirait guère alors en Limousin, au milieu des terres, sur un point retiré de la Corrèze, créé après le monde, a dit une femme d'esprit, avec un petit morceau de quelque chose dont Dieu ne savait que faire..... On se croirait bien plutôt en Angleterre, en plein New-Market. Le mot n'est pas de nous, mais d'un jockey anglais surpris, à son arrivée, du beau spectacle que les derniers exercices de l'entraînement mettaient sous ses yeux.

En effet, à quatre heures du matin la vie commence. Hommes et chevaux se réveillent ; ceux-ci hennissant et réclamant la première avoine, ceux-là silencieux et soucieux. Pour ces derniers il s'agit de deviner les événements de la nuit, d'apprendre si tout va bien encore, si le régime n'a pas besoin d'être modifié, si les exercices peuvent être continués, s'il faut les diminuer, si l'on peut les augmenter ; rien ne doit échapper à l'attention. L'œil et la main se posent et se placent ; ils voient, touchent, sentent, palpent, pressent, passent, reviennent et consultent encore. Mille observations de détails vont se produire, seront scrupuleusement saisies, pesées, résumées ; elles éclaireront sur ce qui a été fait par la condition actuelle, sur ce qui reste à faire pour arriver au point convenable... Pour l'entraîneur, l'intérêt et l'honneur de l'écurie sont là; pour nous, c'est l'avenir de la population chevaline qui est en question, c'est la prospérité d'une branche d'industrie aux efforts de laquelle sont étroitement liées la fortune, la gloire et l'indépendance nationales.

Mais voilà toute cette population qui sort, elle va à la manœuvre. L'air est un peu vif; les chevaux se montrent frais et dispos; ils marchent et marchent..... Combien cela durera-t-il ? Vous n'y êtes pas, ils en ont pour une heure ou deux, suivant les besoins. Ceci est toute une science; nous en dirons les principes plus loin. Après ces premiers exercices viennent les galops ; ceux-ci plus rapides, ceux-là plus prolongés. Quelques chevaux prendront une *suée*, tout est prêt et disposé en conséquence. Combien cela n'offre-t-il pas d'intérêt? Ce sont de beaux préludes, des essais brillants; on dirait une répétition générale quelques jours avant la représentation publique d'un chef-d'œuvre. On y met un soin extrême, on y apporte toute l'attention dont on est capable.

L'animation est grande sur le terrain. Les voilà encore, ils passent rapides et légers, ils fuient et dévorent l'espace, développant leurs forces, montrant leur énergie, mesurant la puissance acquise et les progrès obtenus. — Ils sont quarante ou cinquante, car les nombreux produits du haras sont de la partie ; la piste manque de largeur, et pourtant tous ces exercices sont pris sans encombre, avec ordre et méthode, sans l'apparence, sans l'ombre de confusion.

Peu à peu cependant l'hippodrome se dépeuple; chacun rentre dans sa cellule. Tout n'est pas fini ; au contraire, tout recommence. Ici les soins de la main, le pansage ne sont point une affaire de quelques minutes; chaque poulain réclame une heure, quelquefois plus, de travail et de fatigue de la part de ceux qui le servent. Mais aussi, comme il sera frotté, brossé, massé, peigné, épongé, essuyé, enveloppé avec soin de la tête aux pieds; comme sa litière sera secouée, soulevée, rafraîchie, matelassée; comme sa nourriture sera choisie, épluchée !...

La fenêtre est close, la porte se ferme, la clef est emportée. Maintenant il fait nuit en plein jour dans cette boxe spacieuse et rangée. L'hôte est sûr d'y demeurer à l'abri des importuns, nul ne le dérangera; il a ses heures de repos et de tranquillité absolue, comme il a eu ses heures de travail. Il fera paisiblement la sieste et ne sera visible pour personne.

C'est là ce que les critiques attaquent et blâment. Les soins de l'entraînement ne leur plaisent pas; ils ne voient en eux qu'une éducation factice et des résultats artificiels. C'est une grossière erreur. Qu'est-ce donc que l'entraînement? En première ligne, c'est le choix judicieux des sujets capables d'en supporter la fatigue, la discipline progressivement sévère; — la bonne extraction, une conformation solide et régulière sont les signes de cette aptitude ; en second lieu, c'est l'hygiène la plus rationnelle, le régime le mieux ordonné. Ce mode d'éducation ne saurait amollir ni dégrader la race; il en relève, il en conserve les qualités les plus précieuses en développant les bons germes, en accumulant un degré d'énergie que ne saurait jamais acquérir l'animal soumis à des influences moins favorables. L'abus seul est mauvais, mais l'abus entraîne la ruine, et l'intérêt commande de prévenir celle-ci en même temps que l'expérience apprend à l'éviter. Au reste, l'abus peut-il faire condamner l'usage rationnel!

Le cheval bien entraîné, celui qui a été substantiellement nourri dès les premiers jours de son existence, qui a été constamment bien tenu, qu'on a élevé d'après de saines idées, traité pendant les exercices utiles au développement de ses formes, ce cheval est plein de cœur et résistant, d'une grande vitalité et remarquable par sa longévité ; vainqueur ou vaincu sur l'hippodrome, il n'en sera pas moins un vaillant animal; propre à de rudes travaux, apte au service le plus pénible.

Telle est donc l'utilité des courses; ceux-là ne sauraient la bien apprécier qui n'en jugent les résultats qu'au jour de la lutte publique, pendant la durée si courte de la lutte elle-même.

Juger ainsi de cette utilité sur les seules épreuves officielles serait mesurer l'utilité de l'année sur le simple spectacle que donne un régiment en un jour de parade. A combien n'a-t-on pas entendu dire ce propos : A quoi servent tous ces soldats? que de forces vives sont perdues!... Vienne maintenant le jour du danger, vienne la nécessité de repousser d'injustes attaques, le langage sera tout autre. — L'exercice forme le conscrit, la manœuvre en fait un soldat. En apprenant à se battre, il devient brave, et son ardeur s'exalte sur le champ d'honneur. A personne n'est venue la pensée que l'instruction donnée à la jeune recrue la rendait moins capable ou l'amollissait.... Le poulain, faible et débile, inachevé quand on le laisse croupir dans l'oisiveté, prend de la taille et de l'ampleur, se fortifie et se développe à la faveur d'une éducation bien dirigée; il devient cheval énergique et puissant; son intelligence, son moral le soutiennent quand on lui demande un grand labeur, une grande somme de travail. Comme les soldats de France, il meurt et ne se rend pas.

A côté des grandes courses que nous voudrions voir développer à Pompadour, il y aurait aussi à instituer des courses d'un autre ordre, des courses de vente, ainsi qu'on pourrait les nommer. Celles-ci ne devraient intéresser que les chevaux nés et élevés en Limousin. Ce seraient des courses de dressage, ou plutôt de simples essais dans lesquels on se contenterait de produire, dans toute la grâce des chevaux de selle à tous les degrés, les dignes fils de cette vieille race dont on a tant parlé et dont beaucoup parlent tant encore.

De petits prix suffiraient, mais il les faudrait nombreux. Peut-être aussi faudrait-il adopter une autre manière de les courir, un autre mode de juger les animaux qui prendraient part aux concours. Ce serait un genre de luttes complétement à part, plein d'intérêt encore, mais ne s'attachant qu'à la nécessité de mettre en lumière un beau dressage résultant des qualités les plus recherchées dans le cheval de luxe, dans le cheval de promenade agréable et distingué. Nous voudrions que cette réunion d'un nouveau genre attirât le marchand et l'amateur, que l'un et l'autre fussent toujours sûrs d'y trouver l'occasion de se remonter.

En l'état actuel de la production du cheval en Limousin, ce que nous disons là serait facile, si l'éleveur voulait essayer. En effet, seul, l'éleveur manque. Les poulains naissent aujourd'hui assez nombreux et assez brillants pour que la spéculation ait de bonnes chances. Le tout serait de commencer, de risquer quelque chose pour avoir plus. Eh bien ! ce que l'éleveur isolé n'est pas disposé à tenter, il faut que l'association le fasse ; il faut que la société de Pompadour l'entreprenne.

Nous sortirions de la spécialité du chapitre, si nous développions ici le projet tel que nous l'avons depuis longtemps conçu, tel que nous tâcherons de l'exécuter un jour ; il nous suffit de l'avoir indiqué en passant, puisqu'il se rattache, par un petit côté, aux courses du haras de Pompadour. Nous y reviendrons ailleurs.

Courses de Mézières en Brenne. — Qu'est-ce que la Brenne ? — A cette question un petit *Journal de l'Indre* a fait la réponse que voici : nous copions.

« Un pays inconnu des humains, quoique placé au milieu de la carte de France ; un pays où, récemment encore, les forêts, la bruyère et l'eau se partageaient l'espace, où des solitudes sans limites ne recevaient d'autres visiteurs que les canards sauvages, où le silence n'était troublé que par le cri des mouettes et le clapotement des vagues..... »

Quelques hommes au cœur chaud avaient résolu de changer cette situation, de transformer cette Thébaïde. C'était une bonne pensée ; mais les meilleures conceptions n'aboutissent pas toujours. Celle-ci était large, elle donna naissance à des plans taillés sur un grand patron.

C'est par des améliorations agricoles, entreprises sur une vaste échelle, qu'on s'était proposé le progrès, un progrès solide et durable. L'industrie chevaline a occupé le sommet de la question; elle a été l'un des termes essentiels, importants du problème posé. C'est même par ce côté que la solution a été attaquée de prime abord. On s'est servi du mouvement immense que détermine la tenue des courses pour attirer l'attention et jeter quelques ressources dans le pays. Sous ce rapport, le succès a été complet; pour l'étendre encore et le mieux consolider, on a groupé deux autres faits autour de celui-ci, — une distribution de primes — et de grandes chasses à courre.

Cette triple institution, annoncée avec fracas, a eu plus de retentissement encore par les comptes rendus brillants de la presse à grand ou à petit format. Le noyau primitif du cercle hippique, au dévouement et à l'activité duquel les premiers résultats étaient dus, grossit rapidement et devint une association puissante par le nombre des sociétaires autant que par la multiplicité des rapports dont chacun d'eux se faisait comme un nouveau centre et comme un lien utile à l'œuvre commune. En 1846, un an après l'inauguration des courses, la liste des souscripteurs comptait trois cent soixante-deux adhésions. C'est une table curieuse à consulter. On y trouve les noms les plus aristocratiques à côté de noms célèbres, mais à un titre tout différent, et d'autres encore que nous aimons, nous, que nous distinguons par cela seul qu'ils viennent mêler leur empressement et l'utilité de leur concours à l'illustration de ceux-ci et à la vanité de ceux-là. Le fait est bien plus remarquable et plus saillant aujourd'hui qu'une révolution a passé sur le pays et divisé de nouveau l'opinion, sous prétexte de veille et de lendemain, sous prétexte de société et de socialisme. Les archives du cercle hippique pourraient offrir matière à plus d'une réflexion; quelque écrivain, dont le nom figure et se prélasse au *Tableau d'honneur* de la Société, se chargera peut-être un jour de ce soin. Notre mission se borne à constater qu'en fait, sur l'hippodrome, comme au lieu du concours pour la distribution des primes, comme au rendez-vous pris pour la chasse, chacun ici était à l'aise, et occupait toute sa place sans acception de personnes, ainsi que le déterminait en quelque sorte le hasard, et avec une absence de privilége tout aussi certaine que l'ordre alphabétique adopté pour la publication de la liste générale des membres de la Société.

Le cercle hippique a disposé d'importantes ressources; en voici les chiffres :

En 1845 — 3,500 fr.		
En 1846 — 7,500	}	En trois années — 23,500 fr.
En 1847 — 12,500		

C'étaient de beaux débuts, assurément. Pourquoi faut-il que la crise de 1848 ait eu pour résultat de dissoudre la société et d'arrêter pour bien longtemps, nous le craignons, le mouvement rapide qui s'était manifesté dans cette partie de la France trop oubliée et trop abandonnée jusqu'ici? pourquoi faut-il qu'en ce moment nous soyons réduit à faire de l'histoire, à rappeler un passé qui promettait pourtant de se prolonger bien loin dans l'avenir?.....

On nous pardonnera une citation; nous l'empruntons à un enfant de la Brenne : George Sand, membre du cercle hippique, lui a prêté le secours de sa plume. Voici les quelques lignes déposées par lui ou par elle dans les colonnes du *Constitutionnel*, en juillet 1846 :

« Cette année, le concours des poulains et des juments de la Brenne a été des plus remarquables. Dans un vaste cirque de verdure ombragé de beaux arbres et borné par les sinuosités de la Claise, cette foule de jeunes quadrupèdes hennissant et bondissant autour de leurs mères offrait un spectacle aussi gracieux pour le peintre qu'intéressant pour l'agriculteur. On pouvait voir là le progrès rapide dans l'élégance des poulains, et constater la bonté de la souche dans le flanc solide, la jambe sèche et le large poitrail de la haquenée, sa nourrice. Le caractère intelligent et doux de cette race, qui vit avec l'homme des champs comme le coursier d'Arabie avec son maître, pouvait aussi être constaté sur place. Le vaste et fier troupeau, agité par l'aspect de la foule, étonné de se voir retenu par des liens dont il ignorait encore l'usage, se livrait à un grand mouvement et à un grand bruit, mais sans colère et sans perfidie. Un enfant suffisait pour contenir les plus mutins, et l'on pouvait circuler dans ce troupeau sauvage sans craindre ni ruades ni morsures.

« Les jeunes dompteurs indigènes, déjà mieux vêtus, mieux nourris et mieux portants que par le passé, produisaient avec un naïf orgueil ce brillant résultat de leurs soins.

« Après le concours et les primes accordées aux juments et à leurs suites, les jeunes chevaux du pays ont lutté d'haleine et de rapidité sur l'hippodrome de Mézières, aujourd'hui le plus beau et le meilleur de France pour la course. L'émotion avec laquelle le public indigène, composé en grande partie de paysans à la physionomie caractérisée, assiste à ce spectacle le rend plus animé et plus pittoresque qu'aucune course qui s'est vue. Une grande foule de voitures offrent aussi la variété la plus piquante, depuis le riche équipage, traîné par de grands chevaux anglais, jusqu'à la charrette du paysan, traînée par sa paisible, mais vigoureuse poulinière. Au centre de la Brenne, dans ce pays naguère si misérable, inondé la moitié de l'année, à peine habité et nullement fréquenté, on est fort surpris de se trouver sur une belle route tout encombrée d'équipages fringants, d'omnibus, de diligences, de pataches, de curieux et de véhicules de toute espèce. C'est Longchamp transporté au milieu du désert, plus la population rustique qui donne la vraie vie au tableau, et qui s'amuse pour tout de bon, vu que ceci l'intéresse un peu plus que les splendeurs du luxe n'intéressent le pauvre peuple de Paris et de Versailles.

« A peine les courses ont-elles commencé, que l'arène est envahie par des flots de peuple qui s'élance sous les pieds des chevaux pour encourager les concurrents ou féliciter les vainqueurs. C'est à grand'peine que les commissaires, le curé, les gendarmes et le garde champêtre, tous gens paternels dans notre bon pays, peuvent contenir cette agitation, en prévenir les accidents. La course des *cavarniers* est la plus intéressante pour le compatriote, la plus originale pour l'artiste. Le cavarnier est le *gamin* de la Brenne; c'est le jeune garçon ou l'enfant qui élève, soigne et dompte le cheval sauvage. Pieds nus, tête nue, sans veste, le cavarnier galope sur le cheval nu. C'est tout au plus s'il admet le bridon, habitué qu'il est à diriger sa monture avec une corde qu'il lui passe dans la bouche. Celui qui a gagné le prix, cette année, avait, je crois, neuf ou dix ans. En arrivant au but, il a glissé en riant sous le ventre de son cheval baigné de sueur, luisant et poli comme un glaçon, mais non pas aussi froid, car il faisait, ce jour-là, 32 degrés de chaleur *à l'ombre*, et l'ombre est un mythe sur les plateaux de la Brenne. Un brave paysan amena l'enfant, et l'éleva dans ses bras pour l'embrasser. Il riait et pleurait en même temps, car il savait le danger qu'avait bravé son fils, et les quelques minutes d'une course rapide, sous les yeux du public, sont bien longues pour un père.

« Mais ce danger est une bonne nourriture pour l'homme, et j'aime que le paysan soit cavalier de naissance; il semble que cela le rende déjà libre et le grandisse de toute l'énergie, de toute la fierté que l'air des champs devrait souffler partout sur l'enfant de la nature.

« Après les courses rustiques et les courses de chars, qu'il faudrait encourager partout, nous avons vu des courses fashionables. Elles ont été superbes, pleines de luxe, d'émotion, de courage et d'habileté; mais il n'est pas de notre ressort de parler bien savamment de ces joutes élégantes. Les cavaliers applaudis de tout cœur et les victorieux intrépides n'ont pas besoin d'encouragement; ils apportent à Mézières la gloire de leurs prouesses, et nous ne saurions y rien ajouter qui ne fût un hommage superflu.

« Quant à nous, paisibles cavaliers et raisonnables voyageurs de la vallée Noire, nous devons prendre l'engagement sinon de nous défaire de nos vieux chevaux, qui sont parfois de fidèles amis, ce qui ne serait pas trop *romain*, du moins, aussitôt que nous aurons à les renouveler, d'aller en Brenne, afin d'encourager nos frères les cultivateurs de la plaine, et de pouvoir dire avec fierté : « Berrychon je suis, et mon cheval aussi; l'un portant l'autre, nons irons vite et loin. »

Les courses de Mézières ont toujours été suivies d'une belle partie de chasse. C'était là une heureuse innovation, ou plutôt une charmante imitation de ce qui s'est souvent passé à Chantilly. Laissons encore raconter par un autre l'un de ces heureux lendemains de courses de la Brenne.

« C'était le 9 juin 1846, l'écho des bois de Preuilly et d'Azay-le-Ferron était éveillé avant le jour par les appels de la trompe, lointaine conversation jetée à travers l'espace, à laquelle répondaient du fond de leur prison les grands chiens de la Saintonge et du Poitou, les griffons de la Vendée, battant leurs larges reins de leur queue impatiente et tirant de leur puissante poitrine de longues et vibrantes notes.

« Tout s'agitait autour de la vieille forêt, lorsque le rouge crépuscule du solstice vint colorer la cime séculaire des chênes, depuis la Haute-Touche jusqu'à Vinceuil, depuis l'Étang-Neuf jusqu'à la vallée d'Haubert, tandis que la brise matinale jouait avec les dernières vapeurs de la nuit, dans les gorges du Gué-de-la-Vie.

« Hallali ! debout ! hardis et souples écuyers qui bondissiez hier sur l'hippodrome ! Le chasseur est ennemi de la mollesse ; quittez vos couches peuplées de rêves énervants ; répondez à la voix de votre hôte, du châtelain dont l'hospitalité plébéienne est digne du manoir de Breteuil et d'Humières par son élégance et son bon goût, dont l'esprit éclairé perpétue, dignement aussi, les traditions de ses nobles prédécesseurs, qui ont vécu familièrement avec les plus grands écrivains du dernier siècle (1).

« Aujourd'hui, si cet autre écrivain qui possède la plume la plus éloquente de notre époque n'assiste pas à vos plaisirs, c'est que George Sand a voulu profiter de son séjour en Brenne pour visiter le centre de cette contrée, pour voir le soleil se baigner dans les eaux de la *mer Rouge*, en quittant l'horizon sans bornes sur lequel plane le donjon du Rouchet.

« Mais les limiers sont dispersés dans les gagnages ; quarante voitures se peuplent de dames curieuses d'un spectacle rare dans la belle saison ; quelques-unes sont en selle parmi les plus intrépides acteurs.

« La cavalcade arrive au carrefour de Vinceuil ; les gardes ont connaissance d'une horde de sangliers. On délibère : les voies sont arides ; on pressera le lancer avec cinq chiens de recri, sûrs et de haut nez. Le rapprocher se fait gaillardement, malgré la sécheresse ; à six heures, le relais d'attaque donne dans la bauge.

« Ses hurlements, les fanfares du cor, les grognements des sangliers, les hourras des assistants déchirent les airs de toutes parts ; les halliers craquent, la bruyère gémit, la terre résonne sous les chevaux ; c'est l'orage qui passe, qui gronde.

« (1) — J. J. Rousseau, et Voltaire avec Mme du Châtelet, ont habité le château d'Azay. »

« On a rallié sur un ragot, grand marcheur; un second relais de trente chiens est découplé au rond de Sainte-Catherine. La tempête redouble. L'animal, l'œil en feu, les défenses noyées sous deux flocons d'écume ensanglantés, bout dans son épaisse cuirasse : pressé, débordé, acculé par la meute impitoyable, il fait tête; il fait ronfler son terrible boutoir... C'est un héros prêt à succomber avec de cruelles funérailles; c'est Coclès en tête du Tibre; c'est Bayard au pont de Garillan; c'est Roland à Roncevaux.

« Quel rude et fier galbe que celui du ragot ou du quartan aux abois ! C'est l'indignation de l'indépendance opprimée; c'est la force et la férocité dans leur expression la plus sauvage; c'est tantôt la fureur concentrée, tantôt la rage à son paroxysme : ses soies irritées, c'est l'armure du hérisson; son regard, c'est le salpêtre allumé; ses poumons, c'est le tonnerre; sa rapidité, c'est l'éclair; son choc, c'est la bombe.

« Étranglé, à demi dévoré par la meute dans d'effroyables abois, entouré du débris des branches broyées sous ses terribles dents, des entrailles fumantes des chiens les plus téméraires; au milieu de 4 ares de terrain labouré, bouleversé dans cette lutte, il gît lui-même palpitant, mutilé, quand les chasseurs arrivent, et son orgueilleux cadavre, comme celui des guerriers des Thermopyles ou de Waterloo, fait encore frissonner les vainqueurs.

« Une matinée a suffi pour cet exploit de vénerie, accompli sous le poids d'une chaleur torridienne, dans lequel les chiens de France ont fait leur devoir, comme, la veille, les chevaux français avaient fait le leur sur l'hippodrome.

« La chasse n'ayant pas quitté les fourrés, on n'a eu aucun dommage à regretter pour les récoltes.

« . . . . La magnifique forêt d'Azay est l'une des plus belles chasses qu'on puisse imaginer; son terrain est merveilleusement propre au courre; sa végétation exempte de ronces, entrecoupée de clairières où le gibier trouve, sous la brande, des abris touffus, les étangs, les ruisseaux qu'elle renferme, ses vallées où les échos sont habiles à redire les voix tumultueuses, les lignes dont elle est percée, les familles variées de bêtes fauves dont elle est le patrimoine inféodé, tout concourt pour y rendre le passe-temps de la chasse délicieux.

« . . . . La présence d'animaux nuisibles avait valu l'autorisation exceptionnelle de chasser, de la part de l'administration des deux départements où la forêt est située..... »

Et maintenant, trêve de jolies phrases; arrivons au côté sérieux.

On a dit : « Les courses de Mézières sont destinées à révéler, non plus cette vitesse fébrile que peut produire, pendant quelques instants, la surexcitation de l'entraînement chez le cheval, mais les qualités pratiques de cet animal, l'application de ses moyens à des trajets de longue haleine. »

Voyons comment on a procédé pour éclairer cette proposition..

Un mot d'abord sur la manière un peu naïve avec laquelle elle a été formulée. Eh quoi! au temps où nous sommes, avec l'expérience que chacun de nous possède *des qualités pratiques du cheval et de l'application de ses moyens à des trajets de longue haleine*, il serait encore besoin d'en constater l'étendue et la force? On n'y songe pas. Il est des choses dont les preuves sont faites à toujours. On ne révèle plus à personne ni l'existence de la lumière ni la réalité du mouvement.

Prendre des chevaux âgés dans une circonscription déterminée, les appeler de toutes les parties de la France ou même les admettre d'où qu'ils viennent, les aligner sur un hippodrome, les soumettre sous les yeux de la foule à parcourir un trajet de 20 kilomètres, est-ce là une course de longue haleine, une épreuve bien difficile et bien puissante, un de ces labeurs exceptionnels de nature à faire la réputation d'un cheval, propre à révéler ses qualités pratiques? — Allons donc!

Quel est le cheval de service dont on n'obtient pas tous les jours plus et mieux? Les annales des courses sont remplies de faits bien autrement imposants; nous les y trouvons à leur place quand la cause à laquelle on peut les rapporter a une signification scientifique et porte avec son expérience son enseignement pratique. Nous comprenons le pari engagé aux courses de Paris, en 1846, entre deux chevaux de pur sang et un cheval de demi-sang, que son propriétaire considérait comme une valeur à part. Ici la question se trouvait engagée entre le demi-sang et le pur sang; il s'agissait de savoir si, dans une course de 16,000 mètres, le cheval de pur sang ne serait pas vaincu par le cheval de demi-sang.

A la vue des animaux chacun tient pour ses opinions; ceux-ci pour le pur sang, ceux-là pour le demi-sang. En général, on entame difficilement une idée préconçue; le raisonnement la fortifie toujours. Les commentaires et les explications battent en brèche les faits tant et si bien, qu'il y a peu de gens à édifier ou à convaincre en ce monde.

Quoi qu'il en soit, les opinions étaient partagées. Les trois lutteurs partent; le cheval demi-sang fait merveille, sept fois il passe le premier devant le juge, et les bons béotiens d'applaudir à sa force, à son courage. On le croyait bien assuré de la victoire. Ils étaient deux contre un, les lâches! Ils n'en seront pas moins battus. Tout beau, messieurs, il reste 2,000 mètres à parcourir; vous allez voir ce que vaut un cheval de pur sang. Vous voulez du fonds; si les deux compétiteurs qui suivent en ce moment votre favori le dépassent, après l'avoir laissé complaisamment aller, c'est que, apparemment, au fonds dont il vient de faire preuve ils ajouteront, eux, une autre qualité que celui-ci n'a pas au même degré, — la vitesse. Ils le prouvent bien ; en effet, les deux chevaux de pur sang arrivent et distancent le cheval de demi-sang.

A cette défaite, il faut une explication. Les raisons abondent ; la victoire du pur sang n'est due qu'à une circonstance fortuite. Si la course était à recommencer, le demi-sang en sortirait à son honneur et à la confusion de son heureux rival. — C'est un défi ; on l'accepte : une nouvelle lutte aura lieu. Rendez-vous est pris à six semaines d'intervalle sur l'hippodrome de Versailles ; mais déjà la distance est réduite. La course ne sera plus que de 12,000 mètres, et les chances seront égalisées par un poids commun de 75 kilogrammes. Précédemment le demi-sang avait dédaigné de s'arrêter à ce mince détail ; il avait rendu à son compétiteur quelque chose comme 10 kilogrammes seulement, une vraie bagatelle. Cette dernière condition avait bien son importance ; elle donnait une surcharge de 7 kilogrammes au vainqueur et déchargeait le demi-sang de 3 kilogrammes. Cette fois, toutes précautions sont prises ; le cheval de demi-sang aura sa revanche, l'autre rendra gorge. Encore un petit château en Espagne.

Le jour de la lutte est venu. Les chevaux entrent en lice et partent au signal du juge. C'est le même jeu. Le demi-sang prend les devants et mène brillamment la course ; l'autre suit modestement, puis, quand la carrière tire à sa fin, il change de position. Il s'allonge, passe et gagne encore...

Ces preuves-là ont été faites tant et tant de fois, qu'on s'étonne d'être encore obligé d'y revenir. Les courses de fonds ne démontrent rien de plus que les courses de vitesse, et, lorsque nous nous exprimons ainsi, nous ne voulons pas parler d'une lutte isolée, mais de l'ensemble même de toutes celles auxquelles un cheval est appelé à prendre part dans toute sa carrière de courses.

Par des courses de fonds, on n'éprouve pas aussi complétement l'organisation du cheval que par des courses de vitesse; le cheval qui se brise sous la violence des efforts de ces dernières manque de l'énergie nécessaire à tout reproducteur préposé à la conservation des hautes qualités de sa race. Une race mère est tenue à plus de puissance qu'une autre; il faut donc la soumettre à des exigences d'un ordre tout différent.

Faites des courses de fonds avec des chevaux d'âge; elles répondent à l'étendue de leurs moyens et à la nature de leur emploi; elles constatent ce qu'ils sont en état de supporter de fatigues ou de dépenser d'efforts dans un temps déterminé; mais elles n'ont point assez de véhémence pour tendre énergiquement les ressorts, pour en éprouver sérieusement la force, pour en mesurer toute la résistance.

Ces courses de 16,000 et de 20,000 mètres ne sont qu'une plaisanterie au point de vue de l'application journalière du cheval au service; la moindre haquenée rend plus d'efforts utiles que cela. Chacun aurait des prouesses à raconter, s'il fallait entrer dans un système de preuves qui ne peut conduire à aucune solution en ce qui regarde les faits d'amélioration et de perfectionnement. Dès lors, à quoi bon ces courses, lorsqu'elles n'ont pas pour objet de signaler tel ou tel cheval à l'attention des amateurs? Hors ce point, qui fait rentrer les courses dans celles que nous désignerions volontiers sous la dénomination de *courses de vente*, d'essais pour chevaux de commerce, ce qu'on a jusqu'ici improprement appelé, en France, du nom de courses de fonds n'a aucune portée sérieuse, aucune application intéressante. Les véritables courses de fonds sont celles de 100 milles anglais en moins de dix heures (1). Il y a là, au moins, un effort extra-

(1) Le 5 mai 1846, *Fanny Jenks*, au général Durham, a parcouru au trot, sans s'arrêter, attelée à une légère voiture à deux roues, sur l'hippodrome de Bull's head, la distance de 101 milles (*a*) en 9 heures

(*a*) Le mille anglais est de 1,609 mètres. La course a donc été de 162,500 mètres ou plus de 46 lieues anciennes. C'est une vitesse de plus de 5 lieues à l'heure pour une distance d'un peu plus de 46 lieues parcourues sans débrider.

ordinaire, un travail plus considérable que celui qu'on impose d'ordinaire au cheval. Des courses de cet ordre méritent qu'on s'en occupe et peuvent être mentionnées avec éclat. La famille de chevaux qui offrirait un certain nombre d'individus capables de fournir de pareilles distances en un temps aussi court acquerrait promptement une grande et juste renommée. Mais telle serait l'utilité de ces courses, elles serviraient à constater dans la descendance une aptitude toujours aussi élevée que chez les ascendants, elles serviraient à distinguer, parmi ceux-là, les sujets les plus aptes à transmettre à leur tour, à ceux qui devraient les remplacer comme reproducteurs, la plénitude des moyens de leurs ancêtres.

S'est-on proposé quelque chose de semblable à Mézières en Brenne, où la spécialité des courses était des courses de fonds? On peut, sans hésitation, répondre — non. En effet, le programme n'a marqué ni l'une ni l'autre de ces deux tendances, et les faits accomplis ne montrent pas que l'industrie ait songé à ouvrir instinctivement cette voie.

En 1845, deux courses de fonds ont été courues, — l'une de 10 — et l'autre de 12 kilomètres. Sept chevaux y prirent part. Tous étaient hors d'âge et d'origine inconnue. C'étaient

48 minutes. C'est bien la course la plus remarquable qui ait jamais été exécutée. La jument était peu fatiguée et aurait encore pu, au dire des connaisseurs, aller plus loin.

Une course du même genre a eu lieu, le 31 mai, sur l'hippodrome de Centreville, par deux chevaux d'attelage de pur sang. Ces deux chevaux traînaient une voiture à quatre roues, du poids de 185 livres. L'entraîneur qui les conduisait pesait 150 livres. Un de ces chevaux, *master Burke*, âgé de douze ans, est un tiqueur; l'autre, *Robin*, a huit ans. Les 100 milles furent parcourus en 9 h. 48 m. 48 s. Pendant les 14 derniers milles, *master Burke* travailla seul; *Robin* était fortement entamé, tandis que le premier avait encore de sa force de reste. Les deux chevaux, par suite des soins qui leur furent donnés, se délassèrent assez pendant la nuit pour pouvoir, le lendemain matin, retourner chez leur propriétaire, à une distance de 9 milles. (New-York, *Spirit of the Times.*)

des chevaux de service; aucune espérance pour la reproduction.

En 1846, quatre courses — de 6, — 12, — 12 — et 20 kilomètres. Cette dernière emportait une contre-épreuve de 4 kilomètres, et, au cas où le vainqueur de la seconde épreuve n'eût pas été le vainqueur de la première, une troisième manche de 1 kilomètre seulement entre les deux gagnants. Douze chevaux entrent en lice, tous âgés, sans espérance pour l'avenir des races et, quant à la provenance, parfaitement inconnus, un seul excepté, le vainqueur du prix de 20 kilomètres. Celui-ci était sorti, par réforme, de l'élevage du haras de Pompadour. C'était un cheval hongre, de 3/4 sang anglais, issu de Napoléon et d'une jument de chasse renommée en Angleterre.

En 1847 enfin, une course de 8 kilomètres, une autre de 12 kilomètres, puis une troisième en 8 kilomètres partie liée, et celle de 20 kilomètres dans les conditions de 1846. Neuf chevaux seulement se présentent. La grande course est gagnée par le vainqueur de l'année précédente. Celle de 8,000 mètres, partie liée, réunit quatre chevaux pur sang. L'abstention de tout autre prouve deux choses : le cheval de pur sang ne redoute pas la course de fonds; le cheval de demi-sang n'ose pas la soutenir contre le cheval de pur sang.

Eh bien! que ceux qui ont assisté à la lutte disent s'ils croient que le gagnant de cette course ait été mieux éprouvé par elle que par ses courses antérieures à plus courte distance. Non, mille fois non. Ce qui fait *l'épreuve* bonne, ce qui la rend sérieuse, c'est sa véhémence bien plus que sa durée. Au delà de certaines limites, la durée ne prouve plus rien. La violence des efforts ne peut être qu'en raison inverse de la distance parcourue ou du temps pendant lequel elle est soutenue. Le vainqueur de cette course, absurde au premier chef pour tout homme qui sait faire la différence entre *le travail* et *l'épreuve*, aurait pu, lui aussi, parcourir une distance de 100 milles et plus; mais, au lieu d'essayer sa force de résistance dans une vitesse égale à l'impétuosité du vent dans la tempête, il n'aurait fourni la carrière qu'à raison de 4 à 5 lieues à l'heure, ce qui ne laisse pas encore que d'être fort joli.

Le prix attaché à cette course était considérable, — 5,000 fr.; le poids à porter, — 70 kilogrammes : un jockey de profession ne pouvait être admis, c'était une course de gentlemen riders.

Nonobstant ces conditions assez dures, quatre concurrents se présentent. Pourquoi? — Parce qu'il y a 5,000 fr. à gagner, et que, de par le monde aussi, il y a des chevaux d'âge repoussés de la reproduction pour tares héréditaires ou mauvaise conformation. La valeur du prix mérite bien qu'on tente l'aventure, et d'autant mieux, en définitive, qu'on n'expose que des animaux fêlés, qu'on ne court aucun risque considérable.

Mais réduisez l'importance de la somme, enlevez au prix offert cet intérêt d'argent, et vous verrez bientôt quels chevaux se présenteront pour le disputer. Au surplus, l'expérience est toute faite; consultez seulement les annales de vos courses, et prononcez.

Ne soyons pas moins judicieux que les Arabes et les Anglais nos maîtres. Les Arabes ont pour hippodrome l'immensité du désert; c'est dans ce vaste champ de courses qu'ils approfondissent à leur usage personnel la connaissance du mérite et des qualités de leurs chevaux. Les Anglais, dont l'existence est toute différente, ont étudié la question à un autre point de vue. Des essais qui se sont renouvelés sur une très-grande échelle, et pendant plus de deux cents ans, leur ont donné la connaissance intime du cheval, dévoilé tous les secrets de sa riche nature. Ils l'ont dès lors soumis à toutes les exigences de sa destination, et ils ont posé des règles aussi exactes dans leurs effets que bonnes à observer dans la pratique. Ces règles préservent de l'abus. Il n'en est plus de même de l'intérêt privé qui l'appelle. Écartons l'abus, mais ne tombons pas dans cette exagération qui pourrait bien avoir cours parmi nous, et s'imposer, — mais qui n'offre, en réalité, que l'une de ces deux issues,—l'impossible ou l'absurde.

Les courses de Mézières en Brenne, si elles avaient résisté à la tempête qui les a emportées, auraient eu pour résultat certain de mettre en lumière quelques propositions encore incomprises aujourd'hui en France; elles auraient eu au moins cette utilité à laquelle l'administration ne serait pas restée étrangère, car c'est elle qui a fait les frais de la course la plus longue. Elle allouait une somme de 1,500 fr. par an, et poussait ainsi à la solution du problème en entrant franchement dans les vues toutes spéciales des fondateurs des courses dans la Brenne.

Au reste, les dispositions d'aménagement paraissent avoir été heureusement et largement conçues. Pour n'en citer qu'une, il existe des écuries pour trente chevaux, si les projets ont été mis à exécution. Le devis des travaux s'élevait à plus de 30,000 fr.

Nous regretterions beaucoup que l'hippodrome de Mézières fût abandonné à tout jamais. Il avait d'importants services à rendre à la science du cheval. Les hérésies consacrées par le programme menaient droit et vite à la sanction de principes méconnus. L'homme est enclin à l'erreur, — *errare humanum est;* — c'est là, sans doute, un triste privilége de l'esprit, mais la vérité ne perd jamais ses droits. Si même elle se tient si volontiers cachée, n'est-ce pas qu'elle est sûre de triompher toujours de son éternelle ennemie?

Les courses de Mézières en Brenne appartiennent au dépôt d'étalons de Blois. Nous nous sommes quelquefois étonné que des courses régulières n'aient point été fondées plus anciennement sur quelque autre point de cette vaste et importante circonscription. Tours, par exemple, était admirablement posée pour organiser de pareilles fêtes, pour donner à sa population à la fois indigène et exotique l'intéressant spectacle de courses publiques. Celles-ci eussent ouvert un utile concours aux chevaux que le commerce amène nombreux en Touraine, et un précieux débouché aux produits de l'industrie nationale pour lesquels on se borne depuis si longtemps à faire des vœux stériles.

Assis entre l'Anjou et Paris, si voisin de Blois et de Saumur, un hippodrome eût offert ici tous les genres de séduction, et son utilité spéciale en eût éte relevée d'autant. Bourges et le Mans y eussent apporté leur participation et leurs encouragements. S'il y avait une situation heureuse pour l'établissement des courses ainsi comprises, évidemment c'était celle-ci. Nul ne s'en est occupé. Espérons dans l'avenir. Il ne faut qu'une étincelle pour allumer un vaste incendie; il ne faut qu'un homme dévoué pour jeter les fondements d'une institution durable et féconde.

A défaut de courses annuelles, Blois et Tours ont eu des courses accidentelles. Il faut dire que la population de ces villes y a toujours pris un très-vif intérêt.

En mars 1834, un Français et trois Anglais engagent quatre chevaux dans un steeple-chase qui eut pour terrain la plaine de Coulanges. C'étaient des haies et des fossés à franchir, rien de plus ; mais le sol était peu favorable dans cette saison, et les obstacles s'en trouvaient nécessairement aggravés.

Ce steeple-chase offrit une particularité fort rare dans une lutte de ce genre. Deux chevaux arrivèrent au but en même temps et de front. Il y eut nécessité, par conséquent, de recommencer la course, définitivement gagnée par le cheval français sur ses rivaux d'outre-Manche.

A Tours, les courses se sont renouvelées à diverses reprises; elles ont été quelquefois pour de jeunes officiers de cavalerie une utile diversion à la vie de garnison. On retrouve aujourd'hui ces amateurs de sport parmi les membres les plus zélés du jockey-club parisien.

Les annales du turf ont conservé la relation d'une course

au trot de Tours à Amboise, qui vient appuyer nos précédentes réflexions sur les courses de fonds. Nous copions le *Journal des haras*, à la page 76 du tome XXXIII, publié en 1843.

« Nous avons parlé, dans une de nos précédentes livraisons, de la course rapide du cheval de M. de Madrid, qui, en 2 heures 5 minutes, a fait le voyage de Tours à Amboise, avec le retour. Cette même carrière vient d'être fournie avec plus de rapidité encore par M. de Noé, officier du 8e hussards, en garnison à Tours. Le pari était engagé entre M. de Madrid et M. de Noé. Ce dernier devait seul courir, le cheval de son adversaire ayant déjà fourni sa carrière et fait ses preuves. Le cheval de M. de Noé, de sang anglais, est âgé de dix-sept ans; il boite au sortir de l'écurie; il est maigre, effilé et dans un état naturel d'*entraînement*. M. de Noé, après une manœuvre fatigante qui avait duré plusieurs heures, rentre chez lui pour se mettre en tenue de course, puis revient immédiatement sur la place de ville, lieu fixé pour le départ. Il y manége son cheval boiteux pour le réchauffer et le rendre droit. Au signal donné, à trois heures, il part au petit galop, son cheval boitant encore. La condition de temps était celle-ci : 2 heures 5 minutes pour l'aller et le retour. pour une course de douze lieues de parcours. — M. de Noé est revenu dix minutes avant le délai fixé, ayant fourni sa course et gagné ainsi un avantage notable sur la vitesse précédemment déployée par le cheval de son adversaire. »

Que prouve cette course? que le sang court, qu'un cheval de sang écloppé, malgré la souffrance qu'il endure, peut marcher encore avec une vitesse égale à 6 lieues à l'heure. Cette preuve est assurément en faveur de la race, de la bonne origine; mais elle ne dit pas qu'une semblable course soit suffisante à éprouver fortement la machine, à mesurer toute la résistance qu'elle doit offrir à des efforts beaucoup plus violents.

Le cheval de service, qui a pour lui le bénéfice de l'âge, peut seul supporter de certains travaux auxquels il eût succombé si on les lui eût imposés de meilleure heure. Il est impossible d'attendre aussi longtemps pour les épreuves nécessaires aux chevaux destinés à la reproduction ; d'ailleurs il ne faut pas perdre de vue que l'éducation, que les exercices mêmes de l'entraînement, lorsqu'ils sont judicieusement appliqués au développement des forces, sont précisément, et à n'en pas douter, l'une des sources vives de l'énergie et de la véritable vigueur qu'on retrouve plus tard, soit chez les animaux qui ont passé ces exercices, soit chez ceux qu'ils reproduisent par suite d'alliances bien entendues.

Ces observations ne forment point hors-d'œuvre ici ; elles viennent parfaitement en leur lieu et place. En racontant, nous exposons plus que les faits, nous en cherchons les causes et nous en déduisons les conséquences. Si nous faisions différemment, notre travail serait par trop incomplet.

En 1843 encore, Tours a eu deux magnifiques steeples-chases. Le premier présentait vingt-sept obstacles à franchir. Ils étaient ainsi divisés : — cinq haies fixes de plus de 4 pieds de hauteur, la dernière suivie d'un fossé; — trois grands fossés, dont un très-difficile par suite de l'inégalité d'élévation de ses deux talus; — enfin dix-neuf fossés de diverses largeurs et profondeurs, obstacles naturels. Le second fut disposé avec plus d'art et offrit moins de difficultés. La carrière, contournée en fer à cheval et développant un parcours de 4,000 mètres, permettait néanmoins aux spectateurs de voir le départ, de suivre la lutte dans toutes ses phases et d'en juger l'issue. Huit chevaux prirent part à ces deux courses; elles avaient fait supposer que la lande du *Chêne-Pendu*, si maussade et si désolée à ses jours ordinaires, deviendrait la *Croix-de-Berny* de la Touraine. Par sa tristesse habituelle, la lande répond à un souvenir de deuil ; elle est sur la lisière du bois de Larcy. C'est là que Paul-Louis Courier tomba sous la balle d'un assassin. Une pierre tumulaire rappelle le fait aux passants.

Une course, en tout semblable à la dernière, eut lieu en avril 1844 ; mais, depuis lors, la lande du *Chêne-Pendu,* ce coin de terre sauvage, n'a plus été envahie par la foule joyeuse et parée, n'a plus été sillonnée dans tous les sens par cette multitude d'équipages, les uns brillants et coquets, les autres humbles et modestes ; ceux-ci étranges et burlesques, ceux-là de l'autre monde ; réunion bizarre, qu'on ne voit jamais qu'à l'occasion des courses, qu'on ne retrouve point ailleurs que sur un hippodrome ; depuis lors, elle n'a point été foulée sous les pieds de cette armée de chevaux montés par des *sportmen* de tous les âges des deux sexes, de toutes *qualités* et de tous rangs, courant follement au gré du caprice, caracolant, sautant, hennissant, piaffant, ni plus ni moins qu'une nuée de Bédouins ou de Cosaques fort peu réguliers ; depuis lors, plus rien de tout cela, le turf est mort ; seule la lande reste avec son triste nom et son lugubre aspect. On dirait une terre du sire de *Sombre-Accueil.*

Courses de Poitiers. — L'arrêté du 27 mars 1820 avait créé des courses officielles de second ordre à Poitiers. Ce chef-lieu appartenait au deuxième arrondissement formé de vingt-deux départements dans lesquels se trouvaient des provinces jadis renommées pour le mérite de leurs productions chevalines.

Les départements circonvoisins du chef-lieu qui nous intéresse en ce moment avaient pris au sérieux cette création. Quelques jours après la publication du nouvel arrêté, en mai suivant, la lice s'ouvrait sur l'hippodrome de Poitiers, et dix-huit chevaux se disputaient les six prix offerts par le gouvernement. La somme était de 5,400 fr. ; les conditions générales étaient les mêmes que pour les autres hippodromes ; les chevaux en présence se comportèrent avec un mérite égal, faisant de leur mieux pour franchir les distances et courant bon jeu, bon argent.

Il y avait, certes, ici autant d'éléments de succès qu'ailleurs, et pourtant ce premier essai, cette prise de possession n'eurent point d'autre suite ; l'institution en resta à la préface. Rien n'indique la cause de la suppression. Toujours est-il qu'on ne retrouve pas d'anniversaire. Si la fête a été bonne, contrairement au proverbe, elle n'a point eu de lendemain.

Passons donc, sans autre transition, aux courses privées qui ont eu lieu à Poitiers en 1844, et qui ont jeté les bases d'une fondation plus durable que la première.

Les nouvelles courses de la Vienne n'ont point eu leur chantre. Nous ne voudrions pourtant pas qu'on en pût dire un jour ce qu'un grand esprit a méchamment dit autrefois d'une certaine académie, par lui comparée à une petite fille bien sage qui n'avait jamais fait parler d'elle. Nous espérons bien, nous, qu'on en parlera dès qu'elles auront grandi, qu'on en vantera les charmes, — honni soit qui mal y pense, — et qu'on en fera ressortir tout à la fois leur utilité et leur parfaite convenance.

Les courses de Poitiers, paraît-il au moins, sont entrées dans une voie judicieuse lorsqu'elles ont adopté une sorte de spécialité. Pour être enveloppée dans le spectacle des courses à toute volée, cette spécialité n'en est pas moins marquée ; c'est par elle que l'institution a débuté et s'est implantée dans l'esprit des populations ; à partir de 1844 et depuis lors, le programme de chaque année lui est resté fidèle.

Nous voulons parler des courses de gentlemen. Sur un petit nombre de prix qui a suivi cette progression, — deux, — quatre — et six, la part des gentlemen a été du tout, de la moitié et du tiers. Deux courses leur ont toujours été attribuées à l'exclusion des jockeys de profession et des gens à gages. Il faut dire à l'honneur des sportmen de la contrée que ces courses ont toujours été fort bien disputées. Hommes et chevaux ont également montré une supériorité incontestable. On se rend bien compte du fait quand on regarde autour de soi, quand on se rappelle qu'on est en Poitou, dans un pays de hardis chasseurs et de judicieux appréciateurs du mérite du cheval de sang.

Les courses devaient avoir et ont eu un grand succès à Poitiers. Nées comme à Toulouse, à l'occasion de solennités musicales, elles se sont brillamment assises dès la première année. Elles ont ensuite poussé de fortes branches et semblent désormais solidement établies, car elles ont vaillamment traversé la crise de 1848.

Improvisées en 1844, grâce aux efforts d'une commission dévouée, elles ont commencé, nous venons de le constater, par deux courses de gentlemen riders, l'une plate au galop, l'autre avec obstacles. Deux cravaches d'honneur formaient toute l'importance des prix offerts. Il n'y a que des amateurs qui puissent accepter des luttes dans ces conditions. Elles ont eu beaucoup d'éclat. Une foule immense et sympathique encadrait l'hippodrome, couronné, a dit le procès-verbal, en parlant de la tribune occupée par les dames, couronné d'une magnifique corbeille de fleurs posée au milieu de riches moissons. Dans les années qui ont suivi, le même intérêt s'est soutenu. Une société s'est organisée. Les souscriptions de ses adhérents ont formé le plus clair denier des ressources annuelles de ce petit budget. Des allocations municipales et départementales y ont ajouté; le commerce de la ville, comprenant aussi l'utilité de l'institution, s'est cotisé pour augmenter l'importance des courses, et y convier un plus grand nombre de curieux.

Tous ces efforts réunis devaient aboutir. Vainement sollicités jusqu'ici, les haras n'avaient rien accordé aux courses de Poitiers. On ne peut se faire une juste idée de toutes les raisons invoquées en faveur de cette restauration. L'autorité locale et le conseil général ont bien su évoquer l'arrêté de 1820 ; ils ont posé un point de droit à côté du fait et démontré, avec plus ou moins de succès, à l'administration que l'insuffisance de crédit n'était point un argument sérieux à opposer à leurs prétentions. Ils réclamaient une subvention, cela s'entend, et de reste. Ils se disaient dépouillés autrefois sans motif, et redemandaient, sinon la totalité de leur ancienne dotation, une part au moins dans la répartition de crédit spécial affecté par l'État aux courses de chevaux. Ce n'était plus un secours éventuel, mais une allocation annuelle quelconque et le classement du nouvel hippodrome au nombre de ceux que les haras ont inscrits à la suite du règlement général.

Tout ceci, bien entendu, à la décharge de l'administration que ses adversaires représentent toujours comme poussant à l'anglomanie. Il est bien vrai que la résistance lui a fait encore plus d'ennemis que ses tendances supposées.

Quoi qu'il en soit, elle a été assez heureuse, au commencement de 1849, pour répondre enfin aux sollicitations pressantes et si fréquemment renouvelées par le conseil général, le conseil municipal et les différents préfets qui ont successivement occupé la préfecture de la Vienne depuis 1844. Ceci est un fait assez remarquable, en effet, que les commissaires nommés sous le gouvernement provisoire et leurs successeurs immédiats ont montré partout plus d'empressement encore et d'ardeur à solliciter l'administration en faveur des courses que leurs prédécesseurs de la monarchie les plus dévoués à l'institution. Il y a même une justice à rendre à ces derniers, c'est qu'en général ils se montraient assez tièdes, sinon froids, pour tout ce qui concernait la question chevaline.

Les courses de Poitiers sont donc subventionnées aujourd'hui ; elles reçoivent une somme de 1,000 fr., et, mieux que cela, un témoignage de vive sympathie pour les nobles efforts qui les ont sauvées de la suppression en 1848.

Nous ne connaissons pas l'hippodrome de la ville. Nous savons seulement qu'il est établi sur le vaste champ de manœuvres qu'elle possède. Aucune réclamation ne s'est encore élevée ni contre son tracé ni contre les dispositions prises ; nous croyons même que les amateurs et les étrangers se louent de la surface unie du terrain, des bonnes qualités du sol, et de l'accueil toujours bienveillant qu'ils reçoivent à Poitiers.

Courses de Luçon. — Les courses de Luçon peuvent être considérées comme les sœurs jumelles des courses de Poitiers. Nées en la même année, du même besoin d'améliorations qui de toute part travaille l'industrie chevaline, elles sont improvisées et s'élèvent du premier bond à la hauteur d'un fait important.

A peine l'idée en est-elle jetée au vent, qu'une société se forme, que des souscriptions particulières sont réunies, des prix fondés (1). Le programme en annonce cinq. On les fera courir dans les vastes prairies qui s'étendent des rives du canal de Luçon à l'Océan. On trouvera là, à 4 kilomètres de la ville, un magnifique hippodrome ; les coursiers fouleront une verte pelouse assise sur un sol ferme doué d'une suffisante élasticité. La nouveauté du spectacle ajoutera à son intérêt ordinaire ; on y assistera de toutes les parties du département, mais les départements voisins y auront aussi de nombreux représentants. En effet, une population de

(1) « Il n'a fallu qu'un mot prononcé dans une petite réunion pour créer des courses de chevaux dans le département de la Vendée. — Faisons des courses, a-t-il été dit, et des courses ont été faites, non pas dans quelques mois, quelques semaines ou quelques jours, une heure à peine a suffi pour réunir cent souscripteurs; et, à partir de ce moment, il était décidé irrévocablement qu'une course aurait lieu. Huit jours après, ce n'était plus une course simple sur une route ou dans un champ ; c'était une journée de courses sur un hippodrome préparé à cet effet..... » (*Compte rendu à l'assemblée générale de la Société.*)

12,000 âmes et non de 20,000, ainsi qu'on l'a dit à tort (1), est venue inaugurer ce premier essai et témoigner, par sa présence, de l'utilité même qu'elle attachait à l'institution.

Ici, comme partout, des hommes de toutes les classes et de toutes les opinions, qui, pour rien au monde, ne se seraient rapprochés ailleurs, se sont réunis, pressés, confondus sur l'hippodrome, terrain neutre, s'il y en a, et plus propre qu'aucun autre à préparer de ces frottements sans lesquels il n'y aurait de possible aucune tentative de conciliation entre les partis. On ne sait pas assez quels services les courses ont rendus à la politique. Nous serions disposé à croire, nous qui connaissons les faits pour les avoir observés de près et pratiqués pendant quinze ans, nous serions disposé à croire que la démocratie y a plus gagné que la question chevaline, et cependant nous ne faisons pas bon marché des progrès dus à l'extension des courses en France.

Celles de Luçon ont fait de rapides progrès. Les ressources particulières de la Société, bientôt accrues du montant des entrées et des subventions consenties par la ville et le conseil général, dépassaient déjà la somme de 7,000 francs en 1846 ; elles atteignaient le chiffre de 8,000 fr. en 1847. Ni le nombre ni la qualité des coursiers ne firent défaut aux encouragements. En 1847, le champ se composait de vingt-quatre chevaux d'âge, de race et d'aptitude diverses, correspondant, d'ailleurs, à la nature variée des conditions imposées au programme.

Celui-ci paraît flottant quant aux principes. Il admet des courses plates au galop et des courses avec obstacles, précé-

(1) « Un temps magnifique, d'élégantes tribunes garnies de gracieuses personnes et de fraîches toilettes, de nombreux équipages, de plus nombreux cavaliers et une population de vingt mille personnes se groupaient autour de l'anceinte : c'était un très-beau spectacle et des plus rares pour Luçon. » (*L'illustration du 12 septembre 1846.*)

dées ou entremêlées de courses plus modestes, de courses au trot.

L'organisateur de ces courses, on le voit bien, a cherché à en faire un peu pour tout le monde. Les prix à disputer au trot sont bien certainement ceux qui répondent le mieux aux besoins du pays, à l'abandon, à peu près absolu, des produits que l'éleveur laisse grandir sans culture suffisante. C'est aussi le premier genre d'épreuves adopté. Ajoutons, en faveur de cette tendance, que le programme ne se borne pas à donner deux premiers prix aux chevaux les mieux dressés; il attache encore à chacun d'eux — un ou deux seconds prix destinés à agir sur l'éleveur presque aussi fortement que le premier.

C'est assurément une combinaison excellente que celle-ci. Dans les courses de vitesse, c'est naturellement le meilleur cheval qu'il faut chercher à encourager. Dans ce cas, le prix doit être plus souvent unique; mais dans les courses primaires, dans les luttes élémentaires, c'est encore plus le nombre que la qualité qu'il faut poursuivre et atteindre. Par le premier, d'ailleurs, on arrive à celle-ci, et l'on aura toujours été utile en excitant l'éleveur à traiter ses produits de manière à les améliorer tant par un élevage judicieux que par une éducation moins abandonnée. L'important, on le comprend de reste, c'est moins d'offrir au public des chevaux d'une grande perfection que de produire, pour le consommateur, le marchand, l'officier des remontes, de jeunes chevaux quelque peu endimanchés, sellés et bridés, montés ou attelés, prêts, en un mot, à entrer en service, chose excessivement rare en France, où l'éleveur semble nourrir le cheval sans souci de sa destination future.

Les prix de dressage au trot nous sembleraient devoir être la spécialité, le côté sérieux des courses de Luçon. Qu'on ajoute à ceux-ci un prix au galop et un autre avec sauts de barrières, il n'y aurait rien à dire; mais que le gros des ressources du budget passe aux courses de vitesse, c'est, à notre sens, détourner les fonds de leur plus essentielle destination et de leur plus grande utilité.

C'est une intention très-louable, sans doute, que d'organiser un spectacle quand on établit un programme de courses, puisque le spectacle attire la foule et qu'en venant celle-ci laisse toujours quelques bonnes traces de son passage, des souvenirs qui tournent à l'avantage même de l'institution; mais, là où la mise en scène ne peut et ne doit être que l'accessoire, il ne faut pas lui sacrifier le fond, le fait important, le côté essentiel de l'œuvre.

Quand nous aurons adapté les courses au but spécial à atteindre sur chaque hippodrome, dans chaque circonscription établie, nous aurons gagné notre procès sur tous nos adversaires; car il n'en est pas un seul qui ose s'attaquer au principe pour le nier, ils ne se donnent facile carrière que sur l'application générale, partout la même, amenant l'abus, c'est-à-dire la ruine prématurée de chevaux que l'on eût conservés bons s'ils eussent été élevés suivant d'autres méthodes.

Sous certains rapports ce raisonnement n'est que spécieux, sous d'autres il est absurde, et c'est encore par ce dernier côté qu'il a le plus d'adhérents. Nous voudrions le réduire à néant, non pour le plaisir de battre et de vaincre ceux qui nous attaquent, mais par utilité pratique et par nécessité de faire, pour le petit cultivateur, ce qu'il a été urgent de faire d'abord pour les grands éleveurs. On voit bien que nous mettons ces derniers dans leur rôle, que nous les constituons les fournisseurs des étalons capables nécessaires au pays.

Que pourrions-nous ajouter? Nous avons marqué le but à assigner aux courses de Luçon; nous serions heureux qu'on voulût bien nous entendre et qu'on donnât un peu plus d'argent ici aux petites luttes, aux courses primaires, à celles qui sont à la portée de tous et qui entraînent les masses Lorsque nous aurons implanté de bonnes habitudes, quand le cheval ne sera plus nourri comme un cochon à l'engrais, ou bien oublié dans quelque coin comme une bête sauvage, nous verrons ce que nous aurons à faire, quelles modifications pourront être introduites dans le système adopté.

Nous pensons qu'il faut apprendre les lettres de l'alphabet avant d'essayer à lire couramment. C'est dans cette conviction que nous demandons des courses de dressage pour tous les pays d'élève, des courses qui attirent le marchand et le consommateur, des courses qui ouvrent un débouché certain à la production, tout en améliorant le produit, tout en lui donnant un peu de renommée. C'est une voie sûre à ouvrir; si l'on n'en déblaye pas l'entrée, jamais l'éleveur ne s'y engagera, et, si l'éleveur n'y entre pas à pleines voiles, l'industrie indigène demeurera longtemps, sinon toujours, dans des conditions d'infériorité qui font la force de l'industrie rivale.

Ceci est une question de vie ou de mort. Le consommateur ne commencera pas. Qu'en présence de l'éloignement de l'un et de l'autre à faire le premier pas, l'intelligence et le bon vouloir des hommes de bien s'interposent, afin de faire cesser au plus vite ce dos-à-dos fatal à l'agriculture, fatal à la richesse publique, fatal à l'indépendance du pays. Il doit être permis de se répéter et d'épuiser toutes les formules quand il s'agit d'un intérêt aussi puissant que celui-ci.

Jusqu'à présent les courses de Luçon se sont tenues à la fin de juillet ou au commencement du mois d'août. En 1846, l'administration des haras leur a accordé une subvention annuelle de 500 fr.; elle a, en même temps, conseillé à la Société d'encouragement de se défendre quelque peu contre la supériorité vraiment trop forte des étrangers qu'elle convie à ses luttes : c'était facile en donnant aux indigènes le bénéfice d'une modération de poids, laquelle n'est encore, hélas! qu'un avantage fort insuffisant.

Nous n'avons pas parlé des courses de second ordre créées en Vendée par l'arrêté du 30 octobre 1810. Le *Ra-*

cing calendar les mentionne pourtant pour les années 1811 et 1812. Les quatre prix offerts, chaque année, furent courus et gagnés sans que le nombre des concurrents ait été conservé.

Il n'en est plus question pour 1813, ou plutôt on assigne cette cause à leur suppression : « Il a été reconnu que ces jeux ne convenaient pas à ce département. » Trente ans plus tard, l'un des membres du *conseil administratif des courses* de la Vendée écrivait, dans un rapport lu en assemblée générale : « Les courses de chevaux ont maintenant un avenir assuré dans le département de la Vendée. Chaque année, la Société verra agrandir ses opérations ; elle en sera récompensée par le bien qu'elle aura fait à l'industrie agricole en augmentant et en améliorant une de ses principales branches.

Qu'on vienne donc encore nous dire que l'administration a détruit les races françaises, affaibli partout la population chevaline indigène. Les faits accusent bien l'état de misère où elle était tombée ; nous avons dit à la suite de quels événements ; ils constatent bien aussi les progrès réalisés depuis.

Quelque chose de remarquable aussi à tous égards, n'est-ce pas le retour spontané des populations à l'institution des courses partout où le gouvernement avait cherché lui-même à les implanter : ainsi dans la Vienne, ainsi dans les Bouches-du-Rhône, dans les Landes, dans la Vendée et ailleurs encore ? nous le verrons plus tard.

Courses de Rochefort. — Le département de la Charente-Inférieure, incité par l'exemple, ne voulut pas demeurer seul immobile au milieu du mouvement qui se faisait autour de lui. La Saintonge n'a pas eu autrefois des prétentions hippiques moins élevées que le Poitou et la Vendée ; cependant ces anciennes provinces s'étaient réveillées et menaçaient le repos de leur voisine. A l'œuvre donc, se dirent les sportmen saintongeois, à l'œuvre, car nous n'avons ni moins de ressources chevalines ni moins de valeur réelle que nos amis. Politesses pour politesses et forces contre forces; ayons aussi nos courses, et que les chevaux de la Charente-Inférieure prouvent à leurs rivaux qu'ils ne sont point indignes d'eux.

L'idée de cette utile création semble avoir germé dans plusieurs têtes à la fois. On ne sait trop, en effet, à qui doit revenir l'honneur de la priorité. La Société d'agriculture et le conseil municipal peuvent l'un et l'autre le revendiquer. Peu nous importe à nous; l'essentiel est de constater cette nouvelle initiative, étrangère à l'administration des haras. Des propositions de voter des fonds se sont produites; une dépense d'une nature inconnue jusqu'ici a tout aussitôt été inscrite aux deux budgets en même temps.

Plus tard, une liste court, les adhésions la couvrent, une société toute spéciale s'organise, un programme est publié, les courses de Rochefort sont fondées. Le département, la ville, la Société d'agriculture ont de nouveau tendu la main à la Société hippique, dont les ressources deviennent alors relativement considérables.

Les courses de Rochefort ont été inaugurées en juillet 1844; les prix offerts n'étaient qu'au nombre de deux et d'une valeur de 1,000 fr. Mais ce n'était qu'un premier effort, le résultat inespéré même de démarches tardives. 1848, malgré la crise, est plus riche; le nombre des prix offerts est de trois, mais la dotation s'élève et arrive au chiffre de 3,100 fr., non compris les entrées. Il faut rendre justice à l'administration des haras : quoique sollicitée avec ardeur, elle est resté impassible; sa bourse est vide d'argent, mais, comme toujours, pleine de regrets.

Du reste, la Société charentaise paraît avoir bien compris sa position; elle semble devoir surtout favoriser le bon élevage du cheval qui vit sur son territoire; elle lui affecte plus spécialement ses ressources et ses encouragements; elle voit bien que le département n'est pas en situation d'avoir des courses de premier ordre ; elle n'y songe pas ; elle se borne à favoriser le produit indigène ou le bon cheval introduit de bonne heure sur ses herbages et qui, par un an de résidence au moins, a en quelque sorte acquis ses lettres de naturalisation.

Ces conditions sont fort judicieuses ; elles ouvrent deux voies au perfectionnement. En sollicitant l'entrée de poulains nés ailleurs, issus de bonne race et bien choisis, la Société permet aux éleveurs d'aller emprunter à plus avancés qu'eux des exemples d'améliorations qui seront certainement imités ; en réservant aux produits du pays leur part d'encouragement, elle stimule le zèle et pousse à l'adoption des saines méthodes. C'est un double enseignement ; attendons, il portera les meilleurs fruits.

Nous placerions les courses de Rochefort sur la même ligne que celles de Luçon, nous en ferions une seule et même chose ; nous les mettrions en rivalité d'amour-propre et de progrès, afin que les unes et les autres, s'efforçant toujours de se surpasser, atteignissent promptement, par suite d'une émulation très-louable, à une grande élévation.

La Société de Rochefort, comme celle de la Vendée, comme presque toutes celles qui donnent l'élan en France, impose l'obligation d'une entrée pour tout cheval se faisant inscrire. C'est une heureuse innovation pour toutes nos contrées d'élève où le système des poules est encore si peu compris. Après celle-ci, il en est une autre à tenter, celle des engagements à époques plus ou moins éloignées. Le montant des entrées profite toujours aux courses, puisqu'il leur fait retour, puisqu'il n'a guère d'autre objet que de contribuer à grossir les ressources privées ; mais il ne sert que mollement l'amélioration, l'étude des moyens de réussir dans la production et dans l'élève. L'engagement pris à l'avance, un, deux ou trois ans avant la course, est bien autrement puissant à faire le bien. L'éleveur qui a engagé un ou plusieurs produits, qui a déjà versé quelque argent en vue de courses à venir, est plus soigneux et plus intéressé qu'un autre; sa sollicitude et son amour-propre sont toujours éveillés; son attention est incessante, rien ne la détourne; tout est disposé, au contraire, pour assurer le succès.

En 1844, les courses de Rochefort ont eu lieu en droite ligne, sur la route de Bordeaux à Saint-Malo. Depuis lors et pour répondre aux exigences de l'institution, un terrain convenable a dû être choisi et disposé conformément aux prescriptions les plus vulgaires.

Les éleveurs paraissent avoir compris, dès l'origine, toute l'importance du nouvel encouragement offert à leurs efforts. La presse locale, plus positive que poétique, si l'on en juge par la tournure des comptes rendus qu'elle a publiés sur ces premières courses, a reflété la pensée commune. « S'il est une institution, a-t-elle dit, qui doive faire époque dans l'économie rurale de la Charente-Inférieure, c'est certainement l'établissement de courses de chevaux. » Cette phrase est grosse de succès et d'avenir; nous ne l'affaiblirons pas par d'inutiles commentaires. Il est évident qu'il ne s'agit point ici d'un vain amusement ni d'une imitation servile des mœurs anglaises. Aussi il faut voir comment les autorités font la leçon aux haras pour les convaincre de l'utilité de la fondation. « Partout, répètent-elles à plusieurs reprises et en manière d'aphorisme, partout où l'élève du cheval est ou tend à devenir une industrie réelle, l'établissement de courses est une création nécessaire. »

Les autorités de Rochefort et le conseil général, tout en prêchant des convertis, n'en ont pas moins été pour leurs frais d'éloquence; leur voix s'est perdue dans le désert, — *vox clamantis in deserto*. Elles n'ont pu s'en prendre qu'à l'insuffisance du crédit.

Courses de Semur. — Nous rentrons dans l'ancienne division du Nord par une très-ancienne porte. Les courses de Semur, ainsi que nous l'avons déjà constaté, remontent au règne de Charles V, en 1370. C'est de la vieille noblesse, mais c'est aussi du *statu quo*.

Il paraît, toutefois, que cette date ne concerne que des courses à pied, autorisées par une ordonnance en date de 1369, laquelle défendait les jeux de hasard « et tous autres, disait le roi, *qui ne chéent point à exercer ne habiliter* nos subjez à fait et uzage d'armes. »

Pour donner plus d'éclat à ces courses, les officiers municipaux s'en occupèrent à partir de 1566.

Le prix consistait alors en chausses ou en bas tricotés. C'était une nouveauté à cette époque, — on ne portait que des bas d'étoffe cousus. Le tricot à la main venait d'être inventé ; ce n'est qu'un siècle après qu'a paru le métier à bas qui a tant déprécié le tricot : aussi la course des chausses cesse-t-elle en 1651.

La date réelle de l'institution de la course à cheval est assez incertaine ; cependant il résulte de l'extrait suivant des registres de la mairie qu'elle existait dès avant 1639.

« *Du jeudi* 16 *juin* 1639. — Suivant la délibération prise par MM. les magistrats, le syndic a rapporté avoir mis une escharpe en public pour *le prix de la course ordinaire*, le lendemain de la Pentecoste ; et d'autant que l'on a jugé à propos, pour le bien et utilité de la ville, de continuer aux années suivantes les mesmes faveurs au profit du premier et plus habile cavalier qui se rencontrera sur les lieux, lesdits sieurs magistrats ont délibéré que chacun jour de la foire de la Pentecoste le syndic exposera, pour le prix de la course, une escharpe de taffetas blanc, qui sera donnée en place publique au premier cavalier, et une paire de gants pour le second, pour à l'advenir rendre l'apport de ladite foire plus considérable. »

Jusqu'en 1651, la course à pied précède la course à cheval ; on la supprime alors, et l'on remplace l'écharpe par une bague d'or aux armes de la ville.

En 1708, la ville impose aux concurrents la condition de ceindre l'épée et de chausser la bottine. Telle était la tenue de courses. Cette mesure avait pour effet d'empêcher « qu'il ne se présente des coureurs des classes inférieures, et qu'il ne figure à la course des chevaux trop médiocres. »

En 1711, on exclut nommément les artisans, les valets et domestiques. Voilà des courses de *gentlemen riders*. La délibération porte textuellement :

« L'institution de la course de la bague, en cette ville, n'ayant été faite que pour le plaisir et l'émulation des honnêtes gens, elle est tombée, depuis quelques années, dans un si grand avilissement, qu'il ne s'est trouvé que des gens de néant, ce qui a rebuté les personnes de condition, qui n'ont voulu entrer en lice avec de pareils concurrents ; la chambre a délibéré : d'hores en avant il ne sera admis aucuns artisans, valets ni domestiques, mais seulement bourgeois ou gens vivant noblement ; ce qui sera publié dans cette ville et dans les environs. »

A côté de ces courses, institution toute municipale, le seigneur de Chevigny en institua une qui avait lieu chaque année, huit jours après celles de Semur. Les conditions de cette course particulière en font remonter fort loin l'origine, ce qui, d'ailleurs, s'accorde avec la tradition.

« Le mardi après le dimanche de la Trinité, dit Courtépée (1), tous les propriétaires des vignes au climat de Montliban, doivent, à peine de 3 livres 5 sols d'amende, se rendre au château de Chevigny, à cheval, bottés, éperonnés, la lance sur la cuisse, d'où après un déjeûner dû, composé d'une tranche de jambon et de plusieurs verres de vin, avec un picotin d'avoine par cheval, ils conduisent le seigneur ou ses officiers sur la chaume aux Museaux, proche la chapelle de Saint-Lazarre de Semur. Le greffier donne acte de comparution et défaut contre les absents ; ensuite, on fait

(1) Description du duché de Bourgogne.

une course à cheval, et celui qui arrive le premier au but reçoit une paire de gants, et les autres des rubans ; le tout aux frais du seigneur. Enfin, l'hôpital, qui jouit de cette léprôserie des Museaux, fournit à chaque cavalier un petit pâté et deux verres de vin; au moyen de quoi les fonds de l'hôpital, situés sur le finage de Chevigny, sont exempts du droit de tierce; et les propriétaires des vignes de Montliban, sujets à la chevauchée, ne doivent ni cens, ni dîmes, ni autres droits. Tout le cortége descendant de la léprôserie, se présente à la porte du faubourg des Vaux, sur le pont Dieu, où il est arrêté par les maire et échevins ; car on prétend que si les officiers du seigneur de Chevigny entraient dans la ville, ils pourraient y exercer la justice. »

La course fondée par le seigneur de Chevigny a dû subir le sort de toute institution féodale, et disparaître au souffle de la révolution. Quant à la course de la bague, elle subsiste jusqu'en 1793. Seulement les magistrats, cette année, se rendent à pied à la cérémonie, leurs chevaux étant employés au service du pays; puis les malheurs des temps la font suspendre dans les années suivantes. Mais l'institution reparaît en 1801 ; une course à cheval figure en premier ordre au nombre des jeux qui célèbrent la fête de la république. Enfin, en 1805, l'ancienne course de la bague est rétablie, pour ne plus recevoir que des améliorations.

Il serait inutile de rapporter le texte même des délibérations dont ces quelques mots donnent la substance.

En 1841, on ajoute à l'importance de la course de la bague une autre course au trot pour chevaux attelés. Les frais en sont également supportés par la ville, qui accorde, pour ce nouveau concours, trois prix consistant 1° en un couvert, 2° en six cuillers à café, et 3° en une timbale, le tout en argent.

En 1846, on fait un autre pas dans cette voie. Les habitants de Semur ouvrent spontanément une souscription pour le prix d'une seconde course à disputer au galop, le lendemain de la course de la bague. Le conseil municipal entre dans ces vues d'extension, et vote un nouveau crédit de 200 fr. pour les dispositions que cette fête nécessitera de prendre.

Ces deux courses eurent lieu le 1er et le 2 juin. De fort beaux chevaux, dit-on, y prirent part, au milieu d'un immense concours de spectateurs. Un tel succès, à peu près inattendu, inspira la pensée d'une organisation régulière. On songea donc à former une société d'encouragement qui aurait pour mission de développer l'institution et de la faire progressivement monter au niveau qu'elle a atteint ailleurs. On sollicita les secours de l'administration; le conseil général devait intervenir, mais la révolution de 1848 a coupé court à ce projet. Les choses en sont aujourd'hui au même point qu'en 1659, ou à peu près.

C'est au moins ce que donne à penser l'extrait suivant d'une sorte de procès-verbal dressé à la suite de la course de la bague, en 1849.

Comme toujours, elle a eu lieu le 31 mai, jour de la fête de la Pentecôte. Les prix maintenant sont — la bague d'or aux armes de la ville et 20 fr. d'argent, — une écharpe en taffetas bleu garnie de franges en or et 10 fr. d'argent, — une paire de gants en peau également frangés en or; pour terrain, la grande route, sur une distance de 2 kilomètres environ. Cinq chevaux s'étaient fait inscrire et se présentèrent au départ.

Maintenant, nous copions :

« Pour ajouter à la solennité, M. le sous-préfet, MM. les membres du conseil municipal, de la Société d'agriculture, de la commission hippique, M. le commandant de la garde nationale et l'inspecteur des haras pour l'arrondissement de l'est se sont rendus, *en voitures découvertes* (autrefois on s'y rendait à cheval), à l'hôtel de la mairie, où étaient rangées en bataille la garde nationale et la gendarmerie. Derrière elles se trouvaient les cinq coureurs montés sur leurs coursiers enrubanés. Le cortége, ainsi composé, s'est rendu sur le lieu de la course. La garde nationale et la gendarmerie se sont placées sur deux rangs pour faire observer l'ordre, pendant que les autorités civiles, M. le sous-préfet et M. le maire en avant, se sont dirigées vers le point de départ.

« Les cinq coursiers sont partis au signal donné par M. le sous-préfet. MM. les juges de la course ayant désigné les vainqueurs, ces derniers ont accompagné de nouveau le cortége, qui, dans le même ordre qu'avant, s'est rendu itérativement à l'hôtel de la mairie. Là, les vainqueurs ont reçu les prix d'après l'ordre de l'arrivée au but.

« Le plus grand ordre n'a cessé de régner pendant la course, favorisée qu'elle a été par une pluie d'orage (*sic*) tombée une heure avant le signal du départ. »

Ces luttes rappellent celles qui ont lieu partout où l'on s'occupe de l'élève du cheval; elles n'ont qu'un tort ici, celui de ne pas intéresser à un plus haut degré la bonne production de cet utile animal.

Cependant, et sans donner aux courses de Semur une trop grande importance, on pourrait croire qu'elles n'ont pas été tout à fait sans influence sur la population chevaline de l'arrondissement, et sur le rang que le canton de Semur lui-même occupe dans le département à cet égard. Ce rang est le premier.

Nous en chercherons la preuve dans les chiffres officiels d'une statistique comparée, dressée en 1844 et établissant les rapports entre les existences de 1841 et 1844.

Ainsi, et quant au nombre, l'augmentation proportionnelle, pendant ces quatre années, avait été de 6,80 p. 0/0 dans l'arrondissement de Semur, tandis qu'elle n'était que de 6,16, — 5,82 — et 1,45 dans les trois autres divisions du département.

Relativement à la population humaine, le nombre des chevaux était de 1 pour 8 habitants dans le même arrondissement, alors qu'il était de 1 pour 6, pour 9 et pour 10 dans les autres. La proportion plus forte pour l'un d'eux tient à l'importance de la ville de Dijon. Défalcation faite de tous les chevaux importés dans ce dernier arrondissement, la prééminence appartient à celui de Semur.

Celui-ci occupe encore le premier rang quant à la valeur moyenne des chevaux entiers dans le département. Elle est de 441 fr. par tête, alors qu'on la porte seulement à 413,—405—et 378 dans les autres. Et, comme si cette valeur plus grande était une cause nécessaire de la plus-value générale de la totalité des chevaux sur le mérite desquels elle influe par la voie de la reproduction, on retrouve que, des 36 cantons du département, le plus riche à ce point de vue, c'est encore celui de Semur.

Ces faits ont nécessairement leur importance et leur intérêt. Dans la Côte-d'Or, la supériorité de l'arrondissement de Semur pour l'éducation des chevaux est admise sans conteste.

L'ancienneté de ces courses a sans doute été pour quelque chose dans l'établissement de celles que l'arrêté du 30 octobre 1810 avait officiellement créées dans la Côte-d'Or. C'étaient, bien entendu, des courses de second ordre, avec trois prix de 300 francs chaque, et une quatrième de valeur double.

Cette tentative n'a eu aucun succès. La première année, un seul prix fut couru; deux seulement ont été disputés en 1812, et dès l'année suivante il ne se présentait aucun concurrent. « On reconnut, dit le calendrier des courses, que ce pays n'était nullement propre à cette institution. »

Cette déclaration ne prouve pas beaucoup en faveur de la richesse hippique de la contrée. Les quelques détails qui précèdent établissent, en faveur du temps où nous sommes, une amélioration réelle et marquée, un progrès qu'on ne saurait contester.

Avant peu, si nos renseignements ne nous trompent pas,

des courses au trot seront fondées soit dans la Côte-d'Or, soit dans le département de la Haute-Marne (1).

Elles y seront admirablement posées. Leur but est facile à déterminer, — pousser à la transformation de la grosse espèce qu'il faut alléger progressivement en l'anoblissant, afin de l'approprier mieux aux besoins de l'époque et de la substituer au cheval allemand, lequel s'est emparé de la plus grande partie de la consommation du luxe. Langres, Chaumont, Troyes, Auxerre, Joigny, Beaune, Dijon, voilà des centres à pourvoir et que la production indigène abandonne comme si elle n'avait pas un grand intérêt à en devenir l'unique fournisseur.

Ce sont de nouvelles habitudes à prendre, de nouvelles relations à établir, mais d'importants résultats à tenter. Les courses peuvent être le point de départ et l'occasion facile de cette transformation. Il y a une double conquête à faire, celle de l'élevage indigène et celle du consommateur. L'un et l'autre répondront, si l'on sait les solliciter, si l'on sait les amener tous deux à se connaître, à se mesurer, à se comprendre. Des courses primaires qui attirent le marchand de chevaux nés et élevés en France, des courses primaires de dressage qui détournent en partie le cultivateur de la grosse espèce, — et la question sera promptement résolue.

Il ne faut que se mettre en route avec des vues bien

(1) Nos renseignements étaient exacts. Le comice agricole de Montierender a pris l'initiative d'une organisation toute spéciale. Une société hippique a été fondée et dotée tout à la fois par le conseil municipal, par le conseil général et par l'administration des haras. Celle-ci a alloué une subvention de 500 francs.

Un grand élan a été donné, un programme a été établi, et des courses au trot ont eu lieu en novembre 1849.

Cette association, qui réunit tous les concours, est destinée à rendre les meilleurs services à la population chevaline du pays. Les améliorations qui vont surgir ne s'arrêteront point au canton de Montierender, elles gagneront de proche en proche et porteront au loin leur influence.

déterminées et ne rien négliger des moyens capables de conduire à la fin proposée.

À l'œuvre donc tous ceux qui ont un peu de patriotisme et de zèle au cœur, à l'œuvre tous ceux qui ont assez d'intelligence pour comprendre qu'il est temps enfin d'affranchir le pays du tribut honteux qu'il paye à ses voisins favorisés à ses dépens par son obstination à délaisser le produit de l'industrie nationale; mais à l'œuvre aussi tous ceux qui doivent fournir aux besoins de la consommation, car les exigences pressent et sont de tous les jours.

Il ne faut qu'une volonté et un dévouement pour ouvrir une large voie et commencer une grande chose; est-ce donc trop présumer que compter qu'ils surgiront avant peu l'un et l'autre?

« La belle et antique ville de Dijon, capitale du duché de Bourgogne, ne peut rester en arrière du mouvement qui s'est opéré en France pour la régénération des races chevalines ; ce sol, que foulèrent jadis tant de vaillants héros, tant de magnifiques destriers, doit avoir soif de la gloire équestre dont il est depuis si longtemps sevré. Qu'un hippodrome se dessine donc sur les bords du canal de Bourgogne et que les mânes de Jean sans Peur et de Charles le Téméraire entendent encore les applaudissements qui célébrèrent si souvent leurs carrousels et leurs brillants tournois (1). »

COURSES DE STRASBOURG. — *Courses dans le Bas-Rhin.* — Le décret de 1805 avait porté dans le département de la Sarre un chef-lieu de courses qui semblait devoir plus spécialement intéresser le cheval ardennais que tout autre; cependant et au besoin, les produits de la Lorraine et de l'Alsace auraient trouvé sur l'hippodrome de Trèves un moyen de se mesurer, et dans les prix offerts une indemnité à leur déplacement; mais les courses de la Sarre,

(1) E. Houël. *Traité des courses au trot.* — 1843.

auxquelles on avait affecté une dotation de 4,400 fr., n'ont eu qu'une bien courte durée. Inaugurées en 1807, elles n'existaient plus en 1810.

C'était sans doute pour les remplacer qu'on avait ouvert un concours dans la Côte-d'Or en 1811. Nous venons de voir que cette tentative n'avait obtenu aucun succès.

Une très-grande partie de la France restait ainsi privée de ce moyen d'émulation. On ne pouvait oublier plus longtemps les départements de l'est ; ils offraient une population chevaline considérable, fort éprouvée à la vérité, mais susceptible d'amélioration.

En 1819,—2,000 fr. divisés en trois prix furent offerts et courus à Nancy. Ce n'était sans doute qu'un ballon d'essai. Treize chevaux se disputèrent la somme ; ils ne se montrèrent ni plus mauvais ni meilleurs que ceux des autres hippodromes. L'industrie avait répondu à l'appel qui lui avait été adressé. Restait à organiser l'institution, à lui donner une base plus large, à la confirmer.

L'arrêté du 27 mars intervint ; il donna des courses aux départements de l'est, mais il en porta le siége à Strasbourg. Le chef-lieu de ce nouvel arrondissement n'était pas central. L'importance de la ville, le goût bien prononcé de l'Alsacien pour le cheval, la nature des chevaux que nourrit le Bas-Rhin ont, selon toute apparence, déterminé ce choix. Douze départements ont été réunis dans cette circonscription, dotée alors de quatre prix locaux et de quatre prix d'arrondissement. Les courses de Strasbourg étaient donc classées parmi celles de second ordre et avaient un budget normal de 5,000 fr.

On ne s'était point trompé lorsqu'on avait spéculé sur les goûts hippiques de l'Alsacien. Il accueillit avec empressement les espérances que lui offrait l'établissement régulier des courses à Strasbourg.

Pris à l'improviste, les éleveurs ne mirent que treize chevaux sur l'hippodrome en 1820 ; mais, dès l'année suivante, le terrain de courses fut très-convenablement peuplé. En 1824, cinquante et un chevaux prirent part aux différentes luttes. Le mérite des coursiers n'était pas très-grand, assurément; mais le désir de vaincre faisait rechercher et employer avec discernement les éléments d'amélioration les plus précieux, en même temps qu'il poussait avec ardeur au perfectionnement des bonnes méthodes d'élevage.

Les premiers résultats obtenus sur tous les points du territoire avaient rendu nécessaire la révision des premiers règlements sur la matière. L'arrêté de 1825 vint modifier les dispositions en vigueur; en substituant à celles-ci (plus favorables au nombre qu'au mérite réel, dont la part n'avait pu être très-large) des mesures qui créaient un intérêt plus vif à s'occuper tout spécialement des races de valeur, on a changé la direction primitive. Les prix furent moins nombreux, mais plus forts; les conditions devinrent plus sévères, le cercle se resserra. En 1827, dernière année des courses de Strasbourg, il n'y avait plus que vingt chevaux au poteau. La question, alors, n'était plus dans la quantité; les concurrents capables seuls entraient en lutte, les autres faisaient sagement de s'abstenir.

Il n'en est plus des courses destinées à révéler les athlètes de la race comme des courses de dressage. Il est tout simple que celles-ci réunissent une nombreuse population; il n'est pas surprenant que les autres n'offrent que quelques concurrents, mais le mérite doit s'élever en raison inverse du nombre.

Les courses de Strasbourg ont été transférées à Nancy en 1828; nous les retrouverons bientôt.

L'hippodrome avait été établi dans la plaine des Bouchers, sur un communal appartenant à la ville. Il était de forme elliptique; mesuré à la corde intérieure, il n'offrait qu'un développement de 1,500 mètres dans tout son parcours : le règlement exigeait 2 kilomètres. En Alsace, on ne supposait pas que les chevaux appelés à la lutte fussent capables de fournir cette carrière dans le temps voulu, et l'on sollicitait l'administration de fermer les yeux, d'oublier cette infraction aux dispositions qu'elle avait arrêtées. Nous mentionnons le fait dans un intérêt de vérité et pour constater aussi que la situation de nos races, qu'on se plaît à accuser de plus en plus mauvaise à chaque génération nouvelle, n'était certes pas aussi brillante qu'on le dit, à l'époque à laquelle nous nous reportons forcément et volontairement pour comparer le présent au passé.

Il faut maintenant traverser l'espace et arriver à 1840 pour retrouver une organisation, nous nous trompons, un nouveau germe, quelque chose comme une intention de préparer les voies à une fondation sérieuse.

A cette époque, un officier des haras, qui n'est plus en activité aujourd'hui, se plaignait à nous avec amertume d'être oublié par la haute administration en dépit de ses bons services, de son zèle, de son entier dévouement à ses devoirs. Nous lui fîmes comprendre qu'en fait ses bonnes qualités et ses efforts étaient un peu stériles, qu'il avait depuis longtemps mis en panne, et qu'en restant ainsi sur place il s'était laissé devancer par de bons marcheurs. Nous lui conseillâmes de se remettre en route, de se tenir à une moindre distance du but et d'adopter avec les saines idées les saines pratiques que recommande l'expérience; nous l'engageâmes surtout à provoquer d'utiles améliorations dans l'élevage des produits, à faire ressortir les avantages des nouvelles méthodes en amenant sur le terrain de jeunes chevaux de trois et quatre ans, propres et bien tenus, sellés, bridés et montés, ou bien — attelés avec convenance et sages à la guide.

Nous avons donné la pensée d'instituer des courses de premier degré dans le Bas-Rhin; mais nous ne les avons pas organisées. L'idée n'ayant été qu'à demi comprise, les résultats ont été fort contestables et bientôt contestés. Une mauvaise application avait compromis l'institution; nous sommes intervenu à temps, du moins nous le croyons, pour la sauver en l'établissant sur des bases plus certaines. Ce qui va suivre expliquera ces quelques mots.

De 1840 à 1845, une somme de 1,500 fr., donnée par le conseil général, a été partagée en petits prix de valeurs diverses, mais d'importance minime, puisqu'elle était contenue entre ces deux extrêmes 100 — et 235 fr. A quelques-uns d'eux on a rattaché tantôt une médaille commémorative, tantôt une selle ou un harnais d'attelage, tantôt un sac renfermant les ustensiles propres au pansage.

Pour commencer, les chefs-lieux ont été — Schelestadt, — Strasbourg, — Saverne, — Wissembourg. En 1844, 1845 et 1846, les courses n'ont eu lieu que dans ces trois dernières villes; la première s'est trouvée tout de suite hors de combat, par la raison que cette partie du Bas-Rhin est peu propre à l'élève du cheval. En 1847, on est allé plus loin dans cette voie; on s'en est tenu à l'arrondissement le plus avancé, on a concentré toute la somme destinée aux courses sur un seul hippodrome établi à Haguenau, petite ville assez centrale pour les éleveurs.

Depuis lors, l'institution a progressé. Le conseil municipal s'est imposé des sacrifices en vue d'un établissement durable; il a compris l'utilité des courses à un double point de vue. Après avoir fait les frais d'un hippodrome convenable pour des luttes de cet ordre, il a fondé un prix spécial auquel on fera bien de rattacher des conditions fixes et de donner le nom de la ville. Un prix est assuré quand il est bien couru; or il est toujours bien couru lorsque les conditions ont été bien comprises et clairement définies.

Dans la session de 1848, le conseil général a longuement discuté les résultats des courses du Bas-Rhin. Elles ont trouvé, au sein de l'assemblée, des partisans et des détracteurs. Cela devait être, car l'institution n'a pas donné ce qu'on s'en était apparemment promis; mais elle n'a encore eu ni organisation ni but. On a jeté une somme féconde au hasard, sur des friches abandonnées, dans les plus mauvaises conditions de développement qu'on puisse imaginer, et l'on s'étonnerait de n'avoir pas recueilli uue abondante moisson? Il était facile, on le voit, de répondre à qui parlait de suppression : le crédit a été maintenu.

Dans cette situation, les haras devaient intervenir. Quand un département vote des fonds en faveur de l'industrie, il faut tendre à ce qu'ils deviennent productifs; il faut viser à ce que l'insuccès ne compromette pas les saines idées, ne tourne pas contre les éleveurs et le pays jusqu'aux bonnes intentions, jusqu'au bon vouloir de ceux qui ont mission d'encourager ses efforts, de développer ses richesses.

Ainsi a fait l'administration des haras pour le Bas-Rhin, après le vote, par le conseil général, d'une somme de 2,000 f. destinée aux courses d'Haguenau; elle a accordé une subvention de 1,000 fr. et attaché ses conditions aux luttes dont elle deviendra l'objet. En même temps elle a montré le côté défectueux des courses d'Haguenau, elle a indiqué le moyen de leur donner l'importance qu'elles doivent avoir, d'en assurer le succès en leur assignant un but spécial, bien déterminé.

On ne saurait songer à faire ici de grandes courses. Les ressources manquent. La jument de pur sang est rare non-seulement dans la circonscription du dépôt de Strasbourg, mais encore dans tous les départements de l'est pris ensemble. On perdrait son temps, on gaspillerait beaucoup d'argent en poursuivant l'impossible; on ferait une faute que d'engager l'éleveur dans une fausse voie en lui offrant l'appât de grands prix qui nécessiteraient de grands efforts et de grands sacrifices pour n'aboutir qu'à l'impuissance.

On ne pouvait organiser, dans des luttes très-modestes, des courses de dressage qui eussent pour objet de faire raisonner les accouplements, mieux soigner et mieux élever les produits, puis d'en faire une exhibition utile en les montrant dans la condition de chevaux prêts à accepter toutes les exigences du service.

Il faut qu'ici les mâles soient castrés de bonne heure; que la pouliche ne reste pas abandonnée dans un coin d'écurie plus ou moins insalubre, qu'elle ait, pour se développer, l'air et l'espace, afin de fortifier sa constitution, au lieu de s'étioler sous l'influence d'une atmosphère chaude et chargée; il faut qu'elle devienne plus capable que sa mère, afin de la remplacer avec avantage au point de vue de l'amélioration; il faut que l'élevage devienne un art sérieux, intelligemment exercé, qu'on ne laisse pas s'user prématurément, à l'écurie, dans le fumier, au milieu de toutes les privations qu'infligent l'oisiveté et l'oubli, le poulain destiné à la vente; il faut que l'élève du cheval devienne une ressource au lieu d'être une charge, qu'on apprenne à se servir judicieusement des jeunes bêtes et à les livrer toutes au commerce à l'âge de leur plus grande valeur. L'agriculture a rarement du profit à user d'autres chevaux que des chevaux manqués, sans prix pour le consommateur. Le fermier engraisse son bétail par spéculation; celui qui n'élève des chevaux que pour lui fait un métier ruineux. L'écurie du cultivateur devrait s'emplir et se vider comme se vident et s'emplissent sa grange et ses greniers. Les chevaux qu'il élève devraient se succéder dans le laps de temps le plus court et ne représenter qu'un capital roulant. En agissant différemment, on n'obéit pas à son intérêt le mieux entendu, mais on ne se nuit pas seulement à soi, on ne verse pas dans la consommation en raison de ses exigences, et la production reste au-dessous de la tâche qui lui est dévolue.

L'industrie chevaline est mal organisée en France : elle n'a pas l'intelligence des besoins à satisfaire et demeure en deçà; elle consomme elle-même une grande partie de ses forces. Cela fait, il ne lui reste pas assez de produits à livrer aux services qui les lui réclament. Son activité ne s'est pas développée en raison même des besoins; dès qu'elle ne savait pas se maintenir à leur niveau, elle a été bientôt insuffisante. Est-ce parce que l'industrie chevaline ne produit pas assez que cette proposition est fondée? Non, mais parce qu'elle n'a pas su imprimer à sa production une direction judicieuse et raisonnée. N'est-ce pas parce qu'ici elle conserve à l'état de chevaux entiers des animaux que les services n'emploient que dans une autre condition, et là parce qu'elle use elle-même toutes les années de la vie d'animaux dont elle ne devrait employer que le commencement et la fin?.......

La suite de ces observations trouvera place ailleurs. Il était naturel, toutefois, qu'elles nous vinssent à l'esprit tandis que notre sujet nous conduisait en Alsace, sur l'un des points qui livrent passage aux produits similaires d'une industrie rivale, habile à profiter et de notre ignorance et de notre indifférence.

Eh bien! l'Alsace a un rôle à jouer dans la substitution, devenue nécessaire, du cheval français au cheval allemand, sur notre propre territoire; nous savons parfaitement que la population chevaline de cette contrée ne peut être accrue, ce n'est pas à ce résultat que nous tendons. En la renouvelant plus fréquemment par une production qui aurait fort à faire pour se mettre au niveau des exigences de la consommation, l'Alsace aidera à remplir ces dernières et profitera de l'heureuse situation qui lui est faite par l'étendue et la nature même des besoins à satisfaire.

Que les courses stimulent le zèle de l'éleveur, qu'elles n'appellent au concours que des animaux de trois, quatre et cinq ans, que ces concours aient lieu en saison convenable, à l'époque où nos marchands passent le Rhin pour aller à la recherche de produits étrangers moins bons à tous égards, mais mieux préparés; que les conditions de concours soient telles, que les éleveurs et les marchands en comprennent le but et la portée, et la question chevaline aura fait un grand pas en

Alsace, dans le Bas-Rhin, où elle est aujourd'hui plutôt une ruine qu'un avantage.

Mais il ne faut pas souffrir qu'on puisse mettre en course des chevaux conduits à l'attelage avec une seule corde au lieu et place de guides; mais il ne faut pas tolérer qu'on lance dans l'arène des chevaux montés en couverte ou à poil et à peine coiffés d'un licou. Il s'agit de présenter de jeunes animaux à la vente, il faut qu'ils soient parés et bichonnés comme toute marchandise offerte en appât au désir de l'acheteur. Ces soins ont une grande valeur, nous perdrions notre prose à le prouver; tout le monde en est bien convaincu.

L'Alsacien est plein d'amour-propre; il aime le cheval. Ce ne sera chose ni difficile ni longue que de l'amener à se produire, lui et ses chevaux, avec une certaine coquetterie. Il y a là une corde sensible et qu'il suffira de toucher légèrement pour atteindre aux meilleurs résultats.

Malgré l'imperfection de la forme, les courses du Bas-Rhin ont toujours été suivies avec beaucoup d'empressement; la population chevaline n'y a jamais fait défaut. En 1845, cent six concurrents; en 1847, cent douze; en 1849, soixante-huit se sont rencontrés au poteau. Mais c'étaient des animaux de tous les âges, s'escrimant à tort et à travers, sans règles déterminées, sans aucune égalité dans les chances, sans poids spécifiés ni obligatoires : c'est l'enfance de l'institution, c'est encore la barbarie. Des chevaux dételés de la charrue la veille, amenés sans aucune préparation, montés sans amour-propre par des valets mal tenus et insouciants posés à califourchon, et rien de plus, poussant à outrance et n'ayant d'autre but que celui du moment, voilà les courses d'Haguenau. Nous les comprenons tout autres.

Les chevaux d'âge, nous l'avons déjà dit, n'ont rien à faire ici. L'hippodrome d'Haguenau ne doit admettre que les chevaux disposés pour la vente et préparés au service de la selle ou de l'attelage par une éducation convenable. L'équipage du cavalier doit être propre et complet, de même des harnais d'attelage si peu soignés jusqu'à présent. Le jockey ou le postillon doivent rehausser les avantages des animaux qu'ils conduisent par leur bonne tenue personnelle, par leur intelligence à les produire, par leur habileté à les manier et à les mener.

Rien de plus simple et de plus élémentaire à la fois que tout cela. Nous le constatons à regret; mais la vérité oblige, et nous ne pouvons pas y faillir. Comme homme de cheval, l'Alsacien a perdu ; il n'a plus ces habitudes soigneuses et coquettes qui l'avaient porté au premier rang. Nous ne le reconnaissons plus à ce portrait qui en a été tracé et qui a sans doute été vrai : « Le paysan alsacien naît homme de cheval et l'aime ; il aurait pour lui les soins les meilleurs et les plus minutieux, si on les lui enseignait. Il attelle quatre ou six chevaux à son char pour mener les plus légers fardeaux ; il marche rarement sans son quadrige. Pauvre, il est simple, mais propre, et l'on n'y voit jamais figurer les ficelles échevelées, les rapiécetages grimaçants et les courroies pantelantes et crottées..... Riche, le charretier alsacien, fièrement assis sur son porteur, conduit aussi à grandes guides ; ses bottes sont cirées ; dans son harnais, tout ce qui est noir est noir, tout ce qui est fer est fer ; tout ce qui est cuivre est poli et brille comme de l'or ; son attelage est fringant, luisant et entraîné ; mais c'est sur son porteur que repose tout son orgueil : celui-là est son favori ; c'est toujours le plus beau et le meilleur des quatre. »

L'éleveur alsacien a fort à faire aujourd'hui pour se ressembler à lui-même ; nous ne pouvons désirer mieux que le voir se rapprocher le plus possible de son modèle : en ce moment, la copie est loin de valoir l'original.

Les courses peuvent ramener aux traits primitifs. A ceux qui ont voix au chapitre, à ne point oublier qu'une bonne organisation sera féconde, que le goût du cheval sera toujours facile à réveiller en Alsace, la chose vaut bien la peine d'être tentée.

L'hippodrome d'Haguenau repose sur un sol sablonneux; il est établi sur un terrain qui, habituellement, sert de champ de manœuvres à un régiment de cavalerie. Cette circonstance empêche que la piste se couvre de gazon et offre, par suite, une suffisante élasticité au pied du cheval. Celui-ci y perd une partie de ses avantages, surtout dans les courses attelées; mais on ne doit pas viser ici à une grande vitesse. L'extrême vitesse, au trot, n'appartient pas au jeune cheval. Il ne faut lui demander, en Alsace, qu'une allure régulière, et la docilité que donnent au cheval la bonne éducation, un dressage intelligent, des forces suffisamment développées à la faveur d'une hygiène honorable et bien entendue. Les courses ne doivent être à Haguenau qu'une exhibition de produits, qu'une montre soignée de chevaux qu'on n'irait pas chercher dans l'écurie de l'éleveur, une réunion faite pour faciliter l'offre et la demande entre le producteur et le marchand. Tel est le but que nous assignons à l'institution en Alsace.

Courses dans le Haut-Rhin. — Des courses en tout semblables à celles du Bas-Rhin ont été essayées en 1841 dans le Haut-Rhin. 1,500 fr., divisés en dix prix égaux, ont été offerts dans deux chefs-lieux, à Colmar et à la Chapelle, arrondissement de Belfort. C'étaient des luttes entre chevaux du département, attelés ou montés. Elles n'ont point été acceptées avec le même empressement que dans le Bas-Rhin. Plusieurs prix n'ont même pas réuni le nombre de concurrents exigé, et n'ont point été courus.

Cet essai ne s'est pas renouvelé, que nous sachions. Nous ne conseillerions pas une nouvelle tentative ici avant d'avoir obtenu, par une organisation judicieuse, un succès plein et entier à Haguenau.

Dans le Haut-Rhin, l'institution des courses devrait se

proposer de poursuivre une œuvre de transformation. Il y aurait une grande similitude à établir entre les courses de ce département et celles de la Haute-Marne et de la Côte-d'Or.

Essais a établir en Franche-Comté. — Passons un instant en Franche-Comté avant de revenir dans l'intérieur et de nous occuper des courses établies en Lorraine.

Il n'y a pas, il n'y a jamais eu de courses dans la circonscription du dépôt d'étalons de Jussey. Cela se comprend jusqu'à un certain point pour le passé ; nous ne comprendrions pas la même indifférence, le même abandon pour l'avenir. C'est au présent à préparer les voies à cette utile innovation.

Nous n'avons point à faire injure à ceux qui nous liront. Ils savent très-bien de quelle espèce de courses nous entendons parler, lorsque nous appliquons ce mot à l'institution d'épreuves spéciales pour une nature de chevaux qui ne pourraient pas aborder les hautes luttes de l'hippodrome.

Ce n'est pas l'anglomanie ni le désir d'en mettre partout qui nous portent à conseiller, à recommander la création des courses dans les départements de la Franche-Comté, mais un intérêt sérieux et une nécessité politique.

La population chevaline de la circonscription de Jussey est considérable ; elle renferme une famille de chevaux bien connue, mais dont l'utilité spéciale passe tous les jours. Le renouvellement de cette population est à peu près livré au hasard. Les étalons passables ne sont que des exceptions très-clair-semées ; le connaisseur a peine à s'y reconnaître. Ce ne sont pas des chevaux pour la plupart, mais des manières de monstres, des bêtes décousues et sans type, sans moyens ni valeur.

L'amélioration doit ici partir de très-bas. Il ne faudrait pas songer à opérer des croisements, ceux-ci ne conduiraient à rien de satisfaisant ; il ne faut introduire auprès de cette masse de chevaux de trait que des étalons de même espèce, relevés par une certaine harmonie dans les formes et par un haut degré de vigueur dû à un bon élevage.

Des courses spéciales seraient un moyen sûr d'amener des chevaux de cet ordre dans le pays et de les faire connaître et accepter par les producteurs. Ouvrir, à certaines époques de l'année, des concours pour l'admission des étalons à l'autorisation des commissions hippiques, à l'approbation avec primes, et faire dépendre en partie cette admission de la manière dont l'épreuve aurait été soutenue, conduiraient à de prompts résultats, entraîneraient rapidement l'industrie vers la voie de transformation, désormais nécessaire, de la population chevaline dont elle s'occupe.

Il n'est pas besoin de grands sacrifices pour sortir de l'ornière, il n'est besoin que de marquer le but et de marcher résolûment vers lui; il se trouvera toujours assez d'étalonniers désireux de donner quelque vogue à leurs chevaux pour commencer et donner l'exemple, les plus intelligents auront bientôt des imitateurs. L'important serait ici de ne pas entasser formalités sur formalités, de ne rien exiger tout d'abord qui ne fût parfaitement simple et facile, d'oublier un peu les exigences de la forme en faveur du fond, de faire table rase de toutes les difficultés administratives. On y arrive aisément en constituant une association privée, et, à défaut, un semblant, une ombre d'association à laquelle on passe toutes les facilités en réservant pour soi l'accomplissement plus ou moins compliqué des règles de l'administration publique. Celle-ci veut et a raison de vouloir des garanties, puisqu'elle-même est assujettie à rendre des comptes.

On voit dans quel ordre d'idées les courses devraient être instituées en Franche-Comté. C'est l'étalon le moins mauvais qu'il faut distinguer et mettre en honneur. Son influence s'étendra rapidement à la population entière. Lorsque celle-ci se sera relevée d'un degré, l'étalon se produira meilleur et reportera sa propre amélioration sur ses suites. On avancera lentement, mais on marchera sûrement, et l'on est toujours certain d'arriver lorsqu'on ne reste pas dans une complète immobilité : est-ce que, à la longue, la goutte d'eau n'excave pas le rocher le plus dur?

Le pays, la France a besoin d'utiliser toutes ses ressources. La contrée, la fraction du territoire qui ne travaille pas à satisfaire une partie des exigences manque à sa mission, nuit à la fortune publique et compromet l'honneur national. Nous ne savons pas tirer parti de nos richesses; que d'éléments de prospérité avortent dans nos mains!

La Franche-Comté, dit-on, fut autrefois réputée pour ses races chevalines ; elle leur a dû son nom, celui de *Sequanes* que portaient les populations de ces contrées, et qui, formé de deux mots celtiques, signifiait homme de cheval, province de cheval. Au rapport de Strabon et de Lucain, la cavalerie des Sequanes avait une haute réputation; dans Besançon la Vieille, il a existé un temple élevé jadis à *Castor dompteur*. Avant 1789, la Franche-Comté possédait quatre cent soixante-quatre étalons royaux ou approuvés. Où sont aujourd'hui ces moyens d'amélioration? En même temps qu'eux a disparu toute la richesse hippique de la contrée. C'est là tout ce qu'elle a gagné à la suppression des haras en 1790. Mais la province n'a pas été seule à perdre dans cette ruine; la France s'est appauvrie de sa pauvreté. La cavalerie y faisait autrefois d'importantes remontes pour l'artillerie et ses équipages militaires; elle y recueillait aussi, à ce qu'on assure, des chevaux propres à l'arme des dragons.

Il nous semble aisé de revenir à cette bonne situation; mais il faut cesser de compter sur les seuls efforts et sur l'intelligence de l'industrie privée. Celle-ci a donné, semble-t-il, la mesure de son impuissance et de son incapacité, elle ne peut tout faire; prenons donc l'initiative des mesures qui ne sont point à sa portée et mettons-la en possession des moyens d'amélioration dont les bons résultats doivent surtout servir l'intérêt général. En effet, les habitants de la

Franche-Comté trouvent, pour ce qui les concerne privativement, des forces et des ressources suffisantes dans le cheval qu'ils font naître. En le produisant meilleur, plus approprié aux exigences de l'époque, nul doute qu'ils n'en tirassent avantage. Mais il faut le reconnaître, si la plus-value doit leur être profitable, la France a bien plus à gagner encore à l'heureuse transformation de leur cheval, si dégradé pourtant, que la contrée elle-même, puisque, tel quel, elle l'utilise à merveille.

Des essais très-imparfaits d'abord, des épreuves d'un degré plus élevé ensuite pour les étalons, voilà à quoi nous bornerions, quant à présent, l'institution des courses dans la circonscription du dépôt de Jussey. Nous organiserions des luttes modestes au trot, sous l'homme ou à la guide, et nous consulterions les habitudes locales pour ne les contrarier en rien, car nous voudrions importer sans secousse une innovation que nous regardons comme la clef de voûte et l'unique espoir d'importantes améliorations à réaliser en Franche-Comté.

La Suisse n'est pas éloignée d'elle; il y a là de bons exemples à prendre. Nous avons tout lieu de croire que les populations ne seraient point réfractaires à leur contagion, si l'on savait bien adapter l'institution aux ressources locales, et ne lui demander tout d'abord que ce qu'elle peut et doit donner en commençant.

Il n'y a aucune coquetterie à mettre dans cette organisation; il ne faut encore faire appel qu'au bon vouloir du grand nombre. Ici le succès doit être en raison de la surface conquise; c'est le nombre qui en mesurera l'étendue.

Courses de Nancy. — A partir du jour où l'élève du cheval de sang a fait quelques progrès dans l'Est, les éleveurs du Bas-Rhin n'ont conservé aucune chance de vaincre sur l'hippodrome de Strasbourg. La seule partie de cette division où l'on se soit jamais occupé des races d'élite, c'est le département de la Meurthe, ou plutôt les environs de Nancy, dans le rayon le plus immédiatement placé sous l'influence du haras de Rosières, dernier refuge de cette race ducale, morte d'inanition, enterrée sous un article du budget, qui l'a rayée de la carte hippique de la France.

Fatigués des triomphes constants que remportaient chez eux les chevaux lorrains, blessés d'une supériorité à laquelle ils ne pouvaient atteindre, les éleveurs d'Alsace tentèrent d'obtenir la suppression des courses de l'Est, et de se faire donner en primes les allocations accordées jusque-là à l'hippodrome de Strasbourg. Ce dernier mode d'encouragement allait mieux, disait-on, aux petites fortunes; il se répandait en gerbes plus nombreuses, et surtout, chose essentielle, capitale, il refoulait la concurrence étrangère. Les primes, en effet, n'admettent guère d'autres circonscriptions territoriales que celle du département, ou même, très-souvent, de l'arrondissement. C'est une affaire de famille; cela se passe entre soi, sans peine ni souci; c'est, pour ainsi parler, du bien qui vient en dormant.

Les éleveurs de la Meurthe, forts de leur supériorité, ne partageaient pas précisément cette manière de voir et de juger. Ils pétitionnèrent en leur faveur, ils prêchèrent pour leur saint. Strasbourg repoussait les courses, — soit; elle n'aurait jamais dû les avoir. Sa position extrême imposait à ceux-là qui fréquentaient son hippodrome, avec honneur pour eux-mêmes, avec profit pour l'espèce, des déplacements lointains et onéreux. Cette nécessité nuisait à la solennité et au succès des courses; elle écartait des concurrents sérieux qui entreraient en lice, si l'hippodrome s'établissait sur un point plus central; enfin il fallait reconnaître l'infériorité des produits d'Alsace sur ceux de la Lorraine; car, sur vingt-huit prix principaux ou d'arrondissement courus de 1820 à 1826, deux seulement avaient été gagnés par des chevaux du Bas-Rhin, qui, pour tous les autres, ont dû céder la victoire au sang lorrain. Il y avait donc tout à la fois utilité et justice à transférer les courses, à les reporter dans le département de la Meurthe, indûment privé en 1820, au profit d'une ville qui n'attachait, d'ailleurs, aucun intérêt à leur conservation.

Lunéville formerait un chef-lieu très-convenable. Son champ de Mars, assez vaste pour recevoir une armée, offrait un magnifique terrain à l'établissement d'un hippodrome ; les régiments de cavalerie, qui viennent y tenir garnison, ou que des exigences d'instruction réunissent fréquemment sur ce point, donneraient au spectacle des spectateurs intéressés, et à l'éleveur l'occasion favorable de produire ses élèves dont la destination spéciale est le service des armes légères. Tout alors serait pour le mieux; on sauverait l'excellente petite race, fondée autrefois par les soins de Stanislas Leszczinski, de l'abandon où le consommateur la laissait, de l'abâtardissemenf qui, par suite, la menaçait de toutes parts.

On le voit, c'était un plaidoyer en règle ; disons vrai, c'était une bonne cause parfaitement exposée. D'ordinaire, la justice est lente; la gravité de son caractère nuit à la précipitation de sa marche. Bien qu'il s'agisse ici d'une affaire de courses, elle prit son temps et n'en alla pas plus vite. Deux ou trois ans, la question demeura pendante; elle fut vidée à la fin. Les courses furent déplacées. Au lieu de s'arrêter à Lunéville, elles vinrent s'abattre à Nancy, sous les murs de la ville, dans la prairie de Tomblaine, propriété fort divisée, mais qui avait l'avantage de mettre l'institution sous le bon vouloir de tel ou tel, à qui, par bizarrerie ou autrement, il plairait, un beau matin, de s'opposer au passage de l'hippodrome, à l'établissement de la piste.

Chose mal préparée, chose manquée. En voici une preuve nouvelle.

La prairie a été partiellement défrichée; l'époque de maturité des diverses cultures a plus d'une fois fait obstacle; les terres labourées servent mal la rapidité des mouvements, favorisent peu le développement de la vitesse; puis le ciel aussi s'est parfois mis à tremper et détremper tout cela de ses plus grosses larmes ; jamais l'éleveur n'a pu disposer du terrain pour les exercices préparatoires ; bref, toutes les conditions contraires se trouvaient là réunies pour tuer l'institution en éloignant ceux qu'elle avait la prétention d'encourager.

Cependant quelques éleveurs tinrent bon ; les premières années des courses de Nancy présentèrent des résultats à peu près aussi satisfaisants que ceux de plusieurs autres circonscriptions. Le *Journal des haras* les traita avec une bienveillance extrême. Les paroles d'encouragement ne leur firent pas défaut ; la renommée les fit plus brillantes que de raison. Mais, au rebours du proverbe,— qui, d'ailleurs, n'a point été mis au monde pour une semblable application, — en fait de courses bonne renommée est moins profitable que ceinture dorée. Eh bien ! l'argent manquait aux départements de l'est, et cet inconvénient, joint à tous les autres, devait stériliser pour longtemps cette partie de la France, dont la production chevaline est si arriérée aujourd'hui. La grosse espèce l'a envahie ; maintenant que les races communes perdent tout à la fois de leur valeur et de leur utilité, cette branche d'industrie, si elle ne prend pas un nouvel essor, est menacée de se restreindre aux seules proportions des besoins locaux. Il en résulterait un vide plus considérable encore dans la satisfaction générale des services qui emploient un moteur moins lourd et moins grossier, qui veulent une nature plus vive, un cheval d'un sang plus généreux, mieux doué à tous égards.

Le règlement de 1840, en abattant toutes les barrières qui avaient jusque-là protégé les arrondissements, favorisé les petites circonscriptions, soutenu les petits éleveurs, le règlement de 1840 a donné le coup de grâce aux quelques amateurs lorrains demeurés fidèles à la production du cheval noble, à l'élevage du pur sang. Les éleveurs de Paris se sont rués sur l'hippodrome de Nancy comme sur tous les autres. — C'était leur droit; mais, à la seconde campagne, tout était fini. En 1842, les trois prix de l'Est, montant ensemble à 6,500 fr., ont été courus par quatre chevaux!

En présence de la supériorité du cheval de Paris, le découragement du Lorrain a été prompt, complet, absolu. L'Alsacien avait fait, quelques années auparavant, meilleure et plus longue contenance devant la supériorité de l'éleveur de la Meurthe. C'est que les temps étaient changés; les progrès avaient été immenses partout où l'argent avait puissamment excité l'émulation; les soins et les sacrifices, au contraire, avaient été singulièrement ménagés là où l'encouragement ne s'était pas élevé au niveau des nouvelles exigences.

Après Nancy, où les conditions antérieures à la lutte officielle étaient si défavorables, que restait-il aux éleveurs de l'Est? En dehors des 6,500 fr. courus sur leur hippodrome, unique dans l'arrondissement, quelle part leur était réservée? Ils n'avaient que Paris en perspective, mais Paris se trouvait bien au-dessus de leurs forces. Il y avait impossibilité pour eux de vivre; ils étaient noyés dans l'espace; plongés dans le vide, ils manquaient d'air et de soleil. L'air et le soleil de l'hippodrome, ce sont les prix nombreux, les courses à conditions très-variées et permettant au cheval moyen, voire au cheval seulement passable, de faire sa petite moisson d'argent et de défrayer l'éleveur quand il n'a pas été assez heureux pour obtenir un de ces produits de haute valeur dont les victoires multipliées remettent l'équilibre dans le budget de l'écurie. Rien de cela dans l'Est. Aucune organisation parallèle à celle des haras, aucun auxiliaire dans les allocations départementales, ou municipales, ou privées, aucune association spéciale, rien, rien absolument.

En Lorraine ils n'étaient pas nombreux les éleveurs qui produisaient le cheval de sang et le soumettaient aux bonnes méthodes d'éducation, seules capables de le maintenir à un rang élevé dans sa propre race; mais si peu qu'ils fussent, et lorsqu'ils n'avaient d'autres ressources que la subvention de l'Est, quelle somme d'encouragement pouvaient-ils retirer de ce chiffre, — 6,500!

Les hommes riches ont du dévoument, ils font tous quelques sacrifices à la chose publique; encore faut-il cependant que ces sacrifices mènent à un résultat utile. 60,000 fr. de prix en perspective, sur divers hippodromes, eussent provoqué des efforts proportionnels beaucoup plus considérables; peut-être qu'en fin de compte ils n'auraient pas laissé à chacun un bénéfice bien net, mais en même temps qu'ils sauvaient l'amour-propre, ils aboutissaient à une utilité réelle, incontestable. D'un nombre de chevaux dix fois plus grand seraient sorties quelques célébrités hippiques, et leur prix de vente supérieur eût assuré une indemnité quelconque à l'éleveur.

Quelle différence, après tout, entre l'Est et les autres divisions hippiques de la France! On la saisit aisément en jetant un simple coup d'œil sur le tableau général des courses. Dans le Midi, on trouve quatorze ou quinze hippodromes; tous offrent des prix à gagner aux chevaux de la contrée. La Normandie a sept chefs-lieux de courses plus ou moins richement dotés. La Bretagne ne compte pas moins de douze hippodromes, et chacun d'eux présente son petit intérêt. C'est bien le cas de dire : les petits canaux forment les grandes rivières. Réunies, les ressources ne laissent pas que d'avoir leur importance : or tout ce mouvement, qui se produit autour de chaque centre, provoque son activité, ses efforts, ses sacrifices, son utilité immédiate et éloignée. Nous ne parlons pas de Paris, point de départ et but tout à la fois. Ici les richesses abondent, mais elles résultent d'une bonne organisation autant que de la situation même du lieu. Quoi qu'il en soit, pourtant, nul hippodrome, aucun arrondissement n'est resté aussi abandonné, autant esseulé que celui de Nancy, où, nous l'avons dit, aucune ressource auxiliaire n'est venue fortifier l'allocation ministérielle.

Ce fait, unique dans la France chevaline, s'élève à la

hauteur d'un enseignement. Il prouve fort bien que l'isolement et le défaut de concours sont mortels, que nulle part les seuls efforts de l'État n'aboutiraient. Il en est de même, et nous l'avons déjà plusieurs fois constaté, des efforts secondaires, de ceux des départements, des villes ou des particuliers, qui ne se maintiennent pas, qui n'ont aucune durée, si l'administration ne les appuie et ne les assure dans leur continuité.

En 1840, 1841 et 1842, les courses de l'Est ont été si pauvres, que de toutes parts on avait reconnu la nécessité d'en changer la forme. Un pareil insuccès entraînait forcément ou la suppression ou l'entière transformation. La Société centrale d'agriculture de Nancy prit l'initiative d'un examen sérieux de la question, et soumit au conseil général les propositions qu'elle désirait voir accueillir par les haras.

Son rapport contient une étude approfondie de la situation chevaline de la Meurthe, nous en extrairons quelques passages.

Remarquons, avant d'aller au delà, que la Société centrale a fait en 1843 ce que les éleveurs du Bas-Rhin avaient fait en 1827. Mettant en oubli les intérêts des onze autres départements de la division, elle s'est principalement occupée de ceux des éleveurs de la Meurthe. Personne n'a songé à se plaindre. Les amateurs de la Meurthe, jusqu'au jour où leur hippodrome a été accessible à leurs confrères de Paris, étaient restés seuls maîtres du terrain. Les courses de Nancy n'étaient plus qu'une affaire départementale; elles se disputaient paisiblement entre quelques habitués du turf local qu'aucun étranger n'est venu troubler dans leurs triomphes domestiques.

Quoi qu'il en soit, voici des extraits du rapport adopté par la Société :

« Les courses qui ont eu lieu à Nancy, en 1840, 1841 et 1842, ont donné lieu à bien des commentaires. Si, parmi eux, il s'est trouvé des observations sages, il s'en est trouvé beaucoup d'erronées et qui tendaient à donner une opinion fausse et défavorable des vues que s'était proposées le gouvernement en les instituant.

« Dans votre dernière séance, vous avez débattu toutes les questions relatives aux courses; vous avez pensé qu'il était convenable d'émettre votre opinion à ce sujet, et vous avez chargé votre section d'amélioration des animaux domestiques de vous présenter un rapport qui contînt vos pensées et vos vœux sur la matière; elle a l'honneur de le soumettre à votre approbation.

« Quoique les chevaux se soient beaucoup améliorés dans notre département depuis environ quarante ans, et que leur taille moyenne se soit élevée de 10 centimètres, il faut cependant reconnaître que les plus grands d'entre eux ne seraient propres qu'au service de la cavalerie légère et aux transports militaires; mais ils y apporteraient une grande aptitude.......

« Pour donner une idée exacte des ressources que présente notre département, voici ce que nous apprennent des documents positifs.

« Il possède :

1° *En chevaux entiers et hongres.*

Poulains d'un à quatre ans.............	11,700	
Chevaux de cinq à huit ans et d'une taille de 1 mètre 50 centimètres et au-dessus.	3,900	ci... 37,080
Chevaux de cinq ans et plus, d'une taille au-dessous de 1 mètre 50 centimètres.....	21,480	

2° *En juments.*

Pouliches d'un à quatre ans.............	11,500	
Juments de cinq à huit ans et d'une taille de 1 mètre 50 centimètres et au-dessus....	3,500	ci... 33,606
Juments de cinq ans et plus, d'une taille au-dessous de 1 mètre 50 centimètres...	18,606	
TOTAL...............		70,686

« . . . . . Il y a quarante ans, on n'aurait peut-être pas trouvé chez nos cultivateurs cinq cents chevaux qui atteignissent 1m,40. A cette époque, ils vivaient dans les champs, ils y passaient les nuits et n'habitaient les écuries que lorsque des neiges et des gelées ne permettaient pas qu'on les tînt en pâture permanente.

« Aujourd'hui les chevaux reçoivent plus de nourriture à l'écurie, on leur donne même de l'avoine et on les étrille; mais ils passent encore en pâture une partie des nuits. C'est ce changement dans le régime qui a particulièrement contribué à élever la taille de nos chevaux, restés sobres et résistants aux rigueurs des saisons.

« . . . .

« Il y a plusieurs mesures à prendre pour améliorer encore notre race. Vous avez voulu que chacune d'elles fût l'objet d'un mémoire particulier. Nous ne devons donc parler ici que des moyens d'amener les courses à exercer une influence plus efficace sur l'amélioration des chevaux dans notre département et dans ceux qui font partie de l'arrondissement des courses de Nancy.

« Dans toute cette division, formée de douze départements, il existe peut-être six cent mille chevaux, renouvelés annuellement par cinquante ou soixante mille naissances. Nulle part ici, cependant, on ne s'occupe à faire des chevaux de première vitesse, mais des chevaux de labourage et de commerce. Parmi eux, il se trouve un assez grand nombre de sujets propres au service de la guerre; mais, comme ce ministère achète souvent en Allemagne et ne présente pas au producteur un débouché régulier, il ne cherche pas à faire naître le cheval de cavalerie et de transports militaires.

« Etablir des courses de grande vitesse dans cet arrondissement, c'est exclure cinq cent quatre-vingt-dix-neuf mille chevaux au moins, c'est paralyser toute émulation, c'est mécontenter tous les éleveurs, puisqu'ils disent avec raison : on ne fait rien pour les masses; les faveurs se prodiguent à un petit nombre de privilégiés. Cependant les chevaux communs sont d'une immense et incontestable utilité pour tous les genres de services; il se vend au moins cinquante mille chevaux de 1,000 fr. et au-dessous, lorsqu'il se trouve à peine un amateur qui mette 3,000 à 4,000 fr. à un cheval de pur sang.

« Sans doute, il faut encourager la production de ce cheval noble, puisqu'il est le meilleur, puisqu'il concourt puissamment à l'amélioration des races roturières, mais il ne faut point oublier que ces dernières, immensément plus nombreuses, sont chargées de tous les services, et qu'on use cinquante mille chevaux sortis de leurs rangs contre un seul cheval de race pure. Il faut donc encourager aussi la bonne production de ces roturiers, chercher à faire passer dans leur sang le feu et la vigueur des animaux de noble origine. Or, pour stimuler le zèle chez les éleveurs, voici comment vous vous proposez de demander que soient répartis les 6,500 francs annuellement courus sur l'hippodrome de Nancy. »

Et le rapport fait deux parts de la somme; il affecte 3,500 fr., partagés en six prix de 500, — 600 — et 700 fr., à des courses de haies ou à des luttes à disputer par des chevaux de trois ans et au-dessus, ayant au moins 1^{m},50 sous potence; il attribue les trois autres 1,000 fr. à l'encouragement de la production du cheval de pur sang, dans l'arrondissement de l'Est.

Le rapporteur ajoutait : « Le programme, publié au moins trois mois à l'avance, serait rédigé de manière à faire comprendre aux cultivateurs que ce sont eux surtout que l'on appelle au concours, car les prix ne seraient point assez élevés pour tenter la cupidité des amateurs de chevaux de sang.....

« En outre, les chevaux qui se présenteraient à ce genre

de courses seraient propres à tous les services; ils seraient cotés à des prix modérés, en sorte qu'après la lutte il pourrait s'établir une sorte de marché favorable à la vente, plus ou moins fructueuse en raison de la vigueur déployée dans les épreuves. Ces deux établissements, — les courses et le marché, — se prêteraient un mutuel secours. Tout donne lieu d'espérer que ce double stimulant, offert aux chevaux de commerce et aux chevaux de remonte, à ceux dont l'emploi est usuel, ne tarderait pas à porter de bons fruits, à donner les meilleurs résultats. »

Quant à la somme réservée aux chevaux d'une race supérieure, elle restait soumise aux dispositions du règlement général; mais la Société demandait que les chevaux de l'Est seuls fussent admis à courir les deux prix qui en seraient formés.

Le conseil général adopta les vues de la Société centrale d'agriculture de Nancy et les recommanda très-vivement à l'attention du ministre de l'agriculture. Le conseil des haras ne fit point obstacle; les propositions de la Société, amendées au fond, furent accueillies et appliquées dès 1843.

Nous voilà donc en face d'un autre ordre de courses, d'un mode d'encouragement destiné à atteindre le petit éleveur, l'éducateur de chevaux de service. Voyons ce qu'il a produit pendant les six premières années de son application.

Deux prix de 750 fr. et deux autres de 1,000 fr. chaque pour chevaux de l'arrondissement, attelés seuls ou par paires, ou montés pour des courses de haies; âge, trois ans et au-dessus; taille, $1^{m},48$ au moins; des épreuves de 2 ou 4 kilomètres; telles sont les exigences du programme.

De 1843 à 1848,—quatre-vingt-treize chevaux ont figuré sur les listes d'inscription, — soixante-neuf seulement ont couru; un quart se retire donc et ne prend point part au concours. La moyenne des chevaux qui entrent en lice n'est pas de douze par an; à chacun n'est pas offert un encouragement de 300 fr. ! Voilà la situation.

Quels résultats peut-elle offrir? L'éventualité d'une pareille prime est-elle donc suffisante pour secouer l'indifférence de l'éleveur, pour solliciter l'éducateur et l'entraîner dans une voie qui ne peut être parcourue avec succès qu'au moyen de soins, de peines et d'avances auxquelles on n'est point habitué jusque-là?

D'autre part, est-ce un concours de douze chevaux, plus ou moins mal dressés et allants, qui appellera l'acheteur, qui fera rechercher, par le consommateur, des produits d'une valeur au moins douteuse?

En présence de ces faits, il n'y a pas beaucoup d'utilité à attendre de cette nouvelle organisation : elle menace de rester plus stérile encore que la première. Or voyons ce qui est advenu de celle-ci.

La somme de 6,500 fr. avait été insuffisante à provoquer le progrès; ne serait-il pas étonnant que celle de 3,000 fr. eût été puissante à produire de bons résultats?

Sur trente-deux chevaux engagés, vingt-sept ont couru; —sur douze prix offerts, cinq n'ont pas été gagnés.

Cette petite statistique porte avec elle son enseignement; elle ne dit pas que l'organisation des courses de Nancy fût mauvaise; elle ne dit pas que l'institution ne soit pas un besoin, ne soit pas un élément de progrès indispensable; elle trahit l'insuffisance des encouragements offerts; elle prouverait, si l'évidence devait être prouvée, qu'il ne suffit pas d'avoir une belle semence pour obtenir une abondante moisson. Les deux choses doivent être réunies et soumises encore à d'autres conditions de succès hors desquelles il n'y a plus que perte et inutilité.

En même temps que la Société d'agriculture et le conseil général de la Meurthe reconnaissaient la nécessité de maintenir les courses à Nancy, il eût été logique de déterminer dans quelle mesure ce moyen d'encouragement devait être appliqué, quelles proportions il devait atteindre pour ne pas rester sans effet, et venir en aide à la subvention des haras, dont le chiffre, tout minime qu'il soit, était néanmoins supérieur encore aux services que l'administration pouvait en attendre au point de vue de la remonte de ses établissements.

On pouvait provoquer la formation d'une société spéciale, voter des fonds, accroître le budget de l'hippodrome; on pouvait, on devait vulgariser le moyen en associant tous les efforts, en intéressant le grand nombre au succès, en donnant de la vitalité à une institution qui en a toujours manqué dans l'Est, par défaut de concours. Aussi quels services la production du cheval de toute cette partie de la France lui a-t-elle rendus et lui rend-elle encore? Pour quelle part entre-t-elle dans la satisfaction des besoins généraux? Comparez les faits observés dans toutes les divisions du pays, et dites si cette dernière, la plus privée en encouragements de toutes sortes, n'est pas aussi la plus arriérée quant à l'amélioration. Et pourtant, il faut bien que nous le répétions, non-seulement elle est propre à la bonne production et à la réussite du cheval, mais elle devrait encore y être excitée par patriotisme, prendre à tâche d'empêcher l'importation, par ses frontières, de cette masse de mauvais chevaux que les marchands vont chercher au delà du Rhin pour en infecter nos écuries. Si les départements de l'est avaient produit en suffisance, s'ils avaient surtout progressivement amélioré leur production, ce commerce antinational eût depuis longtemps cessé. Les conseils généraux n'ont pas donné à cette branche d'industrie l'attention qu'elle méritait, ils ne lui ont prêté aucun des secours qu'elle réclamait; ils ne lui ont pas ouvert la voie des améliorations successives; ils ne l'ont pas dirigée vers un but utile; elle a langui, elle ne tient qu'un rang infime dans les efforts et dans les résultats de l'industrie indigène.

Les courses de Nancy sont bien entendues aujourd'hui. L'arrêté du 26 avril 1849 ne leur laisse qu'un prix spécial à disputer au galop, afin d'offrir à ceux qui auraient des étalons à mettre à la disposition des haras le moyen de les produire sur l'hippodrome sans déplacement et sans frais extraordinaires; mais l'arrêté du 12 du même mois les avait déjà classées au nombre des courses d'essai.

Comme point central dans l'Est, la Meurthe est fort bien placée pour avoir des courses de vitesse; mais ces dernières n'y acquerront de l'importance que lorsque les courses de premier degré auront amélioré l'élève, forcé à attacher une importance fondée au choix judicieux des étalons et des poulinières, soulevé la population chevaline tout entière au-dessus de son niveau, de son infériorité actuelle, et fait entrer les éleveurs dans une voie de progrès plus large, mieux raisonnée et bien sentie. Jusque-là, les courses de vitesse doivent y sommeiller systématiquement; mais, de parti pris aussi, il faut porter toutes ses ressources, concentrer toutes ses forces sur les courses du dressage, en faire une institution puissante, un concours considérable, et y convier tout à la fois le producteur et le consommateur.

Les courses de Nancy ont lieu en juillet. Quand la Lorraine voudra compter et prendre rang parmi les provinces qui s'occupent aussi de l'industrie chevaline, elle avisera au moyen de doter plus convenablement son hippodrome.

Courses de Mézières (Ardennes). — L'arrêté du 10 octobre 1810 avait donné des courses de second ordre au département des Ardennes; c'était une subvention de 1,500 fr. partagée en quatre prix, dont un de 600 fr. Les chevaux des Ardennes recevaient une réduction de poids de 5 kilogrammes sur le tarif déterminé pour les courses de premier ordre. Le règlement les avait ainsi assimilés aux chevaux camargues et aux produits de la race landaise. Il y avait certainement plus d'une analogie à établir entre les uns et les autres, également estimés par tous ceux qui en ont parlé autrefois. C'étaient des qualités solides résultant du fond plus que de la forme; c'était une grande concentration d'énergie et de résistance sous des dimensions assez restreintes.

La race ardennaise méritait, certes, qu'on prît souci de son avenir, qu'on s'occupât à l'améliorer. La création de courses se justifiait donc à tous égards dans le département des Ardennes.

Cette création, sur le papier, a-t-elle été suivie d'une application quelconque? Nous l'ignorons. Nous n'en trouvons de trace nulle part, et nous n'essayerons aucune conjecture à cet endroit.

Quand on sait avec quelle sollicitude le département des Ardennes a doté son industrie chevaline, on s'étonne, à bon droit, que l'institution des courses, toujours féconde en bons résultats quand elle est judicieusement appliquée, n'ait pas fixé depuis longtemps l'attention du conseil général.

Ce n'est qu'en 1847 qu'une allocation de 2,000 fr. a reçu cette destination. Une première tentative d'organisation avait eu lieu, dix ans auparavant, en septembre 1838. Vouziers en avait pris l'initiative et croyait avoir fondé l'institution d'une manière durable. Une société d'encouragement s'était formée et se proposait d'offrir des prix tous les ans.

Rien n'indique que les courses de Vouziers se soient renouvelées; elles tenaient peut-être à l'existence et à l'activité d'un homme. Lorsque celui-ci s'en fut, tout s'en alla avec lui. Ordinairement les choses se passent ainsi. N'est-il pas déplorable que, lorsqu'une volonté suffit à créer et à maintenir une institution utile, cette volonté, ce dévouement se rencontrent aussi difficilement et si rarement?

Quoi qu'il en soit, des courses ont eu lieu à Vouziers en 1838, au milieu des plaisirs de la fête patronale. C'était une inauguration improvisée, un simple début considéré comme un germe par le jeune administrateur qui en avait conçu la pensée première ; mais le germe a avorté sous l'indifférence de ceux qui lui auraient donné le plus de vitalité, si une mutation, un avancement bien mérité n'était venu enlever à l'arrondissement l'homme qui lui avait promis une administration intelligente et progressive à tous les degrés.

Plus de vingt chevaux répondirent à l'appel qui leur avait été fait, et disputèrent de leur mieux les trois prix qui leur avaient été offerts.

« Ces courses, a-t-il été écrit dans le temps au *Journal des haras*, ces courses ont excité au plus haut degré la curiosité et la sympathie de la population. Favorisées par un temps superbe et par la magnifique situation de l'hippodrome, elles avaient attiré une affluence considérable de spectateurs, qui, d'un sentiment unanime, se plaisaient à fonder sur cette institution nouvelle de grandes espérances pour l'avenir.

« Toutefois, placées dans un pays où la propriété est infiniment divisée, où, par conséquent, les grandes fortunes et les vastes domaines sont rares, nous ne pouvons prétendre encore à produire des chevaux de premier ordre, dont l'élève est si dispendieuse ; mais nous aurons fait un grand pas, si, comme il n'en faut pas douter, les courses doivent avoir pour effet de conduire plus rapidement à la régénération de notre espèce, en propageant le goût du cheval de luxe, totalement négligé jusqu'alors, par le cheval de trait commun et sans valeur. Enfin ce premier essai a aussi démontré l'utilité des courses comme moyen d'apprécier les chevaux et de procurer aux propriétaires un débouché facile. »

Phrases perdues que tout cela. L'âme de l'institution s'en est allée, celle-ci est tombée à l'état de cadavre.

Un vote du conseil général, dans la session de 1847, semble lui avoir rendu la vie. Une nouvelle société se forme, des souscriptions sont recueillies ; on demande aux haras un secours, ceux-ci accordent une subvention.

Malgré cela, les choses traînent en longueur. La révolution de 1848 a passé par là-dessus. Une nouvelle administration est sortie des événements. Elle a peut-être d'autres vues, elle a sûrement d'autres soucis; mais, pressée par les sollicitations renouvelées d'un comice agricole et par les vives instances de quelques personnes dévouées, elle se décide à la fin : un règlement paraît, puis le programme avec ses treize prix et ses 4,000 fr. en perspective.

Le jour arrive. Un hippodrome a été établi entre Mézières et Charleville, dans une partie de la prairie de Tivoli située sur la rive gauche de la Meuse. Trente chevaux se présentent, — ceux-ci attelés, — ceux-là montés; — les uns pour cheminer au trot, les autres pour se précipiter à l'allure du galop.

Le règlement décèle l'inexpérience la plus profonde. Il s'évertue à sortir des règles ordinaires, il s'écarte des principes les plus sûrs. Ce n'est pas là de la bonne innovation ; ce n'est pas là du progrès. Il ne faut jamais, par un faux départ, compromettre l'arrivée. La ligne courbe n'a jamais été le plus court chemin d'un point à un autre. Les voies détournées ont leur danger, que ceux-là s'en préservent qui peuvent marcher droit devant eux.

Le correspondant du *Journal des haras* avait parfaitement déterminé le but à poursuivre dans les quelques lignes que nous lui avons empruntées. On ne pouvait établir, dans les Ardennes, des courses de vitesse, mais des courses plus modestes, des courses de bonne éducation, des épreuves de dressage qui ne demandent, pour ainsi parler, qu'une ébauche de préparation. Un peu plus de sollicitude, une alimentation moins pernicieuse, un travail mesuré à l'âge où l'exercice est une nécessité et développe les forces, telles sont les seules exigences des courses primaires. Seraient-elles donc longtemps au-dessus de l'intelligence de l'éleveur? Lorsqu'elles ne lui imposent aucune avance supérieure à ses moyens, aucun effort extraordinaire, aucune perte de temps, lorsqu'elles lui assurent, au contraire, un succès d'amour-propre et une petite récolte d'argent, seraient-elles lentes à stimuler son zèle, à réveiller chez lui le sentiment de l'intérêt ? Non ; qu'on touche adroitement la corde sensible, et tout ira bien : efforts et sacrifices profiteront égalcment à tous.

Mais il faut qu'une porte soit ouverte ou fermée. L'organisateur des courses doit savoir ce qu'il veut. Il faut qu'il ait un plan, un but. Si lui-même tâtonne et marche en aveugle sans dessein prémédité, sans vues arrêtées, que demande-t-il à l'éleveur, par quelle porte le fait-il passer, dans quelle voie l'engage-t-il, où est le port qu'il lui assigne ? Aucune industrie ne peut ainsi aller au hasard. Toute spéculation a ses chances et offre son inconnu; mais celui qui la tente sait toujours où commence la route qu'il se propose de tenir, où est le terme du voyage qu'il a voulu entreprendre.

C'est au programme à dire au producteur et à l'éleveur tout ce qu'il a besoin de savoir et de comprendre; c'est aux conditions attachées à chaque prix à lui révéler sa route, à lui offrir par avance un guide sûr qui lui permette d'avancer sans hésitation à travers les écueils d'une opération à long terme, commençant à l'accouplement et se terminant à l'âge fait : — cinq ans d'attente et d'espérances !

Le règlement des courses de Mézières a-t-il rempli cet objet ?

Il n'y a que des prix de même importance, de petite valeur. Nous les croyons suffisants pour le moment. Les reproches que nous lui faisons ne s'adressent point à son état d'indigence. S'il est sage, s'il sait tirer bon parti des ressources dont il dispose présentement, il prospérera et fera fortune. L'avenir de son budget, nous le plaçons tout entier dans le succès de l'institution; mieux il saura dépenser, plus on lui donnera à dépenser. N'est-ce point une condition bien favorable que celle-ci ?

Voyons les bases sur lesquelles il a été édifié; nous ne voulons pas dire — les principes, car il y a ici absence de tous principes.

Nos observations s'arrêteront à la taille, à l'âge, à la provenance, aux exigences relatives au poids et à la distance.

Pour l'admission à certaines courses, la taille est fixée à 1 mètre 45 centimètres, abaissée même à 1 mètre 40 centimètres. La population chevaline des Ardennes doit être plus avancée que cela aujourd'hui. Une pareille condition n'est pas faite pour donner une haute opinion des résultats obtenus par le département de tous les sacrifices qu'il s'est imposés depuis bientôt vingt ans. Ces résultats sont meilleurs, assurément, que ne le ferait supposer le degré de l'échelle auquel on est descendu. Quand un cheval ne mesure que 1 mètre 45 centimètres ou 1 mètre 40, son aptitude aux différents services est singulièrement amoindrie; lorsqu'on ne se montre pas plus exigeant que cela, on ne pousse pas l'éleveur à nourrir de manière à développer suffisamment, convenablement ses produits. Ne vous faites donc pas aussi petits et soyez moins modestes; vous devez valoir mieux que cela, ou bien vous avez perdu beaucoup de temps et sacrifié beaucoup d'argent sans beaucoup d'utilité. Cette question de taille est l'une des plus importantes; elle contient en quelque sorte tout le succès de l'élève; elle n'est qu'un résultat, — bon ou mauvais, — des soins donnés, de la nourriture administrée, du mode d'éducation et de dressage mis en pratique. C'est votre point de départ aujourd'hui comme condition, mais c'est un fait accompli comme élevage. Il n'est plus temps de grandir le cheval à l'âge où vous le prenez pour le produire sur l'hippodrome. Si, à cette époque, il n'a pas acquis la plus grande partie de son développement, c'est un animal manqué, et vous n'avez plus aucun intérêt à le soumettre à l'examen de tous, à le faire juger en public, car il ne peut être jugé favorablement. Mûrissez de bonne heure votre race ou renoncez à spéculer sur ses produits.

Les considérations relatives à l'âge sont intimement liées à celles qui précèdent; elles se tiennent et sont inséparables. Tout est dans ce mot : mûrissez de bonne heure vos produits. Les éléments de la maturité sont — les bons soins, — une alimentation suffisante, — des exercices rationnels. C'est à un autre point de vue encore que la condition de l'âge doit nous occuper ici.

Le programme des courses de Mézières admet à courir les chevaux de trois et quatre ans; mais c'est l'exception. La part la plus large est faite à ceux d'un âge plus élevé, et notamment à ceux de *tous les âges*. Cette disposition est évidemment contraire au but qu'on doit se proposer. Dans les courses de vitesse, les jeunes chevaux, ceux de quatre ans, ont de meilleures chances que les chevaux âgés. Chez les premiers, en thèse générale, la vitesse est plus grande, et d'ailleurs il est facile de compenser par une différence de poids les différences de vigueur et de durée qui résultent de l'âge même. Dans les courses de second ordre et dans les luttes au trot, il n'en est plus ainsi : la perfection des allures, la vigueur soutenue, la rapidité appartiennent au cheval âgé. Les prix seront pour lui, si on l'admet à les disputer côte à côte du jeune cheval. Eh bien! où est l'utilité? Le cheval d'âge a trouvé son emploi; il est en service. Meilleur il est, plus cher il paye, à qui le possède, les frais de son entretien. A quoi bon donner à celui-ci un encouragement, une récompense? il n'en a que faire. En l'appelant au concours, vous déraillez, vous marchez à l'encontre du but, car vous découragez l'éleveur; vous ne lui créez pas un intérêt à entrer dans la bonne voie, à adopter les saines pratiques; vous reléguez au second plan le jeune cheval qui doit être votre point de mire, l'objet unique de votre attention et de votre sollicitude, car sur lui reposent toutes vos espérances, tout l'avenir de la race. L'industrie chevaline est tout entière dans le mérite du cheval au moment où il peut entrer en service, à quatre ans principalement. Si à cet âge le cheval est bon, il trouve facile acquéreur et se vend à bon prix; toute marchandise d'un débit assuré est toujours produite avec avantage. Le grand mot de la production, c'est la certitude du débouché.

Mûrissez de bonne heure votre race, répéterons-nous aux Ardennes, et, puisque vos éleveurs ont besoin d'être encouragés à poursuivre cet utile résultat, réservez tous vos prix, sans exception, pour les produits de trois et quatre ans; que ce soit une prime offerte au dressage le plus complet et le plus judicieux, elle atteindra l'homme intelligent qui aura su accoupler sa poulinière, soigner, nourrir et bien élever ses poulains.

Par cette mesure vous ferez passer sur l'hippodrome l'élite des deux générations; le public appréciera vos produits, le consommateur achèvera vos œuvres en les recherchant, en les payant au poids de leur véritable valeur. Il y aura dès lors homogénéité dans vos concours. En l'état, ils n'offrent d'intérêt sérieux pour personne. Attachez-vous au jeune cheval qui a une position à se faire et que l'éleveur a besoin de produire en bonnes conditions pour le bien vendre; ne vous occupez en aucune manière du cheval tout fait et casé; celui-ci n'a aucun besoin de votre intervention.

Toutes les combinaisons du règlement tendent à l'exclusion du cheval qui n'est pas né, qui n'a pas été élevé en Ardennes. C'est sans doute une sage précaution quant à présent. On pouvait y applaudir. Mais, par une contradiction étrange, par suite d'un retour inexplicable, les conditions spéciales à plusieurs prix ouvrent la porte aux chevaux de tout âge et de *toutes provenances*. C'est là un contre-sens qu'il suffira sans doute de dénoncer au rédacteur ordinaire du programme. Officiellement, nous ne manquons jamais d'indiquer à qui de droit le côté faible des règlements concertés en vue de l'hippodrome; cependant, si nous établissons nous-même les conditions des prix dont les fonds sont faits par le budget des haras, nous ne voulons imposer ni nos principes ni nos vues aux localités et nous substituer à la volonté de ceux-là qui, le plus souvent, ont pris l'initiative de l'institution. Ils croient bien faire, nous cherchons à les amener à mieux; mais le mieux conduirait à mal si, au lieu de nous borner à donner des conseils, nous manifestions une volonté prononcée. Il en résulterait parfois un défaut de concours, car nous froisserions des amours-propres; les choses n'en iraient pas d'une manière plus satisfaisante. Nous préférons faire appel à un examen plus approfondi, attendre du temps et de l'expérience des améliorations qui se trouvent forcément dans la pratique. Nous obéissons à une nécessité qui, en langue vulgaire, a depuis longtemps été ainsi traduite : « On prend plus de mouches avec du miel qu'avec du vinaigre. »

L'article 25 du règlement des courses de Mézières est ainsi conçu :

« Le jury pourra, à raison de la température et de l'état du sol, modifier les distances à parcourir et diminuer le nombre et la durée des épreuves dans les différentes courses; — il fixera le poids que devront porter les chevaux d'âges différents, suivant ce qui aura été arrêté par la commission. »

Il est des adresses qu'on demande afin d'éviter certains fournisseurs fort peu recommandables, et ceci, croyons-nous, s'applique particulièrement à certains cabarets qui s'annoncent sous des appellations beaucoup plus prétentieuses. C'est au même titre que nous donnons la teneur de ce fameux article 25, l'une des conceptions les plus singulières que nous sachions en fait de courses, nous qui en avons vu de toutes les formes et de toutes les couleurs. Ce n'est donc pas comme exemple à suivre, mais comme énormité à éviter que nous avons reproduit ce dispositif étrange.

L'état de la température, l'état du sol sont des éventualités, des accidents. Vous n'avez rien à y voir. Le soldat prend le temps comme il vient et la soupe comme elle est; qu'on nous passe cette trivialité. De même l'éleveur, tout aussi bien que l'homme en voyage, doit accepter la température et l'état du sol tels quels, avec leurs avantages ou leurs inconvénients à l'heure qui s'échappe. Mais il n'en est plus ainsi de l'étendue de la carrière offerte, du nombre et de la durée des épreuves à fournir, des poids différents dont le cheval peut être chargé suivant l'âge et la position. L'arbitraire que vous vous attribuez présente à nos yeux un immense inconvénient. En ne disant rien à l'éleveur de ce qu'il doit savoir, vous rendez la préparation de ses jeunes chevaux extrêmement difficile. Il doit connaître la distance qui lui sera imposée afin de l'exiger graduellement de ses produits; il doit connaître le poids que vous lui infligerez afin de familiariser ses élèves avec cette exigence.

La longueur de la course et le poids à porter sont des éléments essentiels d'une bonne préparation. Vous agissez sur de jeunes sujets, vous ne devez rien leur demander au delà de leurs forces. Faites des distances raisonnables et ne chargez pas trop, afin qu'un enfant puisse commencer cet entraînement et suffire à tout. Vous formerez ainsi tout à la fois et le cheval et le cavalier. Le gamin deviendra homme; si vous lui avez appris à connaître le cheval, à le traiter avec sollicitude, les habitudes de l'enfant se retrouveront chez l'homme fait, chez l'éleveur, et vous aurez puissamment avancé la question en dégageant l'un de ses termes les plus importants. Ne vous réservez pas la facilité de décider après coup ce que devra être la course, ce serait chose difficile à établir pour les plus expérimentés. Vos décisions ne tarderaient pas à produire la plainte, et la pire de toutes, la plainte fondée. Vous retomberiez dans l'inconvénient des jugements, toujours attaquables, des jurys institués pour les distributions de primes; vous priveriez chacun des concurrents de son droit le plus absolu, celui de se rendre justice à lui-même en accomplissant une tâche imposée à l'avance, bien connue dans ses difficultés, et que l'on a été maître d'accepter ou de refuser.

Un mot encore pour en finir avec les termes du programme. Celui-ci admet indistinctement les chevaux entiers et hongres, et les juments. C'est une faute. Le département des Ardennes a la prétention d'élever des reproducteurs capables, soit. Que le programme alors fasse à ces derniers une position spéciale, qu'il se montre plus exigeant pour l'admission, afin que l'éleveur ne conserve pas entiers des animaux qu'il a tout intérêt à hongrer de bonne heure.

La même sévérité serait un non-sens à l'égard de la femelle et du cheval hongre. Toutes les existences ont leur utilité, toutes doivent trouver leur emploi. Les courses, excitant à élever avec plus de soin, feront également dresser les bons, les passables et les défectueux. En cet état ils se produiront avec plus d'avantages, ils seront mieux préparés à rendre de bons services. Le principe est donc bien différent selon qu'il s'applique à des animaux destinés à la reproduction ou à des sujets qu'il faut écarter avec soin, mais dont la destination est d'entrer immédiatement en service.

Ces idées sont trop élémentaires pour exiger d'autres développements.

Nous désirons très-vivement que nos observations soient prises en bonne part, qu'elles servent à améliorer les conditions mal liées et irrationnelles du programme des courses de Mézières. Ces courses ont de l'avenir, si l'on sait les organiser, si l'on ne se détourne pas du véritable but à poursuivre. Il ne faut pas que par horreur pour ce qui se fait ailleurs, ou par esprit d'innovation, on repousse dédaigneusement les règles les mieux établies et les principes les mieux confirmés.

Courses de Laon. — Le département de l'Aisne s'occupe, avec beaucoup d'intérêt et de persévérance, de l'amélioration de sa population chevaline; il marche, pour les sacrifices, dans une voie parallèle à celui des Ardennes : il y a toutefois une notable différence dans le mode d'emploi des fonds votés. Nous examinerons ailleurs cet ordre de faits. Ici il ne peut être question que des courses dont le principe avait été adopté par le conseil général dès 1842, comme le complément nécessaire du système suivi, dans l'Aisne, pour développer la production améliorée du cheval.

Comme dans les Ardennes, des idées un peu excentriques se sont fait jour au sein du conseil du département. On a un peu écarté la forme partout admise pour faire de l'originalité. Par horreur pour l'anglomanie, on a innové. On prenait la chose, mais on l'habillait à sa manière; on l'affublait de son mieux pour la déguiser et la rendre méconnaissable. Foin des usages anglais; ils n'ont qu'à faire ici. Nous sommes sur une terre vierge; préservons-nous des abus, adaptons les luttes de l'hippodrome à nos idées et à nos besoins. Ces derniers sont-ils donc si différents de ceux de nos voisins?

Mais, trêve de réflexions; arrivons au fait.

En 1843, le conseil général revint sur la pensée qu'il avait eue d'instituer des courses dans l'Aisne. Seulement, au lieu de se borner à demander aux haras de doter cette création, il vota une allocation de 4,000 fr. à ce destinée. Il n'en conservait pas moins l'espoir d'une forte subvention ministérielle. Celle-ci, comme de raison, ne vint qué plus tard. Les courses de l'Aisne surent bien s'en passer. Elles eurent lieu en 1844, à 5 kilomètres de Laon, sur un hippodrome ellipsoïde, d'un parcours de 1,533 mètres, établi dans la plaine d'Oudun.

Le règlement admet surtout les petits prix; il les fortifie, et force à les disputer en ajoutant des seconds, voire des troisièmes prix. Cette disposition a au moins l'avantage de multiplier les concurrents et d'établir une échelle de moyens dont les degrés, souvent, sont fort écartés les uns des autres.

Il va sans dire que les courses de l'Aisne sont d'abord des épreuves au trot, attelées ou montées; elles n'appellent que des chevaux du département au concours; elles les repoussent avant l'âge de quatre ans ; mais elles n'ont aucune limite dans le sens opposé. Les plus vieux chevaux peuvent y prendre part et faire la leçon aux plus jeunes. — Cependant les doubles victoires sont interdites.

Les épreuves sont presque toutes de 2,666 mètres, et, quoique fournies au trot, sous le harnais ou sous l'homme, plusieurs sont en partie liée. Nous ne sachions pas que cette obligation ait jamais été imposée ailleurs. Dans la première année, le poids réglementaire infligeait un chargement de 80 kilogrammes aux chevaux essayés sous l'homme.

De pareilles conditions ne pouvaient tarder à être modifiées. Une société se forma ; elle réunit quelques membres du jockey-club de Paris, des amateurs dont l'expérience profite aujourd'hui à l'institution, car elle est incontestablement en progrès.

Les chiffres suivants le prouvent et parlent aux yeux.

1844— 8 prem. prix et 8 seconds.....—5,000 f.........—25 chev.
1845— 7......... et 7............—3,400 f.........—38
1846—10........ et plusieurs seconds—5,000 f. et un vase en vermeil.—41
1847—12........ et plusieurs seconds—6,800 f.........—43
1848—13........ et plusieurs seconds—7,500 f.........—74

La ville de Laon est venue, dès le principe, en aide au département par une subvention de 1,000 fr. ; en 1848 seulement, l'administration des haras a alloué 500 fr. ; le reste a été fourni par la Société d'encouragement, dont les combinaisons servent utilement les intérêts de la production et de l'élève. Enfin, pour 1849, la subvention de l'État a été élevée au chiffre de 1,000 fr.

Le département s'en tient aux chevaux qui naissent sur son territoire ; la Société s'est fait une petite circonscription composée des départements de l'Aisne, des Ardennes, de la Marne et de la Somme ; la ville admet des chevaux de tous les âges et de toutes provenances, afin d'attirer dans ses murs le plus grand nombre possible d'étrangers au pays.

Tout cela est très-logique, et chacun est dans son rôle.

Il y a pourtant, à côté des courses exclusivement réservées aux produits du département, une course affectée aux étalons carrossiers introduits dans le département avec l'approbation de la commission à laquelle le conseil général a donné la surveillance des intérêts hippiques de l'Aisne. Ceci est une excellente innovation pour les plus jeunes, pour les animaux de cinq à sept ans par exemple; mais nous ne voyons pas l'utilité d'appeler à un concours à vie, qu'on nous passe le terme, des étalons que leur service fatigue nécessairement. L'important est de les avoir amenés à s'essayer entre eux et à faire preuve publiquement des qualités qu'on désire voir passer dans leurs suites. Ce résultat obtenu, chacun doit savoir à quoi s'en tenir sur leur mérite respectif; il n'y a plus rien à leur demander à eux; c'est maintenant à leurs fils à les mettre en réputation, à prouver qu'ils n'ont pas déchu, qu'ils sont restés dignes d'eux-mêmes, qu'ils ont justifié la confiance inspirée par leur origine, leur conformation et leurs qualités individuelles.

En dehors de ces luttes spéciales, que nous approuvons sans réserve dans des limites ainsi posées, il n'y a plus, pour le département, qu'à appeler au concours tous les produits, mâles et femelles, de trois et quatre ans.

L'éleveur nourrit en général sans trop de parcimonie dans l'Aisne, il donne volontiers du grain, il peut mûrir ses poulains de bonne heure. Pourquoi donc écarter systématiquement des courses ceux de trois ans? Faites vos conditions si vous ne voulez pas tout admettre indistinctement, ce qui serait mieux assurément; fixez un minimum de taille, si vous le jugez nécessaire; allez, si vous le croyez utile, jusqu'à exiger une certaine ampleur des formes, un certain degré de développement soumis à une décision tout arbitraire d'un jury, mais n'excluez pas quand même, car vous nuisez à l'adoption des bonnes méthodes d'élevage, car vous servez la routine au détriment des saines idées.

Bien que la Société d'encouragement ait déjà beaucoup amélioré la rédaction du programme, bien que le département ait renoncé à quelques-unes de ses excentricités, il y a encore de nombreux amendements à introduire dans la charte des courses de l'Aisne, dont le but n'est pas assez déterminé. C'est une nécessité. Il faut que l'industrie sache bien ce qu'on lui demande et où elle va. Ceci doit ressortir plus clairement des conditions insérées au programme.

La Société d'encouragement et la ville ont adopté la distance de 2,000 et de 4,000 mètres pour les prix offerts par elle; il en est de même de la subvention allouée par l'administration; mais la commission départementale persiste dans ses parcours de — 1,333, — 2,666 — et 3,666 mètres. Ces distances ne correspondent qu'à elles-mêmes; elles n'ont aucune raison d'être et n'offrent aucun terme de comparaison, ce qui a bien son inconvénient.

L'hippodrome de Laon paraît, d'ailleurs, établi dans d'assez bonnes conditions. Sa surface est unie, son fond est sablonneux; on y arrive maintenant sans difficulté.

Courses de Chalons-sur-Marne. — Nous sommes condamné à faire mention de toutes les tentatives d'organisation qui ont eu lieu dans le pays. C'est une tâche un peu ingrate et qui nous retient plus que nous ne le voudrions; mais nous resterons fidèle à nous-même, à notre but, et nous donnerons une place, si petite qu'elle soit, à tous les essais dont nous retrouverons la trace.

Ces efforts démontrent bien la nécessité de s'occuper partout d'une industrie dont les résultats demeurent incomplets, puisqu'elle ne remplit pas la totalité des besoins. Quand une idée passe à l'état d'application sous des formes aussi diverses et aussi multipliées, lorsqu'elle s'étend indistinctement à toutes les parties du territoire, lorsqu'elle s'attache aussi puissamment à toutes les variétés d'une même production, on est mal venu sans doute à nier son influence, à méconnaître son utilité, à la poursuivre comme une erreur.

La population chevaline du département de la Marne, bien que nombreuse, ne verse qu'un très-petit nombre d'animaux dans la consommation générale. Ce département est donc encore de ceux qui bornent leur production à la satisfaction de leurs propres besoins. Nous dirons ailleurs quelles ressources il offre, quel parti on en tirerait, si l'intérêt privé s'y trouvait adroitement engagé, suffisamment incité.

Il n'y a pas bien longtemps encore que l'on comptait, dans la Marne, des éleveurs considérables. Les haras de MM. de Loisson, Hémart, Godard et Duplessis, entre autres, avaient une grande importance et pour le nombre et pour la race. C'étaient des établissements à soutenir, à encourager. Ils ont résisté aussi longtemps que possible à la crise qui a enlevé les derniers haras particuliers qu'ait possédés la France; ils sont tombés à la fin sous l'impossibilité de placer, avec avantage, des produits abandonnés de toutes parts par le commerce et le consommateur s'approvisionnant systématiquement sur les marchés étrangers.

A cette époque, une tentative fut faite pour créer des courses de second ordre dans le département de la Marne. Celles-ci devaient réunir l'élite des produits du département, fixer sur eux l'attention des amateurs de chevaux de luxe et ouvrir un débouché facile à l'élève languissante dans des établissements modèles.

Quelque argent fut donné à cette fin par le comice agricole de la Marne, qui s'est toujours distingué entre tous par son esprit d'initiative pour les fondations utiles. Un programme fut rédigé et publié. Ce n'était qu'un germe, mais il était fécond; il pouvait produire les meilleurs fruits.

Un premier essai eut lieu en 1833. Il mit en lumière le cheval de sang. La population chevaline du département était représentée là sous trois formes bien distinctes, par trois types bien différents.

Le cheval de pur sang y est apparu dans toute sa grâce et avec tous les avantages que lui donnent un sang riche et généreux, une structure puissante.

Le cheval du pays, tel qu'il naît de la jument indigène et de l'étalon officiel, offrait un exemple d'amélioration bien choisi et montrait des qualités d'un autre ordre, mais d'une recherche certaine.

Enfin ces deux formes si diverses étaient reliées par une nature intermédiaire, considérée autrefois comme un type. C'était le cheval de selle dans toute son aptitude pour le manége et les services qui en dérivent.

Les prix étaient peu élevés; mais leur importance n'était pas encore le fond de la question. Le point essentiel, c'était le fond lui-même, la certitude que des courses pouvaient être organisées à Châlons avec succès, avec un intérêt égal pour l'éleveur et pour le consommateur.

Nous étions là sans l'expérience que nous ont donnée les dix-sept années d'études et de pratique qui nous séparent aujourd'hui de 1833, mais avec la connaissance des lieux, des choses et des hommes, mais avec la conscience que nous rendions service au pays, que nous jetions les bases d'une grande institution, seule capable désormais de donner une impulsion vive et salutaire à notre industrie chevaline.

Cette première tentative eut un succès complet. Le conseil général en apprécia l'importance et dota les courses de Châlons, qui se renouvelèrent en 1834..... Puis des élections survinrent; la majorité ne fut plus la même; les idées prirent une autre direction; personne ne se trouva là pour défendre l'institution naissante, pour en déployer l'intérêt; elle fut sacrifiée.

On chercherait vainement trace aujourd'hui des haras particuliers qui ont fait honneur au patriotisme et au zèle éclairé de leurs fondateurs, qui auraient fait honneur au département dont les produits se fussent montrés dignes des mieux doués.

Cette question peut être reprise un jour; mais sa solution se fera longtemps attendre. En effet, à l'époque dont nous parlons, on sauvait du naufrage des établissements tout formés, riches de leur présent et plus riches encore dans l'avenir.

C'étaient de précieux germes d'amélioration que les courses auraient aidé à répandre en bonne terre, et dont une culture judicieuse eût rapidement propagé l'abondante moisson. Maintenant il faut chercher laborieusement dans ce champ immense, que représente la population entière, les quelques beaux épis qu'il offre par-ci par-là aux ciseaux, et les donner en manière d'exemples à imiter. Il faut s'attaquer à tous, opérer sur le grand nombre et obtenir par lui, d'une manière lente et presque insensible, la masse d'améliorations et de progrès qui se trouvaient accumulés chez quelques-uns.

A l'œuvre cependant. Quand on s'occupe des intérêts généraux d'une nation, il ne faut pas compter avec le temps, puisqu'il est, au contraire, l'élément le plus sûr du succès.

Courses de Lille. — En 1845 une société se forme à Lille avec la pensée d'instituer des courses au trot destinées à propager les bonnes méthodes d'élève dans le département du Nord. Le but est modeste; pour mieux l'atteindre cependant, on ne voulait se mettre en marche qu'avec des éléments de succès larges et assurés.

La société commence par former un fonds de 10,000 fr.; elle ajoute bientôt une nouvelle subvention de 2,000 fr., prise sur les cotisations de l'année. Le conseil municipal grossit ce chiffre d'une allocation annuelle de 6,000 fr. Le conseil général, à son tour, fait un effort et vote une somme de 1,000 fr. On n'attend plus qu'un témoignage d'intérêt de la part de l'administration des haras; celle-ci est moins prompte à se décider. Le cercle dans lequel elle est appelée à se mouvoir s'élargit sans cesse; mais ses moyens d'occupation restent les mêmes. Que faire? L'administration ne pourrait aller aux nouveaux venus qu'en abandonnant ses anciens alliés, ceux qui ont eu le mérite d'entrer les premiers dans la route tracée par elle. On ne se résigne pas ainsi à l'ingratitude, alors même qu'on est un service public; d'ailleurs les faits ne le permettent pas ici, car, si les besoins s'étendent en surface, ils augmentent aussi en profondeur. Les progrès de l'institution ne se mesurent pas seulement par le nombre toujours croissant des hippodromes, ils se mesurent aussi et surtout à l'importance des résultats obtenus, à la nécessité de répondre à l'augmentation même des besoins qui en est la conséquence forcée.

Si l'on ne peut faire aucun retranchement au passé, si l'on ne peut rien donner de plus à ceux qui sont déjà en possession d'une allocation insuffisante, comment viendrait-on en aide à ceux qui n'ont rien encore, quelque fondées que soient leurs demandes? Les sollicitations les plus vives n'amènent et ne peuvent amener qu'un refus.

Nous sommes honteux vraiment de constater si fréquemment ce fait, qu'au lieu de provoquer les efforts particuliers, qu'au lieu d'imiter partout l'industrie à entrer dans des voies progressives, l'administration ait été constamment obligée de retenir et de contenir cette dernière, de repousser ses avances, d'ajourner si longtemps ses espérances. Non, l'administration n'est pas capable d'anglomanie; nulle part, elle n'a pressé les populations d'adopter les courses comme une panacée; mais celles-ci ont été, mais elles seront encore et toujours un élément de progrès si sûr, qu'elle ne peut avoir que des regrets d'être restée, faute de ressources, en dehors du mouvement qui l'entraîne et qu'elle subit alors qu'elle devrait l'imprimer et le régler partout.

Quoi qu'il en soit, des courses allaient être fondées à Lille. Seule, l'administration des haras eût été étrangère à cette création. 19,000 fr. étaient un beau denier pour commencer. Le programme pouvait étaler sur une grande échelle ses promesses et ses vues. Tout était dans ces mots : — *des courses départementales au trot.*

La révolution de février a retardé l'établissement des courses de Lille, renvoyées maintenant, sans doute, aux calendes grecques.

N'importe, la manière dont l'institution était entendue sur ce point prouve que ceux-là qui la voulaient diriger avaient senti la nécessité de l'époque, compris les nouvelles exigences de la civilisation. L'instrument du travail n'est qu'un résultat; il est logique qu'on le modifie, qu'on le transforme, lorsque le travail lui-même a changé.

Est-ce que le cheval de trait, le seul qui soit produit et élevé dans le département du Nord, n'est pas un instrument un peu arriéré aujourd'hui? Nos voies de communication s'améliorent; le réseau des chemins de fer s'allonge et tend à se compléter; les services publics deviennent plus exigeants, ils imposent, chaque jour, de nouvelles vitesses aux moteurs qu'ils emploient; le halage disparaît; nos instruments aratoires se perfectionnent; le charronnage emprunte à la mécanique ses découvertes et allége les difficultés du tirage. Qu'est-ce donc que tout cela? Qui ne verrait dans ces faits un ordre nouveau, des besoins différents, des conditions de travail autres que par le passé fermerait volontairement les yeux à la lumière.

Les organisateurs des courses de Lille, si nous ne nous trompons, songeaient à modifier et à transformer le cheval épais et lourd du département du Nord. Les courses au trot devaient les conduire à ce résultat. Elles auraient fait rechercher, pour la reproduction, les animaux les plus allants; elles auraient fait verser du sang sur ces grosses masses de chair molle et de lymphe; elles auraient opéré sans secousse, par une transition qui était dans la nature même de l'épreuve, la transformation désirable dans l'aptitude bien plus que dans la forme du cheval de trait; elles auraient promptement avancé la question du croisement de la grosse espèce avec le cheval de sang et déterminé le degré auquel doit être arrêtée cette alliance pour ne perdre aucun de ses avantages. Il y a ici une sorte de mulet à fabriquer. En effet, le croisement cesserait de produire des animaux d'une certaine aptitude, des sujets complets en leur genre, si l'un des éléments qui doivent les composer entrait pour une trop grande part, à dose trop forte dans la production des métis.

Regrettons que ces courses n'aient point été inaugurées; elles auraient repoussé l'énorme cheval flamand qui envahit les départements-frontières, et dont l'emploi, comme reproducteur, nuit si fort aux qualités solides, à l'énergie des races indigènes; elles auraient opposé une puissante barrière à son invasion, car l'épreuve en eût fait prompte justice.

En 1831, une course au clocher d'une difficulté extrême, d'une grande hardiesse avait créé des souvenirs pour la foule, aux environs de Maubeuge, où pour la première fois le spectacle en était offert; cette course eut pour acteurs des officiers de cavalerie de l'armée du Nord.

Une condition étrange imposait de courir soit en selle anglaise, *soit à poil;* cela seul indique qu'il s'agissait d'un simple passe-temps et non point d'une lutte sérieuse. Le cheval monté à poil offre si peu de chances favorables au cavalier, que ce dernier n'accepterait certainement pas une pareille condition contre l'autre. Un colonel pourtant n'hésita pas à en faire l'expérience. Point n'est besoin d'ajouter qu'il arriva loin derrière ceux de ses compétiteurs qui n'étaient pas restés embourbés ou à moitié morts au beau milieu de cette rude et pénible traversée de 8 kilomètres environ.

Courses de Boulogne-sur-Mer. — En 1835, et ce au mois de janvier, deux Anglais habitant Boulogne, ennuyés de la simple promenade à cheval sur des animaux créés et mis au monde pour des exercices moins tranquilles, engagèrent l'une contre l'autre leurs montures, et une somme de 2,500 fr. chaque à jouer dans un steeple-chase difficile et nerveux. Les enfants d'Albion n'avaient pas choisi le terrain le plus mauvais du voisinage de Boulogne, cherché les obstacles les plus terribles à franchir pour en donner le plaisir à d'autres. Donc ils montèrent eux-mêmes leurs chevaux, cela va sans dire. Ils coururent en conscience. Chacun d'eux fit une chute, mais se releva promptement sain et sauf, et put reprendre la partie un moment interrompue à la grande satisfaction de l'adversaire. Tous deux arrivèrent plus ou moins contus : celui-ci fier de la victoire, celui-là trouvant une excuse à sa défaite; l'un et l'autre heureux de s'être sentis vivre pendant quelques instants (1).

Trois jours après, des Français imitaient nos gentlemen riders. Une poule réunissait trois souscripteurs pour une course avec sauts de barrières. Un mois plus tard, une revanche était accordée par le vainqueur à l'un des perdants dont le cheval s'était violemment dérobé, et en juillet suivant, en pleine saison de bains, un nouveau défi est jeté et accepté.

Cette fois, la course aura un caractère plus officiel. Un appel est adressé aux amateurs. La ville s'intéresse à la partie. Le terrain communal d'Ambleteuse deviendra le champ clos de cette nouvelle lutte. Cinq concurrents se déclarent. La distance à parcourir est de 1 mille et quart, partie liée, avec cinq barrières à franchir; — poids commun, 71 kilogrammes.

Des voitures de tous les âges, de toutes formes et de toutes conditions, un bateau à vapeur, des chaloupes ont à peine suffi à transporter à Ambleteuse la population avide du spectacle. La course eut un succès immense; parfaitement

(1) Après 1815, Boulogne est devenue la résidence de prédilection d'un grand nombre d'Anglais. A partir de cette époque, beaucoup de courses ont eu lieu dans les environs de Boulogne; mais ce n'était que des luttes particulières entre amateurs de la Grande-Bretagne. Nous ne mentionnons le steeple-chase de 1835 que parce qu'il a été en quelque sorte la cause occasionnelle d'une organisation régulière.

disputée, elle eut trois manches et renouvela par trois fois les émotions les plus vives.

A partir de ce jour, l'institution fut acquise. La ville, le conseil général, la Société d'agriculture, une société hippique, le roi et le prince royal, la compagnie générale des paquebots....., tout le monde intervint. Chacun apporta sa part de bon vouloir et d'intérêt, son témoignage de sympathie, des courses régulières furent créées et prirent bon rang au *Racing calendar*.

Les courses de Boulogne conservèrent le cachet distinctif de leur origine britannique ; le programme parla anglais, presque exclusivement anglais. Les conditions attachées à chaque prix se déroulaient sous ces titres : *hurdle-race*, — *maiden plate*, — *handicap*, — *gold cup*, — *ladies cup*, — *London steam-packet company's plate*, — *sweepstakes*, — *hack-stakes*..... Partout ailleurs, ce jargon eût été inintelligible et ridicule ; il était à sa place ici, à Boulogne-sur-Mer, dont la population est presque plus anglaise que française.

C'était une position à part, on aurait pu en profiter. Loin de franciser les courses à Boulogne, comme on l'a fait plus tard, nous aurions voulu qu'on importât, sans y rien changer, tous les règlements des courses anglaises et qu'on attirât sur ce point sinon les meilleurs chevaux, au moins beaucoup de bons chevaux de l'Angleterre. En établissant des prix à *réclamer*, on aurait fait venir des chevaux de mérite en France, et quelques-uns y seraient restés qui n'auraient pas coûté les yeux de la tête à qui les eût achetés. Les haras se seraient ouvert une mine féconde à exploiter ; les courses en auraient supporté les faux frais. C'est ainsi que nous aurions entendu et compris l'institution à Boulogne ; tel est le but spécial que nous leur aurions assigné, si nous avions pu en conseiller ou en surveiller directement ou indirectement l'organisation.

Mais nous nous oublions en ce moment. Nous raisonnons

comme s'il était possible à l'administration de s'isoler, d'avoir une ligne de conduite tracée d'après les saines idées. Ne faut-il pas, au contraire, qu'elle se défende toujours de tremper dans les doctrines qui ont fait la fortune hippique de l'Angleterre, qui sont le point de départ et la source de toutes les améliorations poursuivies aujourd'hui sur le continent? Si l'administration avait eu le malheur de favoriser les courses à Boulogne suivant la direction que nous avons laissé entrevoir, est-ce qu'il y aurait eu assez d'imprécations à lancer contre elle? A quel débordement d'injures ne se serait-elle pas exposée? Les cheveux se hérissent rien que d'y penser...

Aussi bien, les haras ne sont pas tombés dans cette faute. Sollicités de la manière la plus pressante par toutes et toutes les influences quelconques que la ville put mettre à leurs trousses, les haras ont bravement et puissamment repoussé la tentation, mais le serpent n'a lâché prise auprès de notre mère à tous qu'après l'avoir fait succomber; il n'a cessé de combattre qu'après la victoire. Ainsi ont fait les solliciteurs de Boulogne; ils ont renouvelé l'attaque, toujours plus vive et plus pressée, jusqu'au jour de la défaite. Les haras ont été vaincus; ils ont enfin alloué une subvention de 2,000 fr. bientôt réduite à 1,500 fr. seulement.

Ceux qui ont couru le prix arraché à l'administration ne se doutaient guère qu'il eût coûté, d'une part, autant de démarches, d'écritures, de paroles, — et, d'autre part, autant de paroles, d'écritures et de démarches.

C'était tout simple. L'administration de la ville ne voyait dans les courses de la ville qu'une affaire d'agrément, une cause de réunion pour les gens riches que le plaisir attire, une question d'octroi profitable, un intérêt direct dont elle avait jaugé la profondeur; elle appelait en concours toutes les volontés, toutes les bourses, et n'épargnait pas sa peine au résultat.

L'administration des haras, ne pouvant s'arrêter au même

ordre d'idées, se souciait fort peu de la question municipale; elle ne trouvait pas que la population chevaline du Boulonnais fût très-fortement intéressée au succès plus ou moins complet de l'hippodrome d'Ambleteuse ; elle ne voulait pas qu'on pût l'accuser de prêter les mains à une destruction même éloignée de la précieuse race boulonnaise; elle en faisait l'éloge, elle conseillait de reporter sur elle les encouragements que l'on accordait au cheval de sang par l'institution de courses tout au moins inutiles à Boulogne-sur-Mer au point de vue du perfectionnement de nos races françaises.

La discussion n'a pas quitté ce terrain; elle a été longue et animée; elle a épuisé de part et d'autre tous les arguments imaginables. Ce duel administratif nous a fort intéressé quand nous avons pris connaissance du volumineux dossier auquel il a donné naissance.

Nous n'abuserons pas de la patience du lecteur; cependant il voudra bien nous permettre quelques citations à l'appui de ce qui précède.

. . . .

« Les diverses pièces et rapports qui se trouvent dans vos bureaux, écrivait-on, le 7 mars 1836, au ministre du commerce, vous démontreront que nos courses, si dès le principe elles sont établies sur une grande échelle, peuvent recevoir un immense accroissement et influer de la manière la plus heureuse sur la prospérité de l'arrondissement; mais qu'il me soit permis de combattre une objection qui m'avait été faite à Paris : « Les chevaux du Boulonnais, m'a-t-on « dit, sont des chevaux de gros trait, excellents pour cette « destination ; mais, si l'appât du prix engage les cultiva- « teurs à sacrifier la force et la solidité pour obtenir un peu « plus d'élégance, vous n'aurez plus qu'une race mixte qui « aura perdu tous ses avantages sans en avoir conquis de « nouveaux. »

« Ma réponse à ces observations est facile. Depuis plusieurs années, les éleveurs de l'arrondissement éprouvaient la plus grande difficulté à placer leurs produits. La raison en est simple. Leurs chevaux, pleins de vigueur, mais privés de rapidité, étaient presque exclusivement exportés pour le service des canaux et rivières, pour le roulage, en un mot pour les divers services auxquels les destinait leur spécialité. Aujourd'hui que la vapeur est presque partout employée comme moteur sur les cours d'eau et que le roulage accéléré est préféré, nos chevaux ont cessé d'être demandés sans que les producteurs aient cherché à s'écarter de leurs habitudes pour obtenir des sujets propres à être utilisés par la poste, les voitures publiques, etc.

« Une vigoureuse impulsion leur est donc nécessaire, et on ne saurait rien faire de mieux à cet égard que de protéger et encourager nos courses, comme unique moyen d'émulation ; car il est désormais démontré que les concours et les primes ont maintenant produit tout le bien qu'on avait l'espoir d'en attendre. Cette opinion est générale dans le pays ; on y est persuadé que le croisement de la race boulonnaise avec des chevaux de pur sang et de demi-sang, en lui conservant sa vigueur, ajoutera à sa rapidité et corrigera ce que ses formes ont de défectueux. Ce croisement ne peut prendre d'importance qu'au moyen des courses, qui donnent lieu à un grand nombre d'élèves et laissent souvent dans le pays les chevaux étrangers que les courses y ont amenés.

« Je conserve l'espoir, monsieur le ministre, que ces observations vous décideront à revenir sur une décision qui arrête nécessairement le développement d'une institution utile, qui promet de rivaliser bientôt avec tout ce que nos voisins possèdent de plus remarquable en ce genre. Quelque faible que soit donc le crédit dont vous pouvez disposer, vous ne renoncerez pas, pour cela, à un moyen puissant d'amélioration dans un des arrondissements de France où l'on élève le plus de chevaux...

« . . . . . L'expérience, au surplus, ne tardera pas à démontrer au conseil des haras, hostile jusqu'ici, que la seule mesure propre à combattre efficacement la détérioration toujours croissante de la race boulonnaise par l'emploi de l'étalon flamand, c'est l'introduction des chevaux de pur sang, qui, en lui redonnant tout son nerf et sa vigueur, corrige les principaux défauts qu'on lui reproche.

« Ces résultats sont tellement évidents pour nous, que la société qui s'est formée dans ce but ne négligera aucun moyen pour y parvenir, et il n'en est pas de plus puissant que nos courses établies dans l'intérêt de l'amélioration de la race des chevaux, bien plus encore, assurément, que dans l'intérêt de la ville; celle-ci, pourtant, en fait tous les frais. »

Le conseil des haras est resté insensible à ces arguments; s'en référant à son opinion plusieurs fois exprimée, il a persisté dans son avis défavorable et refusé tout encouragement quelconque aux courses de Boulogne.

Eh bien! vienne une modification profonde dans la contexture du cheval boulonnais, vienne une transformation de sa race, les haras n'en seront pas moins accusés de vandalisme. Eux seuls auront détruit cette espèce utile et puissante; leur ignorance seule aura consommé une œuvre de dégradation et de ruine.

Cependant les idées justes commencent à se faire jour. On y aura foi peut-être quand elles seront répandues par des hommes étrangers aux haras à qui elles auront été empruntées sans qu'on veuille bien se le rappeler. Jamais ceux-ci ne s'en plaindront. A eux sans doute le soin de déblayer le sol et de jeter péniblement la semence dans le sillon; peu importe après qui recueille la moisson, pourvu que le pays profite de ses richesses.

Écoutons à ce sujet les réflexions d'un vétérinaire observateur. Ce sont de vieilles connaissances pour nous, mais elles n'ont pas encore pénétré bien avant dans la pensée du grand nombre.

« Comme tout se lie, s'enchaîne et se coordonne dans la nature, dit M. Berthier (1), l'homme doit entraîner après lui, dans sa marche progressive, tous les êtres de la création.

« S'il se lançait seul en avant sans s'inquiéter des êtres que la nature lui a donnés pour serviteurs, il se trouverait isolé et misérable, avec une science perfectionnée et des besoins nouveaux qu'il ne pourrait pas satisfaire, parce qu'il n'aurait pas raffiné, en même temps que lui-même, les animaux, instruments de satisfaction de ses besoins.

« . . . .

« Il n'y a pas longtemps que chaque nation avait autant de races distinctes que de provinces, chaque province autant de races distinctes que de cantons. Aujourd'hui tout nous présage la disposition de cette grande multiplicité dans ces variétés de l'espèce, pour ne plus laisser apercevoir, dans un cercle qui tendra à s'élargir, que les grandes races caractérisées par les latitudes extrêmes, — le midi et le nord, — et par les conformations bien prononcées du sol, — la plaine et la montagne.

« . . . . . Si nous suivions, dans son ensemble comme dans ses détails, les diverses transformations des races chevalines de la France, les assertions que nous venons d'émettre se trouveraient, pensons-nous, complétement justifiées. Ne verrions-nous pas la confusion des formes, des types et des caractères des différentes races chevalines françaises, signalée par des hommes à courte vue, comme une anarchie annonçant une décadence prochaine de l'espèce, et que l'esprit d'observation doit nous faire considérer, au contraire, comme étant les préludes de son appropriation

(1) *Des races chevalines en France*, par M. Berthier, vétérinaire en premier au dépôt des remontes de Guingamp. (*Cultivateur breton*, numéro d'avril 1849.)

prochaine aux nouveaux besoins qu'ont engendrés les progrès scientifiques et industriels? Nos progrès scientifiques et industriels nous rapprochent, chaque jour, davantage de notre destinée, — l'unité universelle. Il faut bien que les races chevalines se rapprochent en même temps que nous de l'unité par le perfectionnement.

« Lorsque la France était organisée en provinces ayant chacune des lois, des mœurs, des habitudes et des besoins différents, les races ont dû se modeler selon les nécessités, qui ne pouvaient être les mêmes. Vouloir aujourd'hui ramener nos races à leur type primitif, ne serait-ce pas tenter l'impossible et commettre un anachronisme déplorable?

« Que ferions-nous alors de l'ancien gros cheval boulonnais, charolais, percheron, comtois et breton, maintenant que le service du halage tend à disparaître complétement, que nos voies de communication sont bien entretenues, qu'il n'y a plus enfin de ces résistances incessantes que le poids du cheval était appelé à vaincre en partie, et contre lesquelles la force et l'énergie musculaires eussent été insuffisantes?

« L'altération profonde, le décousu que l'on observe et que l'on déplore dans les nouveaux produits des anciennes races françaises (1), félicitons-nous-en au contraire; ces changements coïncident avec ceux qui s'opèrent dans nos mœurs et dans nos besoins.

« Ne nous laissons pas déconcerter parce que la transition nous offre des sujets plus ou moins satisfaisants. Tout être de transition est nécessairement informe. »

Ces vérités ne sont pas encore assez comprises; elles commencent, toutefois, à se répandre et avoir cours dans l'opi-

(1) « Ce décousu, nous le nions pour tous les cas où on allie la race anglaise ou la race arabe à une race bien conformée. Ces croisements donnent bien plus rarement des produits décousus que les races françaises dans leur pureté, et ces produits décousus rachètent presque toujours ce défaut par des qualités solides et brillantes. » (Note du rédacteur du *Cultivateur breton.*)

nion publique. Déjà elles saisissent et frappent les bons esprits. Abandonnons-les à leur force d'expansion ; elles ont été trop longtemps et trop fortement comprimées pour redouter qu'elles ne s'échappent pas bientôt en jets lumineux et puissants.

Revenons aux courses de Boulogne et traduisons leur importance en chiffres. De 1836 à 1847 inclusivement, c'est-à-dire de la seconde année de leur existence à celle de leur extinction, elles ont offert aux amateurs et aux éleveurs de toutes les classes pour 143,000 fr. de prix, soit une moyenne annuelle de 12,000 fr. disputés par trente-neuf chevaux de races diverses.

Dès 1837, l'hippodrome en fer à cheval d'Ambleteuse était remplacé par celui de la plaine de Wimereux, plus rapproché de la ville et établi dans les meilleures conditions.

Les allocations départementales et municipales appelaient le petit éleveur, le cultivateur de la localité même; mais le gros des prix, les fortes sommes s'adressaient toujours aux races supérieures, et faisaient des courses de Boulogne quelque chose de mixte entre l'Angleterre et la France, système bâtard dont l'utilité était moindre que si le but, nettement déterminé, eût été franchement poursuivi, eût transformé sans autre souci l'hippodrome de Wimereux en succursale de ceux d'Epsom, d'Ascot, de Doncaster ou de New-Market.

Nos chevaux auraient trouvé de dignes émules. Soit qu'ils eussent accepté la lutte, soit qu'ils en eussent décliné l'honneur, nous aurions mieux su, en France, à quoi nous en tenir sur les résultats de nos efforts; l'opinion eût été mieux assise sur la nature des progrès obtenus dans la naturalisation de la famille anglaise de pur sang.

La révolution de 1848 a tué les courses de Boulogne : elles n'ont point eu lieu en cette dernière année ; rien n'annonce qu'elles doivent se renouveler en 1849. Espérons que l'institution ne fait que sommeiller, qu'elle se réveillera bientôt forte du repos qu'elle aura pris. Nous serons alors très-disposé à lui faire suivre la route que nous avons jalonnée, mais dont le parcours nous semble facile à tenir.

Les courses de Boulogne étaient des courses d'été; elles avaient lieu au plus fort de la saison des eaux : il était logique qu'il en fût ainsi.

COURSES DE SAINT-OMER. — Il n'est pas aisé d'écrire l'histoire des courses de Saint-Omer. Les pièces justificatives n'offrent qu'un canevas très-incomplet; si le cadre existe, les angles ont disparu, et le milieu est vide.

Cependant essayons.

Si nous ne faisons pas erreur, les courses de Saint-Omer ont été une émanation de celles de Boulogne et datent de 1838. Il semble qu'on ait voulu tout d'abord en faire le prélude de celles-ci. On les aurait considérées comme un premier pas, comme une sorte d'introduction au grand meeting de Boulogne. Pour cela, les époques étaient trop rapprochées; par ailleurs encore, le calcul était défectueux. Les courses de Wimereux ne devaient point avoir de préface en France; elles devaient provoquer la venue de chevaux anglais déjà connus, elles devaient faire passer le détroit à des coursiers d'une réputation acquise contre lesquels nous aurions essayé nos meilleurs produits et que nous aurions conservés dans un intérêt de production lorsque, vainqueurs des prix à *réclamer*, il eût été facile de les empêcher de rentrer en Angleterre.

A ce point de vue, les courses de Saint-Omer, imitées de celles de Boulogne, auraient été mieux placées après qu'avant ces dernières. Elles n'avaient point assez d'importance pour attirer à elles les grandes célébrités, mais elles se seraient peuplées de toutes les espérances déçues, des petites puissances déchues; elles devenaient, par le fait, des courses de consolation, une manière de baume destiné à guérir les meurtrissures gagnées à la métropole. Bien organisées, elles seraient encore venues, par ce côté, en aide à leurs aînées, et nous aurions pu applaudir à leur utilité; elles eussent été un port de refuge pour les coursiers forcés de battre en retraite devant des forces trop supérieures; elles eussent bien accueilli, dans un intérêt de spectacle, des animaux qui auraient eu un mérite au moins, celui d'avoir recherché une grande lutte.

A ceux-ci on pouvait réserver deux ou trois prix peut-être; mais, à côté de ces courses à toute volée, il était important d'organiser sur une plus large échelle des courses d'un autre ordre, ce qu'on est tenté d'appeler de petites courses, des courses au trot enfin pour le grand nombre. Cette dernière institution offre une base solide en France; elle soulèvera puissamment notre industrie chevaline le jour où sa dotation prendra de suffisantes proportions; elle attaque la question à tous ses points de vue, elle avance la pratique en l'éclairant, elle fait le cheval, mais elle le fait à l'aide de la bonne science, elle le fait en formant l'homme de cheval, le maître de haras, tout autant que le valet d'écurie, tout autant que le cocher, que le cavalier à tous les âges et à tous les degrés.

Si peu qu'on le prépare, en effet, pour une course telle quelle, encore faut-il que le cheval ait été attelé ou monté avant de mettre le pied sur l'hippodrome; encore faut-il qu'il ait été plus ou moins longtemps exercé à l'avance, qu'on s'en soit occupé et préoccupé. Eh bien! tout cheval ainsi traité est mieux nourri, mieux élevé, mûri de meilleure heure, d'une nature plus solide, d'un aspect moins grossier. Que si les soins, au lieu de ne porter que sur le petit nombre, sur l'exception, se généralisaient et enveloppaient la masse, il résulterait évidemment de ce léger progrès dans l'élevage une somme d'améliorations incalculable.

En France, on a trop cherché jusqu'ici la perfection dans la forme. C'est à la production seule que l'on s'adresse; l'élève n'est comptée pour rien, ou du moins pour peu de chose. Le bon sens voudrait le contraire. Faites d'un cheval tel quel un serviteur utile, une bonne machine, vous le pouvez toujours. Au lieu de cela, vous faites d'un germe précieux un avorton, vous laissez la rouille s'emparer de l'acier le plus fin et le mieux poli. Le remède à tout cela, mais le remède infaillible, c'est l'institution des courses. Celle-ci repousse les mauvais éléments de toutes sortes; elle recherche avec la certitude que donne la bonne expérience; elle applique avec une intelligence éclairée tous les moyens de bien faire, tous les procédés éprouvés par une pratique judicieuse. C'est avec des enfants que l'on fait des hommes; c'est avec des recrues ignorantes et de grossière enveloppe qu'on fait des régiments admirables pour la tenue et les plus braves soldats du monde. L'éducation et le régime suffisent à la tâche. Soyez moins avares de soins et de nourriture, faites de l'éducation professionnelle pour le cheval, et vous trouverez, dans cette branche de la production nationale, des richesses que vous ne supposez pas, des forces indestructibles que vous niez, — que vous niez parce que vous ne voulez pas ouvrir les yeux à la lumière.

Les courses de Saint-Omer, si mal définies dans leur but, n'ont eu aucun succès, n'ont inspiré même aucun intérêt. Trop mal dotées pour attirer des chevaux supérieurs, elles élevaient néanmoins, par les conditions attachées aux prix offerts, la prétention jusqu'aux plus hautes luttes. On avait francisé l'enseigne: au fond, la chose était restée anglaise. Nous venons de le dire, ce système bâtard n'eut aucun résultat utile; la ville en fut pour ses frais. Au moins faut-il lui savoir gré des bonnes intentions qu'elle a montrées, des sacrifices qu'elle s'est imposés. Ce qui manque le plus en France, c'est le savoir spécial, c'est la réflexion nécessaire pour sonder le terrain qu'on a devant soi avant de s'y engager. S'il offre une tourbière, un bas-fond, il est certain que nous y tomberons, quelque facile qu'il soit, d'ailleurs, d'éviter l'écueil et la chute. Les grandes courses de Saint-Omer ont versé par inexpérience.

Il n'en est plus de même des épreuves modestes auxquelles on conviait le cultivateur. Les courses cantonales, au trot, essayées sans bruit, tenues à l'écart, faites à un autre jour entre rivaux de même acabit, ont montré plus de vitalité et d'avenir. D'abord mauvaises, déplorables même, elles ont peu à peu grandi au point de se montrer en ce moment avec une certaine force. Elles produisent leurs résultats. Les voilà qui s'acheminent vers le succès, et qui prennent rang dans l'institution. On s'en est moqué ; on a pu rire de pitié, parce qu'elles offraient un côté grotesque ; on verra bientôt ce que peuvent l'effort patient et la persévérance.

L'existence des courses au trot est due à l'heureuse initiative de la Société d'agriculture de Saint-Omer ; honneur à elle ! Qu'elle poursuive son œuvre ; elle donne un grand exemple avec de petites ressources. Les courses de vitesse ont disparu, emportées par le dédain, parce qu'elles n'avaient pas pour elles la richesse ; quelques centaines de francs suffisent au développement progressif de leurs sœurs cadettes qui deviendront bientôt une institution puissante et vivace.

L'administration des haras avait refusé de s'associer aux vues ambitieuses de la ville de Saint-Omer, elle n'a point hésité à unir ses efforts à ceux de la Société d'agriculture. L'une et l'autre aujourd'hui travaillent en commun à l'accroissement régulier des courses cantonales. Elles n'ont encore qu'une friche devant les yeux ; c'est sur de semblables terres que les conquêtes sont assurées. Imitons la réserve de la Société d'agriculture, n'anticipons pas sur l'avenir. Les courses de Saint-Omer peuvent se passer d'un brillant horoscope ; laissons au temps le soin d'accomplir son œuvre :

« Petit poisson deviendra grand,
« Pourvu que Dieu lui prête vie. »

— Avant de quitter le Pas-de-Calais, rendons compte d'un essai de courses toutes spéciales qui a eu lieu, le 2 juillet 1849, à Fruges. Cet essai entrait, pour la première fois, dans la condition d'un concours d'étalons pour une distribution de primes au nombre de huit et d'une valeur différente, mais contenue entre ces deux chiffres : — 900 francs et 400 francs.

Ce concours n'intéresse que des étalons de trait. Jusqu'alors les décisions du jury ne s'étaient appuyées sur aucun fait; la répartition des primes n'avait été soumise qu'à l'examen de la forme extérieure. Le cheval lymphatique, par excellence, le disputait avec de bonnes chances au cheval mieux doué, à celui qu'aurait plus fortement recommandé le tempérament musculaire relevé par la prédominance de l'appareil sanguin. Poussé par la force des choses, nécessairement soumis à la loi du progrès, le conseil général a vu une bonne pratique à imiter dans l'obligation désormais imposée par les haras aux étalons qu'on se propose de leur vendre. Cette obligation, on le sait, les amène à mesurer leurs moyens dans une lutte publique qui, pour toute préparation, n'exige qu'un élevage judicieux, l'application d'une hygiène rationnelle. Le conseil général du Pas-de-Calais a donc voulu que tout étalon, préalablement admis à concourir pour les primes accordées par le département, parcourût au trot, sous l'homme, une distance de 2 kilomètres en douze minutes au moins.

Sur quarante-deux concurrents, vingt-trois furent écartés, dix-neuf furent admis à l'épreuve. Ceux-ci n'entrèrent point en champ clos. On leur livra la grand'route purement et simplement. Ils allèrent à 1 kilomètre du point de départ et complétèrent la distance exigée en revenant sur leurs pas, en fournissant au retour la même carrière. Malgré le retard forcé résultant de cette condition, aucun cheval n'a mis plus de huit minutes à parcourir le double trajet qui lui était imposé. Le plus vite est arrivé en six minutes; le grand nombre s'est trouvé plus rapproché de ce premier terme que de l'autre. Tous, dit le rapport qui rend compte de cette course, ont atteint le but légèrement et sans souffler; tous sont gaillardement retournés, — qui au trot, — qui au galop, à la prairie où avaient commencé, où devaient se terminer les opérations du concours.

Comme vitesse, ce résultat n'offre certainement rien d'extraordinaire. Cependant, lorsqu'on le rapporte exclusivement à la grosse espèce d'une part, et d'autre part à des animaux qui viennent de remplir toute une saison de monte, il ne laisse pas que d'être favorable à la race d'où ils sortent. Tous appartenaient à cette tribu de chevaux qui retient le nom de chevaux boulonnais.

Cet essai est un pas immense dans une voie nouvelle. Il y aurait eu, sans aucun doute, de puissantes et violentes protestations contre les haras, s'ils avaient été assez malavisés pour en prendre l'initiative. Imposée par le conseil général, l'épreuve a été facilement acceptée par les concurrents; la voilà, sans encombre, passée à l'état de fait. Avant peu, l'application en deviendra générale. Quand il en sera ainsi, la transformation du cheval lourd et inerte en un moteur énergique, puissant, rapide ne sera pas bien loin; nous saurons favoriser cette tendance et nous arriverons bientôt au but.

Courses de Rouen. — Le département de la Seine-Inférieure est riche. Rouen, le Havre et Dieppe consomment une grande quantité de chevaux de luxe, nécessairement importés, puisque la production et l'élève s'attachent exclusivement ici à la grosse espèce. Le rôle des courses était facile à déterminer, — là où là, — à Rouen, au Havre, à Dieppe. Il fallait attirer les marchands de chevaux indigènes et leur demander d'éprouver publiquement les animaux qu'ils avaient la prétention de vendre à si haut prix; il fallait appeler au concours tous les intermédiaires obligés entre le producteur et le consommateur, forcer le commerce français à exercer sa spéculation sur les produits de l'industrie nationale, tendre une main amie et secourable à la Normandie, que les importations d'Angleterre et d'Allemagne ont pendant si longtemps étouffée, elle le centre et le foyer du cheval par excellence, elle si bien posée pour fournir à tous les besoins, qu'elle a depuis longtemps aussi été nommée avec raison — le haras de la France.

Ce côté de la question est resté dans l'ombre. Notre cheval de selle ou d'attelage n'était guère connu dans le département de la Seine-Inférieure, livré tout entier à l'industrie étrangère. Jetons un voile sur tout ceci pour n'accuser personne quand tout le monde est coupable, et voyons ce qu'ont été les courses, car elles n'y existent plus.

En 1828, un riche amateur des environs de Dieppe essaya d'utiliser, dans un intérêt général, l'hippodrome qu'il avait annexé à son haras de Gueures. Il fit seul les frais de cette innovation; il donna plusieurs prix que quinze à vingt chevaux eurent la galanterie de venir disputer. Ce fait est certainement sans exemple en France. Il n'avait pas de précédents; il est resté sans imitation ultérieure. De pareilles créations sont au-dessus de nos plus grandes fortunes; ceux-là qui les tenteraient, au lieu et place d'éloges bien mérités assurément et de bonnes paroles, ne recueilleraient que la risée publique et les appellations les plus fâcheuses. Nous sommes ainsi faits; nous aimons les grandes choses produites par la multitude, nous n'avons que le dénigrement le plus complet pour les essais privés. Nous élevons au septième ciel toutes les petites créations exotiques; nous rabaissons toujours, nous détractons sans cesse nos grandeurs nationales. Nous avons ce travers, qui n'est peut-être, après tout, qu'une compensation à de brillantes qualités.

Bien que le propriétaire du haras de Gueures ait convié à la fête les principales autorités du département, bien que la population fashionable des bains de Dieppe et la population pimpante des campagnes du voisinage se soient fort intéressées à ce spectacle, nouveau pour le pays, personne n'étant venu au secours de l'institution, l'institution est tombée.

Dix ans plus tard, en 1837, elle se relevait par un suprême effort, avec le concours de la ville, du prince royal, du jockey-club et de lord Seymour. En s'adressant à tout le monde, en sondant toutes les bourses, on avait réuni une dizaine de mille francs, et formé dix prix à entrées qui furent courus par une trentaine de chevaux.

Les courses intéressèrent plus la foule qu'elles n'eurent de véritable importance. Annoncées à grand fracas, puis remises à l'année suivante, et enfin reprises à une époque brusquement fixée, elles moururent le jour même de leur résurrection.

N'en parlons plus. Une course de fonds les avait précédées, qui appartient incontestablement au sport de Paris; mais elle s'est terminée à Rouen. En la rattachant à l'histoire des courses de la Seine-Inférieure, nous ne ferons aucun tort à celles de Paris.

Il s'agissait de franchir avec le même cheval, *en sept heures*, la distance de cette dernière ville à Rouen.

On était au mois d'août. Le départ eut lieu de la place de la Concorde, à deux heures du matin. Le succès de la course avait été confié à un groom de treize ans, pesant, équipage compris, 63 livres. Le petit homme était accompagné d'un jockey qui avait ses relais préparés à l'avance, de 20 en 20 kilomètres.

Les historiens du pari ne donnent aucun détail sur le cheval engagé dans cette longue et rude épreuve. C'est une faute, un oubli que ne commettraient probablement plus les hippologues de notre temps.

La distance à parcourir était de 31 lieues. Le cheval arriva au Mesnil-Esnard, — à 120 kilomètres du point de départ, à 4 seulement du point d'arrivée, — en cinq heures quarante-sept minutes. Il lui restait donc une heure treize minutes pour fournir la dernière lieue. — Mais l'atmosphère était chargée, l'air suffocant, la chaleur excessive; l'orage, en versant des torrents d'eau, avait singulièrement accru les difficultés de la route. Le jockey avait mal pris ses dimensions, il avait trop poussé dans la première partie du voyage; le cheval tomba pour ne plus se relever, quand on espérait lui voir atteindre le but trois quarts d'heure avant le moment fatal.

C'est une belle course, assurément, qu'une carrière de 120 kilomètres parcourue en moins de cinq heures trois quarts par le même cheval. Cependant quel service rend-elle à l'amélioration lorsqu'on ne fait même pas connaître l'origine du cheval qui l'a fournie? Nous ne pouvons changer d'opinion sur ces luttes à outrance. Dans notre état de civilisation, nous n'avons aucune nécessité de franchir l'espace avec cette rapidité.

Après avoir mentionné ce pari, nous ne pouvons passer sous silence l'un des plus beaux steeples-chases qui aient été courus en France. Nous le laisserons raconter par un autre; nos lecteurs y gagneront.

« Pendant les derniers jours de la fin de septembre (en 1838), dit M. Eug. Chapus, je me trouvais dans une ravissante villa des environs de Dieppe, en joyeuse communauté de vie, avec quelques jeunes hommes de fortune et de loisirs.

« De quoi s'occupait-on là? vous le savez : de promenades, d'excursions en bateau sur les rivières d'Argues, d'Eaulme et de Béthune, ou sur la mer, quand le temps était beau. Quand il pleuvait ou que le ciel était menaçant, on faisait de la musique, on parlait de l'Opéra, de chevaux, du cours de la bourse, de la chasse; on devisait des pièces nouvelles, de gain et de perte au jeu, de politique même, mais de cette politique railleuse qui rit et qui se moque, qui a une épithète bouffonne pour chaque chose et un masque grotesque pour chaque homme.

« Un beau jour, un *steeple-chase* fut décrété par cette juvénile assemblée. Il fut dit que chaque concurrent perdrait vingt louis au profit du vainqueur. L'idée est agréée partout, et le steeple-chase est fixé au lendemain.

« Le lendemain, en effet, le *steeple-chase* eut lieu, non pas tel que nous l'avons vu à Paris depuis quelques années, mais tel qu'il fut créé par l'imagination anglaise.

« Une foule de cavaliers bien montés se jettent dans la campagne; ils arrivent sur quelque point élevé d'où l'on découvre un vaste horizon; dans quelque point égaré de cet horizon, l'œil va se poser sur la flèche aiguë d'une église qui s'élance vers le ciel, à travers un massif d'arbres.

— « A qui de nous y sera le premier?

— « Ça va.

« A Paris, nos cavaliers, moins hardis, ont fait du *steeple-chase* une joute se passant sur un terrain accidenté, difficile à la vérité, mais un terrain connu, parcouru, exploré d'avance. Vous n'y êtes pas, messieurs! c'est bourgeois en diable. Votre *steeple-chase* est bâtard, dégénéré, absurde. Les choses se passèrent beaucoup mieux dans la vallée d'Argues, quoique avec moins d'apparat. Au moment où l'on sortit du château, il n'y avait pas, sur les routes avoisinantes du chemin que suivait la cavalcade, une foule immense, comme aux environs de Paris, composée de tout ce qu'une grande ville contient d'oisifs, de faux riches, d'élégants de rues. On n'entendait pas de joyeuses clameurs, on ne voyait ni berlines majestueuses, avec de *nobles duchesses du faubourg Saint-Germain*, ni coupés mystérieux avec *les profanes duchesses* de la rue Godot-de-Mauroy, ni tilburys imprudents, ni landaux de louage avec ces populations d'avant-scènes et d'hommes du boulevard Tortoni. Des nuages de poussière ne s'élevaient pas dans l'air et ne s'étendaient pas sur une large étendue de chemin comme la fumée d'une batterie de canons. Au lieu de cela, le soleil déclinant de l'après-midi éclairait la façade de la maison dont les vitraux ruisselaient de lumières. De temps à autre un cabriolet en osier se montrait au détour d'un chemin communal; plus loin, un char à bancs; de rares cavaliers avec leurs bêtes d'*allure* sellées à la française. Des paysans s'approchaient de l'ourlet de la route pour voir passer les cavaliers de plus près; quelques gamins quittaient leurs sabots et grimpaient sur le haut des arbres pour découvrir le lieu où se ferait la halte.

« Voilà : ils se sont arrêtés, car, des hauteurs où ils se trouvent, ils ont aperçu, à l'extrémité de la vallée, *l'obélisque de Martin-l'Église*. A vue de pays, l'espace à parcourir embrasse à peu près 2 milles. Les cavaliers tirent leur place au sort et se rangent en ordre sur une ligne.

« Le terrain à travers lequel ils vont s'élancer est une succession de fossés escarpés, de barrières hautes, de mares d'eau, d'étangs, de rivières, de ravines et de plafonds cailloutés. Il faut franchir tout cela sans sourciller, hardiment, à fond de train. Il faut avoir l'œil à sa monture, l'œil au terrain. C'est effrayant; c'est un drame qui va se jouer, mais un drame où la réalité est à la place de la fiction. Et pourtant ces sortes de drames s'engagent souvent en Angleterre par plaisir, sous le moindre prétexte, dans le seul but de passer le temps ou de se procurer, au retour, un sujet de causerie. On attribue la première idée du *steeple-chase* à un chirurgien de la petite ville de *Melton-Moubray* qui n'avait pas de clients.

« Le signal est donné. On a dit : Partez. Et maintenant, si vous voulez savoir le reste, suivez ces flèches qui fendent l'air.

« Le cheval de chasse, le *steeple horse*, ainsi que nous pouvons en juger, diffère du *race horse* ou cheval de course. Celui-ci n'a point d'allures variées, il ne peut point sauter, s'enlever du train de derrière et tomber ferme sur ses jarrets, les jambes ramassées sous lui sans écartement. N'exigez de lui rien autre que la vitesse. La vitesse est tout ce qu'on lui demande, et cependant cette qualité ne s'obtient souvent qu'aux dépens de la vigueur, du fonds et de l'énergie des proportions (1). Pour le cheval de course l'espace est un être de raison; il est une pensée. Le *steeple horse*, au contraire, issu d'un sang non moins noble, a reçu une éducation plus rude; la nature en lui, au lieu d'être détournée au profit de la vitesse seulement, se développe dans toute sa richesse et sa force musculaire.

« Mesurez une barrière que MM. de M.....t et le vicomte de C..., puis encore le baron de H..., viennent de franchir, 5 pieds 1/2 de haut. Comprenez-vous maintenant quelle élasticité de jarret il a fallu à leur monture? Voyez, la petite rivière d'Eaulme est traversée d'un bond; c'est magnifique! Mais les chevaux qui tout à l'heure roulaient comme un bloc, les voilà qui se jalonnent. M. L. B. est tombé ; adieu pour lui les espérances du triomphe. M. de C. B. F. est distancé. Trois compétiteurs restent seuls : MM. de M.....t, le vicomte de C. et le baron de H.

« A travers les saules, à travers les branches des peupliers et des ormes touffus, on voit s'approcher les coureurs; quelquefois ils disparaissent dans une cavée, puis se remontrent tout à coup sur la croupe d'un monticule, jouant ainsi avec les festons du terrain comme une barque avec les grosses lames de la pleine mer.

« Les juges de ce tournoi sont en proie à une violente émotion; les dames qui assistent là voudraient que le danger fût passé. Ces courses leur font mal aux nerfs, elles ont peur pour ces cavaliers si hardis, qui se font un amusement

(1) Protestons, en passant, contre cette opinion. Le cheval de course donne de la vitesse quand on n'exige de lui que de la vitesse; il est apte à tous les services et se plie à toutes les exigences dès que les vues changent et qu'on lui donne une autre destination.

C'est dans le jeune âge et pendant la période de la vie où l'on fait son éducation, que le *race horse* donne sa vitesse; à l'âge fait, à l'époque de la vie où le cheval a acquis toute sa résistance, le *race horse* supporte à merveille toutes les fatigues qu'il plait de lui imposer.

Nous traiterons ailleurs cette question, et nous aurons nos preuves à l'appui.

des difficultés qu'ils rencontrent ; et cependant, à mesure qu'ils avancent, les difficultés deviennent plus grandes.

« Une haie épaisse et haute se présente, l'herbe est glissante; c'est au creux de la prairie. M. de M.....t a passé, le vicomte de C... a passé. Le baron de H. arrive à son tour, il s'élance; mais les pieds de son cheval s'engagent dans les ramifications du sureau et perdent leur aplomb en retombant ensuite sur le sol. Il roule par terre; mais, avant qu'on eût accouru vers lui, il était debout, montrant, par son attitude, qu'aucun mal ne lui était arrivé. Son cheval est relevé. Le baron de H., dont l'élégant costume est souillé par l'herbe verte, se dirige à pied vers le terme de la course; il ne sera plus que spectateur d'une scène dans laquelle il était tout à l'heure agissant, et qui s'achève entre M. de M.....t et le vicomte de C..., ou plutôt que M. de M.....t va parachever, car le vicomte de C... est déjà distancé. Son cheval mollit; évidemment il ne pourra tenter de vaincre le dernier obstacle. L'intérêt se concentre sur M. de M...t, il touche au but; il recueille tout son sang-froid. On admire sa vivacité et la sûreté de son coup d'œil, son identification avec l'animal qu'il monte; on le dirait vissé sur sa selle. A quelques pas de Martin-l'Église est un mur de revêtement qui sert de limite à la ferme; derrière ce mur est un ravin béant, avec ses 6 pieds d'ouverture. M. de M.....t, bien monté, bien lancé, bien secondé, s'avance, s'avance toujours; on est tenté de lui crier de s'arrêter. Quelqu'un a levé son mouchoir pour lui faire signe; mais on a bien vite réprimé ce mouvement qui pourrait effrayer le cheval et doubler le péril. Arrivé ventre à terre jusqu'au pied du mur, M. de M...t avertit son cheval, par le mouvement intelligent de ses jambes, qu'il s'agit ici de toute sa vigueur; la bête, excitée, essoufflée, harassée, refuse de franchir cet obstacle, et M. de M...t, pour l'y contraindre, déploie en vain toute son habileté de cavalier.

« Il s'y prend à trois reprises. Son cheval regimbe, recule effrayé.

« Assez! assez! crie-t-on de tous côtés; assez! M.....t n'écoute pas; il pousse son cheval, le maîtrise, le subjugue, devient plus puissant que l'instinct de l'animal : il en triomphe, il s'élance, le ravin est franchi; mais les pieds de devant, en touchant le sol, ont glissé, et l'animal et son cavalier ont rasé la terre. On se précipite vers M. de M...t, mais déjà le cheval était sur pied et le cavalier n'était pas blessé. On entoure le vainqueur pour le féliciter sur son courage.

« Jamais ces paysans de Normandie n'avaient assisté à un pareil spectacle; ils regardaient le jeune gentilhomme avec de grands yeux qui témoignaient de leur admiration pour une victoire que des sonneries de cor et de trompe célébrèrent jusqu'au retour. » (*Journal des chasseurs*, tome III.)

Il nous faut maintenant redescendre à 1845, pour retrouver les courses dans la Seine-Inférieure. Cette fois, ce n'est plus une simple tentative, mais une fondation sérieuse.

A l'importance de Rouen, cette institution manquait. Rapprochée de Paris par l'établissement et l'exploitation régulière de la voie ferrée qui relie l'une à l'autre ces deux villes, Rouen rentrait dans le domaine et sous l'action de la Société d'encouragement beaucoup plus connue sous le nom de jockey-club. Celui-ci en fit une de ses succursales et ajouta cet autre chef-lieu à ceux de Versailles et de Chantilly.

Mais ces deux centres, — Chantilly et Versailles, — étaient comme deux points inabordables pour la province. Les courses y sont tellement avancées par le nombre et la qualité des coursiers, par la science de l'entraîneur et l'habileté des jockeys, par les facilités que le terrain donne en tout temps à la préparation précoce, par les ressources de toute nature que la richesse ajoute nécessairement à ces divers avantages, les courses y sont, disons-nous, si fortement organisées, que les éleveurs et les amateurs de Paris restaient entre eux, que la société mère n'étendait pas son influence en dehors d'elle-même, car ses encouragements ne profitaient qu'à ses membres.

A côté des hippodromes de Paris, Versailles et Chantilly, qui ne font qu'un, celui de Caen occupait un rang distingué. La Normandie, si renommée pour ses succès faciles dans la production et l'élève du cheval en général, avait su prouver qu'elle pouvait reproduire sans dégénération aucune la race pure, et, mieux que cela, appeler sur elle la sympathie de ses détracteurs en lui donnant des dimensions plus fortes, des proportions extérieures plus grandes qu'elle n'en acquiert ailleurs. Le développement et l'ampleur des formes sans aucune perte des qualités internes, tel avait été jusque-là, tel devait être encore le rôle attribué à cette province dans la reproduction du cheval de pur sang.

Pur sang et courses sont choses inséparables. L'épreuve est la consécration du mérite du cheval de pur sang. Otez à ce dernier le moyen de mesurer son énergie et sa vigueur, il n'existe plus. Sans l'épreuve, nul ne sait plus ni ce qu'il est ni ce qu'il vaut. L'épreuve est d'autant plus indispensable ici, que l'abondance des herbes, la nature grasse des pâturages, un climat habituellement humide poussent à la lymphe, à la dissolution des éléments de force, de vitalité, de noblesse dont la pureté est à la fois la base et le sommet, la cause et l'effet; mais l'épreuve n'a de valeur et de signification qu'autant qu'elle est sérieuse. Le bon cheval ne se révèle qu'en s'attaquant à des coursiers d'élite, à des animaux déjà connus. Un cheval de province ne peut atteindre à une certaine réputation s'il ne s'essaye pas contre des animaux bien placés dans l'estime des hommes de cheval. Cependant les choses étaient ainsi arrangées, qu'il ne pouvait guère se risquer ni à Chantilly, ni à Versailles, ni même à Paris, où, dans les courses d'automne exclusivement régies par le règlement général des haras, il aurait eu pourtant de meilleures chances. Il était donc nécessaire, il pouvait devenir très-utile d'offrir, sinon à toute la province, du moins à la contrée la plus avancée, un terrain nouveau, un chef-lieu où les chevaux de Paris et de Normandie pussent se rencontrer avec moins de défaveur pour les derniers que sur les grands hippodromes qu'ils ne fréquentaient pas, qu'ils avaient désertés.

A cette fin Rouen était admirablement posée entre Caen et Paris; Rouen devint le théâtre de nouvelles courses, on en fit une sorte de terrain neutre, et les conditions attachées à chaque prix offert, il faut le reconnaître, ont été rédigées, établies de manière à favoriser le cheval neuf, celui que de précédentes victoires n'avaient point encore fait connaître.

Sous ce rapport, les courses de Rouen ont été organisées avec une haute intelligence de la situation, dirigées avec une impartialité réelle et beaucoup d'habileté. Peut-être les éleveurs n'en ont-ils pas saisi tous les fils, tous les avantages; il faut être familier avec l'institution pour lire couramment et à livre ouvert dans un programme de courses. Les combinaisons y sont multiples et variées, mais sobres d'explications; elles disent beaucoup en peu de mots. Elles sont une manière de définition nette et précise; il faut les presser pour en faire sortir tout ce qu'elles renferment : c'est un texte qu'il faut commenter, sous peine de n'en pas comprendre toute la portée. Eh bien! les éleveurs qui commencent ne sont pas capables encore de ce travail; on aurait aidé à leur insuffisance, on aurait facilité leur étude en leur expliquant avec détail les avantages qui leur étaient offerts, en leur exposant d'une manière plus intelligible la part de chances favorables laissées à leurs efforts.

Le rôle que nous venons d'assigner aux courses de Rouen était dans la nature des choses; mais il se devine bien plus qu'il ne ressort au premier aperçu de l'histoire même de cette fondation. La pensée de ceux à qui on l'a due est restée dans le vague. Le but de la société, dit le comité directeur, est « d'encourager l'amélioration de la race chevaline par les courses ; » c'est un peu bref, il faut en convenir. Puisqu'il s'agissait d'une œuvre mixte (du moins nous le croyons après examen attentif des conditions établies), il était utile, dans l'intérêt même du succès, de compléter la pensée de création en développant les vues qu'on s'était proposées. Le professeur le plus éloquent et le plus instruit s'expose à perdre son temps, sa peine et sa science, qui ne se met point à la portée de son auditoire. Les encouragements incompris peuvent coûter de grands sacrifices et ne porter que des fruits tardifs.

Ces réflexions nous viennent à l'occasion des courses de Rouen. Les faits n'ont pas encore répondu à l'attente. Les chevaux de Paris étaient nombreux sur le turf rouennais; on n'y voyait pas beaucoup de chevaux de Normandie. Cependant le nouvel hippodrome était en progrès; mais le temps seul pouvait conduire à un succès complet. Il faut, ne l'oublions pas, des années et des années pour se procurer des poulinières, en obtenir des produits et mettre ces derniers en évidence. Ceci s'improvise comme tout autre résultat, encore faut-il à l'improvisation même les conditions matériellement nécessaires pour se produire.

Quoi qu'il en soit, inaugurées en août 1843, les courses de Rouen ont été progressant jusqu'en 1847 inclusivement. Elles avaient pris une force et une vigueur qui en marquaient la bonne situation et l'utilité ; elles avaient remué le pays, elles promettaient de lui rendre les mêmes services qu'elles ont rendus à toutes les grandes cités où elles ont obtenu droit de bourgeoisie. Sous leur influence, les attelages se sont améliorés, les harnais étaient mieux tenus, les équipages se montraient plus coquets; chacun s'endimanchait pour venir sur le turf. Des habitudes d'élégance, de bon goût, de propreté surtout s'infiltraient ainsi dans la vie de tous les jours.

La possession du cheval à tous ses degrés n'a-t-elle pas

toujours été, ne sera-t-elle pas toujours un moyen d'avancement, un instrument de civilisation?

Les courses de Rouen sont mortes de mort violente peu après la révolution de février. Le comité des courses s'est dissous précipitamment, renonçant ainsi à son œuvre et laissant mille regrets à tous ceux qui ont à cœur la prospérité chevaline de la France. Il s'est un peu hâté, paraît-il, lorsque rien ne le pressait; il a donné l'exemple de la défection, alors que tous les efforts devaient tendre à fortifier la position conquise; il a liquidé avant le temps, il a fait retraite; il a fait brèche au moment où l'institution était le plus menacée et réclamait le plus impérieusement tous les concours, tous les dévouements; il s'est suicidé froidement et sans motif, quand mille considérations puissantes lui faisaient une loi de vivre, lui commandaient de conserver sa force et sa vitalité propres pour travailler plus efficacement au salut de l'institution elle-même engagée et compromise.

Nous attendions mieux de la part d'hommes éclairés, de la part d'hommes qui n'avaient qu'un but, — soustraire, disaient-ils, l'industrie privée à la tutelle de l'administration publique. Que serait devenue, après la révolution de février, nous le demandons aux consciences honnêtes, aux esprits de bonne foi, que serait devenue l'industrie privée, si elle n'avait eu, pour défendre ses intérêts et soutenir sa cause, une administration qui a senti grandir sa tâche avec les événements, qui a très-hardiment supporté seule le poids de toute l'impopularité déversée sur elle par ceux-là qui s'étaient donnés pour les représentants officieux et pour les protecteurs officiels des intérêts particuliers? La déroute a été générale, complète, de la part de ces champions du laisser-faire. C'était à qui donnerait sa démission et refuserait son concours; toutes les écuries étaient en vente; malheureusement l'acheteur était moins prompt à se décider que le vendeur. Quand la sécurité sera tout à fait revenue, nous espérons bien retrouver encore, — à la tête des hommes et des choses pour reprendre la marche en avant, — ceux que nous avons vus le plus pressés à leur tourner le dos et à les abandonner. Il est des natures qui ont ce tempérament, et toutes les faiblesses sont dans la nature.

Revenons nous-même et constatons les résultats obtenus sur l'hippodrome de Rouen durant les cinq années pendant lesquels il est resté ouvert à son œuvre.

Soixante-trois prix ont été courus; leur valeur totale s'élève à plus de 113,000 fr.; les entrées vont à 30,000 fr. au moins; trois cent soixante-quinze chevaux ont été engagés.

C'est une moyenne annuelle de douze prix d'une valeur de 28,600 fr. Soixante-quinze chevaux se présentaient pour disputer la somme. Répartie entre les douze vainqueurs, celle-ci donnait à chacun 2,400 fr. environ. C'est un mince intérêt comparativement à ce qui se passe en Angleterre; mais nous ne sommes point la première nation hippique de l'Europe. Nos éleveurs étaient gens à prendre plus; en attendant, ils faisaient sagement, ils se contentaient de peu.

Les sources vives où puisait le comité hippique de Rouen, c'étaient — la ville, — le conseil général, — le jockey-club parisien, — la Société rouennaise, émanation de celui-ci, — la Société d'agriculture, — l'administration du chemin de fer, — des particuliers dont le calendrier des courses conserve les noms, — enfin le budget des haras, le premier sur lequel on dirige toujours la sonde, et le dernier, ordinairement, dont les cordons se délient. Chacun aidant, chacun poussant à la roue produit son petit effort et concourt au résultat final. Les subventions ministérielles ne doivent pas être données à la légère, nous pensons même qu'elles ne doivent être accordées qu'avec la certitude du succès; mais nous voudrions que, une fois assurée de l'utilité et du bon placement de ses largesses, l'administration pût doter convenablement la création dont elle accepte le patronage. L'allocation officielle donnée aux courses de Rouen en 1847, pour la première fois, ne s'élevait qu'à 4,500 fr.; ce n'était pas assez : le crédit inséré au budget ne nous avait pas permis de nous montrer plus généreux.

Les courses de Rouen pouvaient être considérées, par les éleveurs de Normandie, comme des courses d'essai pour celles de Paris. Les chevaux qui avaient donné des espérances sur l'hippodrome de Caen, dont nous nous occuperons bientôt, pouvaient, après les épreuves de Rouen, ou se risquer aux grandes courses d'automne à Paris et Chantilly, ou bien, si les chances ne semblaient pas assez favorables, s'abstenir et retourner, sans avoir à supporter les frais d'un déplacement plus lointain et plus prolongé. C'était un degré à franchir; mais il portait avec lui sa part d'enseignement et son petit intérêt.

Au surplus, les courses rouennaises étaient fort mélangées. A côté des luttes de vitesse, il y en avait d'autres, les unes au galop avec obstacles, les autres au trot, sous l'homme ou à la guide.

Le programme était varié, combiné de manière à intéresser le plus grand nombre parmi les éleveurs et parmi les spectateurs; on en mettait pour tous les goûts, et chacun y prenait plaisir ou intérêt.

L'hippodrome avait été taillé en plein drap dans une magnifique prairie d'où les spectateurs avaient un ravissant coup d'œil, un délicieux panorama.

Bien que la nature du terrain et la forme ellipsoïde de la piste ne soient pas précisément favorables au développement de l'allure du trot, la vitesse de ces courses a toujours été remarquable sur l'hippodrome de Rouen. Il en est qui appelaient à lutter ensemble, à conditions égales d'ailleurs, les chevaux français et les chevaux anglais. A l'exception d'une seule, toutes ces courses ont été gagnées par des chevaux de demi-sang nés et élevés en Normandie.

La Normandie, autant qu'elle le voudra, aura toujours le monopole de la bonne production. Il y a bien longtemps qu'on l'a définie — la terre promise du beau et puissant cheval de chasse, du brillant et bon cheval d'attelage. Ce qui a manqué à cette contrée, c'est de travailler un peu pour l'avenir, de ne pas rester exclusivement en face de ses ressources actuelles, de porter ses vues au delà du jour le jour.

Sous ce rapport, un bel exemple lui est offert depuis quelques années par un amateur des plus distingués, par un sportman émérite qui raisonne toutes les opérations, qui soumet toutes ses combinaisons au contrôle du sens droit et d'une pratique éclairée jusque dans les moindre détails.

En fondant son haras de Serquigny (Eure-et-Loir), M. le marquis de Croix savait ce qu'il voulait, ce qu'il pouvait, où il allait. Il chercha à réunir, il réunit avec un rare bonheur tous les éléments de succès nécessaires, puis il se mit en marche. Il créera de fond en comble une race qui marquera, se fera donner un nom caractéristique, ainsi qu'il est arrivé à tout ce qui s'est fait de semblable d'après un plan arrêté, d'après un système bien compris, et avec toutes les connaissances utiles à la réussite.

En attendant qu'il puisse mettre sur le terrain le résultat de ses travaux et se faire juger dans ses œuvres, M. de Croix a préludé à des succès qui le toucheront davantage par des victoires brillamment remportées avec des chevaux français dédaignés en France et achetés avec le savoir et le tact de l'homme expérimenté. Il aime le bon cheval de service autant qu'il le connaît; mais il l'aime pour son utilité future, pour les services rendus, et non point de cet amour platonique qui, de peur d'exposer son cheval à l'air humide ou au soleil, le fait laisser se rouiller à l'écurie dans une oisiveté pleine d'inconvénients. C'est le mauvais cheval que M. le marquis de Croix ménagerait et dorloterait jusqu'au jour où il trouverait à s'en défaire, non le serviteur capable qu'il entoure de bons soins, mais dont il use largement pour le faire bien apprécier, et pour attirer sur ses auteurs l'attention méritée du producteur, de l'éleveur, du marchand et du consommateur.

Si le patriotisme éclairé de M. de Croix avait été la règle commune en France comme il est sa loi à lui, nous serions depuis longtemps affranchis de la tyrannie de la mode, et du tribut qu'elle nous impose au détriment de la fortune publique. M. de Croix n'a pas un cheval étranger dans ses écuries. Or les écuries de M. de Croix, peuplées qu'elles sont de chevaux de valeur, ayant tous un nom dans la mémoire de ses amis, lui font honneur et pour la distinction, et pour l'énergie, et pour la durée. Tous comptes faits, elles lui coûtent moins certainement à remonter et ne lui donnent ni les soucis ni les tribulations qui assaillent l'amateur dont l'écurie n'est jamais faite, dont les chevaux ont toujours besoin d'être renouvelés.

Nous lui avons connu, nous lui connaissons encore des animaux d'un excellent modèle, d'une vitesse et d'un fonds très-remarquables. Il en est un, entre autres, — *primus inter pares*, — qui se distingue par les plus brillantes qualités, par son énergique ardeur, par la rapidité et la régularité de son trot, autant que par sa forte structure et l'élégance de ses formes. Nous le citons parce qu'il a été par trois fois, en trois années successives, vainqueur du prix de 2,000 fr., qui se courait au trot, à Rouen.

Ce cheval est fils de *Sylvio*, il en porte le nom. Sylvio, est-il nécessaire de le dire, est un étalon de pur sang anglais, né et élevé en France. Père d'un très-petit nombre de chevaux de pur sang, Sylvio a très-abondamment produit le demi-sang en Normandie. C'est l'un de ces chevaux exceptionnels qui font époque, parce qu'ils laissent de grandes richesses après eux. M. le marquis de Croix a beaucoup contribué à fonder sur des données certaines la réputation très-méritée de ce précieux reproducteur, en faisant connaître toutes les qualités, l'ardeur inépuisable, la puissance toujours renouvelée de l'un de ses fils.

Celui-ci est bien moins connu des amateurs par ses courses officielles que par ses travaux en dehors de l'hippodrome. C'est dans les services quotidiens qu'il a montré sa force et sa valeur, qu'il a souvent recommencé ses preuves, — ses preuves de fonds et de vitesse tout à la fois. Il se monte à merveille ; mais c'est à l'attelage à deux qu'il faut le juger pour mieux l'apprécier par le terme de comparaison qu'offre naturellement son compagnon. Il en a usé, il en a tué plusieurs. C'était une rude tâche que de le suivre côte à côte dans son trot le plus régulier, le plus uni, le plus développé, à l'allure plus prompte et plus précipitée du galop. Il se faisait un jeu des efforts de son second, il cheminait sans y prendre garde et le jetait sur la paille, épuisé, lorsqu'il était encore prêt, lui, à recommencer le lendemain, puis encore et toujours. — C'est un cheval de fer.

Voici un de ses hauts faits recueilli par le *Calendrier des courses;* un pari en a été la source. Il s'agissait de franchir, au trot, 8 kilomètres en seize minutes. 30,000 fr., a-t-on dit, se sont trouvés engagés dans cette partie, fixée au lendemain des courses de Rouen, en 1845.

Nous en empruntons le récit au *Journal des haras*, tome XXXIX, page 338.

« Le 16 août, le ciel était pur, l'air calme et serein, une agréable fraîcheur tempérait l'ardeur du soleil, la population de la cité industrieuse se portait joyeusement au lieu du rendez-vous, où, avant elle, de diverses régions de la France, étaient accourus éleveurs et amateurs. Jamais l'Angleterre ne fut représentée à nos luttes hippiques par un plus grand nombre de ses enfants. Trente mille spectateurs sont dans l'attente.

« M. le marquis de Croix, en homme qui veut que tout soit fait dans le dernier goût, avait fait confectionner un tilbury pour la circonstance. Ce véhicule, sorti des ateliers de Herler, est un modèle gracieux de solidité, de légèreté et d'élégance ; son poids est de 138 kilogrammes, placé sur une surface unie et horizontale; il est mis en mouvement par une force qui représente 2 kilogrammes au dynamomètre; les harnais pèsent 3 kilogrammes et 500 grammes.

« *Sylvio,* ou, mieux, le descendant de *Sylvio*, paraît ; il est attelé. MM. le comte du Manoir, des Mazis, directeur des haras à Abbeville, en leurs qualités de juges, suivront au galop, apprécieront les divers accidents, et noteront le temps employé à franchir la distance.

« Au signal donné, le coursier part, s'élance hardiment, franchement, il semble voler ; il franchit avec la même vitesse deux montées et divers accidents de terrain. Chacun croit à la victoire et décerne d'avance la couronne triomphale. Il arrive à la borne fatale. Les chronomètres ont marqué dix-sept minutes dix-sept secondes.

« Soyez fiers de vos succès, éleveurs de Normandie, mais soyez persévérants. Ceux de vos chevaux qui paraissent sur l'hippodrome se comptent désormais par leurs victoires. Déjà les étrangers, moins injustes que vous-mêmes dans votre cause, apprécient vos progrès, envient vos superbes carrossiers, vos beaux étalons, cessez de vous plaindre et de croire à une infériorité chimérique ; quand vous marchez à une amélioration qui touche à son apogée, ne criez pas à la dégénérescence..... Honneur aux éleveurs de Normandie ! honneur à M. le marquis de Croix ! »

On comprend ces applaudissements et ces éloges ; on sait à qui ils s'appliquent, à quoi les rapporter. Il s'agit des succès de toute une contrée, de la valeur d'une immense population chevaline, de la réputation rehaussée de reproducteurs qui vivent ; c'est de l'actualité que l'on juge et que l'on fait.

Des épreuves qui ont cette utilité, qui ont cette portée réalisent un grand bien et hâtent singulièrement le progrès; elles ne ressemblent en rien aux courses qui réunissent sur un même point, à jour fixe, des animaux parfaitement inconnus et sans lien, sans racines dans la production nationale. Le contraste frappe et appuie la différence que nous signalons entre des courses qui ont une signification réelle et des luttes qui, n'apprenant rien, ne donnent aucun résultat sérieux.

Maintenant passons dans la Manche, mais seulement après avoir constaté ce fait étrange que, par trois fois essayée dans la Seine-Inférieure, l'institution des courses s'y est éteinte trois fois, — à Gueures, à Dieppe, à Rouen, dans des conditions bien diverses, et lorsque tout, au contraire, semblait leur préparer un brillant avenir, une longue durée.

Ce fait n'a pas d'analogue en France.

Courses en Normandie. — Nous entrons dans une nouvelle série de courses, celles qui embrassent les huit chefs-lieux, les huit hippodromes établis dans les circonscriptions du dépôt d'étalons de Saint-Lô et du haras du Pin. C'est une intéressante excursion à faire dans le Cotentin et le Bessin, dans la plaine de Caen et le Merlerault, dans la plaine d'Alençon et le Perche. Bien entraînés qu'ils sont à présent, nos lecteurs nous y suivront aisément, nous l'espérons, sans perdre haleine. Ici le fond, c'est la patience.

Nous sommes maintenant sur un terrain mieux connu, sur une terre de promission, dans une contrée privilégiée, car elle réunit toutes les conditions favorables au développement d'une grande richesse, d'une haute prospérité chevaline.

Plus tard nous en écrirons l'histoire complète et détaillée. En ce moment nous devons nous restreindre, pour ne pas sortir de la spécialité du chapitre.

Il n'y a pas longtemps que la Normandie compte les huit hippodromes ouverts aujourd'hui à des luttes publiques de chevaux. A l'exception de celui du haras du Pin, créé par le décret de 1806, tous sont d'une date récente; le plus ancien ne remonte qu'à 1836. On en doit l'existence à l'initiative, aux soins, aux sacrifices soutenus de sociétés spéciales formées dans le but utile de pousser au perfectionnement du cheval, en poursuivant tout à la fois sa production améliorée et son élevage judicieux.

Ce fait a certainement sa valeur; nous le recommandons à l'attention de ceux qui accusent les haras d'anglomanie, d'imitation puérile et servile d'usages qui ne peuvent devenir les nôtres. Ce n'est pas les haras qu'il faut accuser, mais le pays. Nous nous trompons, nous voulons dire : — Ce n'est pas l'administration qu'il faut louer ici, mais les hommes intelligents qui ont pris les devants pour l'entraîner avec eux, mais les dévouements raisonnés qui l'ont contrainte à ne pas rester en arrière, qui l'ont forcée à porter secours à une institution dont le développement seul pouvait faire sortir l'industrie chevaline de l'ornière profonde où elle avait versé, dans laquelle elle était retenue par la routine, cette ennemie acharnée du progrès.

Ainsi les courses d'arrondissement dont l'origine est officielle mises hors de cause, les autres ont été une affaire privée, des créations toutes particulières, des victoires remportées sur l'ignorance. La part des haras est facile à déterminer; elle se montre sur la proportion d'un à huit.

Toutefois, il y a justice à le reconnaître, si l'administration ne prenait pas ici une initiative qui aurait eu pour but de lui attirer les mercuriales les plus sévères, elle n'a fait défaut nulle part aux efforts privés, aux besoins de la situation. Par ses allocations annuelles, elle a fortifié et consacré le zèle, confirmé l'œuvre, assuré sa durée. Sans les secours officiels, nous ne serons pas démenti, aucune de ces fondations n'aurait vécu au delà d'un jour. Disons mieux encore et soyons vrai jusqu'au bout, sans la perspective des subventions ministérielles, les courses privées ne seraient pas nées. Les esprits sérieux, les hommes compétents nous reprocheraient avec raison aujourd'hui de n'avoir pas su appuyer, seconder un mouvement heureux, de n'avoir pas su comprendre l'un des besoins les plus impérieux de l'époque;

on accuserait les haras d'avoir déserté la cause du progrès, d'avoir fui la mission qui leur était dévolue. En face d'un pareil reproche, il faudrait bien passer condamnation. Vérité oblige.

En l'état de la question, il y a des années, non-seulement en Normandie, mais dans l'opinion générale, l'administration agissait prudemment en laissant faire autour d'elle. Alors elle ne devait ni pouvait imposer l'institution au pays. Rien n'était prêt encore. Mais plus tard, lorsque le pays se la donnait à lui-même, au prix de sacrifices relativement considérables, elle ne devait pas, elle ne pouvait pas, par un refus de concours, l'exposer à en perdre le bénéfice; il n'était pas possible de lui faire défaut.

Aussi l'institution a vécu; elle a jeté des racines profondes dans le sol et dans les habitudes. L'industrie en recueille déjà les fruits : les éleveurs se sont peu à peu acclimatés au régime, aux exigences, à l'utilité, aux avantages des courses; ils commencent à en comprendre la portée et le but. Ils savent bien maintenant que ce n'est point un vain spectacle, mais une pratique féconde en enseignements de toutes sortes, un moyen d'amélioration certain, puissant par les résultats, qui eux-mêmes sont une nouvelle source de progrès. Or le progrès ici, c'est le succès dans une branche importante de l'agriculture, c'est une source intarissable de richesse.

Cherbourg. — Les courses particulières de Normandie ont pris naissance à l'extrémité de la presqu'île du Cotentin, — à Cherbourg. L'hippodrome fut tracé sur les grèves plates qui s'étendent de la terrasse des Bains à la redoute de Tourlaville, et inauguré en 1836. Le début fut heureux, il dépassa même l'attente générale. Les organisateurs ont trouvé tout à la fois récompense et encouragement dans le résultat. Cependant ils avaient eu le tort de rêver une institution grandiose; le succès n'est venu à eux que lorsqu'ils sont descendus de leurs hautes prétentions à la situation vraie des lieux, à l'état réel de la production locale. Depuis lors, et nous les approuvons, ils se sont tenus sur un plan fort modeste. Patience, quelques années encore, et ils monteront les degrés de l'échelle.

Jusqu'ici donc les courses de Cherbourg sont restées de petites luttes peu importantes au dehors, mais utiles, assurément, à la bonne production et à l'élevage amélioré, puisque le conseil général, l'administration municipale, la Société d'agriculture, les amateurs et surtout les éleveurs tiennent essentiellement à l'hippodrome, à l'institution dont il est la raison dernière et la cause efficace.

Nous trouvons dans l'*Annuaire agricole* pour 1848, publié par la Société d'agriculture de l'arrondissement de Cherbourg, un rapport historique fort intéressant des courses à Cherbourg.

En l'insérant textuellement ici, nous abrégeons notre tâche et nous donnons place à un travail qui arrêtera certainement l'attention de nos lecteurs. Il est de M. de Tocqueville, l'habile directeur des courses de Cherbourg.

Courses de chevaux à Cherbourg.

« Les avantages de ces institutions ont été fort controversés parmi nous. Chez nos voisins, au contraire, elles sont implantées dans le sol sans contestation depuis plus de deux siècles, et il est hors de doute que l'Angleterre ne doive l'immense prospérité hippique qu'elle possède aux courses de ses chevaux répétées sur mille hippodromes divers.

« Sans vouloir entrer ici dans une discussion approfondie du sujet, nous établirons que ces luttes pacifiques doivent avoir, chez nous, pour objet la prospérité matérielle du pays. Il ne s'agit pas d'un spectacle futile pour l'amusement des oisifs, mais d'une institution nationale qui porte l'émulation parmi nos éleveurs et les pousse à améliorer les chevaux de service.

« Il ne suffit pas de leur dire *de faire des chevaux*, il faut qu'on les achète; par conséquent, on doit en favoriser la vente. L'usage des courses est un des moyens de l'encourager. Les primes n'ont jamais pu y suppléer; elles se donnent d'après la conformation, tandis que les prix de courses se délivrent après *épreuve*, et, par conséquent, se fondent sur un *fait*. Les primes ne se fondent que sur *une opinion*.

« De plus, la véritable beauté, la beauté non arbitraire, résultant de l'accord des formes avec les moyens qu'on suppose, ne peut être reconnue que par l'essai, et le cheval étant un instrument de locomotion, le plus beau pour les connaisseurs est celui qui offre les formes les plus indicatives de la vitesse ou de la force, qualités qu'on ne reconnaît qu'à l'épreuve.

« En outre, il est utile de favoriser, non d'une manière outrée et exclusive, mais avec une sage discrétion, l'élève du cheval léger. Des routes faciles sillonnent le pays; les moyens de transport s'allégent; une impulsion de vitesse est donnée partout.

« Les courses sont dans le génie des contrées chevalines. Partout où l'on élèvera cet animal essentiellement locomoteur, chez qui l'exercice est une condition de santé et un élément de force, partout, dis-je, on sentira la nécessité de mettre ses éminentes qualités en concours public.

« Mais, comme nous l'avons dit plus haut, les courses doivent avoir chez nous une utilité pratique; l'hippodrome doit devenir un grand marché, où les officiers de remonte, les connaisseurs de tous pays, tous les chalands enfin viendront se donner rendez-vous. Ce champ de course a sur les foires ordinaires cet avantage que l'acheteur verra fonctionner les animaux sous ses yeux ; il pourra s'assurer que le cheval qu'on lui présente est celui qui lui convient. Il n'a plus de chance à courir pour la castration, le dressage, les maladies, etc. ; il sera certain que le cheval a été monté ou attelé, qu'il a été convenablement nourri dès son jeune âge, dans l'espoir de le voir gagner un prix.

« En 1836, une réunion d'amateurs de chevaux se forma à Cherbourg dans le but d'y organiser des courses. Un comité y fut établi ; il fit un règlement dans lequel il établissait des courses au trot et au galop, fournies par des chevaux de l'arrondissement, du département, et même de tous pays et de tous âges. Son but était d'encourager cette institution à son début en n'y mettant aucune entrave.

« Ce règlement fut approuvé par le ministre, et les premières courses de chevaux à Cherbourg eurent lieu les 25 et 26 septembre 1836, sur la plage de l'est, vis-à-vis l'établissement des bains de mer.

« Le comité voulut tout d'abord établir le côté vraiment utile et sérieux de l'institution qu'il fondait. Il inséra dans le règlement que le principal but de la création des courses à Cherbourg était *l'amélioration des chevaux de service*. Il affecta la majeure partie des prix à des courses attelées au trot, et la Société fit dans ce dessein l'acquisition de deux chars à bancs ; mais on fut obligé bientôt de renoncer à ce genre de courses, parce que les roues, s'enfonçant dans le sable, devinrent d'un tirant fort difficile.

« Le principe du trot fut néanmoins maintenu comme l'allure dont l'encouragement était le plus utile.

« Les courses de Cherbourg se trouvèrent ainsi fondées.

« La première année, les ressources abondèrent, et le budget se composa ainsi :

Le gouvernement accorda.	1,000 fr.
Monseigneur le duc d'Orléans. . . .	500
La ville de Cherbourg.	500
L'arrondissement de Valognes. . . .	200
Souscription départementale.	1,000
Souscription particulière à Cherbourg.	600
	3,800 fr.

« Beaucoup de chevaux étrangers se présentèrent sur notre hippodrome. C'était un spectacle nouveau qui attira une immense population répandue sur les grèves et le long des jetées ; mais déjà on put reconnaître que les chevaux de nos cultivateurs ne pourraient jamais lutter contre des étrangers de choix, dont le métier est de courir sur tous les hippodromes.

« Dès le début de notre institution, c'est-à-dire le 21 juin 1838, M. Numa Marie communiquait un rapport au comité des courses, dans lequel il demandait « d'éloigner de nos « courses ces chevaux inutiles dont une riche aristocratie « étrangère peut bien se passer le caprice, mais que nos fortunes plus divisées empêchent heureusement de naturaliser en France (1).

« Il demandait aussi de ne pas admettre aux courses des « chevaux de moins de trois ans, et pas plus vieux d'âge que « celui fixé pour la remonte. »

« Cependant on ne voulut pas, les premières années, gêner cette institution naissante par des clauses trop restrictives.

« Les ressources pécuniaires diminuèrent dès la deuxième année. L'arrondissement de Valognes nous fit défaut, ainsi que les autres localités. Le budget ne se composa plus désormais que des allocations suivantes :

Le ministre de l'agriculture.	1,000 fr.
Monseigneur le duc d'Orléans.	500
La ville de Cherbourg.	500
Le conseil général.	500
Souscription de Cherbourg et des cantons.	600
	3,100 fr.

(1) Cette sortie est pour le moins étrange sous la plume d'un fondateur de courses. Ce sont ces chevaux, si légèrement qualifiés par vous, qui vous donnent les moteurs utiles dont vous cherchez à développer le modèle et le mérite.

« Bientôt même le conseil général supprima les 500 fr. qu'il votait pour nos courses.

« La Société d'agriculture vint à l'aide et vota chaque année 300 fr.

« C'est avec ces faibles ressources que les courses de Cherbourg se soutinrent jusqu'à présent.

« Ce fut en l'année 1840 qu'elles prirent, pour ainsi dire, leur physionomie particulière et qui les fait différer de toutes les autres.

« M. le vicomte de Tocqueville, directeur des courses, fit un rapport dans lequel il demanda de déclarer que les courses de Cherbourg ne sont formées à l'instar d'aucune autre, qu'elles sont destinées à favoriser la race normande et à en développer l'accroissement, qu'il faut les circonscrire encore et s'attacher principalement aux deux arrondissements de Valognes et Cherbourg; prouver aux cultivateurs de ces contrées que l'on s'occupe d'eux, et qu'ils soient bien convaincus que les souscriptions des communes seront destinées seulement aux pays : eux seuls pourront disputer les prix provenant de cette source locale.

« Le comité adopta les conclusions de ce rapport, ainsi qu'un plan nouveau d'organisation ; il était ainsi conçu :

« L'assemblée générale composée du comité des courses et de tous les éleveurs désignera un délégué pour chacun des cantons des deux arrondissements : ils seront chargés de recueillir les souscriptions volontaires destinées seulement aux chevaux des deux arrondissements qui sont appelés à concourir par cantons.

« Ces commissaires du gouvernement des courses auront la mission spéciale de connaître l'état de la race chevaline dans leur canton ; ils y feront des tournées et s'entendront avec les éleveurs de chaque commune. Ces derniers leur fourniront volontiers les renseignements nécessaires et viendront au devant d'eux, satisfaits de voir la preuve de tout l'intérêt que l'administration des courses prend aux chevaux du pays.

« Ces délégués se feront donner l'état de tous les jeunes chevaux que les propriétaires destinent à paraître aux courses de l'année suivante; ils les classeront provisoirement et en dresseront une situation approximative qui servira de renseignement jusqu'au classement définitif.

« Deux mois avant l'époque fixée pour les courses, on convoquera l'assemblée générale ; les délégués lui présenteront les rapports de l'année dont l'ensemble donnera l'état de situation des deux arrondissements. C'est sur ces pièces que l'assemblée arrêtera toutes les dispositions réglementaires. On ne pourra plus craindre d'agir au hasard, sur des données incertaines, comme il est arrivé tant de fois. Tout ici sera clair, précis, et le comité n'aura qu'à mettre à l'œuvre tous les matériaux qui se trouveront à sa disposition.

« Ce rapport fut adopté ; il y avait tout lieu d'espérer que l'on trouverait un concours actif dans l'arrondissement de Valognes. Plus étendu que le nôtre, il abonde en chevaux de toute espèce; des fortunes considérables y sont encore dans les mêmes mains et permettent d'entretenir un grand nombre de chevaux légers et de luxe. Il y avait donc lieu de croire que les amateurs et les éleveurs de cet arrondissement profiteraient avec empressement du bel hippodrome qui leur était offert. Malheureusement il n'en fut rien; les instances furent inutiles. Après les démarches infructueusement tentées, on ne vit aux courses suivantes, à Cherbourg, qu'un seul cheval appartenant à M. Hinet, vétérinaire distingué de Valognes.

« Le comité des courses déplora cette non-coopération de l'arrondissement voisin; il attendait les plus heureux résultats de son concours pour fonder d'une manière vraiment utile, dans notre pays, une institution qui devait agir favorablement sur toute la presqu'île du Cotentin.

« Cet espoir déçu, il fallut se renfermer en nous-mêmes et nous soutenir par nos propres forces.

« L'organisation citée plus haut n'eut d'effet que dans l'arrondissement de Cherbourg; on y nomma des délégués de canton qui voulurent bien recueillir les souscriptions annuelles; on déclara ne plus admettre sur l'hippodrome que des chevaux nés dans le département de la Manche. La limite de l'âge fut fixée à six ans révolus.

« Les courses furent faites, le premier jour, par canton, au trot et au galop.

« Le deuxième jour, les chevaux vainqueurs, la veille, dans chaque canton furent réunis et luttèrent ensemble au trot et au galop. On divisa et subdivisa les prix pour en augmenter le nombre; les conditions de taille ne furent établies que pour le concours des prix du gouvernement, qui dicta son programme. Les chevaux ne furent plus admis sur l'hippodrome qu'avec une selle légère et convenablement bridés. L'administration des courses se précautionna de quelques selles de rechange, ainsi que de vestes et de capes pour les jockeys. Il y eut plus de régularité dans tout l'ensemble. A la fin du dernier jour, le président du jury décerna publiquement, sur l'estrade, des brevets aux vainqueurs des deux journées. Deux primes furent créées pour les jockeys âgés de moins de trente ans, qui se distingueraient le plus sur l'hippodrome par leur adresse et leur habileté comme écuyers.

« Enfin on s'efforça, par tous les moyens, de faire naître et d'augmenter l'émulation locale.

« Les modestes courses de Cherbourg se sont ainsi maintenues jusqu'à présent. Chaque année, les cantons y sont représentés, principalement ceux de Saint-Pierre-Église et de Beaumont.

« En 1846 jamais on n'avait obtenu plus de vitesse, jamais plus grand nombre de juments n'avait fait honneur au pays. Une notable amélioration s'était fait sentir dans notre race indigène : ainsi des chevaux parcoururent au trot l'hippodrome en quatre minutes trente secondes ; au galop, en deux minutes cinquante secondes, ce qui est une remarquable vitesse. Elle augmenta encore en 1847 : les 2 kilomètres de l'hippodrome furent franchis au trot en quatre minutes vingt-cinq, vingt-six et quarante-deux secondes ; au galop, en deux minutes trente-six, trente-sept, trente-neuf et quarante secondes. Nos chevaux, outre leur vitesse, déployèrent beaucoup de fonds à la seconde journée, où ils furent obligés de parcourir deux tours d'hippodrome.

« Cette distance de 4 kilomètres fut franchie au trot en huit minutes trente, trente-deux, trente-quatre et quarante secondes. Tous ces chevaux de canton, enlevés à l'agriculture depuis peu de temps, sont, pour l'ordinaire, obligés de parcourir, dans les épreuves successives de la journée, 8 et 12 kilomètres sur un terrain parfois très-sablonneux et assez désavantageux aux allures vives. Les étrangers le remarquent, et leur confiance dans notre race s'en accroît. Espérons donc et mettons de la persévérance à soutenir cette institution ; croyons à son utilité pratique, et acceptons le pronostic que M. Marie en portait, lorsqu'il disait dans son rapport, en 1838, que les courses devenant permanentes seraient, à l'avenir, *les plus belles foires du pays*. »

Complétons à notre point de vue l'histoire des courses de Cherbourg. C'est une institution primaire au premier chef dans toute l'acception du mot. Les grands amateurs, ceux qui ne connaissent et ne comprennent que les courses à grande vitesse, se rendent difficilement compte de l'utilité de ces petites luttes ; ils ne voient pas que celles-ci sont à l'élève bien entendue du produit ce que celles-là sont à la conservation des plus hautes qualités de l'espèce. Les unes entretiennent, continuent, assurent la perfection de la race ; les autres commencent, à tous les degrés, l'amélioration et conduisent progressivement à une perfection relative, à l'expression la plus élevée du mérite du cheval considéré dans ses aptitudes diverses.

Quand le sujet est ainsi envisagé, lorsque la question est ainsi spécialisée, il n'est plus permis de sourire de pitié à l'examen d'un programme et au récit de luttes modestes qu'il faut considérer comme la base même de l'édifice.

Félicitons la Société hippique de Cherbourg d'avoir su résister à l'entraînement des grandes courses : celles-ci n'y avaient réellement rien à faire ; elles ne pouvaient appeler, par l'appât de prix élevés, que les animaux du dehors ; elles seraient restées sans aucune influence sur le produit même de la localité. Or c'était celui-là qu'il fallait améliorer. Il a été d'autant plus facilement atteint, modifié, que l'institution s'est mise plus complétement à son niveau. Sur ce point du département de la Manche, la production était stationnaire, — stationnaire parce que la petite race de la Hague, pendant chaque jour de son utilité pratique, menaçait de s'éteindre au lieu de revivre par ses qualités propres dans une forme nouvelle, mieux appropriée aux nouvelles exigences du consommateur. Il s'agissait de favoriser la transformation de cette race, de retenir chez celle qui devait s'établir sur ses ruines tout ce qui en avait fait l'utilité et la réputation ; il s'agissait, après une longue halte, de se remettre en marche et d'arriver graduellement, sans rien précipiter, à grandir, à développer la forme sans rien perdre du fond. Des courses spéciales, des courses chez soi et sur soi ont paru l'un des meilleurs et des plus sûrs moyens pour atteindre le but vers lequel on s'achemine avec des espérances très-fondées. La concurrence du dehors eût été mortelle ; on y renonça dès que l'expérience en eut démontré la nécessité. Elle menaçait d'étouffer toute pensée d'avenir, toute émulation parmi les éleveurs de l'arrondissement. On les préserva d'une rivalité toujours décourageante au début ; on s'arrêta aux conditions les plus élémentaires, et l'on est en plein succès.

C'est un bon exemple à offrir; nous le favoriserons autant qu'il sera en nous. Il faut que nous puissions bientôt le montrer à d'autres et dire : il n'y a pas d'effort, si petit qu'il soit, qui ne produise son effet; incessamment renouvelé, il forme masse et donne à la fin une accumulation de forces qui se résout en augmentation de la richesse publique.

Les essais ou les courses qui ont eu lieu à Cherbourg sont bientôt devenus populaires. Cinq ans après leur inauguration, soixante-neuf chevaux entraient en lutte. En 1847, le nombre des inscriptions ne s'est arrêté qu'au n° 85. C'est énorme, mais ce n'est point encore assez. Il faut que tous les chevaux élevés dans l'arrondissement passent par l'hippodrome. Quand il en sera ainsi, c'est que tous les chevaux seront nés d'alliances judicieuses, que tous auront été assez substantiellement nourris pour résister aux premières exigences d'une préparation raisonnée, que tous enfin, à l'âge de la mise en service, peuvent être recherchés par le consommateur sans souci ni mauvaises chances.

C'est alors aussi que se réalisera le pronostic porté en 1838 : — Les courses devenant permanentes seront les plus belles foires du pays.

L'hippodrome de Cherbourg s'est ressenti de la commotion de 1848. Sa dotation s'est trouvée réduite de plus du tiers. L'allocation ministérielle, c'est par excès de précaution que nous le constatons, lui est restée fidèle. Nous aurions voulu l'augmenter, non pour changer la spécialité des courses, mais pour accroître leur influence et hâter le pas.

Courage, messieurs de la Société d'encouragement de Cherbourg, vous poursuivez une œuvre éminemment utile, nous l'apprécions à toute sa valeur; il ne dépendra pas de nous que votre faiblesse, dans un temps donné, ne devienne une grande force. Vos courses, nous ne l'oublierons pas, sont faites « pour les cavales légères du val de Cérès et les vigoureux poneys des collines de la Hague. »

Courses d'Avranches. — C'est en 1840 que les courses ont été fondées à Avranches; il faut en rechercher le but et voir s'il a été rempli.

« Les courses, a dit un hippologue allemand après de sérieuses études faites en Angleterre, les courses sont le premier et le plus efficace moyen d'amélioration de la race chevaline; mais elles offrent seulement l'occasion de mettre à l'épreuve les qualités des chevaux de pur sang *les plus perfectionnés.* Quant au reste des chevaux, ils doivent être éprouvés sur les grands chemins et à la grande chasse. Ces deux pierres de touche nous manquent. Nous n'avons pas d'occasion de mettre à l'épreuve le nombre immense de chevaux qui ne se présentent point sur les hippodromes. Enfin c'est la grande chasse qui procure à toutes les classes de la société des connaissances pratiques concernant le cheval et le traitement à lui donner, connaissances qui sont indispensables pour faire réussir les essais d'amélioration entrepris sur une grande échelle. »

Il semble que les fondateurs des courses d'Avranches se soient proposé la réalisation de ce programme, — très-digne, assurément, de la sérieuse attention du producteur, de l'éleveur et du consommateur, ces trois termes agissants de la question chevaline.

Voici, d'ailleurs, comment ils ont eux-mêmes posé cette dernière dans l'appel adressé aux amateurs :

« Dans le but de contribuer à répandre le goût et la connaissance du cheval de sang, de combattre par des exemples quelques erreurs trop accréditées parmi nous, de multiplier et de populariser les solennités hippiques, et surtout de préluder à la formation d'une société permanente de courses, institution si utile dans un pays d'élève, quelques souscripteurs se sont réunis à Avranches pour offrir le prix d'un *steeple-chase* où seront admis les chevaux entiers, hongres et juments de tout âge, de toute espèce et de tous pays (*gentlemen riders*). »

Les souscripteurs comptaient, pour la réussite, sur la population ordinaire de la ville, qui renferme en tout temps cinq ou six cents Anglais, sur le voisinage des côtes et des îles anglaises, sur la saison des bains de mer, sur l'attrait qui s'attache partout à ces luttes hardies, à ces courses périlleuses, auxquelles d'habiles cavaliers seuls peuvent prendre part, dans lesquelles on ne saurait engager que des chevaux énergiques et puissants, souples et soumis.

Le cheval que tout le monde désire, que chacun admire, rêve et envie, c'est le cheval de chasse, le *hunter* anglais. Il y a deux manières de se le procurer : l'acheter de l'autre côté de la Manche, ou le fabriquer soi-même. Le premier moyen est fort dispendieux ; le *hunter* de mérite, le cheval de chasse déjà éprouvé est très-recherché et fort cher. Produire et élever cette espèce de chevaux exigent de grandes connaissances, l'application raisonnée de principes encore incompris ou repoussés, l'adoption de méthodes perfectionnées avec lesquelles la masse des éleveurs est peu familiarisée.

Dans cet état de choses, c'était faire œuvre utile et méritoire que d'appeler en France des animaux de choix, des chevaux du modèle le plus envié, que de les offrir comme des exemples à imiter, que d'appeler la sérieuse attention de l'éleveur sur les voies et moyens qui ont conduit à cette création.

En effet, si, quand elle est bien dirigée, la main de l'homme a jamais montré sa puissance sur la nature vivante, c'est, à n'en pas douter, dans la fabrication du hunter. Parmi les variétés de l'espèce, aucune ne possède à un degré aussi éminent l'assemblage complet des qualités qui font le cheval de service par excellence. Elle a, entre autres, en partage la vitesse et le fonds, l'ardeur et la docilité, l'adresse, le courage, l'intelligence, la force.

Le hunter est un produit de l'art, non un cheval de hasard. Il faut une certaine science pour l'obtenir d'un accouplement raisonné; il faut de l'habileté, du savoir, une bonne pratique pour l'amener à bien, toutes choses peu connues il y a dix ans en France, toutes choses mieux appréciées, mais encore trop négligées aujourd'hui.

Le steeple-chase annuel d'Avranches voulait les mettre en lumière. Il se fit difficile et laborieux, non point assez pour offrir de véritables dangers, mais très-raisonnablement pour exiger une très-grande attention, beaucoup d'habitude et une certaine énergie de la part des cavaliers. Quant à leurs chevaux, les obstacles à franchir étaient nombreux et variés à travers champs fraîchement remués, coupés de sillons, de haies élevées et touffues, de fossés profonds et boueux, de rivières ou de canaux larges et à bords escarpés. Le steeple-chase d'Avranches a toujours été couru avec *heats*, c'est-à-dire en partie liée, sur une distance qui a varié de 2,200 à 5,000 mètres, empêché par des obstacles dont le nombre s'est élevé jusqu'à vingt-cinq. Une pareille tâche, lorsqu'elle doit être accomplie deux fois, dans un intervalle très-court et sous les yeux de la foule, ne laisse pas que d'avoir ses difficultés et sa peine.

A la première annonce de la fondation du steeple-chase, beaucoup de critiques en ont attaqué la pensée et contesté l'utilité.

Dès 1844, le *Journal des haras* disait à ses lecteurs :

« Lorsque Avranches donna asile à ce genre de courses inusité ou presque abandonné en France, les fâcheuses prédictions ne lui manquèrent pas. Elle devait voir ses tentatives échouer contre une série d'accidents ou graves ou grotesques. Ce n'était, pour un vain spectacle de quelques minutes, qu'une prime accordée, sans aucune utilité nationale, à des chevaux et à des cavaliers étrangers. Et pourtant l'expérience ne cesse de prouver, ce que nous répétons chaque année, que notre *turf* est dix fois moins dangereux que les sables si favorisés du champ de Mars ; et en 1844, quatre années après la fondation du steeple-chase, *Pledge*, cheval français, monté par un cavalier français, arrive vainqueur, battant trois chevaux anglais.

« Les souscripteurs au steeple-chase ont foi dans leur œuvre ; et, quoique les encouragements de l'État leur aient manqué jusqu'à ce jour et doivent peut-être, grâce à la routine, une des reines du monde, leur manquer quelque temps encore, ils persistent à penser qu'ils donnent un bon et patriotique exemple.

« Que serait-ce, si ce genre d'exercices venant à se répandre et à se populariser, il se trouvait dans nos régiments de cavalerie beaucoup d'hommes capables de s'y livrer, beaucoup de chevaux susceptibles de les subir avec honneur ? Lorsqu'il est question de l'infériorité de nos remontes militaires, les plaintes sont énergiques ; les remèdes le sont-ils autant ? »

L'année suivante, la même feuille imprimait ce passage :

« Le steeple-chase de 1845, comme celui de 1844, a été gagné par un cheval français, monté par un cavalier français, les mêmes vainqueurs.

« Ce n'est point par un sentiment de rivalité étroite que nous proclamons cette victoire avec satisfaction. Notre sympathie accueille sans exclusion les succès de tous les cavaliers qui entrent dans notre carrière. Celui de M. de la Motte (1), de ce jeune et habile *gentleman rider*, a été applaudi par les vétérans du *sport*, qui, après avoir prodigué les bons exemples et les excellents conseils, sont heureux de lutter maintenant avec des rivaux dignes d'eux.

« . . . . Le steeple-chase était abandonné à la Croix-de-Berny, seul point où il se fût jamais montré en France (2), lorsque Avranches, convaincue

(1) M. Ed. de la Motte appartient à l'administration des haras ; il est sorti de l'école spéciale établie au Pin en 1840. Il est bien connu aujourd'hui dans le monde hippique.

(2) Cette assertion n'est point exacte, mais elle ôte peu de valeur au fait.

de son utilité, résolut de rouvrir cette carrière. Chaque année, un succès nouveau a répondu à ses efforts. Aujourd'hui toutes les déclamations se taisent, toutes les préventions sont vaincues, les imitateurs se multiplient. Saint-Lô a maintenant un steeple-chase. Le haras du Pin en aura un, dit-on, l'année prochaine. Berny va se rouvrir avec un nouvel éclat. Le gouvernement, lorsqu'il entrera enfin dans la voie des encouragements, n'oubliera pas qu'à l'exemple et à la persistance d'Avranches sont dus ces utiles résultats, que son steeple-chase a fait introduire en France chevaux et juments de bon sang et de haute valeur, qu'il a formé des cavaliers qui, maintenant, sont connus et dignement appréciés sur presque tous les hippodromes de France. »

Nous avons emprunté au correspondant du *Journal des haras* l'histoire abrégée du steeple-chase annuel d'Avranches. Nous n'avions rien de mieux à faire, nous avons enregistré jusqu'à ses plaintes contre les haras, restés sourds aux sollicitations qui leur ont été adressées en vue de la fondation d'un prix, ou d'une partie de prix, à disputer dans une course au clocher. L'administration, sans doute, a été retenue par la crainte des critiques auxquelles n'avait point échappé l'œuvre de simples particuliers, fort libres apparemment de donner à des souscriptions privées telle destination qui leur conviendrait. Les haras sont-ils donc si blâmables d'avoir laissé faire ? n'ont-ils point agi prudemment, au contraire, en ajournant leurs bonnes dispositions? — Ils ne sont pas à blâmer, car la critique a été moins longtemps partiale et moins vive, elle a eu surtout moins de retentissement que si elle s'était attachée à un fait, à un geste de l'administration. Les préventions et l'erreur ont plus tôt disparu. L'abstention officielle est certainement pour beaucoup dans ce résultat; elle a autant servi les vues des fondateurs du steeple-chase avranchin que la participation administrative avait chances certaines de leur nuire. Cependant, si les haras étaient venus au secours de l'institution, elle ne se fût point arrêtée en 1848 ; ses racines eussent été plus profondes, un souffle ne l'eût point arrachée du sol. Les succès obtenus, du moins nous l'espérons, ne seront pas perdus pour l'avenir. Le steeple-chase d'Avranches n'est pas le seul qui ait été emporté ; d'autres lacunes éveillent d'autres regrets. Avranches, elle, se rappellera sa propre initiative ; elle a déjà donné l'exemple ; pourquoi ne reprendrait-elle pas sa marche un moment interrompue ? Passé oblige ; qu'elle tente un nouvel effort. Qui sait ? peut-être l'administration est-elle mieux en position aujourd'hui de répondre à ses avances ?

Le steeple-chase d'Avranches s'est renouvelé huit ans de suite. A côté de lui s'en est établi un autre, sorte d'essaim qui n'a pas été sans valeur. De 1842 à 1845, la générosité des souscripteurs avait permis d'offrir un second prix assimilé aux *handicap*. C'était un moyen d'écarter le vainqueur de la veille ou de l'avant-veille, ou tout au moins de lui imposer des conditions de poids qui eussent ralenti sa marche, et accru les chances des vaincus dont les formes respectives pouvaient être d'autant mieux appréciées qu'on venait de les voir tous à l'œuvre.

Mais ce n'est pas tout. La fondation du steeple-chase a été l'occasion d'une organisation toute différente et qui a, pour ainsi dire, servi de cadre au tableau principal. D'autres courses ont été instituées par la Société d'agriculture, dont le zèle et les lumières n'ont point été une vaine démonstration.

Les petites courses d'Avranches n'ont pas été très-richement dotées. Malgré cela, néanmoins, elles ont été assez suivies ; elles ont eu leur part d'influence sur l'amélioration, on a pris soin de le noter, et nul n'a contesté le fait. En descendant de ses hauteurs, l'institution a porté de bons fruits ; elle a appelé en participation les cultivateurs, une classe d'éleveurs qui ne pouvaient atteindre au steeple-chase. Elle a donc fait des courses au trot, relevées par quelques luttes de vitesse et par une course de haies. Cette dernière est un diminutif du steeple-chase ; elle devrait, tôt ou tard, y conduire cavaliers et chevaux acclimatés désormais à des difficultés moindres.

Les petites courses d'Avranches rentrent dans la catégorie des luttes de famille que nous avons étudiées à Cherbourg, que nous retrouverons bientôt à Saint-Lô. Nous serons juste en ajoutant que dans le premier de ces chefs-lieux, à Avranches, les conditions faites sont un peu moins circonscrites que dans les deux autres ; elles paraissent redouter moins le concours extérieur, elles appellent davantage la concurrence des voisins.

Le conseil général, la ville, l'administration des haras ont pris sous leur patronage les courses de la Société d'agriculture d'Avranches ; mais le chiffre des allocations consenties répond à la position difficile et obérée des patrons. Nous aimerions à voir ces courses plus largement pourvues, car le but à poursuivre est intelligemment compris, car de louables efforts sont faits pour en accepter le bienfait. Ce moyen d'émulation et de perfectionnement, à ce qu'on dit dans le pays, sera toujours, malgré l'opinion de quelques contradicteurs, la plus sûre épreuve de la force et de l'énergie du cheval.

Les petites courses ont survécu à leur aînée (1).

Maintenant que le steeple-chase a élu domicile à Avranches, nous voudrions que l'on continuât à l'y consolider et qu'on en fît en quelque sorte la spécialité des courses de ce chef-lieu : il en aurait donc plusieurs.

(1) Au moment de mettre sous presse, nous apprenons que le steeple-chase d'Avranches a eu lieu en 1848, comme il avait eu lieu précédemment : nous n'en avions reçu aucune relation, aucune feuille n'en avait parlé ; le *Racing calendar* n'en a fait aucune mention.

Puisqu'il n'y a point eu de lacune dans l'institution, nos vues sur Avranches nous semblent bien plus faciles à réaliser que nous ne l'avions d'abord supposé.

Dans l'un d'eux, nous appellerions les chevaux entiers et nous mettrions pour condition essentielle le droit de réclamer non-seulement le vainqueur, mais encore le second; nous ferions ainsi entrer en France des hunters qui ne passent pas le détroit. De la seconde course nous ferions un handicap pour tous chevaux quelconques avec la même condition toujours, — le droit de réclamer le vainqueur; enfin les courses de haies offriraient d'autres chances, une nature d'épreuves moins forte et moins violente, mais spéciale encore.

Le gouvernement, cela va de soi, devrait encourager convenablement ce genre de courses à côté duquel nous continuerions volontiers, comme intermèdes et première étude, les courses de second ordre, des luttes au trot entre chevaux de trois, quatre et cinq ans.

Par sa position et l'esprit de ses habitants, la jolie ville d'Avranches se prête admirablement à l'adoption de ces vues. Le steeple-chase y a toujours eu le privilége d'attirer une foule parée, joyeuse, animée par le charme émouvant du spectacle. Au jour et à l'heure fixés, on la voit empressée (ici l'exactitude fait partie du programme) et se dirigeant vers les hauteurs qui dominent l'admirable amphithéâtre à peine suffisant au nombre des curieux, car la fête est pour tous, et tout le monde s'y trouve. Les routes de Paris et de Granville, jetées là comme à dessein, offrent dans leurs gracieux contours des positions heureuses et commodes, et forment comme les gradins d'un cirque immense où chacun semble jouer un rôle préparé pour l'effet général.

L'hippodrome des luttes ordinaires est fort convenablement établi sur les grèves de la baie du Mont-Saint-Michel.

Au retour des courses, un banquet somptueux a toujours réuni chez un gentleman de la ville et vainqueurs et vaincus. Plus tard, la journée se prolonge dans une soirée brillante, — bal ou concert. Ces réunions ont une physionomie à part; on y est l'objet de ce que la politesse la plus recherchée et les plus délicates convenances peuvent offrir d'obligeantes paroles et de gracieuses attentions. On voit ici que les hommes de cheval n'ont point encore banni de leurs habitudes les bonnes manières et l'urbanité qui distinguent partout l'homme bien élevé.

Courses de Saint-Lô. — En poursuivant cette revue, nous ne tournons pas, les yeux bandés, comme un cheval de manége, dans le cercle étroit d'une question épuisée. Nous avons, à chaque pas nouveau dans la carrière, de nouveaux points de vue à apprécier, de nouvelles observations à faire.

Posée entre les deux fertiles contrées du Cotentin et du Bessin, la ville de Saint-Lô ne pouvait demeurer indifférente au mouvement qui se faisait autour d'elle. Les courses de Boulogne, instituées d'une manière permanente en 1835, avaient eu un grand retentissement en Normandie. Celles de Saint-Omer et de Cherbourg, qui les avaient suivies, avaient fait naître des espérances, on en parlait avec entrain; celles de Caen, inaugurées en 1837, promettaient les meilleurs résultats, stimulaient les plus froids. L'institution allait ainsi s'agrandissant et se fortifiant chaque année, s'imposant d'elle-même, par la seule force des choses.

L'administration des haras avait aussi planté son drapeau en Normandie. Elle avait clairement exprimé ses vues, nettement exposé son système d'amélioration des races de la contrée par le pur sang; elle avait ouvertement rompu avec les traditions de l'erreur; elle avait déclaré une guerre à outrance aux fausses doctrines, à toutes les pratiques arriérées qui nous retenaient dans une infériorité dangereuse, alors que nos voisins mieux avisés, que nos émules moins routiniers avaient pris les devants sur nous et fabriquaient de la puissance et de la richesse avec les saines idées, avec les bonnes méthodes auxquelles, par ignorance et par entêtement, nous restions absolument réfractaires à nos propres intérêts au profit de l'industrie rivale.

Si elles ont des partisans, les applications nouvelles ont

surtout des détracteurs. Ces derniers sont peut-être plus utiles encore au succès que les autres. Quand elles sont vraies, les idées neuves n'entrent guère dans les esprits que par le gros bout. La controverse devient leur plus puissant auxiliaire ; c'est la voix qui les acclame et les répand.

La répulsion du producteur, son aversion pour le cheval de pur sang ont fait naître les courses en Normandie. Si la passion est aveugle, le bon sens voit bien, il apprécie, il juge froidement les faits. On ne pouvait combattre plus heureusement ni plus victorieusement la résistance et les préjugés normands qu'en mettant les produits en présence, qu'en les conviant à l'usage pratique sur le terrain.

Il y avait des termes de comparaison faciles, il y avait des degrés à franchir ; — l'échelle s'établirait promptement et l'on apprendrait bientôt à en mesurer la hauteur. Les courses ont plus fait pour l'adoption des véritables principes de l'amélioration du cheval pris dans ses conditions diverses, — conditions de naissance, d'élève ou d'aptitude au travail, — que n'auraient pu faire les plus éloquentes paroles, les livres les mieux écrits. De tous les renseignements le plus efficace, de tous les stimulants le plus énergique, c'est l'intérêt personnel. Nul ne résiste aux leçons qu'il donne ; mais il est un mobile nécessaire pour décider même un animal raisonnable à quitter les routes battues et à faire le premier pas dans des voies nouvelles. L'homme qui n'entrevoit pas quelque chose à brouter au bout de la carrière ne s'engage pas et reste sur place ; il devient ardent, au contraire, dès qu'il aperçoit le moindre profit à l'horizon. Il se remue alors, il s'ingénie et prend de la peine ; tout lui devient un moyen pour arriver à ses fins.

L'inauguration des courses de Caen avait mis en demeure les nombreux producteurs du département de la Manche. Cherbourg avait bien ouvert la marche ; mais cette petite ville n'était point assez centrale et ne pouvait appeler à elle tous les intérêts engagés. Saint-Lô était mieux posée à tous égards. L'institution pouvait s'y développer sur une large base, y prendre des proportions en rapport avec l'importance même de la production locale; cette dernière a depuis longtemps acquis les dimensions d'une industrie considérable. Le département possède plus de soixante-quinze mille juments (1), toutes ou presque toutes livrées au renouvellement de la population, préposées à la satisfaction d'une partie des immenses besoins de la consommation générale. Il tombe sous les sens que les produits résultant d'une aussi grande quantité de poulinières ne peuvent demeurer longtemps sur la terre natale; la plus grande partie émigre pour le Calvados, où le cultivateur ne fait pas naître. Ici les migrations n'intéressent que les mâles. Les pouliches restent près de leurs mères et s'élèvent, — celles-ci pour les remplacer, celles-là pour passer en temps utile aux différents services qui les réclament. Telle est la situation. Comment les courses peuvent-elles s'y adapter, à quelle spécialité doivent-elles s'arrêter ?

En face des courses au trot instituées à Caen, il semble que les organisateurs de ces luttes, à Saint-Lô, ont dû tenir ce langage aux possesseurs des juments : — ceux-là qui viennent prendre vos produits en bas âge pour les élever à leurs risques et périls sauront bientôt ce que valent ces produits; ils n'en tireront avantage que s'ils se montrent avec honneur sur l'hippodrome, que s'ils font preuve de qualités dans les luttes auxquelles ils vont prendre part. Ne restez pas indifférents à ces essais. Venez, vous aussi, éprouver vos pouliches, vos jeunes femelles, espoir de la race, avant de les livrer à la reproduction, afin que plus tard, lorsque vous en offrirez les fruits aux éleveurs du Calvados, vous puissiez les recommander du mérite dont la mère aura donné des preuves en public.

(1) Rapport de M. de Kergorlay au conseil général. — Session de 1848.

Il y a là une pensée féconde. Le germe en est toujours vivace, mais il n'a pas encore été déposé en pleine terre. Pour ne perdre aucune de ses facultés d'expansion, il a besoin d'être placé dans des conditions de développement plus puissantes que par le passé. L'institution peut rendre ici des services proportionnés à l'extension acquise par la production. Elle doit rester à l'état primaire, mais s'établir sur une large surface et embrasser successivement l'élevage dans tous ses produits ; elle doit s'élever à la hauteur d'un immense concours, appeler à elle bien plus encore par l'utilité de ses résultats que par l'appât des prix à gagner.

L'intéressant est d'obtenir beaucoup avec peu ; c'est de faire qu'un petit budget attire la masse des produits et donne de grands résultats.

A part l'exportation des poulains mâles pour laquelle il n'y a rien à faire d'immédiat, puisqu'elle est dans les usages mêmes du pays, le commerce trouve encore de nombreux produits d'âge à prendre dans le département de la Manche. Les remontes militaires, qui se donnent tant de peine pour ne pas trouver sur notre sol les six à sept mille chevaux nécessaires au renouvellement annuel du pied de paix, les remontes militaires, dit encore le rapport de M. de Kergorlay au conseil général (même session), pourraient aisément acheter, dans le département de la Manche seul, trois mille chevaux propres au service desdites armes. Ce sont ces trois mille chevaux, ce sont les jeunes pouliches destinées à devenir des mères que nous voudrions voir passer sur l'hippodrome, ceux-ci attelés au tilbury, ceux-là tirant le break, d'autres, et ce serait le plus grand nombre, trottant sous le cavalier, tous également souples, maniables et dociles.

Des catégories distingueraient les aptitudes. La nécessité d'appareiller convenablement les chevaux, sous les rapports de la taille, de la conformation et des moyens, forcerait à l'observation constante, tournerait à l'avantage d'une bonne pratique. Les différents prix à disputer réuniraient une masse de concurrents plus ou moins semblables les uns aux autres, apprendraient la manière d'engager utilement les chevaux. De pareils concours, répétons-le encore, deviendraient les foires les plus nombreuses, les plus brillantes, les plus profitables. Elles seraient le rendez-vous obligé des consommateurs de tous les pays; elles donneraient une haute valeur aux produits et toute satisfaction à des besoins qui ne sont que difficilement remplis en ce moment. Ce mauvais résultat tient, d'une part, à l'isolement dans lequel se confine l'éleveur, d'autre part à l'éloignement du consommateur pour des produits qu'il ne connaît pas, qu'il ne soupçonne pas, qu'on ne le met pas à même de juger favorablement.

La spécialité des courses de Saint-Lô est facile à déterminer; elle ne devrait pas sortir des luttes au trot; mais ces luttes devraient s'étendre — à l'étalon, — à la jeune jument, — au cheval hongre.

A l'étalon, cela va de soi, puisque le département de la Manche utilise les forces reproductives de mille chevaux peut-être, et qu'il en compte à peine un sur dix offrant de réelles garanties à la bonne production;

A la jeune jument, cela se justifie aussi, car il n'est pas moins important de travailler à l'amélioration par la femelle que par le mâle;

Au produit hongré de bonne heure enfin, pour jeter dans la consommation générale des animaux convenablement élevés dont les qualités doivent faire la réputation de la race et assurer la prospérité de l'industrie.

Des courses sur une aussi grande échelle demanderaient une riche dotation; c'est par ce côté que celles de Saint-Lô pèchent. La modicité des ressources dont elles ont disposé jusqu'à ce jour les tient dans une infériorité très-regrettable. Elles existent depuis onze ans; voyons ce qu'elles ont donné.

Cent quinze prix s'élevant à moins de 60,000 fr., entrées comprises, courus par six cent soixante-quatorze chevaux;

c'est, pour chaque année, un budget moyen de 5,500 fr. pour dix prix offerts à soixante-deux concurrents.

En prenant pour base la part afférente à chaque tête engagée, et supposant que trois mille chevaux pussent être conduits tous les ans sur l'hippodrome de Saint-Lô, il faudrait pouvoir doter ces courses d'une allocation de 275,000 fr. répartie en cinq cents prix. La différence entre la réalité et ce dernier chiffre est dans le rapport de 1 à 50. Il y a de quoi refroidir le zèle le plus ardent. Ce qui pourrait être se trouve si loin de ce qui est, que l'imagination recule effrayée devant un pareil gouffre.

La Société des courses de Saint-Lô a tant de peine déjà à recueillir le faible produit de ses cotisations, qu'il y aurait sans doute peu à compter sur elle pour obtenir un résultat cinquante fois plus considérable.

Elle a frappé à bien des portes pour former son petit budget. Les souscriptions personnelles, une fondation princière, des témoignages de bonne confraternité obtenus de la compagnie des canaux de la Manche et de la Société d'agriculture, des allocations municipales et départementales, des subventions ministérielles, telles sont les sources diverses auxquelles elle a puisé ses moyens d'action. Leur importance n'est certainement pas en rapport avec le nombre des donataires; mais la puissance est limitée et se mesure ici autrement que par la quantité.

275,000 fr. de prix à Saint-Lô ! Y pensez-vous ? Où voulez-vous qu'on les prenne ? Les haras sont pauvres, le conseil général, la ville, les associations privées sont pauvres, tout le monde est pauvre; avez-vous donc bien soupesé cette somme, 275,000 fr. ? C'est autant que dans l'une des plus riches réunions de New-Market. — Précisément, faites comme en Angleterre, ne vous adressez à personne en particulier, demandez à tout le monde de participer à cette dotation, que chacun donne en proportion de son propre intérêt, et vous arriverez, car le quelqu'un qui a plus de ressources que tels et tels, c'est la masse des intéressés, c'est tout le monde. Soyez le lien de cette association d'efforts, faites-vous les trésoriers des éleveurs en leur demandant à tous un faible enjeu, apprenez-leur à former de ces poules spéciales désignées, en Angleterre, sous le nom de *sweep-stakes* (1). Elles se sont généralisées à ce point qu'on les applique maintenant à toutes les espèces, à tous les concours d'animaux. C'est un billet de loterie sans doute. En souscrivant on n'est rien moins certain que de gagner; mais, alors qu'on ne remporte pas le prix, est-ce qu'on n'a pas, pour la vente des produits, le bénéfice de l'immense affluence qu'attirent toujours des exhibitions de cette nature? est-ce que

(1) « Sweepstakes est un mot composé, et que l'on attribue, dans l'origine, à un certain jeu de cartes; il s'applique maintenant aux gagnants de tous enjeux ou paris. Il est très en usage aux courses de chevaux en ce qu'un nombre d'amateurs déposent chacun une certaine somme pour former une poule, qui est courue, en général, par des chevaux de tout âge. » (*Calendrier des courses de chevaux*, par Thomas Bryon.)

L'usage et la signification de ce mot se sont beaucoup étendus. Cette définition n'est plus exacte. La poule qui prend ce nom peut affecter mille formes diverses et épuiser tous les genres de combinaison imaginables; elle se prête donc admirablement aux vues de tous et de chacun.

« Nous trouvons, dit le *Journal des haras*, dans un ouvrage sur l'agriculture, quelques détails sur des concours de ce genre, qui nous paraissent présenter de l'intérêt, surtout en raison de la circonstance; nous nous empressons de les mettre sous les yeux de nos lecteurs.

« Les Anglais ont adopté une espèce de poule qu'ils ont nommée « *sweepstakes*, qu'ils ont aussi bien appliquée aux réunions agricoles « qu'aux courses de chevaux, et qu'ils font servir avec succès à l'a- « mélioration de leurs diverses races de bétail. Ainsi nous voyons « que, dans les *meeting* annuels des sociétés d'agriculture de la « Grande-Bretagne, des poules de ce genre ont toujours lieu.

« Les animaux présentés pour disputer le prix sont soumis à un « jury, et le vainqueur enlève le produit des souscriptions; les autres « perdent leur enjeu. Des conditions sont imposées et publiées long- « temps avant le *meeting;* par exemple, si un souscripteur n'envoie

l'on n'a pas, en vue de la souscription, en vue du produit de la poule, fait tous ses efforts pour posséder une poulinière d'élite, pour la bien accoupler, pour amener à bien son fruit, pour élever puissamment son nourrisson et lui donner toutes les qualités que la bonne éducation développe, que l'abandon détruit ? L'appât du prix n'est pas chose indifférente; mais ce n'est que le petit côté de l'intérêt considérable qui s'attache à une exhibition publique largement organisée.

Qu'est donc cette somme de 275,000 fr. à vos soixante-quinze mille poulinières ? — Une misère de 3 fr. 66 c. par tête. Triplez l'enjeu, vous n'avez plus besoin que de vingt-

« pas au concours l'animal qu'il a annoncé et engagé, il paye un for-« fait de tout ou partie de l'enjeu, à moins qu'il ne prouve la mort de « l'animal, ou qu'il ne présente au jury des raisons que celui-ci peut « admettre d'après les règlements suivant lesquels la poule est établie.

« Ne pourrait-on pas introduire cette espèce de lutte dans les co-« mices agricoles qui s'établissent et se multiplient à l'infini dans « toutes les parties de la France? n'en résulterait-il pas de grands « avantages pour le perfectionnement des espèces ovine, bovine, che-« valine?

« En Angleterre, les mises aux enjeux des poules varient de 2 à « 10 souverains (50 à 250 fr.) par souscripteur, d'après l'importance « des animaux admis à courir.

« Par exemple, pour une vache, la mise est assez généralement de « 5 souverains (125 fr.). En supposant qu'il y ait dix concurrents, « le prix est de 1,250 fr., ce qui vaut bien la peine de se déplacer, « d'autant plus que l'animal qui est déclaré le gagnant de la poule ac-« quiert, par cela seul, une valeur beaucoup plus considérable qu'avant « sa victoire, dont l'espérance engage les éleveurs à soigner de plus « en plus le bétail nourri sur leur exploitation rurale.

« Des luttes à peu près semblables se sont établies dans diverses « contrées de l'Allemagne; mais nous ne sachions pas qu'il en existe « déjà en France : nous pensons qu'elle seraient cependant un excel-« lent moyen d'exciter vivement l'émulation de nos cultivateurs, et « de leur donner le désir de posséder de meilleures races d'animaux « domestiques. C'est dans ce but que nous recommandons les *sweep-« stakes* ou poules aux comices agricoles ou autres sociétés fondées « dans un but d'utilité publique. » (Tome XXIV, page 31.)

cinq mille souscripteurs. Est-ce donc chose si difficile dans un pays riche, quand on s'adresse à des hommes intelligents? Quel est celui qui ne donnerait pas, au moment où naît son poulain, 10 f., pour être assuré de le bien vendre quand l'âge sera venu ?

Toutefois nous ne porterions pas nos prétentions si haut. On pourrait tabler, sans inconvénient, sur des chiffres moins considérables, et demander des sacrifices moindres. Supposez que trois mille chevaux seulement figurent dans une ou deux exhibitions fixées l'une et l'autre à des époques favorables, et demandez un enjeu de 10 fr. à chacun. Vous aurez un budget de 30,000 fr. Vous le grossirez facilement de 10,000 en faisant un appel sérieux à qui peut vous venir en aide. Avec cette somme, vous soulèverez puissamment l'industrie ; vous la dirigerez hardiment et sûrement dans des voies de perfectionnement qu'elle saura bientôt parcourir sans efforts surhumains.

Qu'un homme dévoué se mette à la tête de cette œuvre. Que, loin de l'effrayer et de le retenir, la grandeur de la tâche l'élève et le grandisse, il fera merveille. Les trois mille chevaux ne viendront ni la première ni la seconde année peut-être, qu'il ne se préoccupe pas trop de ces premiers résultats, et qu'il ne se rebute pas. Le moindre progrès, en fait de production équestre, demande quatre à cinq ans pour s'accomplir; mais la révolution peut être complète après ce laps de temps, si la main qui agit est habile et ferme tout à la fois, si l'instrument ne fait pas défaut à la conception.

Il y a là une patriotique mission à remplir. Près de qui voudrait s'y dévouer, nous serions nous-même plein de feu et de zèle pour aplanir les obstacles. Celui-là aurait bien mérité du pays. Le pays, sans doute, lui rendrait, en considération et en estime, la plus haute et la plus belle récompense qu'un noble cœur et qu'un grand esprit puissent ambitionner.

Deux qualités seulement sont nécessaires pour réussir. Il faut à qui entreprendrait cette tâche la confiance de tous et une activité de tous les jours. Une pareille mission serait au-dessus des forces d'un seul, si on n'allégeait pas le fardeau en plaçant l'œuvre sous le patronage de la haute administration et du conseil général. Ce double concours ne saurait lui manquer.

La Société hippique de Saint-Lô a trop bigarré son programme. Elle a fait, à côté des courses au trot attelées ou montées, des courses de vitesse plates ou avec obstacles; elle est même sortie de l'hippodrome pour donner des steeples-chases. Nous n'osons pas trop la blâmer ; cependant nous ne pouvons pas non plus l'approuver. Tout ce qui est étranger au but qu'on poursuit en détourne nécessairement. A Saint-Lô, il en a été ainsi. Les courses n'y ont jamais eu plus d'utilité, n'y ont point eu de meilleurs résultats que lorsqu'elles s'appliquaient plus à la spécialité du trot. Les courses de vitesse et les steeples-chases ont plus impressionné la foule, ont rendu le spectacle plus attrayant; mais, en appelant du dehors des concurrents dignes d'elles, elles ont éloigné l'éleveur de la Manche. Or c'est particulièrement celui-là que nous voulons intéresser aux luttes de l'hippodrome, c'est-à-dire au progrès rapide de la production et au succès d'un élevage bien entendu.

Ce qui doit faire la beauté des courses de Saint-Lô, c'est le nombre des chevaux faciles, bien dressés, coquettement parés, convenablement équipés ou attelés, conduits et dirigés avec art, qu'on y verra affluer de toutes les parties du département. Ce ne sont point des épreuves de vitesse destinées à rehausser la réputation du cheval de pur sang qu'il faut établir ici, mais des essais propres à montrer le cheval indigène amélioré dans ses qualités comme dans sa conformation, préparé à remplir sa destination par une éducation rationnelle, par des soins plus judicieux que précédemment. Nous ne voulons pas qu'on vienne chercher des émotions vives sur l'hippodrome de Saint-Lô, mais qu'on s'y rende par besoin de se remonter, avec la certitude qu'on y trouvera dix chevaux pour un à choisir.

Les steeples-chases et les courses de haies sont parfaitement acclimatés à Avranches, nous les y laisserions. Nous ne gâterions pas les réunions toutes spéciales de la métropole du département par des courses de vitesse. Celles-ci auraient l'inconvénient d'enlever à des épreuves plus modestes et non moins utiles, au point de vue où nous venons de nous placer, tout l'intérêt qu'elles portent avec elles. Cet intérêt réside dans la liaison à établir entre la fin de l'élevage et le moment de la mise en service, entre les rapports plus intimes qu'il est urgent de renouer au profit de l'éleveur et du consommateur.

Le conseil général de la Manche alloue des fonds qui se distribuent en primes aux étalons les plus capables. Nous aimerions que les encouragements reçussent une destination plus profitable à la bonne production. C'est la forme que nous attaquons.

L'institution des primes aux étalons particuliers a sa dotation spéciale au budget de l'État. Cette dotation est complétement insuffisante ; il est impossible qu'elle ne soit pas bientôt augmentée. Il appartient maintenant à l'assemblée d'en élever le chiffre au niveau des besoins, de faire que le dernier tarif adopté ne soit pas un leurre pour l'industrie. C'est donc à l'administration des haras à pourvoir à la conservation des étalons de choix que les particuliers consentent à mettre à la disposition des producteurs. Il faut lui en faire une loi, mais il faut aussi avoir la certitude que les fortes primes qu'elle accorde servent utilement l'amélioration, tournent sérieusement à l'avantage des races.

Les essais publics imposés au *jeune* cheval qu'on a la prétention de vendre aux haras sont une garantie pour la production et pour l'État. Celui-ci est assuré que le crédit affecté à la remonte de ses établissements est une dépense bien faite; celle-là est certaine qu'on ne lui offrira que des animaux bien nés, bien élevés, exempts de tares et de maladies héréditaires.

Le pendant de ces garanties, en ce qui concerne les étalons approuvés, l'administration a cherché à le mettre dans l'institution des étalons autorisés par les soins de commissions locales, dont le choix préalable, s'il est intelligent et bien compris, préserve la race de ces animaux tarés, défectueux ou malades, qu'il faut repousser comme le poison.

Malheureusement, l'œuvre des commissions locales n'est appuyée que sur des avantages éloignés et plus ou moins incertains. Si l'autorisation donne un peu de relief et classe l'étalon qui a plus ou moins de mérite, elle déprécie le cheval qui deviendrait nuisible, le déclasse et en fait une non-valeur. — L'étalonnier redoute un jugement qui peut lui être aussi défavorable et lui causer un notable préjudice; il doute, il s'abstient; c'est de la prudence. La grande majorité est certainement dans ce cas. Dès lors, elle fait la loi, car la production ne peut s'arrêter, et l'étalon autorisé n'est plus guère qu'une exception lorsqu'il devrait être la règle générale.

Les choses se passeraient tout différemment, si les commissions ne décidaient qu'à la suite d'un concours entouré de quelque apparat, si leur jugement portait sur des données un peu plus sûres que le simple examen de la conformation extérieure, si après cet examen on demandait une épreuve publique telle quelle, si au bout de cette épreuve il y avait un prix, une mention, une distinction quelconque pour les meilleurs.

Les étalons approuvés seraient mieux choisis, mieux connus, mieux appréciés. Les étalons simplement autorisés prendraient une meilleure place dans la production. Ceux qui n'auraient point osé affronter le concours ou qui en auraient été rejetés auraient moins de vogue et perdraient de leur clientèle. Les progrès de chaque année se mesureraient plus aisément ; on augmenterait l'action des étalons capables ou seulement passables de toute la faveur qu'on aurait enlevée aux mauvais, à ceux dont le contact détruit l'heureuse influence des bons.

L'Etat donnerait les primes d'entretien; le département upporterait les frais du concours. Les parts seraient bien faites ainsi; à chacun son œuvre. L'approbation et l'autorisation se donneraient le même jour; il y aurait de l'ensemble dans les résultats, parce qu'il y aurait eu de l'unité dans les vues.

Ces concours seraient naturellement divisés. Ils offriraient deux catégories d'étalons : — celle des chevaux de trois, quatre et cinq ans, les seuls qu'on doive appeler à faire ou à renouveler leurs preuves; — celle des chevaux plus âgés, qui n'ont d'autres preuves à donner maintenant que celle résultant de l'absence de toutes tares ou maladies héréditaires contractées postérieurement à l'examen de l'année précédente.

Par suite de ce dernier, on continuerait ou bien on retirerait le bénéfice de la carte d'autorisation ou du brevet d'approbation, ou bien encore on admettrait dans l'une ou l'autre des deux classes les jeunes animaux qui n'en font point encore partie.

Rien n'empêcherait, d'ailleurs, que l'on stimulât le zèle des étalonniers, qu'on les amenât progressivement à engager leurs jeunes chevaux dans des poules dont le produit appartiendrait au vainqueur.

Si l'institution des étalons approuvés et autorisés recevait une pareille organisation dans la Manche, tous les étalons défectueux en disparaîtraient avant peu, et l'amélioration suivrait une marche rapidement ascendante.

Il y a quelque chose d'analogue à ceci dans le département d'Eure-et-Loir. Nous en parlerons en temps et lieu; nous dirons comment nous sommes venus au secours de ce département pour l'encourager à donner un bon exemple, pour étendre l'influence d'une mesure qui ne contient que de bons germes. C'est bien encore le point de départ d'une institution plus complète qui a été essayée au concours de Fruges, dans le Pas-de-Calais. Certes, nous favoriserons cette tendance, puisque nous voudrions la voir à l'état de fait usuel, à la condition de pratique générale.

Courses de Caen. — S'il y avait quelque part en France un lieu, un point central désigné aux choix des organisateurs des courses au trot, des essais de dressage, c'était incontestablement la ville de Caen, située au milieu d'une plaine riche et fertile, où l'élève du beau carrossier, du cheval de luxe a de tout temps réuni les conditions de succès les plus heureuses, où cette élève a longtemps compté et comptera certainement encore dans l'avenir parmi les plus fécondes industries du pays.

On se rappelle à quel état de déchéance était tombé, après la révolution de 1830, le commerce de chevaux dont Caen est précisément le centre; on sait toutes les doléances qui ont suivi, et nous avons les oreilles encore pleines des récriminations, des clameurs qui, alors et pendant plusieurs années, ont monté de tous les points de la Normandie pour se répandre dans toutes les têtes et y jeter des semences d'erreur. Celles-ci ont porté leurs fruits et plus d'une fois menacé de ruine notre industrie chevaline nationale, laquelle est si fort dans la dépendance de la même production en Normandie.

Cette situation appelait l'examen attentif, les méditations réfléchies des hommes spéciaux; après étude consciencieuse des faits, voici la conclusion intervenue :

« La Normandie a été de tous temps renommée pour la beauté et la bonté de ses chevaux d'attelage, et, parmi les départements qui composent son territoire, celui du Calvados a toujours occupé le premier rang.

« Cette juste réputation était pour le pays une source de

prospérité, et la production et le commerce des chevaux étaient une des principales branches de notre industrie agricole. Depuis quelques années, nous avons vu avec une grande peine et une grande inquiétude la diminution et presque l'anéantissement de notre commerce de chevaux par la substitution des chevaux anglais et allemands aux chevaux normands. Il est certain et il a été reconnu que ce changement malheureux ne peut pas être attribué au dépérissement de nos races, qui conservent toujours leur supériorité sur les races étrangères, mais qu'il était seulement la conséquence de la négligence de nos cultivateurs dans la manière dont ils élèvent et préparent leurs chevaux avant de les livrer au commerce. Il y a à cet égard d'anciennes habitudes à vaincre; mais on n'y parvient jamais qu'après bien des difficultés.......

« La Société royale d'agriculture et de commerce de Caen, après avoir fait de cette partie importante de notre industrie l'objet d'un examen étendu et approfondi, a pensé que le meilleur moyen de vaincre la routine des éleveurs et de convaincre les consommateurs était l'établissement de courses appropriées à l'usage auquel nos chevaux sont spécialement destinés, c'est-à-dire des courses au trot par des chevaux montés et par des chevaux attelés.

« Pour figurer avec succès dans ces courses, les éleveurs de chevaux devront leur donner les soins et l'éducation nécessaires; les acheteurs verront et jugeront; des achats se feront immédiatement après les courses; tout le monde sera éclairé sur ses véritables intérêts; les faits et l'exemple triompheront des anciennes habitudes, le commerce des chevaux reprendra la force et les développements qui lui appartiennent, l'industrie étrangère ne remplacera plus notre industrie, et une nouvelle source de prospérité sera rouverte à notre agriculture, qui en éprouve un pressant besoin (1). »

(1) Lettre du président de la Société royale d'agriculture et de commerce de Caen à M. le ministre du commerce et des travaux publics. (31 mars 1837.)

Ceci revenait à dire : — les temps sont changés, il faut bien le reconnaître. Le consommateur a touché aux modes anglaises : elles lui imposent des chevaux de bonne race, bien nourris dès le jeune âge et très-convenablement dressés. En vain résisterions-nous encore ; si nous ne réformons nos vieilles habitudes de production et d'élève, si nous n'adoptons bien vite les saines idées et les bonnes méthodes, c'en est fait de notre industrie, elle ne se relèvera jamais de l'état de dépérissement où l'ont forcément jeté tout à la fois nos usages routiniers et les progrès immenses de nos rivaux dans l'hygiène pratique, dans l'art d'approprier le cheval aux besoins divers de la civilisation actuelle.

En effet, à l'époque où la Société d'agriculture et de commerce de Caen sonda avec maturité le mal dont se mourait la Normandie chevaline, quelle était la situation? — La production suivait son cours ordinaire; en y regardant de près, on la voyait plutôt améliorée qu'amoindrie ; mais le produit était mal élevé, mais le luxe se pourvoyait à l'étranger. La production abandonnée à l'incurie ne réagissait pas sur le débouché, et la consommation, à son tour, ne donnait aucun encouragement à l'éleveur.

Les méthodes d'élevage étaient donc vicieuses. Le cultivateur de la plaine de Caen exigeait prématurément de ses élèves beaucoup de labeur et les nourrissait avec parcimonie, tandis que l'herbager les vouait exclusivement à l'état de nature et ne produisait qu'une manière d'animal sauvage. A certaine époque de l'année, le jour de la vente revenant à l'esprit, on y préparait hâtivement les animaux par un régime particulier, par un mode d'alimentation spécial déplorable, abondant et énervant tout à la fois. Le jeune cheval s'empâtait à merveille; il arrivait promptement à un état d'obésité étrange; on le rendait gras et bouffi, mais lâche et mou, incapable par volonté autant que par impuissance. Il était urgent de tenter la réforme de telles coutumes dans un temps où l'on avait pris la manie d'acheter des chevaux non pour les confier aux soins de vétérinaires habiles, mais dans l'intention bien arrêtée et bien simple de les mettre immédiatement en service. Enfin toutes ces masses de lymphe étaient présentées à l'acheteur dans les conditions du cheval entier, et l'acheteur s'entêtait, — lui, — à ne plus se charger des suites et des inconvénients d'une opération.

L'établissement des courses au trot devait conduire infailliblement à des améliorations promptes et durables; il était le seul remède à opposer à l'abandon ou à l'incurie; il amenait à s'occuper du poulain, à le gouverner avec sollicitude, à le nourrir en suffisance, à le familiariser avec l'homme, à le dresser avec intelligence, à en faire un produit marchand, un objet de commerce recherché par le consommateur. Le but était bien déterminé, on l'avait sagement compris au début. L'hippodrome deviendrait une occasion de réunions; ces réunions exciteraient la curiosité du consommateur dont elles provoqueraient le retour, puisqu'elles ne comprendraient que des chevaux façonnés au joug, souples, dociles et maniables, tout prêts à entrer en service.

On se mit à l'œuvre plein de foi et d'espérances. On sollicita le bon vouloir de tous; des listes coururent la ville et la campagne, de nombreuses adhésions répondirent à la pensée des fondateurs; la municipalité de Caen dirigea le mouvement, l'administration des haras s'y associa tout d'abord et avec empressement : nulle institution ne répondait mieux, en effet, à ses vues et à la marche qu'elle avait imprimée à l'amélioration des races en Normandie. Une subvention de 5,000 fr. fut accordée, de sages conseils aidèrent à la rédaction d'un programme qui devait avoir une signification précise et une haute portée.

L'institution débuta, en 1837, avec un petit budget; mais elle obtint un immense succès. Ce premier essai a été des plus heureux; il a été décisif, a-t-on écrit, il a excité un enthousiasme universel, il a convaincu les plus incrédules, au point que ceux qui, précédemment, les considéraient comme une utopie sont devenus soudain leurs plus chauds partisans et leurs plus fermes soutiens.

« Les courses de chevaux attelés ou montés au trot, dans le Calvados, auront infailliblement une grande influence sur l'industrie chevaline de la contrée ; elles conduiront à l'application générale des saines doctrines hippiques, lesquelles se réduisent à cinq points principaux : — le choix des poulinières, — leur accouplement avec les étalons de sang les mieux racés, — la castration précoce des poulains, — leur nourriture au grain dès le jeune âge ; — finalement une éducation précoce qui les rende aptes au service pour lequel ils sont destinés.

« Le choix des poulinières fixera désormais l'attention toute particulière des producteurs et des éleveurs de poulains. Ces derniers surtout attacheront une grande importance à la généalogie, car dès à présent l'étalon de pur sang est employé par ceux qui, primitivement, l'ont repoussé avec le plus de violence. La castration est généralement pratiquée dans le jeune âge des poulains ; il n'a fallu que deux années pour propager cette méthode, dont on apprécie de plus en plus les avantages. Restent donc actuellement à mettre en pratique les deux autres préceptes, l'*engrenage* et le *dressage*. Eh bien ! les courses feront nécessairement mettre en pratique ces deux préceptes délaissés jusqu'à ce jour.

« Un autre avantage de ces courses, c'est d'épurer les sujets, de constater le mérite et les qualités des coursiers. Dans de telles luttes, rien n'est équivoque ni idéal ; tout est matériel, conséquemment positif.

« Tout en poussant au perfectionnement de chaque espèce et à l'amélioration des diverses races, les courses doivent donc constater ce que sont réellement les chevaux normands, constater aussi leur supériorité comme trotteurs ; dès lors le haut commerce, qui, par spéculation peut-être, semble les avoir abandonnés, sera forcé de les rechercher encore une fois, et il leur rendra la justice qu'ils méritent.

« Soutenir plus longtemps que les chevaux normands ne sont pas domptés, qu'ils sont castrés trop tard, qu'ils sont inférieurs, pour le service, la vitesse au trot et la dureté du travail, aux chevaux étrangers, serait le langage de la malveillance, d'une spéculation sordide ; en un mot, un sophisme que le résultat des courses doit démontrer de la manière la plus évidente. Ce résultat des courses est un fait positif ; que les consommateurs ne dédaignent pas de venir eux-mêmes aux courses prochaines de Caen, ils y trouveront de quoi satisfaire leur goût et leurs besoins, ils y trouveront un premier bénéfice assuré, c'est le tribut prélevé par l'intermédiaire entre eux et les éleveurs. Les courses sont un foyer de lumières capable d'éclairer ceux qui n'ont pas les premières notions chevalines ; sous ce rapport, elles sont utiles au consommateur dont l'inexpérience et la bonne foi le livrent à la cupidité et aux ruses d'un *maquignonnage* dont il est toujours victime. Dans les marchés de chevaux, il y a en sous-main une foule de rétributions abusives qui rejaillissent toujours sur l'acquéreur ; l'indélicatesse sur ce point est telle, que le courtage cherche à multiplier ces marchés le plus possible. Les courses extirperont ces déplorables abus, si le consommateur veut prendre la peine d'y venir faire son choix.

« Nul doute que les courses du Calvados ne soient de la plus haute importance pour l'avenir et le commerce hippique de la contrée, ainsi que de la France entière. En les instituant ainsi sur leurs véritables bases, d'après le genre des produits de la contrée, la Société royale d'agriculture de Caen a complétement rempli sa mission ; on lui doit des remercîments et de la reconnaissance pour une telle institution : on doit un pareil tribut aux autorités, qui ont si bien secondé cette Société.

« Cette haute importance, cette utilité inappréciable pour la prospérité chevaline de toute la France ne sauraient échapper à l'œil vigilant des autorités supérieures, au discernement habituel des personnes du plus haut parage, à l'intérêt des sociétés établies pour l'amélioration des races de chevaux français, et encore à l'intérêt des consommateurs des attelages de luxe. Par ces motifs, les courses de chevaux, à Caen, seront encouragées, protégées et dotées à raison de cette importance et de cette utilité. Elles peuvent être propices pour faire mettre en usage les deux modes hippiques non encore pratiqués, à savoir, la nourriture de l'élève au grain; ensuite l'apprivoisement et le dressage de cet élève selon ses forces et le genre de travail auquel il semble appelé par sa construction.

« Peu d'exemples suffisent pour détruire les mauvaises routines et faire entrer dans la bonne voie : la répugnance pour une castration précoce a totalement disparu; il en est de même de celle sur l'emploi de l'étalon de pur sang, à laquelle a succédé le plus grand empressement. Que cet empressement dérive d'une spéculation ou d'une intime conviction, qu'importe? Le système n'en a pas moins reçu une application assez étendue pour que chaque intéressé puisse le juger avec pleine connaissance de cause; c'est donc le débouché, le produit de vente des sujets issus du pur sang, les bénéfices qu'ils peuvent procurer pendant leur éducation, qui consolideront cet empressement (1). »

On avait donc fort bien apprécié, dans le Calvados, le rôle important que la nouvelle création devait jouer dans l'industrie chevaline. A l'issue des courses de 1837, une société spéciale s'est formée pour élargir la base et consolider les premières assises de l'institution, pour lui assurer un avenir durable, pour étendre son utilité immédiate. Les hommes d'action ne laissèrent point refroidir le zèle, et, chose trop rare, battirent le fer tandis qu'il était chaud. Les journaux ouvrirent leurs colonnes, on posa des principes, on discuta les conditions du programme, on fixa tout de suite les éleveurs sur le but réel et sur la portée de l'œuvre entre-

(1) Comte Rochefort d'Ally, *Journal des haras*, tome XX, — 1837.

prise. Il est évident que la question chevaline entrait dans une nouvelle phase; une révolution dans les usages était imminente; toutes les vieilles pratiques se trouvaient prises à partie; c'était un duel entre la routine et le progrès, c'était une tâche immense. Voyons ce qui est advenu.

Les faits parleront pour nous, les tableaux suivants les résument.

Statistique des courses de Caen de 1837 à 1849.

ANNÉES.	NOMBRE DE PRIX		TOTAL.	SOMMES COURUES		TOTAL.
	au trot.	au galop.		au trot.	au galop.	
				f.	f.	f.
1837......	7	1	8	4,900	800	5,700
1838......	9	5	14	8,300	4,600	12,900
1839......	10	5	15	10,500	6,800	17,300
1840......	9	6	15	9,500	12,600	22,100
1841......	9	9	18	9,700	12,900	22,600
1842......	9	10	19	8,100	17,600	25,700
1843......	9	11	20	7,800	18.800	26,600
1844......	9	11	20	7,800	23,100	30,900
1845......	7	11	18	4,300	27,800	32,100
1846......	10	11	21	8,400	25,200	33,600
1847......	8	9	17	9,250	25,950	35,200
1848......	4	7	11	3,400	23,200	26,600
1849......	4	6	10	3,900	16,200	20,100
13 ans....	104	102	206	95,850	215,550	311,400
Moyennes..	8	8	16	7,373	16,580	23,953

Tableau du nombre des chevaux engagés et relevé annuel des plus grandes vitesses dans les courses au trot.

ANNÉES.	NOMBRE DE CHEVAUX engagés		RELEVÉ ANNUEL DES PLUS GRANDES VITESSES			
			AU TROT, CHEVAUX ATTELÉS.		AU TROT, CHEVAUX MONTÉS.	
	au trot.	au galop.	2,000 mètres.	4,000 mètres.	2,000 mètres.	4,000 mètres.
1837....	36	6	»	»	»	»
1838....	56	29	5′ 20″	11′ 51″	4′ 45″ 2/5	9′ 10″
1839....	107	8	5 43	11 23	4 17 1/5	9 36
1840....	74	27	4 39 4/5	10 23	»	7 42 2/5
1841....	62	26	5 44 2/5	9 50 2/5	»	9 9 4/5
1842....	71	58	5 31	»	»	8 34
1843....	71	65	5 32 4/5	10 21 3/5	»	7 59
1844....	44	57	5 43	10 45	5 17	«
1845....	23	64	4 57 2/5	11 11 4/5	4 31	7 59
1846....	62	48	4 13 4/5	10 16 4/5	4 47	8 14
1847....	34	37	5 33	11 50 1/5	5 18 2/5	9 28 1/5
1848....	13	37	»	10 56	5 11	»
1849....	24	20	5 31 3/5	11 17 3/5	5 1 3/5	»
13 ans..	677	482	58 30 4/5	121 7 1/5	39 8 3/5	77 52 2/5
Moyenn..	52	37	5 19	11	5	8 52

L'examen attentif de ces deux tableaux donne matière à plus d'une observation.

Avant de s'engager dans les courses, quand il s'est agi d'ouvrir une nouvelle voie à l'industrie chevaline dans le Calvados, il était, il ne pouvait être question que d'essais de chevaux de commerce, de courses de dressage offrant aux éleveurs un moyen facile de produire, de montrer avantageusement leurs élèves au consommateur indifférent ou partial. Ce mode d'exhibition ne pouvait avoir d'utilité réelle pour l'élevage, d'intérêt sérieux pour l'acheteur qu'à la condition de prendre de grandes proportions et de s'étendre au grand nombre. Tout cheval arrivant à l'âge de la vente devait passer par l'hippodrome, non pour y remporter un prix, celui-ci n'était que l'occasion, le prétexte, le moyen, mais pour se montrer prêt à entrer en service, apte au travail.

Le nombre des prix offerts n'a point été mis en rapport avec l'importance du but à atteindre. Pour une période de treize années, la moyenne des prix n'est que de huit. Huit courses et moins de 7,400 fr. par an, tel a été le point d'appui de l'institution, tels ont été les voies et moyens appliqués à la révolution que l'on tentait de faire dans les idées et dans les pratiques de l'éleveur de la plaine de Caen. Mettez donc sur les plateaux d'une même balance ces différents termes, — l'importance du commerce des chevaux dans la plaine et les courses de Caen; — la routine séculaire des éleveurs et les courses de Caen; — l'indifférence du consommateur français pour le produit indigène, la préférence du marchand, approvisionnant le luxe à tous ses degrés, pour le cheval allemand ou pour le cheval anglais et les courses de Caen; — la force de l'habitude, la tyrannie de la mode, l'une et l'autre opposées au résultat qu'on se proposait, et la prétention de tout changer, de soulever le monde alors qu'on n'avait ni levier ni point d'appui!

Mais d'où vient cette impuissance? — Elle reconnaît plusieurs causes.

Et d'abord on a voulu, à côté des essais lents et compassés de l'allure du trot, mettre des courses de vitesse et faire spectacle. On a songé au plaisir des yeux quand il aurait fallu s'en tenir à l'utilité pratique qui avait donné la pensée d'une organisation spéciale sérieuse. Les courses au galop se sont donc glissées parmi les courses au trot et les ont fait trouver peu récréatives, puis monotones, puis ennuyeuses et fatigantes. La course attelée, il faut le reconnaître, telle qu'elle a été courue et pratiquée à Caen, perdait beaucoup de son intérêt lorsqu'elle succédait aux émotions vives d'une lutte à toute vitesse. L'utilité de la course de dressage s'oubliait facilement alors; loin de la rappeler incessamment à l'esprit, loin de se pénétrer des avantages que l'institution promettait à la contrée, on critiquait de toutes parts, on médisait de tout et de tous, on vouait à l'abandon et au blâme des efforts qu'il aurait fallu puissamment encourager et protéger.

Une circonstance toute spéciale a favorisé cette tendance, déjà si prononcée dès la seconde année, de détourner l'établissement des courses à Caen de leur but primitif, de leur destination essentielle. En 1840, le chef-lieu de l'arrondissement des courses fut transféré de l'hippodrome du Pin sur le nouvel hippodrome du Calvados.

Ce fut pour ce dernier le signal d'une transformation complète. La Société d'encouragement s'était surtout formée en vue des courses au trot, d'épreuves de dressage propres à rappeler et à développer le commerce des chevaux en Normandie. C'était tout à la fois le point de départ de l'institution et le but à atteindre; c'était la raison d'être de ces courses et toute l'ambition de ceux qui en avaient pris l'initiative, les embarras, la fatigue.

Une fois en possession des courses de vitesse, l'hippodrome de Caen s'est dépouillé de sa spécialité et a changé, pour ainsi dire, les conditions de sa première existence.

Les courses y ont réellement acquis et tout à coup une haute célébrité par le nombre et l'importance des prix offerts, par le nombre, le mérite et la vitesse des chevaux engagés.

Dès lors les courses au trot, objet essentiel auparavant, sont tombées du premier rang au dernier; elles sont devenues un embarras, une cause de lenteur, un sujet d'encombrement. Plus les luttes au galop ont été brillantes, animées, rapides, moins les autres ont paru amusantes, moins elles ont intéressé la foule. On a comparé celles-ci à celles-là, non pour les juger en elles-mêmes, sainement et avec justice, mais au point de vue de l'intérêt du moment, du plaisir des yeux, abstraction faite de toute utilité pratique.

C'est ainsi que les courses au galop ont obtenu tous les honneurs du turf, aux dépens de celles qui les avaient précédées sur l'hippodrome de Caen. Les épreuves au trot au montoir ou à la guide n'ont donc point eu, dans le Calvados, le succès qu'on avait pu s'en promettre et qu'un brillant début semblait avoir assuré pour un avenir très-prochain.

La statistique accuse tout à la fois les minces résultats des courses de dressage et l'extension prise, au contraire, par les courses de vitesse. Les chiffres correspondants des unes et des autres offrent, en effet, des proportions, des forces inverses. Le nombre et l'importance des prix à disputer au galop appellent des concurrents nombreux et d'un grand mérite, en même temps que les trotteurs capables ou les chevaux dressés diminuent en nombre comme en valeur. Ces quelques mots suffiront à l'intelligence complète des deux tableaux qui précèdent; leurs nombres frappent et parlent aux yeux. Le bon cheval de demi-sang, le cheval de luxe sont restés en dehors de l'hippodrome.

Le commerce des chevaux, à Caen, est aux mains de marchands d'une nature en quelque sorte exceptionnelle, formant classe à part. Toute leur science, il faut bien le reconnaître, il faut bien le dire, repose principalement sur les données les moins heureuses, mais les plus habiles d'un adroit maquignonnage. Les marchands du Calvados n'aiment pas le grand jour; l'obscurité est leur plus grande force, leur plus puissant auxiliaire. Ils aiment à saisir l'acheteur corps à corps, à l'envelopper et à le circonvenir à huis clos; ils redoutent le jugement de la foule et fuient le concours public. Produire leur marchandise, l'exposer à la critique de tous n'est point leur fait; la loyauté est en quelque sorte une fausse monnaie qui n'a point crédit parmi eux. Dresser des chevaux, c'est rendre leur approche facile; l'examen en devient plus aisé, la connaissance plus complète; or les marchands craignent toujours que l'acheteur n'y voie trop; ils s'inquiètent peu de vendre un bon cheval; ce qui les charme, c'est d'en vendre beaucoup d'incapables et de les vendre aux prix les plus forts. Tromper un amateur est le sublime de l'art. On commence par duper le producteur en lui achetant à bas prix; l'acheteur est une seconde victime. C'est en les *plumant* tous deux que le marchand s'élève et acquiert de la considération parmi ses semblables. Chose étrange! la bonne foi est comme bannie de ce genre de commerce. N'a-t-il pas été longtemps admis qu'en fait de chevaux on pouvait se permettre de tromper jusqu'à son père?

Les courses de dressage, établies sur une vaste échelle, étaient puissantes à combattre les habitudes cauteleuses du maquignonnage; seules, elles pouvaient substituer la valeur d'un fait matériel, la force irrécusable de l'épreuve au ton tranchant, à l'assurance verbeuse du maquignon. Cependant, pour avoir cette efficacité, pour produire un pareil résultat et porter de tels fruits, il fallait développer puissamment l'institution et ouvrir l'arène non plus au petit nombre, mais à tous. Il fallait sortir le commerce de la plaine des mains entre lesquelles il se trouvait exclusivement placé en donnant à l'éleveur le moyen facile de commencer au moins lui-même l'éducation de ses produits; il fallait attacher une haute importance à la construction d'un hippodrome libre, public, toujours consacré au dressage, à la préparation bien comprise du jeune cheval. Il n'en a point été ainsi. Le dressage est resté une manière de problème, et les marchands de la plaine de Caen n'y ont soumis, chaque année, que des animaux tels quels, ceux-là seulement qui leur étaient nécessaires pour ne pas laisser à la Société hippique ou à l'État les fonds annuellement consacrés aux courses au trot. Aussi le commerce des chevaux est-il encore stationnaire à Caen.

Cependant, par sa proximité de Paris, par sa population et ses productions chevalines, cette ville devrait avoir le monopole de la fourniture du cheval de luxe qui se consomme dans la capitale; elle devrait posséder un marché mensuel de chevaux, où l'amateur trouverait à choisir à sa convenance. Elle n'a rien de semblable encore, elle demeure impuissante devant les progrès qui se réalisent partout autour d'elle; elle n'a qu'un lieu public où l'on parle et déparle, où l'on consomme force décoctions de chicorée, force spiritueux, où s'élaborent pétitions sur pétitions, où l'on crie beaucoup, où l'on n'émet guère de pensées raisonnables, où l'on ne fait pas un cheval, où la question hippique reste toujours enfermée dans le même cercle et gravite autour du même point; — l'intérêt exclusif d'un petit nombre de personnes qui ont su fermer toutes les issues, qui ont monopolisé, à leur profit, toutes les opérations de l'industrie chevaline. Ces grands discoureurs, qui tournent une meule sous laquelle nul n'apporte de grain, ils marchent sur eux-mêmes, les yeux fermés à la lumière, comme le cheval attelé au bras d'un manége; ils produisent. . . . . . . du vent, un grand vent qu'une petite pluie abat toujours aisément.

C'est la masse des éleveurs qu'il fallait intéresser au succès de l'institution : lorsqu'ils demeuraient à l'écart, celle-ci ne pouvait prospérer; mais leur concours était au prix de sacrifices qui n'ont point été faits et de facilités qui n'ont point été données.

Telles sont les causes d'insuccès dont a été frappé l'établissement des courses au trot, à Caen, au beau milieu de la plaine où sont élevés les trois quarts des chevaux qui naissent dans le Cotentin, le Bessin, la vallée d'Auge et le Merlerault.

La question est à reprendre; elle sera reprise. Parce qu'elle n'a point été résolue, il n'en résulte pas qu'elle soit insoluble. Fort de l'expérience acquise, nous éviterons les écueils contre lesquels on a échoué, et nous nous remettrons en marche avec la certitude d'arriver à de meilleurs résultats. Aussi bien, le terrain est-il déjà mieux préparé. Si la pratique usuelle est encore arriérée, les idées ont marché et les circonstances sont maintenant plus favorables à la réussite.

Certes, nous ne songeons pas à déshériter l'hippodrome de Caen des courses de vitesse qui ont tant nui au développement des courses au trot. Lorsqu'une grande ville a, grâce au concours de l'État, essayé d'une institution de ce genre, elle ne se laisse pas facilement dépouiller. Au surplus, les courses au galop ont été et sont encore aussi heureusement et aussi utilement placées à Caen que partout ailleurs. Mais pour servir les courses au trot, le jour où nous pourrons les doter convenablement, nous ferons des réunions spéciales; nous séparerons ce que l'on a eu le tort de réunir et de confondre. Les courses de dressage précéderont les époques de grandes foires et seront mieux à leur place dans le calendrier forain que dans le *turf-register*. Nous ferons en sorte, en variant les conditions, d'y intéresser le grand nombre, d'y introduire l'habitude des poules et d'y amener des acquéreurs, car le but sérieux de tout ce mouvement, de toute cette animation, c'est la vente, c'est la facilité du placement. Il faut que l'éleveur normand en vienne à exhiber ses produits avec le même soin qu'il met, pour ainsi dire, à les cacher. Le consommateur se montrera d'autant plus facile sur la conformation qu'il trouvera plus de certitude d'utilité dans l'emploi; il recherchera les moyens, le mérite réel, au lieu de s'attacher, comme maintenant, à la forme, et rien qu'à la forme. Il cessera d'accorder toute importance au tableau, parce que le vendeur, au lieu de se borner à vanter des qualités extérieures sans valeur, appuiera son panégyrique sur un fait, sur le mérite éprouvé, séance tenante, sous les yeux mêmes de l'amateur.

Dans ces essais spéciaux, isolés des courses au galop, il n'y aura point de comparaison défavorable à faire; le but ne sera pas détourné, l'attention des spectateurs n'aura pas d'autre cours; elle sera même excitée par un intérêt sérieux, car il s'agira de se rendre bien compte des moyens déployés dans la carrière, de la docilité de l'animal à se laisser gouverner, de l'aptitude acquise à la faveur d'un bon élevage et d'une éducation bien comprise.

Les courses au trot, à Caen, ont fait émettre, par certains amateurs, des opinions qu'il peut être utile d'examiner.

On a dit : « Ce sont les éleveurs de beaux et bons chevaux que vous voulez encourager; ce sont les sujets d'une belle conformation, d'une solide construction que vous voulez attirer sur l'hippodrome : pour y parvenir, il ne faudra pas que la vitesse d'un cheval, *quelles que fussent ses tares, quelles que fussent ses formes et sa valeur intrinsèque*, puisse venir enlever le prix. Quelle serait la protection accordée aux éleveurs consciencieux, si le *maquignonnage*, n'ayant d'autre but que l'argent à gagner, ne s'occupait que de découvrir toute bête d'une allure excessivement vive? (Il se trouve de ces phénomènes parmi les sujets les plus défectueux.) De pareils chevaux devraient-ils être admis au concours? Non, mille fois non, ou le but est manqué; cela est évident. »

A notre sens, on fait sortir de la voie l'institution lorsqu'on a la prétention de la réglementer ainsi, quand on songe à lui imposer des limites dont le moindre inconvénient serait de faire capricieusement, arbitrairement des catégories de valeur injustifiables. Non, mille fois non, dirons-nous à notre tour, vous ne devez repousser du concours aucune individualité quelconque; n'oubliez pas que votre but unique,— c'est la préparation utile du cheval au travail, son dressage plus ou moins réussi ou complet, et non le choix plus ou moins judicieux ou sévère des produits d'une génération entière. Vous n'êtes point appelés à dire votre pensée, à faire connaître votre propre jugement sur tel ou tel cheval portant l'homme ou tirant le tilbury, ou sur tel attelage plus ou moins brillant et capable; votre mission ne va pas au delà de ce fait que tous les chevaux mis en présence sont habiles au service, familiarisés avec toutes les exigences du travail. Vous vous proposez de changer des habitudes d'élève vicieuses par suite desquelles vos jeunes chevaux, bien que meilleurs au fond, ont pourtant une moindre valeur aux yeux du marchand et du consommateur; vous avez à combler cette lacune, afin de rappeler le commerce qui vous a abandonnés, qui vous dédaigne pour des rivaux dont la docilité fait tout le mérite et toute la supériorité. Avec vos vues, si vous les réalisiez, vous seriez vos propres détracteurs et vos premiers ennemis; laissez au marchand, laissez à l'amateur le soin de choisir parmi tous vos produits ceux qui, tarés ou non, plus ou moins parfaits dans leur conformation, seront le plus à leur convenance; contentez-vous de les leur montrer souples et maniables, habitués à l'homme, capables de travail. C'est au prix de vente à rémunérer la perfection; les cours savent toujours établir un niveau logique entre les qualités relatives et l'utilité absolue. Ceci est une question d'appréciation étrangère à l'objet même des courses au trot. Le fond de l'institution est dans le mot même qui la désigne et la définit. Ne demandez au *dressage* que ce qu'il peut et doit donner; vous lui devrez encore assez. En effet, il rehaussera jusqu'à la valeur des moins brillants et des plus défectueux. Vous êtes producteurs, votre mission consiste à produire le meilleur possible; une bonne hygiène, une éducation perfectionnée rendront vos jeunes chevaux d'un plus facile emploi et de meilleure défaite, mais vous devez viser à la vente profitable de tous. Avec votre système d'éligement, vous atteindriez seulement l'exception, tandis que c'est la masse qu'il faut envelopper dans le cercle immense d'une élève bien entendue, afin de vous ouvrir toutes les issues de la consommation.

Non, quelles que soient ses tares, sa conformation et sa valeur intrinsèque, il ne faut pas qu'un cheval puisse venir enlever *tous* les prix offerts, par cela seul qu'il aura une grande rapidité d'allures; mille combinaisons se présentent qui peuvent le repousser du concours après une première épreuve ou une première victoire; mais pourquoi, — tel quel, —

l'écarter de la lutte? Votre but, encore une fois, est-il de primer le meilleur? Non, vous offrez des primes, un encouragement aux animaux les mieux dressés. Restez donc dans les conditions mêmes de votre situation. Le programme peut tout prévoir; l'expérience peut le modifier d'une année à l'autre; il doit être assez varié, d'ailleurs, pour que toutes les classes d'éleveurs et de produits trouvent un réel intérêt à vous suivre dans la voie du progrès. N'ayez aucune faveur spéciale pour le marchand, mais ne le sacrifiez pas à ceux que vous qualifiez consciencieusement, vous, d'éleveurs consciencieux. La distinction deviendrait sûrement fort embarrassante à faire dans la pratique; vos exclusions, croyez-le bien, nuiraient plus au développement et à l'adoption de vos vues qu'elles ne serviraient les intérêts bien entendus de l'industrie. N'oubliez pas le rôle utile que le marchand doit remplir dans tout ceci. Il est l'intermédiaire souvent obligé, souvent heureux entre le producteur et le consommateur. C'est lui qui reliera les rapports interrompus entre l'un et l'autre; c'est lui, — si vous êtes habiles à l'intéresser dans la question, — qui la fera le mieux comprendre, qui saura la faire passer à l'état d'habitude générale. Ne le négligez pas. Le protecteur a besoin de ses services; il est plus dans sa dépendance qu'on ne le croit communément, et il suit volontiers, moitié par conviction, moitié par nécessité, la route qui lui est indiquée ou tracée par lui.

Une autre objection a été faite ici aux courses attelées; la voici :

Deux beaux trotteurs, a-t-on dit, appartenant à des propriétaires différents, sont réunis au même timon, attelés au même break, bien qu'ils ne s'appareillent point, et lancés dans la lice. La supériorité dans l'allure, la vitesse en font des vainqueurs, et cependant ces deux chevaux ne constituent pas ce qu'on appelle un attelage; ce n'est pas une paire de chevaux à offrir à un amateur. Leur robe, qui n'est pas la même, n'est point assez tranchée dans sa différence pour être acceptée; il n'y a pas suffisant accord entre la taille, le degré de sang et la manière de marcher. Celui-ci, plus grand, plus distingué, s'enlève avec des moyens admirables et une grande énergie, mais il dépense en l'air une vigueur dont il abuse; — l'autre est plus commun, il s'abaisse sous le harnais, il se fait petit en travaillant terre à terre, en cherchant le terrain de l'épaule. Ce sont deux hardis trotteurs, *attaquant franchement la note,* mais ces deux bonnes moitiés ne font qu'un mauvais tout; ce n'est point un attelage de ville. Doit-on, peut-on les admettre au concours?

Au fond, cette objection est la même que celle à laquelle nous avons déjà répondu. Elle se présente sous une autre forme sans changer de caractère; elle ne se produit que parce qu'on perd de vue tout à la fois et le point de départ et le but, — l'objet même des essais au trot, des épreuves organisées pour mesurer le degré de dressage auquel sont parvenus les jeunes chevaux engagés dans une course. Laissez donc essayer tous les produits en la manière la plus commode à l'éleveur; si leurs dispositions sont mauvaises pour commencer, ils en seront frappés les premiers, et les réformes ne se feront pas longtemps attendre. Loin de susciter des obstacles et des embarras, loin de multiplier les difficultés et de prononcer des exclusions, faites que tout devienne excitation et encouragement; abaissez les barrières, que tout soit possible et facile au grand nombre, car il s'agit d'une institution à répandre dans toutes les écuries, à faire accepter par tous ceux qui élèvent le cheval dans le ressort des courses de Caen. Est-ce que l'on a jamais songé à élever une barrière à l'entrée d'un champ de foire?

Mieux vaudrait sans doute ne voir figurer dans les épreuves attelées que des animaux parfaitement appareillés à tous égards; si ce n'est pas le présent, c'est bien certainement l'avenir. Pour le moment, contentons-nous de pousser au dressage pur et simple. Ce premier pas fait dans la voie du progrès, nous ne resterons pas en place, nous marcherons et arriverons à mieux ; d'importantes améliorations compléteront bientôt nos premiers efforts. Si informes qu'ils soient au début, ceux-ci porteront leurs fruits et donneront les meilleurs résultats.

A peine l'institution avait-elle été essayée, qu'on cherchait à en exagérer les conséquences. Une polémique assez étendue s'est emparée de la question de savoir à quel âge il fallait admettre les chevaux aux courses au trot. Les uns ne voulaient que des animaux de quatre et cinq ans, les autres les prenaient dès l'âge de deux ans.

Les derniers raisonnaient ainsi :

« Pour le poulain de lait d'un grand mérite, on exige qu'il *trotte bien*, sans quoi il n'a plus beaucoup de mérite. Chez l'*antenois*, on exige un trot plus parfait; ce trot doit encore être plus parfait, si l'élève a plus d'âge. Qu'un élève jeune ne puisse d'abord soutenir un très-grand trot, bon ; mais à deux ans, s'il a été bien nourri au grain, il soutiendra l'allure du trot assez longtemps pour faire apprécier déjà ce qu'il sera plus tard. Or nous avons besoin de voir sur notre hippodrome des courses de plusieurs sortes : il nous en faut d'abord qui constatent notre état présent ; il nous en faut ensuite d'autres qui révèlent ce que sera notre avenir.

« Nos courses sont instituées spécialement pour réformer nos imperfections chevalines ; il en est une, malheureusement, qu'on nous reproche avec raison, c'est notre mode d'élever les poulains. Nous les laissons dans un état sauvage jusqu'à dix-huit mois ; et, pendant leurs deux premiers hivers, nous les privons d'avoine. Ce mode vicieux d'éducation doit être corrigé ; mais comment parvenir à le modifier?

« Je pense qu'il n'y a pas, pour cela, d'autres moyens que de faire courir les jeunes élèves dès l'âge de deux ans. Il faudra préalablement les préparer à cet exercice ; dès lors, les apprivoiser, les dresser, les nourrir avec des aliments fortifiants. Dans ce pays, l'exemple est le plus puissant de tous les mobiles en toutes choses. Les élèves de deux ans, nourris et dressés plus convenablement qu'aujourd'hui, montreront plus de vigueur, plus d'énergie ; alors le spectateur saura le reconnaître, il voudra savoir d'où cela provient; on le lui indiquera, et il pratiquera ce qu'il aura pu apprendre pour ses élèves, afin d'en tirer meilleur parti.

« Les étrangers, les Anglais, qui doivent leur réputation, sous le rapport de l'élève du cheval, à l'institution des courses, tiennent leurs chevaux dans l'arène dès l'âge de deux ans. Quelques-uns, il est vrai, *s'étiolent*; mais d'autres aussi acquièrent une célébrité qui ne laisse plus de bornes au prix de l'animal. Ces courses anglaises sont une épreuve trop forte, sans doute, pour un sujet d'un âge tendre; elles sont exécutées sans le discernement nécessaire et sans les ménagements que comporte la faiblesse du sujet. Evitons les inconvénients que je signale. Cela nous est facile, puisqu'il ne s'agit pas, chez nous, de courses de vitesse au galop, qui sont, en quelque sorte, hors de notre spécialité, mais de courses au trot, dont la vitesse doit être réglée sur l'âge des concurrents. Le trot est l'allure naturelle du cheval en général et du nôtre en particulier.

« Quant aux sujets de l'âge de trois ans, il serait impossible de les exclure des courses de Caen, sans faire une exception à la règle commune. En effet, sur tous les hippodromes quelconques, il est décerné un prix aux coursiers de cet âge. Primitivement, les coursiers n'étaient admis à concourir, dans le midi de la France, qu'à quatre ans ; mais, sur les réclamations des éleveurs, maintenant on les y admet à trois ans. Enfin, dans les courses les plus importantes, on voit les sujets de trois ans lutter quelquefois avec avantage contre d'autres plus âgés; seulement, pour égaliser la chance, on règle le poids dont est chargé le cheval, selon son âge. On objectera à cela que c'est dans des courses au galop, et non dans celles au trot, que l'on procède ainsi; mais qu'importe? nous voyons journellement des chevaux normands de trois ans faire un service actif au trot, et, je le répète, cette allure est tellement naturelle chez notre race, qu'on la recherche même chez notre poulain de lait.

« On ne saurait mieux faire que d'accorder un prix de course aux pouliches de deux ans, et un autre à celles de trois ans, ne fût-ce que comme un encouragement aux éleveurs. Le jury, bien entendu, ne devrait admettre à concourir que celles dont la construction extérieure annonce qu'elles seront propres à faire de bonnes poulinières. Leur admission au concours ne pourrait, d'ailleurs, avoir lieu, d'après mon avis, que sous la condition expresse que la pouliche admise serait livrée à l'*étalon royal.* Les haras nous dotent de bons reproducteurs; mais nous devons à ces haras des auxiliaires, et ces auxiliaires sont les bonnes juments. »

Si l'hippologue qui a écrit ce plaidoyer en faveur des courses de deux ans n'avait pas perdu de vue l'objet essentiel de l'institution, il n'aurait pas imprimé ce passage étrange. Quelle était donc l'utilité de l'établissement des courses au trot, à Caen? C'est toujours là qu'il faut revenir quand on cherche à déterminer quel rôle ces courses ont à remplir dans l'industrie chevaline. Instituées en vue de réhabiliter la réputation fortement comprise du cheval normand, elles devaient faciliter son placement, sa vente, en perfectionnant l'individu par une éducation mieux raisonnée; elles devaient agir tout à la fois — sur l'éleveur qu'elles rendaient homme de cheval et juge plus compétent que par le passé, — sur le produit qu'elles faisaient naître de bonne souche, mieux nourrir et mieux soigner, convenablement préparer au travail, — sur le consommateur enfin auquel elles dévoilaient des qualités qu'il se refusait à reconnaître aux races normandes.

C'était donc le cheval, à l'âge de la mise en service, qu'il fallait lui montrer dans l'arène; à ses yeux le poulain est sans valeur. Le consommateur n'attache de prix qu'à ce qui, dans le moment même, remplit ses vues et donne satisfaction à ses besoins. N'utilisant les forces du cheval qu'à trois ans et demi ou quatre ans, il ne saurait lui porter aucun intérêt avant l'époque de sa maturité. En l'état d'ailleurs, il y avait assez de difficultés à agir sur la génération la plus voisine de l'application au travail pour ne pas chercher à les augmenter ou à nuire au but en l'exagérant. Le cheval de demi-sang, judicieusement élevé, ne demande pas une longue préparation; il est bientôt familiarisé avec l'homme, bientôt maniable, bientôt dressé ; point n'est besoin de le commencer dès l'âge de deux ans.

Il n'y a vraiment aucune analogie à établir entre le poulain normand de deux ans et le poulain de pur sang du même âge. Ce serait folie que d'élever le premier aussi chèrement que le second; il serait absurde de les soumettre l'un et l'autre au même mode d'entraînement, et d'ailleurs, répétons-le une dernière fois, l'épreuve à faire subir au cheval de demi-sang n'a pas pour but de constater son énergie ni ses qualités de race, mais seulement sa docilité et son aptitude à un travail léger, à un service dont les exigences n'excèdent point les forces ordinaires d'un jeune cheval convenablement élevé.

On l'a dit avec raison : « Le trot de vitesse est une allure forcée, pour laquelle le cheval a besoin de tous ses moyens et d'un développement de force, laquelle ne lui est point acquise dans le jeune âge; très-peu de chevaux de quatre ans même ont cette allure formée. En achetant un cheval de cet âge, on juge ses épaules et ses jarrets; on se dit : Ce cheval *aura* un bon trot; les jambes de son cavalier ou les rênes de son conducteur feront le reste, et il pourra devenir un bon trotteur, soit monté, soit mis au brancard. Il est incontestable pour moi que l'action obligée pour un trot de vitesse est à peine dans les moyens d'un cheval de quatre ans, et jamais dans les facultés de ceux de deux à trois. Les exercices contre nature auxquels seront soumis les poulains, pour être préparés à une course au trot, ne peuvent être que nuisibles, ne peuvent que les fatiguer inutilement; je dis inutilement, car ce concours, cette lutte et même le prix décerné au vainqueur ne prouveront rien pour l'avenir de ces jeunes chevaux. Chacun sait qu'à deux et trois ans un cheval n'est rien par lui-même, que chez lui des moyens extraordinaires peuvent se déclarer plus tard, et que de même il peut *se démentir* et tromper toutes les espérances. On n'achète les chevaux à cet âge que d'après leurs formes et la force de leurs membres, et pour les espèces très-distinguées, d'après la réputation du père et de la mère. Je dis qu'une lutte au trot, pour les poulains de deux à trois ans, est sans but, inutile et nuisible, et que l'éleveur soigneux ne voudra point et ne devra point risquer et compromettre, dans la vue d'un concours, l'avenir d'un élève de prix; j'ajoute que cette course ne peut être que molle et languissante : le prix qui lui est affecté me paraît mal appliqué, me paraît de l'argent perdu. »

Cette dernière opinion a prévalu dans les conditions du programme; les prix offerts n'ont été attribués qu'à des chevaux de trois ans au moins. Les courses ayant eu lieu au mois d'août, il est évident que le dressage ne commence jamais avant l'âge de trois ans révolus. A cette époque, le cheval né et élevé en Normandie est très-capable d'en supporter les exercices ménagés. Les bonnes méthodes d'élevage ont le mérite d'avancer l'état adulte, de hâter le développement des formes et des qualités; l'excitation des courses conduit à l'adoption des bonnes méthodes. C'est par une chaîne sans fin, par un lien qui unit étroitement entre elles toutes les phases de la production et de l'élève du cheval que l'institution des courses, à tous ses degrés, sert l'amélioration et provoque toutes les améliorations à la fois.

Les courses au trot, à Caen, devaient spécialement favoriser l'adoption d'un usage qui ne compte pas assez de partisans dans le Calvados, — la castration du poulain dès la première ou tout au moins dès la seconde année de sa vie. Elles auraient eu ce résultat si désirable en prenant une grande extension; empêchées dans leur essor, elles n'ont exercé sous ce rapport qu'une influence très-secondaire et fort peu appréciable. Nous examinerons ailleurs ce côté de la question ; il est plein d'intérêt, il contient une partie de la solution du problème si souvent posé du retour du consommateur en Normandie ; c'est, en quelque sorte, la clef du commerce du cheval normand pour lequel la nature a tant fait et pour lequel l'éleveur fait si peu.

Sur l'hippodrome actuel, les courses attelées, à Caen, ne jouiront jamais d'une grande faveur auprès de la foule plus avide d'émotions que touchée de l'utilité même de la lutte. Les trente mille personnes qui entourent la piste et l'encadrent au jour des grandes courses au galop s'inquiètent peu du but de l'institution. Elles assistent à un spectacle ; pour elles, tout est dans ce mot. Malheureusement les courses au tilbury et au break ne forment point spectacle. Plus elles sont nombreuses, moins elles intéressent et récréent en raison de la lenteur apparente de la marche, et, par suite, du mode forcément adopté, lequel exclut réellement toute idée de lutte.

La forme elliptique plus ou moins régulière de l'hippodrome de Caen ne permet que des départs successifs à intervalles plus ou moins rapprochés ou éloignés. Dès lors, tout l'intérêt est concentré sur le chronomètre, dont il faut constater et écrire minutieusement les indications. Les attelages entrent dans l'arène un à un; ils se suivent à des distances considérables, calculées de manière à éviter un rapprochement qui pourrait avoir ses dangers. Il n'y a donc pas de rivalité sentie, appréciable; *les conducteurs ne se font point concurrence.* Les courses de chars, chez les anciens, n'excitaient l'intérêt et l'enthousiasme que par la difficulté vaincue, par une lutte sérieuse, puissante; mais c'étaient des jeux, des fêtes publiques : nous ne pourrions les faire revivre sous l'ancienne forme. Cependant nos courses modernes, attelées, n'auront jamais un grand succès, ne prendront jamais un développement proportionné à leur but sur des hippodromes ovalaires, à piste étroite et contenue. Leur utilité ne ressortira que sur des hippodromes droits, permettant des départs d'ensemble et une lutte de front, accusant ouvertement les résultats comparés de la course. S'il en était ainsi à Caen, il y aurait plus d'émulation pour le dressage, un attrait plus vif pour le spectateur.

La ville s'est déjà imposé de grands sacrifices pour l'établissement de l'hippodrome actuel. Il est impossible que les éleveurs ne lui tiennent pas compte de son bon vouloir et ne lui conservent pas une profonde gratitude. Mais elle n'est qu'à moitié route, il lui appartient de pousser jusqu'au bout et d'atteindre le terme. Elle n'a pas fait une spéculation, une affaire de localité en se vouant aux intérêts de l'industrie chevaline, elle s'est livrée à une œuvre de patriotisme dont les bienfaits doivent s'étendre à toute la province et exercer une haute influence sur l'avenir hippique de la France entière. La question chevaline, en Normandie, n'est rien moins qu'un intérêt national. Que la ville de Caen ne s'arrête pas à mi-côte; les forces d'une administration municipale ne doivent pas toujours se mesurer aux ressources actuelles, elles ont bien plus de rapport avec l'avenir qu'avec le passé : dépenser utilement de fortes sommes avec la certitude de produire des résultats dix fois plus considérables, c'est faire une grande chose et préparer une abondante moisson.

La production du cheval en Normandie est une industrie forcée, une nécessité pour la province et pour le pays tout entier; c'est une affaire d'intérêt général au premier chef. Elle est depuis longtemps en souffrance, elle ne saurait périr, il faut la relever et la rendre prospère. Une bonne éducation, un dressage intelligent sont incontestablement le seul moyen de raviver l'activité éteinte, de rappeler le commerce, — source de toute richesse, le plus puissant et le plus sûr de tous les véhicules à la bonne production. Mais le commerce ne reviendra pas sans effort, l'expérience est là qui l'atteste; il ne reviendra pas sans qu'on lui fasse des avances, sans qu'on lui prouve qu'on est en mesure de remplir ses exigences. De grandes exhibitions, des concours nombreux, des réunions dont on parlera, des essais qui réussiront auront ce résultat. Mais, une fois excitée, la curiosité doit être satisfaite; il ne faut pas montrer au consommateur les courses telles qu'elles ont lieu en ce moment; elles l'ennuieraient sans lui rien apprendre, sans lui faire acheter un seul cheval. Il faut créer pour lui, à son intention, de vastes concours spéciaux où il puisse voir, en quelques heures, des troupeaux de chevaux faciles à manier et à diriger au milieu du bruit, des éclats, du mouvement immense d'un immense hippodrome transformé en un vaste champ de foire.

Nous avons fait un rêve pour Caen. Ce rêve, le voici :

Les conseillers de la ville et du département s'étaient entendus sur la nécessité d'acquérir cette magnifique prairie sur laquelle est tracée la piste de l'hippodrome actuel; ils la destinaient spécialement au dressage de tous les chevaux que les éleveurs du Calvados nourrissaient en vue des besoins généraux du pays et notamment en vue des exigences du luxe à Paris. Cinq voies d'une grande largeur, tracées en ligne droite et sur une étendue de 2 kilomètres, étaient macadamisées et formaient autant de pistes à l'usage des courses attelées. Avec le temps, ces pistes, convenablement ménagées, se recouvraient d'une herbe fine qui en diminuait la résistance, qui donnait au sol une certaine élasticité. Trois mois avant les courses auxquelles un programme admirablement combiné conviait le grand nombre, les hommes de cheval, les amateurs avaient le spectacle d'exercices préparatoires incessamment renouvelés. C'étaient d'abord des difficultés de toutes sortes, beaucoup de bruit et de confusion; bientôt l'ordre et le calme succédaient à ce tohu-bohu, et le dressage se complétait, se confirmait sans encombres.

Des constructions légères s'étaient élevées à l'une des extrémités, au point de départ; elles offraient des écuries spacieuses et commodes, sans luxe, mais avec tout le confortable nécessaire. Livrées à des prix modérés, elles étaient une source de revenu qui suffisait, et au delà, à la garde et à l'entretien de l'hippodrome. Des véhicules d'un modèle léger et solide rendaient faciles et peu coûteux les exercices à l'attelage; les cultivateurs avaient sous la main tout le matériel indispensable au dressage de leurs jeunes chevaux. C'était une industrie nouvelle. Des selliers et des carrossiers en avaient pris l'initiative; ils restaient là, pendant plusieurs mois de l'année, à la disposition, aux ordres des éleveurs; ils s'y étaient fait un second magasin, un second atelier dont l'emplacement était encore loué au profit de la ville ou de l'entrepreneur général. Il y avait un règlement de police, les prix de toutes choses étaient fixés par un tarif convenu à l'avance; les éleveurs ne pouvaient être rançonnés, mais aucune discussion ne pouvait naître : tout allait à merveille.

Au jour des luttes officielles, dix attelages partaient à la fois du fond de l'hippodrome et s'avançaient de front sous les yeux d'un immense concours de spectateurs placés en avant et sur les côtés des pistes, à l'ombre des grands arbres qui bordent le cours. Les épreuves se succédaient avec ordre et rapidité, les intermèdes étaient courts; les véhicules étaient nombreux, de forme et de construction convenables; il y avait de réelles améliorations dans le harnachement et la manière de conduire, dues à plusieurs primes de distinction attachées à l'élégance et à la bonne entente de l'attelage; un vif intérêt, un véritable plaisir avaient remplacé la monotonie des années antérieures; une foule d'acheteurs prêtaient à la lutte une grande attention; chacun faisait de son mieux en vue de la vente qui s'ouvrait à partir du lendemain. C'est le programme à la main qu'on entrait dans les écuries et qu'on discutait sur la valeur de chaque cheval. On avait relevé les vitesses et l'on établissait l'échelle du mérite sur les données fournies tout à la fois par l'origine, par la conformation, par la rapidité et la régularité des allures, par la docilité au menage. Ces divers éléments d'appréciation n'étaient pas moins utiles au vendeur qu'à l'acheteur, — à l'acheteur qu'au vendeur; les transactions en devenaient plus faciles et plus promptes, les cours s'établissaient sur des bases plus certaines, le commerce suivait des voies plus libres, il avait un caractère de loyauté et d'indépendance inconnues jusque-là.

L'amateur et le marchand recherchaient le cheval normand dont la réputation s'était relevée; il n'était plus besoin de le cacher sous un nom étranger, le jour de la justice était revenu pour lui. L'amélioration qui se faisait remarquer en Normandie avait déjà réagi sur notre population chevaline tout entière; la France était enfin exonérée du lourd tribut si longtemps payé à l'Angleterre et aux divers États du Nord. Nous étions dans un monde nouveau, et cette heureuse création n'avait coûté qu'un peu d'entente dans les idées et des sacrifices pécuniaires qui rentraient au centuple par mille petits canaux différents.

Pourquoi ceci n'était-il qu'un rêve? Espérons; nous sommes sur la route et nous marchons. L'acquisition de l'hippodrome ne se fera peut-être jamais; mais qui empêcherait d'acheter les bandes de terrain nécessaires à l'établissement de cinq pistes droites? On s'arrête à des projets plus difficiles et plus chers à réaliser, on s'arrête à des créations moins utiles et moins profitables que celle-ci; espérons.

Espérons, car nous sommes sur la route et nous marchons. En effet, la ville de Caen vient de s'enrichir d'un nouvel établissement tout spécial; elle a aujourd'hui une école pratique de dressage (1), c'est-à-dire un lieu où l'on formera d'habiles palefreniers, des cochers et des piqueurs capables, en même temps qu'on dressera en grand nombre les jeunes

(1) Nous ferons connaître ailleurs l'organisation de cette école.

chevaux de trois à cinq ans. Le conseil municipal, le département et l'administration des haras ont réuni leurs moyens d'action et leur volonté pour imprimer à cette fondation un caractère d'utilité qui se révélera par des faits journaliers et patents. C'est le point de départ d'une grande chose, c'est un germe fécond dont le développement aura une puissante influence sur les perfectionnements que réclame encore l'éducation du cheval en Normandie, seul côté par où il pèche; unique cause de son infériorité relative, seul prétexte bientôt de l'abandon où le consommateur le laisse alors même qu'on le lui présente attelé ou monté.

En effet, bien que les bonnes méthodes d'élève ne soient point encore descendues dans les masses, de grands progrès ont été obtenus, et beaucoup de chevaux ne se présentent à la vente que dans les meilleures conditions de service. Les principaux marchands de Caen attellent les chevaux d'attelage. Depuis quelques années déjà, ils ont, dans leur matériel, des breaks et des boguets, choses d'usage et de nom parfaitement inconnus il n'y a pas bien longtemps encore. Malgré cela, le fait n'est point assez général; il se circonscrit dans un cadre beaucoup trop étroit et n'atteint pas un nombre d'animaux assez considérable, eu égard surtout à la quantité de chevaux élevés dans le Calvados. Les marchands de la capitale, ceux du midi de la France, dont le retour est indispensable à la prospérité du commerce des chevaux en Normandie, ne reviendront ici d'une manière suivie qu'avec la certitude d'y trouver des convois nombreux de chevaux prêts. Il faut que le cheval dressé ne soit plus l'exception, mais le fait général; il n'en sera ainsi que lorsque le dressage aura été partout adopté et sera commencé chez le cultivateur même.

Naguère encore, le plus grand obstacle à cette pratique venait de la routine ou du mauvais vouloir opposé par les éleveurs, pour qui la première application de leurs produits au travail était tout un monde de difficultés insurmontables.

Les idées ont été bien modifiées sur ce point, et la pratique s'est grandement améliorée; mais voici venir un nouvel obstacle qui menace l'industrie dans son intérêt le plus vif. On répand le bruit que l'administration des remontes se refuse à faire l'acquisition des chevaux qui auront été dressés chez l'éleveur (1). Comment expliquer ce fait? Il serait subversif de toute pensée de progrès, de toute amélioration. S'il était vrai, il ne justifierait que trop ces accusations tant de fois portées contre la guerre, à savoir : — les officiers des remontes nuisent au développement de l'industrie chevaline par les exigences les plus étranges; ils s'efforcent de créer la disette en pleine abondance; ils sont les ennemis nés de tout progrès hippique; ils font le vide autour d'eux en constituant au profit de leurs prétentions un monopole ruineux pour l'éleveur et pour l'État, en s'efforçant de chasser le commerce de toutes nos provinces à chevaux, en faisant effort pour demeurer seuls maîtres du terrain, pour empêcher le retour des marchands, lesquels, avec la concurrence dans les achats et la certitude d'un large débouché, rappelleraient la vie et la prospérité au sein de cette branche importante de notre industrie agricole. Refuser d'acheter le cheval dressé!..... Pour empêcher cette énormité, il suffirait sans doute qu'elle fût bien constatée et dénoncée à qui de droit.

Nos lecteurs pourront nous faire le reproche de ne pas savoir nous borner, nous leur en demandons pardon; le sujet nous a emporté, et nous n'avons pas le temps de revenir sur nos pas afin d'abréger. Tournez donc les pages et passez si vous trouvez que nous avons été trop long, que nous nous sommes trop arrêté sur les courses de dressage à Caen.

Aussi bien glisserons-nous rapidement sur les courses au galop : celles-ci, dès 1842, s'étaient placées au premier

(1) Plusieurs plaintes sont parvenues officiellement au ministre de l'agriculture et du commerce; elles établissent le fait comme s'étant produit déjà sur plusieurs points de la France.

rang; elles ne le cèdent en rien aux courses de Versailles, Paris et Chantilly. Les prix y sont importants par le nombre et par les conditions qui déterminent chaque lutte en particulier.

On retrouve ici le règlement général des haras et les combinaisons plus variées et plus larges, parce qu'elles sont plus spontanées, des courses d'une existence moins certaine ou plus éventuelle. A celles de la Société sont tout naturellement attachées des conditions d'entrées et d'engagements à long terme ; c'est un moyen d'avoir de gros prix et de brillantes courses. La Société d'encouragement du Calvados a su tirer bon parti de sa position et a réellement imprimé une utile et forte direction à l'hippodrome de Caen.

Le succès a de tous points répondu à ses efforts. Les meilleurs chevaux de France ont pris la route de Normandie et sont venus déployer, à Caen, des vitesses égales ou supérieures aux plus grandes qui aient jamais été constatées en France.

Ainsi, pour ne citer que quelques faits déjà anciens, en 1842, c'est *Paillasse*, un petit-fils de Lottery, sorti du haras du Pin, qui fournit la distance de 4,000 mètres en 4' 47'' 1/5, la vitesse d'Eylau au champ de Mars en 1839.

L'année suivante, c'est *Corsaire* qui parcourt 2,300 mètres en 2' 38' 2/5, vitesse égale à celle de 2' 15'' 1/5 pour la distance réglementaire de 2,000 mètres. En 1843 encore, trois chevaux arrivent d'un pied égal dans une course de 4,000 mètres en 4' 47'' 1/5, — 4' 47'' 2/5, — 4' 47'' 4/5, et, chose digne de remarque, tous les trois étaient des produits de pur sang, nés et élevés en Normandie ; c'étaient *Rob-Roy* à M. de Mallevout, *Rosine* à M. de Sérans, *Éliézer*, élève du haras du Pin.

Enfin, et le même jour, *Corsaire* donne la confirmation de sa vitesse, un peu révoquée en doute la veille, dans la course de 2,300 mètres ; il fournit la seconde épreuve d'un prix disputé en 4,000 mètres partie liée, en 4' 42'' 2/5, vitesse sans exemple encore sur les hippodromes de France.

Nous ne pousserons pas plus loin ces recherches; elles sont, d'ailleurs, faciles pour quiconque s'y intéresserait; le *Racing calendar français* les a toutes constatées dans une forme très-aisée à saisir.

Les fonds offerts aux éleveurs sur l'hippodrome du Calvados proviennent tout à la fois des ressources particulières de la Société des courses, des ressources de la Société d'agriculture qui s'était associée, avec un très-louable empressement, aux efforts des hommes spéciaux, d'allocations départementales et municipales, de subventions de l'État, de souscriptions privées, et enfin de la munificence du prince.

L'hippodrome n'a pas toujours été bon; mais des travaux d'amélioration successivement entrepris et terminés en temps utile en ont fait un terrain de course excellent, très-favorable, d'ailleurs, au développement de la vitesse. Sa situation est on ne peut plus heureuse, puisqu'il est encadré par les promenades mêmes de la ville; aussi la foule s'y porte avec empressement et ajoute à l'intérêt de l'institution par la part qu'elle y prend et l'enthousiasme qu'elle témoigne après chaque victoire. Le vainqueur, quel qu'il soit, est toujours acclamé par des bravos de bon aloi, s'adressant à lui, abstraction faite du nom du sportman à qui il appartient. Les courses ne sont point ici une affaire de clocher; les étrangers les disputent aux indigènes, et ceux-ci à ceux-là sans que la population voie autre chose que le vainqueur. Il n'en est pas ainsi partout, nous l'avons déjà constaté.

Courses du haras du Pin. — Le décret impérial du 31 août 1805 avait institué les courses dans le département de l'Orne. A partir de 1807, l'administration des haras avait fait les fonds nécessaires à leur inauguration. Le peu d'empressement des éleveurs, pour ne pas dire plus, l'indifférence ou plutôt le mauvais vouloir d'un préfet, en retardèrent l'établissement jusqu'en 1819. Au commencement de cette année, le ministre de l'intérieur donna de nouvelles instructions; chacun se mit en quête, — qui d'un hippodrome, — qui de chevaux capables d'entrer en lice, et les courses furent improvisées après douze ans de vaine attente, à quelque distance d'Alençon, sur un herbage de la commune du Ménil-Broust.

Cette installation provisoire avait rencontré de sérieuses difficultés. L'hippodrome, établi sur un terrain bas, gras et humide, ne convenait point à un établissement définitif; par ailleurs, le propriétaire de l'herbage se refusait absolument à donner à celui-ci une pareille destination dans l'avenir. Les éleveurs auraient pu trouver sa situation trop écartée, peu favorable, par conséquent, à leurs intérêts; les autorités ne se souciaient guère de se transporter à si grande distance pour assister à une cérémonie de ce genre. On retomba dans un nouvel embarras. Une idée vint à un esprit mieux avisé; on mit en rivalité deux arrondissements, — celui d'Alençon et celui d'Argentan. Une forte émulation s'ensuivit; un peu d'envie fit surgir un grand intérêt. La ville d'Alençon et l'arrondissement rival se disputèrent longtemps à qui aurait les courses sur son territoire. Délibérations, pétitions, votes de fonds, impôts extraordinaires, démarches actives, sollicitations pressantes, échange de publications aigres-douces, polémique acerbe, rien ne fut épargné : on fit de part et d'autre feu des quatre pieds pour arriver à ses fins. Chose étrange! un établissement repoussé jusque-là comme une innovation dangereuse, par amour pour le *statu quo*, par crainte, disait-on, qu'un exercice aussi violent que la course ne portât une grave atteinte aux produits auxquels il serait infligé et ne nuisît à leur facile défaite, un tel établissement se trouve tout à coup transformé, par l'envie, en une institution puissante dont chacun réclamait les bienfaits.......

Cependant Alençon avait été nominalement désignée par le ministre comme chef-lieu du département, comme siége de foires aux chevaux considérables et attirant, à certaines époques, une grande affluence d'étrangers, un grand concours de marchands et d'amateurs ; Alençon avait pour elle la possession, puisque les courses de 1819 avaient eu lieu près d'elle, aussi près d'elle que possible, et elle offrait enfin de consacrer la somme nécessaire à l'installation d'un hippodrome permanent, lequel serait situé à la sortie même de la ville, entre les grandes routes de Paris et de Caen, en avant d'une promenade publique, au centre de laquelle on disposerait un champ de foire commode, à l'instar du marché aux chevaux à Paris.

Argentan revendiquait la conservation de l'hippodrome de la Bergerie, posé au milieu des propriétés du haras royal du Pin, et sur lequel, faute d'autre, les courses avaient eu lieu à titre d'établissement provisoire en 1820; Argentan faisait valoir toutes les considérations tirées de l'existence du premier haras de France, situé dans le Merlerault, dont le cheval avait eu une haute réputation, non-seulement chez nous, mais à l'étranger; elle arguait enfin de la préférence que les éleveurs les plus nombreux et les plus considérables de l'Orne montraient pour l'hippodrome du Pin, et de la position plus centrale de ce dernier pour les producteurs de la Manche et du Calvados.

Le conseil général, consulté, s'était déclaré pour le haras du Pin; il était bon que les amateurs de chevaux fussent excités à s'y rendre. L'administration et le public devaient l'une et l'autre se bien trouver de ce rapprochement annuel, — celui-ci en profitant des travaux, des progrès et des succès de l'établissement, — celle-là en s'efforçant de mieux faire, en se tenant toujours en garde contre toute critique partiale ou fondée.

Le procès demeura longtemps pendant; il se vida à la fin. Alençon fut déboutée de ses prétentions, l'hippodrome de la Bergerie fut maintenu. On y fit des travaux d'appropriation qui réduisirent des rampes trop fortes; on entoura doublement la piste en l'enfermant entre deux talus suffisamment élevés pour la masquer et la défendre, et point assez pour la rendre dangereuse aux chevaux qui s'écartent ou se dérobent.

Une fois constituées, les courses de l'Orne ont obtenu un certain succès; il était de mode d'y venir. Pour cette époque, le haras se mettait en frais de coquetterie; il portait d'un grand air ses plus beaux habits de fête. Chacun y recevait un bon accueil, et la présentation officielle aux amateurs —des étalons les plus marquants, des poulinières d'élite et de leurs plus beaux produits — était l'un des épisodes les plus attachants du voyage ou du séjour au Pin. Plus tard, un écuyer célèbre ajouta à tout cet intérêt en équitant, avec une supériorité de talent qu'il savait rendre accessible au jugement de tous, les étalons les plus difficiles en raison même du soin avec lequel on évitait de les monter dans le courant de l'année pour ne les pas fatiguer, pour ne les pas confier à des mains par trop inhabiles. Les chevaux de tête les plus fins, personne ne l'ignore, ne sont plus équités à partir du moment où on les consacre à la reproduction. Ces deux genres de services sont devenus, par suite d'un usage constant et général, exclusifs l'un de l'autre pour les étalons de pur sang d'un mérite réel. Les prendre sans aucune autre préparation, les monter sous les yeux du public et en obtenir tout ce qu'on aurait pu demander au cheval de manége le mieux confirmé n'étaient qu'un jeu pour M. d'Aure, qui n'a recueilli nulle part une somme d'admiration plus grande ni des félicitations de meilleur aloi qu'au Pin.

L'hippodrome de la Bergerie est à 2,800 mètres environ du château. Plusieurs jours à l'avance, un mouvement inaccoutumé annonce les luttes officielles; les chevaux qui doivent y prendre part arrivent et s'installent, font connaissance avec l'hippodrome, et complètent leur entraînement selon l'état et les difficultés du terrain. Ici la course commence et finit par une montée quelque peu roide. Le cheval qui manque de puissance dans l'arrière-main se trouve rudement éprouvé à l'arrivée; il peut avoir grand besoin d'être ménagé dans toute ou partie de la course, sous peine d'épuisement au moment où devient le plus nécessaire un grand développement de forces. Ces derniers exercices en commun permettent à chacun de juger plus sainement du mérite de ses chevaux, des chances que ceux-ci offrent au dernier moment, et de les engager avec plus d'art dans telle ou telle des courses auxquelles ils ont droit de prendre part.

Tout près de l'hippodrome, on remarque un autre genre d'animation; on observe les nombreux préparatifs d'un immense campement sur la bruyère. Des baladins, des marchands, des cafés, des restaurants improvisés dressent leurs tentes, établissent un domicile momentané, transportent leur mobilier, leurs spectacles, leurs provisions, leurs comestibles.

Plus loin, au haras et dans les succursales, règne une activité extraordinaire; on nettoie, on approprie, on s'endimanche dans l'attente de la foule; on lui témoigne ainsi du plaisir qu'on a à la recevoir et à la mettre en possession de toutes les beautés de l'établissement.

Le jour arrive. Dès le matin, toutes les routes qui aboutissent au haras apportent leur flot de population. L'avenue de l'hippodrome et celles de la métropole se remplissent de voitures, de cavaliers, de piétons.

L'heure du départ a sonné. Les breaks du haras, d'autres voitures encore, puissamment tirés les uns et les autres par des étalons fiers et brillants, autant que maniables et dociles, remplis de dames élégamment parées, des membres du jury et des hauts fonctionnaires du haras, quittent la vaste cour d'honneur, franchissent rapidement la grille et se mêlent joyeusement à la marche irrégulière des véhicules de toutes formes et de toutes dimensions qui forment alors une longue file sur la route de l'hippodrome. La foule s'ouvre, on se détourne pour laisser et pour voir passer dans tout leur éclat ces brillants équipages à deux ou à quatre, menés avec une même aisance, conduits avec une égale décision.

Après les courses, le retour au haras offre le même coup d'œil; mais une partie de la population des cantons circonvoisins, accourue à la fête, passe le reste de la journée sur le terrain, et s'y livre à tous les amusements que le lieu et les circonstances lui permettent.

L'hippodrome du Pin n'a jamais été très-richement doté. De 1820 à 1839 inclusivement, c'est-à-dire pendant une période de vingt années, il a offert à l'industrie de la production améliorée et de l'élevage perfectionné — cent cinquante-cinq prix d'une valeur totale de 200,000 fr., disputés par cinq cent quinze chevaux. C'est un prix par trois concurrents un tiers et moins de 13,000 fr. pour chaque prix couru. Certes, un tel encouragement cesse de prendre ce nom quand il doit être acheté par des avances aussi considérables que celles nécessitées par la production du cheval de sang, par sa longue et judicieuse préparation aux courses. En vérité, les Anglais ont bien raison de s'étonner que nous ayons obtenu en France des résultats aussi appréciables avec des moyens aussi bornés et des ressources aussi infimes.

Un hippodrome dont la dotation ordinaire est de 10,000 fr. par an, et qui attire à lui un nombre moyen de vingt-six chevaux, n'est-ce pas une sorte de prodige? Quel est donc le peuple d'éleveurs qui consentirait à s'imposer à si bon marché des sacrifices aussi étendus? Ce n'est ni l'Angleterre ni l'Allemagne, nos émules. Qui donc pourrait être surpris que nous restassions longtemps encore leurs tributaires? Nous sommes bien plus riches vraiment que nous ne le méritons; il semblerait qu'on a infligé aux haras de l'Etat la solution de cet étrange problème : — la fin, oui, — la fin sans les moyens.

Quoi qu'il en soit, les quelques éleveurs de l'Orne, groupés autour du haras du Pin, ont dignement soutenu le poids de leur réputation jusqu'à l'époque où les prix d'arrondissement ont cessé d'être un encouragement spécial pour les chevaux d'un arrondissement déterminé. Leurs succès tenaient évidemment à l'influence de l'établissement où ils avaient pu se procurer des poulinières d'un haut mérite par le sang et la conformation, où ils trouvaient des étalons capables et puissants, où ils puisaient à la fois de bons exemples et des conseils désintéressés ; leurs succès tenaient encore à la protection du règlement, essentiellement utile à la modicité des moyens dont chacun disposait. Les éleveurs de l'Orne ont donc fait sagement en cédant le pas à partir du jour où la lutte n'a plus offert que des chances inégales entre eux et les étrangers, entre eux et les riches amateurs de Paris. Ceux-ci confiaient leurs chevaux, beaucoup mieux entraînés, à des jockeys anglais plus ou moins habiles, mais soigneux de ne donner à leurs coursiers que le poids réglementaire ; ceux-là ne pouvaient remettre leurs produits qu'à des piqueurs plus ou moins adroits ou hardis, mais lourds, mais d'un poids écrasant. C'était une cause d'infériorité immense. Les chevaux du Merlerault succombaient ; l'intérêt et l'amour-propre commandaient la retraite; bientôt l'éleveur de cette partie de la Normandie fit défaut à l'institution.

Tandis que les choses se passaient ainsi dans l'Orne, des courses s'organisaient à Caen. Un riche propriétaire du Calvados montait sur de très-larges proportions un établissement complet, dans le but d'entraîner quelques-uns de ses compatriotes dans une voie d'améliorations utiles fondées sur les principes les mieux arrêtés de la science hippique. Il importait dans le département, aux portes mêmes de son chef-lieu, tous les moyens de réussite qu'on aurait pu voir en Angleterre aux mains du sportman le plus dévoué, le plus capable, le plus heureux et le plus favorisé. Il ne manquait à son œuvre que le moyen de la rendre appréciable à tous ; on la confirma, on lui donna une éclatante sanction en mettant à sa portée de grandes courses; — celles du Pin furent transférées à Caen.

Les meilleures raisons justifiaient sans doute l'établissement d'un nouveau chef-lieu de courses officiel; on aurait pu le créer, mais il ne fallait pas supprimer celui du haras du Pin. Dire ce que cette mesure a provoqué de mécontentements, soulevé de mauvais sentiments, semé d'irritations sourdes et de colères violentes contre les haras est chose impossible. L'administration n'avait pas conservé un défenseur officieux dans toute cette population froissée, poussée à mal et insatiable de vengeance. Elle a jeté les hauts cris, elle a répandu bien longtemps de bien méchants propos, elle a singulièrement nui à la marche du service en donnant le signal des plus vives clameurs, en détournant de la vérité les esprits sérieux, froids, impartiaux, en faussant l'opinion sur les tendances aussi bien que sur les faits et gestes de tous et de chacun.

La suppression des courses du Pin a coûté cher aux haras. Il nous a été donné à nous qui étions parfaitement étranger à tout ceci et qui en savions à peine le premier mot, il nous a été donné de recueillir l'immense impopularité qui s'était attachée à l'administration par suite de la translation des courses du haras du Pin à Caen. Nous avons essuyé la bordée; notre prise de possession de la direction du Pin, en 1840, s'annonçait sous de tristes auspices. Nous prîmes à tâche d'apaiser toutes ces colères, nous y avons réussi en partie.

L'un des moyens, à coup sûr, était de travailler au rétablissement des courses de la Bergerie. Attaquer de front la question, c'était courir au-devant d'un insuccès bien certain. Nous avons aidé à tourner la difficulté en reportant tous les efforts vers une organisation nouvelle. Une société se forma, des souscriptions furent assurées, on obtint le concours de la ville d'Argentan et du conseil général de l'Orne, le ministre se laissa fléchir et dota les courses projetées d'une allocation de 6,000 francs.

Ces courses eurent lieu dans un herbage de la commune de Nonant en 1842, au mois d'août, à l'époque ordinaire des anciennes courses du Pin ; elles obtinrent un grand succès dans la population. Il y fut donné sept prix d'une valeur de 9,500 fr., entrées non comprises; vingt-quatre chevaux vinrent s'inscrire pour y prendre part et les disputèrent avec ardeur. Ce début, après une lacune de deux ans, promettait un avenir plein d'intérêt, on y vit une raison de persister dans les réclamations vives et pressantes qui avaient suivi la suppression de l'hippodrome du Pin, et la Société ne se sépara qu'avec la pensée bien affermie de lasser le ministre de ses obsessions jusqu'à satisfaction pleine et entière.

En 1843, une circonstance favorable aida puissamment au succès. LL. AA. RR. M. et Madame la duchesse de Nemours visitaient la Normandie. Le prince sportman portait à l'industrie chevaline indigène un intérêt trop réel et trop éclairé pour ne pas s'arrêter au haras du Pin; il y fit, en effet, une station assez longue. On avait assez habilement exploité cet heureux hasard; on avait obtenu, mais pour cette année seulement, l'autorisation de transporter les courses de Nonant sur l'hippodrome de la Bergerie, afin d'en offrir le spectacle officiel à M. le duc de Nemours. L'administration avait ainsi sauvegardé sa dignité; elle n'avait pas eu l'air de revenir sur une mesure qui avait soulevé une si rude opposition, sur un acte qu'elle avait, quand même, maintenu avec une grande fermeté, et qu'elle s'était refusée complétement à adoucir dans sa rigueur en donnant à la Société d'encouragement de Nonant la simple jouissance de l'hippodrome du Pin ou seulement la permission d'y faire courir les prix dont elle parviendrait à réunir les fonds. La Société des courses ne s'arrêta point à la forme; elle comprit la situation, usa de la liberté qu'on lui accordait à la fin, donna ses prix, en 1843, sur l'hippodrome de la Bergerie sans s'inquiéter de l'avenir, et, l'année suivante, elle montra une fois de plus la justesse de l'axiome latin : — *Possessio valet*. Elle resta donc, par le fait, maîtresse du terrain.

Depuis lors, l'institution a grandi, et nous avons pu aider encore à son développement. Bien qu'elles n'aient pas tout à fait la même direction qu'autrefois, les courses du Pin n'en sont aujourd'hui ni moins fortes, ni moins utiles, ni moins suivies, ni moins bien placées dans les annales du turf français.

En huit ans, de 1842 à 1849 inclusivement, elles ont donné soixante-dix prix d'une valeur totale de 100,000 fr. ; deux cent quarante chevaux sont venus les disputer.

En 1848, la Société d'encouragement s'est trouvée dans une position fort critique. Peu s'en est fallu qu'elle ne tombât en dissolution et qu'à sa suite elle n'emportât l'institution des courses qui avait pu se croire à l'abri de toute atteinte ultérieure. Après la grande commotion de février, la nécessité imposa aux conseils généraux et aux villes de consacrer toutes leurs ressources à la dotation urgente d'ateliers de charité forcément sortis de la crise commerciale, née elle-même de la révolution de 1848. Dans ces circonstances, le département de l'Orne et le conseil municipal de la ville d'Argentan retirèrent aux courses de la Société les allocations annuelles qu'ils lui avaient déjà annoncées. Le restant en caisse de l'exercice 1847, placé à la caisse d'épargne par les soins du conseil d'administration, s'y trouvait momentanément paralysé. Il n'y avait point à faire fond sur la cotisation des membres de la compagnie, préoccupés ailleurs et atteints, comme tout le monde, jusque dans leur fortune. Seule, l'administration des haras demeurait ferme dans les dispositions prises en temps opportun ; mais le trésor pouvait lui refuser des subsides, et d'ailleurs son existence était violemment attaquée par des hommes qui s'étaient imposé la tâche de la détruire de fond en comble. Aussi, quand vint le jour accidentellement fixé pour la lutte, rien n'était prêt, et l'on put prévoir une ruine imminente. Un moyen extrême, plus hasardé que sage, plus hardi que régulier, écartant la forme, sauva le fond ; il engagea la Société sans trop savoir comment on pourrait la dégager, il fit courir des prix dont on n'avait pas le premier sou, mais il empêcha la dissolution morale de la compagnie déjà fatalement atteinte dans ses ressources matérielles. L'administration des haras, consultée, se trouva fort heureusement en mesure de guérir la blessure ; elle combla le déficit creusé dans la caisse et conserva tout à la fois les courses du Pin et la Société d'encouragement qui leur a donné la vie.

En 1849, l'hippodrome de la Bergerie a été bien partagé sous le rapport des prix offerts autant que sous celui du nombre et du mérite des animaux qui l'ont peuplé pendant les trois journées de courses tenues en juillet.

Ces courses suivent deux routes ; elles ont un caractère mixte qui les place tout à la fois au rang des courses au galop et des courses au trot. Ici la chose est possible et réussit assez jusqu'à présent.

Les courses au trot sont elles-mêmes de deux sortes : les unes intéressent exclusivement le cheval de commerce, et sont dites courses de dressage ; les autres sont faites pour essayer les jeunes étalons élevés en vue de la reproduction de l'espèce et offerts aux haras pour la remonte des établissements hippiques de l'État. Nous reviendrons bientôt sur ces dernières.

Les courses de dressage montrent le cheval hongre ou la jument, attelés ou montés ; leur but est parfaitement défini. N'admettant que des animaux de quatre à cinq ans, elles poussent à un dressage rationnel du cheval à l'âge de la mise en service, à l'époque la plus favorable à une vente fructueuse ; elles sont destinées à rehausser le mérite du cheval indigène, primé encore aujourd'hui dans les écuries du marchand qui alimente le luxe par des chevaux allemands ou anglais, dont tout l'avantage et la supériorité, ne nous lassons pas de le redire, ne sont que dans cette condition toujours remplie, — un dressage complet, un caractère docile.

La Société ne s'en est pas tenue aux prix offerts à la bonne éducation du cheval de commerce; elle a voulu atteindre le principe même d'une éducation facile en encourageant l'éleveur à le fixer chez la jeune bête destinée à la reproduction. Les haras infligent des courses d'essai au mâle, la Société les a imposées à la femelle en instituant des primes spéciales pour les pouliches de trois ans et demi, déjà familiarisées avec l'homme et soumises à ses exigences. Ces primes ne sont délivrées qu'après une épreuve facile sous l'homme ou bien au tilbury.

Les bonnes dispositions, tout aussi bien que les mauvaises, se transmettent par voie d'hérédité; le cheval du Merlerault en a offert de nombreux exemples. Son caractère, irascible et difficile, lui a valu d'être désigné sous la qualification de *cheval vert*. Ceci, en effet, a été dans sa nature. Le merleraultin n'était pas commode au dressage; sa *verdeur* venait d'une éducation négligée chez les ascendants, du complet abandon dans lequel ceux-ci avaient vécu de père en fils et depuis une longue suite d'aïeux. C'est une disposition totalement opposée que la Société se propose de fixer dans les générations nouvelles en poussant au dressage précoce des poulinières d'élite de la race actuelle. C'est un but fort louable assurément à atteindre que celui-là; les premiers essais ont merveilleusement réussi. La somme consacrée à cette fin s'est élevée à 2,000 fr. en 1849, et a provoqué un concours fort remarquable à tous égards. Courage donc, car cet argent reçoit une très-utile destination; les petites attentions commandées à l'éleveur pour l'obtenir sont bien certainement placées par lui à gros intérêts. C'est dans les produits que lui donneront les poulinières ainsi dressées qu'il retrouvera le bénéfice de ses soins. Le côté fâcheux, ici, est dans la nécessité d'attendre pendant quatre et cinq ans le résultat d'une première expérience. C'est là, sans doute, un grand obstacle à l'adoption des saines pratiques; mais nul n'y peut rien. La production et l'élève du cheval sont nécessairement une spéculation à long terme ; cependant, si nous ne pouvons rien sur la marche du temps, nous agissons plus ou moins efficacement sur la nature et le développement du cheval en raison de la sollicitude dont nous l'entourons, ou de l'incurie à laquelle nous l'abandonnons. Le seul moyen de hâter, si l'on peut dire, la maturité du cheval est d'adopter les méthodes d'élevage perfectionnées, et notamment celle à laquelle conduit le système de primes appliqué par la Société normande d'encouragement.

Les amateurs, les hommes de cheval commencent à revenir aux nouvelles courses du Pin. Le haras est toujours là avec son excitation puissante, son attrait irrésistible pour ceux qui le connaissent déjà et qui ont, malgré cela, chaque année, à renouveler connaissance avec lui, car il est de son essence de se transformer sans cesse, de se rajeunir toujours. Au Pin, la critique est forcée d'avouer sa défaite et de se proclamer vaincue. Là, sur le terrain de la pratique, au milieu des faits qui l'entourent et qui parlent, l'administration n'a aucune discussion à soutenir. Son rôle est plus facile; elle n'a qu'à montrer ses richesses : celles-ci sont le fruit de ses efforts, elles donnent raison à la direction de ses travaux. C'est chose bien satisfaisante, en effet, que de recueillir de la bouche des plus difficiles et des meilleurs juges l'assurance d'un succès complet, l'expression d'un véritable enthousiasme à la vue de ces étalons puissants dont la force le dispute au mérite, dont les noms s'échappent des lèvres de tous les éleveurs présents. Il n'est pas donné à tous les reproducteurs de rester ainsi dans la mémoire de qui les emploie. Ceux-là seuls se font une réputation et vivent — de leur temps ou après eux — qui marquent leur passage par une grande utilité, par de véritables services rendus à l'amélioration.

Pour l'observateur froid et bénévole, l'exhibition publique des étalons qui suit les luttes de l'hippodrome et qui, dans la pensée des spectateurs, fait partie du programme du jour est une sorte de thermomètre indiquant avec assez d'exactitude le degré d'estime attaché à chacun d'eux.

L'homme spécial attache un intérêt plus vif et mieux senti à cette sorte d'inspection annuelle des étalons que le haras soumet complaisamment et loyalement à son examen, à sa critique : il y voit le résultat d'améliorations réalisées et le point de départ de nouveaux progrès; il voit dans le fait accompli le passé et l'avenir; il juge de l'un par l'autre, il en juge en connaissance de cause.

En vérité, nous enregistrons seulement ce qui nous a été dit et répété en chœur aux courses de 1849 : — On ne trouverait en aucun lieu du monde une aussi riche collection d'animaux aussi précieux. Que ceux qui ne s'en rapporteront pas à cette déclaration officielle se donnent la peine d'aller voir avec leurs yeux; il n'y a que les aveugles qui jugent mal des couleurs..... Si fait, nous nous trompions, il y a encore les gens de mauvaise foi. Ceux-ci y regardent ou n'y regardent pas; dans l'un et l'autre cas, leur opinion reste la même : c'est un parti pris, mais un parti dicté par un sentiment inavouable.

Depuis quelques années, un autre genre de spectacle est venu s'ajouter à ceux dont nous avons parlé. L'école des haras fait sa partie et se révèle au public : elle ne produit encore que des élèves; mais ces élèves réussissent à montrer qu'ils ont une haute intelligence du cheval, qu'ils ont su le comprendre, qu'ils ont appris à le connaître, à l'aimer et à s'en servir.

L'annonce d'une *reprise de manége* par les élèves de l'école a maintenant le privilége d'appeler et de retenir au haras l'élite du beau monde du voisinage et tous les étrangers qui ont assisté aux courses qu'elle couronne, dont elle est, en quelque sorte, le bouquet.

Le fait est que les figures les plus difficiles du manége s'exécutent au haras du Pin avec un ensemble et une précision très-remarquables. Les élèves font preuve, à toutes les allures, d'une finesse et d'une justesse bien rares parmi les cavaliers de ce temps-ci. On retrouve en eux la bonne position et la sévérité des principes de l'école de Versailles. Nous en avons entendu faire ce brillant éloge : — Ces jeunes gens sont de vieux écuyers; ils passionnent pour le cheval. Ce qu'ils lui demandent, celui-ci le donne sans effort; c'est une haute marque de puissance chez le cavalier.

Ici les chevaux ne sont pas de vieux routiers tournant machinalement dans le manége, sûrs d'eux-mêmes parce qu'ils exécutent depuis longtemps; non, ce sont tous des chevaux de sang, des étalons de race pure et d'âge peu avancé, dont la plupart faisaient la monte quelques semaines auparavant. L'effectif des chevaux du manége est très-flottant de sa nature. Un cheval y entre ou en sort sans calcul, selon les besoins du service général, sans égard pour ce qu'il sait ou ne sait pas. Ici on forme tout à la fois les hommes et les chevaux. Les premiers dressent les autres; mais le maniement de ceux-ci forme et développe ceux-là.

Au Pin, l'équitation est large et savante, intérieure et extérieure. On équite dans le manége; mais on apprend à se servir du cheval dehors, à le mettre en rapport, par une éducation bien entendue, avec les besoins de l'époque. Telle est, au fond, la nature de l'enseignement pratique donné aux élèves des haras; partout où ces derniers se présentent, ils font honneur à l'enseignement de l'école.

Courses d'Alençon. — Vingt ans après l'inauguration des courses de l'Orne, Alençon se réveille et se préoccupe de l'avenir du cheval de la plaine alençonnaise et du Merlerault. Quelques amateurs se concertent et tentent l'organisation d'une société d'encouragement; ils sollicitent de leur venir en aide, — le conseil général, — la ville, — le comice agricole de l'arrondissement, — l'administration des haras. Chose rare, l'appel est partout entendu, la demande est bien accueillie, quatre réponses favorables parviennent presque en même temps; les dames s'en mêlent, elles se cotisent pour parfaire la somme nécessaire à l'acquisition d'une cravache riche. Somme toute, le petit budget de la société en herbe s'élève à 2,300 fr. environ. Un programme est lancé; il annonce six prix à disputer au mois d'août 1839, sur l'hippodrome de la Groussinière, ancienne commune de Congé, à 6 kilomètres seulement de la ville.

Cette installation ne manqua pas d'un certain éclat. Plus de six mille spectateurs assistèrent à ce premier pas dans une voie vraiment nouvelle, et promirent un succès d'avenir à l'institution, si elle était largement comprise, intelligemment conduite.

Disons tout de suite ce qu'elle a produit.

De 1839 à 1848 inclusivement, il y a une période de dix années. 50,000 fr. sans les entrées ont été courus par cent soixante-quatorze chevaux, engagés pour disputer soixante prix. C'est, par an, une moyenne de 5,000 fr., de dix-sept chevaux et de six prix.

Ces chiffres suffisent à classer l'hippodrome de la Groussinière. Les courses d'Alençon ont été, par le fait, de petites courses.

Voyons quel but elles ont essayé d'atteindre; c'est la Société qui parle :

« Notre but, disait-elle en décembre 1839, est d'encourager, dans notre pays, non l'élève, mais l'éducation du cheval de commerce, opération si importante et si négligée, et sans laquelle le cheval du Merlerault ne pourra jamais entrer en concurrence avec les chevaux anglais et les chevaux allemands qui arrivent tous dressés sur les marchés de consommation, alors que le cheval du Merlerault ne s'y présente qu'à l'état presque sauvage. »

On le voit, c'était le même besoin qui travaillait alors toutes les parties de la Normandie; c'était sous le poids de la même exigence que l'éleveur courbait partout la tête; c'était le même remède qu'on appliquait partout au même mal. Et qu'on ne dise pas que c'était une affaire d'engouement, un caprice de la mode; non, c'était une nécessité bien sentie, c'était un combat violent livré à la routine, à des habitudes d'élevage arriérées, compromettantes pour l'agriculture, compromettantes pour la prospérité du pays.

Le commerce avait fui de toutes nos provinces à chevaux. Les éleveurs les plus intelligents qui se voyaient menacés dans leur industrie ; les propriétaires du sol, qui se sentaient atteints dans leur fortune ; l'autorité, qui a pour mission de pousser au développement continu de la richesse publique, se rencontrèrent aisément sur les terrains de l'étude. Par la recherche des causes du ralentissement de la vente du cheval, laquelle tient en sa dépendance absolue l'activité de la production, celle-ci et ceux-là arrivèrent au même résultat, à la même conclusion.

Le produit marchand, s'avoua-t-on de tous les côtés à la fois, le produit marchand a manqué à la consommation, et le consommateur nous fait défaut. Nos races sont restées ce qu'elles étaient autrefois, celles de nos voisins ont changé ; nos rivaux ont marché avec le temps, nous n'avons pas su nous mettre au niveau des exigences de l'époque; vite à l'œuvre, modifions nos idées, améliorons nos procédés, adoptons enfin les voies ouvertes par l'expérience, il y va de nos plus chers intérêts.

Certes, les haras n'étaient point indifférents à cette situation. Leurs conseils parvinrent en temps opportun ; nous ne les transcrivons pas ici, mais nous constatons l'accueil qui leur a été fait.

« Je vous remercie, écrivait le préfet de l'Orne au ministre de l'agriculture, à la date du 22 juillet 1839, je vous remercie des encouragements et des instructions que vous avez bien voulu me donner par votre lettre du 1er juillet.

« Déshabituer les herbagers de l'élève du cheval entier, les amener à chercher pour leurs produits d'autres débouchés que l'administration des haras, et par suite à créer une espèce commerciale, changer, en un mot, tout ce qu'il y a de vicieux dans leurs habitudes, tel est le résultat que je poursuivrai, d'accord avec vous, d'accord aussi enfin avec le conseil général. »

Les courses d'Alençon furent donc instituées; elles s'appliquèrent plus spécialement à l'éducation du cheval moyen, au dressage du cheval de commerce. Le programme a fidèlement conservé l'idée ; le gros des petites ressources du budget a toujours été réservé aux courses au trot — montées ou attelées ; les luttes au galop ne venaient qu'en seconde ligne et pour attirer le public payant. La présence de celui-ci était utile, indispensable à l'institution. Partout les sociétés de course prélèvent un impôt sur la curiosité du spectateur qui veut jouir commodément du spectacle. Les frais d'hippodrome restent ainsi à sa charge ; parfois la recette laisse un boni qui tourne toujours au profit des éleveurs. La Société d'encouragement a rarement connu ici ces excédants de recettes qui, ailleurs, sont l'une des plus grandes ressources de l'hippodrome.

Le système des poules n'a point été introduit dans les courses au trot alençonnaises, et l'institution est demeurée en face des petites subventions qui lui avaient été octroyées à son début. Ce n'était point assez. La production et l'élève sont une branche d'industrie importante dans l'Orne ; pour agir quelque peu efficacement sur l'une et sur l'autre, pour intéresser le commerce à leur extension ou seulement en leur faveur, il aurait fallu donner un développement considérable au mode d'encouragement adopté, ouvrir un large concours, frapper un grand coup afin d'obtenir des résultats appréciables; il aurait fallu mettre les moyens en rapport avec le but. On ne l'a point fait ; on est resté en deçà.

Dans l'Orne, suivant la fertilité de l'herbage, le cheval reste léger comme un cheval de selle, ou prend les formes et l'ampleur d'un carrossier élégant et svelte. L'industrie est double, la production et l'élève sont très-souvent dans la même main, l'herbager tente tout à la fois de faire l'étalon, la poulinière et le cheval de commerce. Il n'a point, à vrai dire, de direction spéciale; il réunit, il concentre toutes les spéculations; mais les circonstances s'y prêtent. Il en ressort un fait, une nécessité; c'est que les secours, les encouragements doivent porter à la fois sur toutes les natures, sur tous les âges, sur toutes les destinations. Ceci implique de grandes ressources; mais les gros budgets sont rares. L'insuffisance des moyens a donc paralysé des efforts intelligents, une tentative d'émulation et de progrès digne d'une meilleure fortune. C'est ainsi que les courses d'Alençon, spécialement destinées à l'éducation du cheval du Merlerault, n'ont eu qu'une médiocre influence sur la marche de l'industrie et le retour du commerce.

Ce point de la Normandie offre une grande analogie avec le département de la Manche et la plaine de Caen; mais les deux industries, — la production et l'élève, — y sont réunies, tandis qu'elles se trouvent distinctes et séparées dans le Cotentin et la plaine.

Il naît plus de chevaux dans le Cotentin, on en élève plus dans la plaine de Caen que dans le Merlerault; mais, si cette dernière contrée ne vient qu'après les deux autres dans la spécialité que chacune d'elles a adoptée et qu'elles se partagent dans la pratique, il est juste de dire qu'elle donne au cheval des qualités plus solides et plus brillantes à la fois. La nature du sol, des circonstances extérieures peu appréciables, le voisinage du haras du Pin favorisent, sans doute, ce résultat et poussent à la réussite du cheval de luxe. Combien n'est-il pas regrettable alors que le Merlerault ne travaille pas sérieusement à ressaisir, par la voie du commerce, la faveur dont il a joui autrefois, et qu'il est encore si bien en mesure de posséder aujourd'hui! combien n'est-il pas regrettable qu'il n'ait pas compris tout l'avantage qu'il pouvait retirer de l'institution des courses de dressage! Nous n'avons jamais pu nous rendre compte, par exemple, de l'importation du commerce permanent du cheval allemand à Alençon. Le rouge nous en a souvent monté au front, et nous ne savons pas ce qui excitait le plus notre indignation de l'existence même du marchand ou du privilége dont il jouissait auprès du consommateur normand. Il y avait là une telle énormité, que nous n'avons point eu le courage d'en raisonner la cause, d'en rechercher la raison ; il y avait dans ce fait une telle absence de patriotisme et d'amour-propre, que le sang-froid nous échappait, que nous éclations. Est-ce que le cheval du Nord, qui vient ainsi se prélasser, depuis plusieurs années, dans les écuries de cet établissement et s'imposer au luxe de la contrée, peut soutenir le parallèle avec le produit du Merlerault? Quelles sont ses qualités? quelle est sa supériorité? En quoi mérite-t-il la préférence et la faveur? Pourquoi ce marchand, dont l'influence heureuse est pour l'industrie rivale, trouve-t-il avantage et profit à passer le Rhin, au lieu de rester dans son pays, dans son propre département? pourquoi trouve-t-il avantage à opérer sur des chevaux mous et veules, sur des chevaux de navet, — *ein rüben pferdt*, — au lieu de spéculer sur le produit énergique, sur le cheval de fer de la contrée? Pourquoi tous ces riches propriétaires terriens encouragent-ils ce commerce impatriotique au cœur même de la Normandie et contrairement à leurs propres intérêts? On ne sait que répondre à ces questions ; elles sont une manière de problème stupide dont on se refuse à peser tous les termes.

Les courses au trot, les courses de dressage, celles qui apprennent au cheval à modérer sa fougue après avoir appris à l'homme comment on doit l'élever, celles qui donnent le moyen de régler son ardeur et d'en tirer bon parti étaient le seul moyen à opposer aux fâcheux effets de cette spéculation incroyable et honteuse. Une coalition raisonnée, une judicieuse entente pouvaient forcer le marchand à abandonner la vente des produits étrangers, à traiter le cheval indigène, le produit de son pays, avec un soin égal à celui dont il avait entouré son détestable rival. La pensée n'en venait même pas. On savait pourtant ses fermiers dans la gêne, embarrassés des chevaux qu'ils avaient élevés et qui auraient fait chez lui d'excellents serviteurs; on détournait les yeux comme on avait fermé l'oreille à la plainte, et l'on entrait chez le maquignon franco-allemand avec la certitude de se faire enrosser. C'est à désespérer de l'avenir quand on voit de pareils faits se renouveler et se continuer pendant des années.

1848 a été fatal aux courses d'Alençon. Il n'en est resté que les seules courses dont les fonds sont alloués par l'administration des haras. Le département, la ville et le comice agricole ont fait une retraite forcée. La Société d'encouragement n'avait pas jeté des racines assez profondes pour résister à la tempête; une simple bourrasque l'a soulevée et détruite. Elle n'existe plus que de nom et seulement avec la bonne pensée de se reconstituer au premier moment favorable. Elle devra alors s'établir sur de meilleures assises, se poser sur des bases plus larges. L'industrie du cheval est trop considérable ici pour ne tirer ses encouragements que d'un petit comité de volontaires; elle doit prendre à cœur ses propres intérêts, s'organiser elle-même fortement, judicieusement, puissamment, afin de rester maîtresse sur son terrain et d'obliger à compter avec elle, au lieu de se laisser dominer ainsi qu'elle l'a fait jusqu'ici.

Les hommes dévoués ne manquent pas dans l'Orne, que nous sachions; on les y trouve plus nombreux et plus capables qu'ailleurs. Ils ont, depuis longtemps, donné des preuves certaines du plus pur désintéressement; ils sont en possession de la confiance et de l'estime des éleveurs. Ceux-ci ont l'intelligence de leurs forces et de leur situation. Qu'ils se choisissent un chef de file, qu'ils se concertent sur l'autorité de son expérience, qu'ils s'entendent sur leurs intérêts communs, qu'ils fassent une croisade utile en s'inspirant aux sources d'une initiative bien raisonnée, qu'ils s'aident enfin et profitent mieux des encouragements qui sont à eux.

A quelque chose malheur est bon. Voici un dicton qui doit, en ce qui nous concerne, recevoir une application facile. Les temps sont durs. Les affaires languissent parce qu'elles se font au jour le jour. Le commerce des chevaux étrangers ne trouve, dans l'état actuel des choses, des conditions favorables ni à son activité ni à son extension. Très-heureusement, la situation pèse lourdement sur lui ; elle le rend plus difficultueux qu'autrefois. Sachons profiter des embarras qu'il éprouve. Le marchand de chevaux n'ose pas se charger de convois nombreux ; ses arrivages n'en seront que plus multipliés. Il achètera peu à la fois, mais il renouvellera fréquemment ses achats. Cette manière d'opérer étant forcée, il n'a plus intérêt à sortir de France ; il y aura avantage pour lui à prendre chez l'éleveur, au fur et à mesure de ses besoins. Que l'éleveur travaille donc en vue des exigences du consommateur, qu'il tienne ses chevaux prêts, qu'il les rende enviables, qu'il fasse quelques avances au marchand dont l'intervention lui est indispensable, qu'il mette un peu d'adresse à l'attirer vers lui, qu'il lui crée un intérêt à revenir, qu'il rétablisse des relations nécessaires à la prospérité de son industrie, qu'il devienne bon prince enfin par calcul, sinon par goût, qu'il vise à faire verser dans sa caisse les trésors qui, depuis si longtemps, prennent et suivent la route de l'étranger, qui, depuis tant d'années, encouragent nos rivaux au détriment de l'industrie nationale.

Les courses peuvent aider puissamment à ce résultat, c'est la voie la plus sûre ; entrons-y résolûment ; pratiquons-la franchement, non plus pour enlever un petit prix, pour gagner une somme sans importance, mais pour y paraître avec honneur, pour y montrer avec un peu d'orgueil des chevaux de valeur, dignes des plus grands connaisseurs, des chevaux de défaite facile par cela seul qu'ils ne seront plus insoumis ou ignorants du service.

L'œuvre est à reprendre. Nous n'abandonnerons pas les hommes qui pourront s'y dévouer. Par le temps qui court, les grandes choses ne sont peut-être pas aisées à mener à bien. Celle-ci ne serait ni la plus difficile, ni la moins utile, ni la moins honorable. Courage donc, puisqu'on est assuré de trouver un appui nécessaire.

COURSES D'ESSAI *imposées aux jeunes chevaux offerts à l'administration des haras pour la remonte de ses établissements.*

Nous avons développé dans le tome Ier de cet ouvrage les motifs qui ont fait instituer les concours dont il s'agit; nous avons fait connaître dans celui-ci les modifications apportées au règlement qui devait les régir. Nous ne reviendrons pas sur les considérations déjà émises, nous nous bornerons à constater et à comparer les résultats obtenus dans les deux premières années de l'institution.

Le tableau suivant offre des chiffres curieux à consulter; en les commentant nous aiderons à leur plus complète intelligence.

Tableau des courses d'essai pour les années 1848 *et* 1849.

LIEUX de COURSE.	CHEVAUX PRÉSENTÉS.		CHEVAUX ADMIS.		PRIX OFFERTS en 1848.		PRIX OFFERTS en 1849.	
	1848.	1849.	1848.	1849.	Nomb.	Somm.	Nomb.	Somm.
Le Pin.	16	39	10	20	4	5,200	5	5,200
Caen...	174	139	120	97	10	10,500	10	10,400
Alençon	62	46	48	24	5	5,200	5	5,200
St.-Lô.	»	33	»	20	»	»	2	1,400
TOTAUX.	252	257	178	161	19	20,900	22	22,200

Les nombres des deux premières colonnes montrent bien la nécessité de régler l'élève du cheval-étalon en Normandie; ils accusent la facilité avec laquelle, dans les départements de l'Orne, du Calvados et de la Manche, on se laisse aller à la pensée que les haras pourront devenir le pis aller de l'industrie; ils disent toute la bienveillance de l'administration pour cette contrée, mais, s'ils ne témoignaient de grands embarras, d'immenses difficultés pour la vente du cheval de commerce et de luxe, ils dénoteraient chez l'éleveur une haute intelligence ou bien une profonde ignorance du cheval.

Plus qu'ailleurs en Normandie, l'homme qui élève est connaisseur, et fin connaisseur. Ce ne sont point les connaissances pratiques qui lui manquent. Il excelle particulièrement, avons-nous déjà dit, dans l'art de vendre le mauvais cheval à des prix absurdes. Placé en face des remontes militaires qui ont chassé le commerce de la contrée, l'éleveur ne trouve pas, dans les prix du tarif du cheval d'armes, une excitation suffisante à bien faire, une rémunération quelque peu satisfaisante des avances considérables qu'il est obligé de s'imposer en vue d'une spéculation aussi incertaine dans ses résultats les plus prochains. Seule, l'administration des haras paye en raison des exigences qu'elle montre. Il en résulte que tout le monde vise à élever pour elle, tend à lui vendre la fine fleur de ses écuries. Ce désir, cette prétention ont eu leur bon côté, ils ont fait naître une grande émulation, ils ont produit leur bien; mais celle-ci, prenant des proportions exagérées, a bientôt dégénéré en une rivalité déraisonnable, en une concurrence effrénée. On a cessé de limiter ses choix aux poulains les mieux nés et les mieux doués, on a conservé à l'état d'entiers une foule de jeunes sujets qui, livrés de bonne heure au bistouri, eussent donné de charmants chevaux de service, tandis que, pris à peu près au hasard et routinièrement élevés, ils n'ont donné que des animaux sans valeur pour la reproduction. De là, bien des mécomptes et bien des criailleries. Cependant les uns et les autres étaient si peu fondés, qu'on recommençait de plus belle et qu'on tentait de nouveau l'aventure, espérant bien que les plaintes et les pertes de l'année ou des années précédentes constitueraient des droits, appelleraient l'intérêt et finalement provoqueraient un achat.

C'était une dure condition, pour un agent des haras, que d'aller en Normandie acheter des étalons à tous ceux qui avaient la prétention, — mieux que cela, — le besoin d'en vendre. Chaque éleveur avait fait ses comptes, établi son budget, tiré par anticipation, en pensée bien entendu, sa lettre de change sur l'administration. Le crédit affecté à la remonte des haras eût été dix fois plus considérable, qu'il n'y aurait pas suffi.

C'étaient d'abord bien des caresses et bien des prévenances, puis le ton changeait; mille lamentations s'échappaient, la plainte montait, montait bien haut, et avec elle la mauvaise humeur et le mécontentement, bientôt suivis de toutes sortes de méchants propos, de menaces et de dénonciations.

En vérité, c'était une dure condition que d'aller en Normandie acheter des étalons pour le compte de l'État.

Quant à présent, le nouveau mode d'achat ne laisse pas après lui beaucoup moins de déceptions ni de colères; mais il laissera certainement moins d'espérances et redressera la route dans laquelle une foule d'éleveurs improvisés s'est imprudemment engagée sans s'être rendu un compte exact des forces qu'il était nécessaire de réunir avant de se mettre en marche. L'autre système n'éclairait pas les opérations des haras d'une assez vive lumière : — celui-ci parle clairement, nettement à toutes les intelligences, il ne cache rien; il se soumet trop ouvertement au contrôle de tous les intéressés pour que, dans un avenir très-rapproché, son enseignement ne soit pas fécond en résultats utiles. On se lassera de maudire et la commission d'examen préparatoire, de première élimination des sujets tarés, incapables, mal conformés, et la commission d'achat, qui renchérit encore nécessairement sur les exigences de celle qui la précède. On cessera de caresser des projets de vente irréalisables, on finira par se faire justice à soi-même, car on ne se résignera pas à être toujours dupe de ses illusions, car on se lassera d'être aussi souvent atteint dans son amour-propre de connaisseur ou dans ses intérêts d'éleveur. On se rendra compte, à la fin, de l'inutilité de conserver entiers un nombre de poulains assez grand pour montrer, au jour de l'admission, plus de deux cent cinquante chevaux, parmi lesquels quatre-vingts seulement ou environ peuvent être achetés.

On s'est récrié en Normandie, à Caen surtout, contre certains éleveurs qui avaient été assez osés pour présenter à la commission d'examen des chevaux d'une valeur si mince qu'on pouvait en être honteux; on a regretté que des hommes consciencieux, des fonctionnaires élevés dans l'administration pussent être mis à de pareilles épreuves, que le devoir les condamnât à subir une véritable insulte..... On a blâmé la commission de ne s'être pas montrée tout d'abord plus sévère, de n'avoir pas été impitoyable et d'avoir admis aux essais des chevaux qui, dans aucun cas, ne pouvaient entrer dans les établissements de l'État.

La question a été portée, en 1849, au conseil général du Calvados. On y a mis des chiffres en présence. On a demandé à la statistique des concours de poulains castrés et à l'état des chevaux entiers présentés à l'achat pour les haras de dire si leurs proportions n'étaient pas renversées, si les étalons n'auraient pas dû se produire moins nombreux devant la commission des haras et les poulains hongres plus nombreux devant le jury de distribution des primes. Ainsi posée, la question était résolue par avance, et, chiffres en mains, les haras ont été atteints et convaincus de pousser démesurément à la conservation du cheval à l'état d'entier par la facilité avec laquelle les candidats se trouvaient admis à subir les essais imposés avant le second examen qui précède l'achat de plusieurs mois. Avec un peu plus d'attention, le conseil général ne serait pas tombé dans cette erreur. La cause de la situation accusée n'est pas dans ce fait ; elle est simplement dans cet autre, à savoir : tout débouché quelconque étant fermé à l'élève du cheval de luxe ou de prix, il n'y a qu'une seule voie à tenter, — la vente aux haras. Ce beau raisonnement conduit à mal, assurément ; mais c'est pour le faire cesser avec plus de certitude, c'est pour ouvrir les yeux à l'éleveur, pour éclairer plus complétement l'industrie, que le nouveau mode a été adopté et mis en pratique.

Cependant les choses ne vont pas avec une telle précipitation. Les haras n'ont pas heurté les faits avec violence ; ils ont usé de ménagements, afin de ne blesser aucun intérêt engagé. Le nouveau mode, arrêté en 1846, a reçu sa première application en 1848, et c'est après un premier essai qu'on l'accuse de favoriser une tendance contre laquelle il agit et qu'il combat ; il faut lui accorder le temps nécessaire pour porter de bons fruits.

Les éleveurs, se constituant juges dans leur propre cause, se plaignent beaucoup, au contraire, de la sévérité de la commission des haras ; il faut entendre leurs clameurs et leurs malédictions. Les haras les ruinent, cela va sans dire. Cependant les besoins de l'administration sont connus depuis longtemps ; elle ne peut acheter au plus que quatre-vingts étalons par an, elle les achète et les paye aussi cher que possible ; c'est égal, elle a le tort de s'arrêter à ce nombre, dès qu'on a la prétention de lui en vendre trois fois autant..... Cette prétention n'est que déraisonnable ; elle tombera forcément devant les faits. L'industrie ne tardera pas à comprendre qu'elle ne doit pas s'encombrer à ce point d'une nature de produits dont elle ne saurait trouver le débit.

Que les autres attendent et prennent patience. La sévérité

n'exclut pas la justice; elle a donc ses degrés. Chaque année, elle peut grandir et monter en raison des circonstances et des progrès même de l'amélioration; elle ne s'arrêtera, il faut bien en rester persuadé, que lorsque l'industrie se sera bien assise : encore faut-il laisser à celle-ci le temps et les moyens de se régulariser et de s'établir sur une base fixe et certaine.

Les opérations de 1849 prouvent que l'administration regarde le but et marche résolûment vers lui; elle montera jusqu'au haut de l'échelle, mais elle montera prudemment et sans à-coups.

En 1848, sur deux cent cinquante-deux chevaux présentés, cent soixante-dix-huit ont été admis; en 1849, les proportions sont déjà un peu moindres : il en sera de même tous les ans. C'est une loi de progrès qu'on n'enfreindra pas et qui doit servir les intérêts triples de l'amélioration, de l'élève et du commerce.

Le nombre des prix offerts, la somme affectée à ces prix n'ont, — relativement au nombre des animaux présentés, — aucune importance réelle. La pensée de gagner les prix n'est donc pour rien dans les prétentions de l'éleveur; l'espoir de vendre est tout. Loin d'exciter son ambition, les prix attachés aux essais lui déplaisent; il les voit d'un œil chagrin. En effet, la supériorité des vainqueurs ne fait que mieux ressortir l'infériorité de ceux qui n'ont pu soutenir la lutte avec honneur. Que de chevaux ont trompé l'attente du possesseur! combien sont tombés dans le mépris des spectateurs après la course! On a bientôt compris enfin, on s'est bientôt avoué tout bas qu'il y a mieux à faire que de rechercher la masse, le modèle, un certain arrangement des formes qui séduit et trompe; on a reconnu l'utilité de fortifier la constitution par une hygiène rationnelle dont l'exercice, bien entendu, n'est qu'un détail, et la nécessité de combattre, par des moyens d'ailleurs faciles, la mollesse qui résulte de l'oisiveté et de l'abandon.

Le prix de course, comme la course elle-même, n'est qu'un moyen; le but est plus haut. Nous l'avons dit assez pour qu'il ne soit plus nécessaire de nous appesantir sur ce point.

Le cheval vainqueur, dans ces épreuves spéciales, n'est pas celui qui nous préoccupe le plus. Le bon cheval n'est difficile à reconnaître, à bien juger pour personne; celui qu'il importe d'apprécier au fond, c'est précisément le cheval médiocre ou même le mauvais cheval dont la conformation trompeuse laisserait supposer des qualités qui n'existent pas. Les plus habiles peuvent y être pris, tandis que les moins exercés portent sur le cheval de grande valeur et de grand mérite le même jugement que les connaisseurs les plus compétents.

L'éleveur intéressé fait comme nous; il est plein de sollicitude pour celui ou ceux de ses produits dont il n'est pas sûr. Il ne s'inquiète pas du sort de ses chevaux de tête; justice leur sera très-certainement rendue. Mais il vante ceux qui laissent à désirer, il veut les faire voir en beau, il détourne autant qu'il peut l'attention lorsqu'elle se porte sur les parties faibles. Il use de toutes les ressources, de tous les artifices du langage pour forcer à prendre le change. Cela va bien jusqu'à un certain point, tant que l'examen est tout extérieur; à une imperfection il oppose deux qualités; à un seul mot de vérité, peu flatteur pour le cheval, il répondra par un flux de paroles élogieuses; il croira toujours à la possibilité de convaincre qu'il fait jour en pleine nuit. Pendant l'essai, il ne peut rien, il est vaincu, son rôle devient tout passif; c'est le cheval qui parle ou s'embrouille, qui déplore ses moyens de défense, montre un mérite médiocre ou bien une complète incapacité; c'est lui qui se pose avec distinction et prend un bon rang ou bien reste en arrière et se déshonore.

N'y a-t-il pas là des leçons bien instructives, un haut enseignement, un fait qui apprend, mais qu'il faut raisonner et s'expliquer, afin de pouvoir en profiter dans l'avenir? L'épreuve, on le voit, c'est tout à la fois de la bonne théorie et de la pratique bien entendue.

Les courses au trot, telles qu'elles sont organisées pour les jeunes chevaux offerts à la remonte des haras, n'imposent que des épreuves de 2,—3—ou 4 kilomètres au plus, sous des poids tels que ceux-ci : — 58, — 60 — et 65 kilogrammes, sans compter la surcharge infligée dans certains cas et qui peut être de 2, — 3, — 5 — et 6 kilogrammes, suivant l'âge et la position.

Avant d'avoir expérimenté ces courses, beaucoup de personnes supposaient que des essais aussi peu prolongés n'auraient aucune signification sur le classement des chevaux au point de vue de leur mérite sur le terrain, cette opinion a passé; les éleveurs savent fort bien, aujourd'hui, à quoi s'en tenir à cet égard.

Dès la première année, la pratique éclairée de l'élève de l'étalon a fait un pas immense dans l'esprit de ceux qui s'en occupent avec le plus d'intelligence. Ceux-ci ont apprécié l'épreuve à sa juste valeur; ils ont vu que, pour la subir sans défaillance, il fallait avoir des chevaux d'une bonne origine, d'une conformation solide, à moyens accumulés par des soins d'élevage judicieux et développés par une éducation raisonnée, mais plus réfléchie que difficile pourtant. Les moins avisés ou les plus encroûtés se sont bornés à médire de l'institution ; c'est tout simple, elle nuit essentiellement à leurs intérêts ou tout au moins à ce qu'ils croient être leurs intérêts. Cependant, parmi les services qu'il faut en attendre, nous avons toujours compté celui qui aura pour effet d'éteindre les mauvais éleveurs qui n'auront pas su mettre leur industrie au niveau des exigences de ce temps-ci. L'amélioration des races y gagnera.

Maintenant, dirons-nous à ceux qui ne trouvent pas suffisante l'épreuve au galop, qu'elle est bien autrement puissante que l'épreuve au trot, et ajouterons-nous cette considération très-importante, à savoir : le cheval essayé au trot n'est tenu à remplir qu'une seule épreuve de 2, — 3 — ou 4 kilomètres, une fois faite, — tandis que, dans les courses au galop, c'est une suite d'épreuves difficiles que l'on impose au cheval en les renouvelant sur des hippodromes divers, dans des circonstances différentes et avec des conditions très-variées.

Si l'essai unique, pratiqué au trot, a une signification aussi positive, que ne vaut pas, que ne signifie pas toute une série d'épreuves supportées avec violence?

L'ignorance est une belle chose et elle a de beaux priviléges, entre autres celui de prendre des airs de science et d'omnipotence qui lui siéent à ravir, pour semer l'erreur et produire des préjugés, ces mauvaises herbes de l'esprit humain que la vérité a tant de peine ensuite à extirper.

L'institution des courses d'essai a débuté au Pin, en juillet 1848, sous les auspices les plus fâcheux. Le programme portant les conditions nouvelles, n'ayant reçu qu'une publicité ignorée, avait été facilement oublié par les éleveurs à travers les événements et les préoccupations si graves de février et juin. Quelques jours avant les courses seulement, on rappela aux éleveurs les dispositions de l'arrêté du 30 septembre 1846 et les mesures prises au commencement de 1848 pour en assurer la pleine exécution. Il était trop tard; les chevaux n'avaient été soumis à aucune préparation ; ils étaient restés paisibles dans l'herbage, fort innocents des succès qu'on avait rêvés pour eux. Seize concurrents furent réunis à grand'peine; dix seulement furent admis à disputer, tant bien que mal, les 5,200 fr. offerts à leurs efforts.

Ce fut un avertissement pour les essais déjà annoncés pour septembre à Caen, pour octobre à Alençon.

Les éleveurs du Calvados se montrèrent plus empressés, beaucoup trop empressés même. La liste d'inscription, ouverte huit jours à l'avance dans les bureaux de la préfecture, portait deux cents prétendants environ. Mais, ici comme ailleurs, — plus d'appelés que d'élus. Quelques-uns se firent justice et ne se présentèrent pas à l'examen de la commission officielle présidée par le préfet; cent vingt furent néanmoins admis, car l'arrêté ministériel n'excluait de l'épreuve que les chevaux affectés de vices, tares ou maladies héréditaires. A partir de 1849, l'exclusion s'est étendue à tout cheval qui, sans être taré, ne se montre pas doué d'une conformation désirable chez l'étalon. Cette condition a suffi pour réduire le nombre des compétiteurs. Au second concours, il n'était plus que de cent trente-neuf; — quatre-vingt-dix-sept seulement furent admis à subir des épreuves. Ces deux chiffres, deux cents et quatre-vingt-dix-sept, permettent de mesurer le progrès. Un ou deux ans encore, et les choses se passeront avec entente, en pleine connaissance de cause. Les impatients auront tort. Ceux qui ont en main une direction quelconque ne doivent pas perdre de vue cette manière d'axiome : — Le temps ne pardonne pas à qui veut faire sans compter avec lui.

Les éleveurs d'Alençon se tinrent prêts. Sur soixante-deux chevaux présentés quarante-huit furent acceptés. La condition en était généralement bonne. Les essais se firent avec beaucoup de décision ; l'institution avait été comprise, elle était déjà forte.

Au Pin, on l'avait oubliée ; à Caen, on a essayé de la tourner et de résister ; à Alençon, elle a été acceptée de bonne grâce. Le mérite des essais a été de tous points conforme à cette progression dans les faits.

Peut-être en sera-t-il encore ainsi pendant quelques années. La raison, on la trouve dans l'époque fixée pour les courses sur ces trois points. Au Pin, on peut dire que la lutte ouvre un peu tôt, que, pour y préparer convenablement les chevaux, il faut les retirer de l'herbage au moment où ils y sont le mieux ; à Caen, on peut objecter que le dressage à la guide exige une préparation plus longue ; à Alençon enfin, toutes les bonnes conditions de temps se trouvent réunies et favorisent plus particulièrement les éleveurs de cette partie de la Normandie.

La considération tirée de la nécessité d'enlever le cheval à son pâturage avant l'époque fixée par des habitudes prises de concert avec le calendrier nous touche très-médiocrement. Ces habitudes sont aujourd'hui une cause d'infériorité et de discrédit pour le cheval français aux yeux du consommateur, une cause de perte pour l'éleveur en raison de la lenteur avec laquelle se développent ses produits dans un temps où il faut, au contraire, les mûrir promptement. Quand il en était autrement, les pays d'herbages offraient de grandes facilités et de réels avantages à l'élève des chevaux. Aujourd'hui ces avantages sont de beaucoup réduits ou tout au moins compensés par de graves inconvénients.

Voici comme les a résumés le COMICE HIPPIQUE dans le remarquable travail qu'il adressait, en 1845, au pays et aux chambres :

« Le cheval élevé dans les herbages est d'un développement tardif ; sous le rapport de la spéculation et du capital engagé, c'est un désavantage.

« Il rend de moins bons services que le cheval élevé à l'écurie, et il les rend beaucoup plus tard ; sous le rapport de l'usage, c'est une infériorité.

« Presque toujours il est mou, souvent aussi il est difficile et mou tout à la fois. Il est très-long à dresser à cause de son naturel ombrageux, et si l'on obtient avec lui un résultat, qui est rarement satisfaisant, on peut être sûr que ce résultat est toujours chèrement acheté, soit au prix de sacrifices considérables, soit au risque de dangers nombreux ; voilà pour le caractère.

« Quant au physique, les avantages du cheval nourri au pâturage sont aussi contestables ; son tempérament est généralement lymphatique ; lui-même n'est pas plus exempt de tares que le poulain exercé avec modération ; au contraire ; car, dans ses courses folles et rapides, il abuse souvent de ses forces, au détriment de ses membres et de sa santé (1).

« La race normande, la plus belle, la meilleure de France, a cessé d'être recherchée par le commerce et les amateurs, à cause des nombreux reproches que lui a mérités ce genre d'éducation; surtout depuis que l'introduction en France des chevaux anglais et allemands, élevés d'une tout autre manière, a permis de faire une comparaison qui lui a été complétement désavantageuse. »

Ce que le comice hippique a dit avec tant de vérité et de justice du cheval de commerce s'applique bien plus heureusement encore à l'élève du cheval père.

Les courses du haras du Pin se tiennent à une époque très-convenable; ce serait une faute que de la reculer. Et de fait, en même temps qu'ont lieu les essais spéciaux dont nous nous occupons en ce moment, d'autres causes se disputent qui sont exclusivement réservées pour le cheval de service susceptible d'être conduit, à quelques jours d'intervalle, à la foire de Guibray, si renommée autrefois et si déchue aujourd'hui. Les deux sortes de prix affectés à ces deux natures de courses devraient être et deviendront un véhicule puissant pour l'éleveur; elles le décideront certainement, avant peu, à entrer largement dans la voie ouverte à ses propres intérêts.

Les courses de Caen répondent, par leurs conditions, à l'aptitude plus générale du cheval de la plaine, — à l'attelage. Ce genre d'éducation exige plus de temps que le dressage au montoir. C'est une raison très-plausible pour maintenir l'époque des essais, qui se font, à Caen, au mois de

(1) « Ces reproches s'appliquent plus particulièrement aux races du Nord et de l'Ouest. Sous le climat du Midi, le même mode d'élevage ne produit pas les mêmes effets. le cheval d'herbages n'est ni mou ni lymphatique, rarement il est taré; mais il manque de taille, d'ampleur, de membres, et son développement imparfait ne satisfait pas aux exigences de nos différents services. »

septembre ; mais il ne faudrait pas la retarder, car alors les chevaux ne seraient que tardivement enlevés au régime du pâturage. Le but à poursuivre est nettement indiqué, — faire que les jeunes chevaux cessent, aussitôt que possible, de manger de l'herbe, et prennent, aussi promptement que possible aussi, le régime de l'écurie, c'est-à-dire une hygiène soigneuse, une nourriture substantielle dont le grain, — l'avoine, — forme la base.

Il n'est pas mal enfin, en l'état actuel des choses, d'avoir des courses un peu tardives dans l'Orne. Elles peuvent réunir les chevaux les moins avancés pour différents motifs. Mais un temps viendra sans doute où l'on devancera l'époque actuelle des courses d'Alençon beaucoup trop reculée, du jour où l'éleveur aura su apprécier les avantages d'une stabulation plus rapprochée du moment de la vente, d'une alimentation plus riche et d'un dressage plus complet.

Quant à présent donc, il n'y a aucune modification à introduire dans les époques fixées pour la tenue des courses d'essai en Normandie.

Le côté le plus défectueux de ces courses en ce moment est assurément le dressage incomplet des chevaux qu'on y soumet. Toutefois, et sous ce rapport même, les premiers essais ont été de beaucoup supérieurs à ce qu'on pouvait croire; ils ont dépassé toutes les espérances. Nul n'aurait osé dire que les choses se passaient aussi aisément, qu'il n'y aurait pas un coup de pied, un trait cassé, une contusion, une égratignure. Certes, le cheval normand n'est pas prêt à tout faire, et c'est là surtout, répéterons-nous, ce qui le discrédite parmi les amateurs, ce qui éloigne de lui le consommateur. Mais son caractère s'est profondément modifié. Ce n'est plus la bête sauvage d'il y a quelques années ; il est docile à l'homme et plus intelligent qu'il n'était avant d'avoir été touché par le cheval de pur sang. Son dressage n'offre plus, dès à présent, grâce aux réelles améliorations introduites dans la production et l'élève, toutes les difficultés qu'il présentait naguère encore. Les courses d'essai compléteront la révolution commencée. Ce premier pas fait, un autre progrès s'accomplira. Celui-ci portera sur l'étendue et la régularité des allures, deux points très-importants que l'on obtient par l'art, au moyen d'une éducation raisonnée, progressive, à l'aide d'un dressage judicieux et bien compris.

Nous ne verrons plus alors ces énormes différences entre les divers degrés de vitesse constatés à l'aide du chronomètre, nous ne verrons plus de ces défaites honteuses qui déclassent même un cheval bien conformé.

Attendons que le temps ait mûri cette institution, elle nous rendra les meilleurs et les plus importants services; elle apprendra ce qu'on peut obtenir du cheval en développant peu à peu, graduellement, ses moyens par des exercices bien dirigés et une riche alimentation. L'intérêt ouvrira les yeux, il fera juger comparativement, par la pratique qui raisonne, les forces du cheval d'herbe, et l'énergie, la puissance du cheval nourri au grain.

Les hommes les plus avancés ont déjà par-devers eux des faits assez concluants, mais point assez nombreux encore. Ces faits ne prendront un caractère de certitude que lorsqu'ils se seront multipliés sur plusieurs points à la fois et dans des circonstances très-diverses.

Il s'établira bientôt pour les courses au trot une échelle de vitesse comparable, toutes proportions gardées bien entendu, à l'échelle si positive de la vitesse du cheval au galop. On s'occupera bien plus alors des moyens du cheval que de la conformation, et l'on rentrera dans des vues d'appréciation du mérite bien autrement sûres que celles résultant aujourd'hui de l'examen tout superficiel et tout extérieur de la forme.

Nous serons vraiment alors des hommes de cheval, des connaisseurs sérieux, des juges compétents.

Il faut que les éleveurs acquièrent ces connaissances positives, qu'ils sachent à quel degré de dépréciation tombe le cheval honteusement distancé par le vainqueur. Avant d'engager un de leurs produits, ils doivent savoir s'il peut se défendre avec honneur ou s'il n'y sera qu'un sujet de risée et de mépris.

Les courses deviendront alors une cause de progrès pour l'amélioration; elles ne sont encore aujourd'hui qu'un moyen de faire nourrir plus substantiellement des jeunes chevaux dont on exige un certain travail.

Nous avons relevé les vitesses suivantes pour montrer le décousu que les courses d'essai ont offert sur l'hippodrome en 1848 et 1849. Nul doute que ces résultats ne s'améliorent promptement.

Courses au trot, sous l'homme.

ANNÉES.	PLUS GRANDES VITESSES		MOINDRES VITESSES	
	pour 3 kilomètr.	pour 4 kilomètr.	pour 3 kilomètr.	pour 4 kilomètr.
1848..........	7′ 5″	9′ 34″	13′ 18″ 3/5	17′ 40″
1849..........	6 36 1/5	8 37	13 11	17 33

Courses attelées.

ANNÉES.	PLUS GRANDES VITESSES POUR 4 KILOMÈTRES		MOINDRES VITESSES POUR 4 KILOMÈTRES	
	au tilbury.	au break.	au tilbury.	au break.
1848..........	10′ 29″ [illegible]/5	12′ 25″	19′ 58″	22′ 37″ 4/5
1849..........	10 13 3/5	12 23 4/5	20 5	21 59 3/5

Les plus grandes vitesses n'ont rien de très-remarquable, si on les applique à des chevaux faits; elles ne laissent pas que d'être satisfaisantes, si l'on se rappelle qu'elles sont données par des chevaux de trois ans et demi seulement.

Il n'en est plus de même des moindres vitesses observées; celles-ci offrent des différences par trop grandes entre le vainqueur et ceux qui n'arrivent pas.

En ne fixant pas un délai *minimum* pour chaque épreuve, le règlement indique qu'il ne poursuit pas la vitesse comme un but; mais, en exigeant que toutes les vitesses soient constatées par le chronomètre, il avertit suffisamment que la vitesse accusée doit entrer comme élément d'appréciation du mérite et de la valeur du cheval.

Les courses de 1848, aussi bien que celles de cette année, ont mis en relief quelques chevaux dont le mérite aurait pu être diversement apprécié ou même tout à fait constaté. L'épreuve, ou plutôt la manière brillante dont elle a été soutenue à plusieurs reprises contre des chevaux différents, a ramené toutes les opinions au même niveau, et voilà des célébrités d'un ordre nouveau, d'un ordre à part qui ont surgi d'un fait matériel, et qui vont reporter sur la race le bienfait de leur solide structure et de leurs qualités désormais incontestées.

Enfin les courses d'essai ont suscité des réclamations de la part de ceux qui n'en ont éprouvé que des dommages personnels; mais elles ont donné un éclatant démenti à ceux qui se sont plaints de prétendus achats de faveur chez ceux-ci au détriment de ceux-là. Les éleveurs, qui avaient, disait-on, le monopole de la vente aux haras, ont eu aussi le monopole des prix offerts; en les gagnant tous, ou à très-peu près, ils ont montré que l'administration avait opéré jusque-là en pleine connaissance de cause et avec une haute impartialité. Il faut plus de force qu'on ne suppose généralement pour résister à la vivacité des murmures et à la persistance des plaintes même les moins fondées. Rester dans le vrai, ne pas sortir du juste, n'est pas chose toujours aisée.

Les courses d'essai imposeront forcément silence aux plus malintentionnés; les bons éleveurs auront moins de difficultés à vaincre, l'administration aura plus d'indépendance, la remonte des haras deviendra meilleure chaque année, et l'amélioration en recevra une impulsion plus puissante et plus certaine.

Tels sont les résultats que promettent et que tiendront les courses d'essai imposées aux jeunes chevaux élevés en vue du renouvellement annuel de l'effectif des haras.

D'autres prix ont été fondés pour de semblables essais à Cherbourg et Avranches; ils sont courus aux époques des courses ordinaires. Ils ne sont là qu'un germe d'amélioration : le temps le développera sans doute; mais il n'y a point encore dans les luttes de 1849 assez d'intérêt pour mériter une mention particulière.

Depuis quelques années, le conseil général de l'Orne affectait une somme de 1,500 fr. en primes à l'élève améliorée des étalons. L'une des conditions à remplir pour obtenir ces primes était de présenter les jeunes chevaux sellés et montés, et de leur faire parcourir, pour la forme et sous les yeux du jury, une petite distance au trot.

L'établissement des courses d'essai, à Alençon, a fait modifier le mode de distribution de ces primes : elles seront désormais transformées en deux prix de course, courus aux mêmes conditions, à la même époque et sur le même terrain que les prix d'essai fondés par l'administration des haras.

Cette unité de vues et cette fusion d'efforts auront certainement les meilleurs résultats. Il serait fort à désirer que pareille entente entre les conseils généraux et les haras existât partout. L'administration prend volontiers l'initiative à cet égard; mais les départements aiment à rester isolés, sous prétexte d'indépendance.

On comprend que l'administration n'insiste pas, qu'elle fasse retraite immédiate à la moindre résistance. Un jour ou l'autre, cependant, l'exemple du petit nombre entraînera la masse ; il suffira, pour cela, que la plupart regardent autour d'eux et mesurent l'importance des résultats obtenus par les divers systèmes appliqués tour à tour à l'amélioration des races locales.

Courses d'Illiers et de Courtalin. — Illiers et Courtalin sont dans Eure-et-Loir et font partie du Perche, foyer de cette race percheronne dont on a tant parlé, dont on parle tant encore.

Expression d'une utilité moderne, dit avec beaucoup de raison M. Ch. de Sourdeval (1), résultat de la multiplicité des routes et de l'action des transports, la race du Perche est faite par la main de l'homme, non par le sol et le climat ; elle est tellement indépendante de cet ordre d'influences, ajoute M. Desvaux-Lousier, qu'avec un terrain clos et du son on peut s'engager à faire le cheval percheron partout, même en plein Limousin.

Mais voici que le mode des transports change, que les moteurs se transforment, que ce qui était recherché hier est abandonné aujourd'hui, que ce qui était utile devient un embarras, ce qui était un avantage n'est plus qu'un sujet de pertes.

Court et rond, le cheval du Perche n'a plus assez de vitesse pour les services publics ; d'un tempérament mou et lymphatique, il ne tient pas assez au travail, il a de trop fréquents besoins de repos et de nourriture, sa vie est trop courte quand on le force, et il est impossible qu'il ne soit pas forcé, prématurément usé par le travail, en présence de l'activité que tous les services ont prise à l'époque où nous sommes.

De là résultent deux choses, — la nécessité de modifier la conformation du cheval percheron, — l'obligation de le

(1) *Journal des haras*, tome XLV, page 318.

traiter dès le bas âge, de manière à donner à la fibre plus d'énergie, à sa nature molle et flasque plus de nerf et d'action.

Le problème à résoudre est celui-ci : allégir la machine tout en lui conservant le gros et la corpulence du cheval de trait, allonger les lignes sans nuire à l'ensemble, verser du sang sur cette race pour lui communiquer plus de feu, ajouter à sa force et à sa puissance — la vitesse et la durée.

Ce problème, chacun se le pose, sans trop se l'avouer, dans les termes les plus précis, et dans le Perche on travaille à le résoudre d'une manière aussi prompte et aussi fructueuse que possible.

Deux sociétés d'encouragement pour l'amélioration des chevaux percherons se sont formées en 1848, en dehors de toute excitation officielle : toutes deux appuient leurs efforts sur l'institution des courses au trot et tendent, par elle, à la transformation de cette race de trait en une race plus rapide et non moins capable, à son appropriation plus complète aux exigences de ce temps-ci; c'est là du progrès réfléchi et parfaitement entendu.

Les hommes qui ont pris l'initiative ont regardé droit devant eux. Mettant en présence l'aptitude actuelle du percheron et les besoins chaque jour plus pressés de la locomotion, ils ont compris la nécessité et l'urgence d'une amélioration bien dirigée ; ils ont institué des courses au trot. C'est l'enfance de l'art, mais elles contiennent le germe d'un grand développement; elles seront la source de modifications profondes dans la forme autant que dans le fonds; elles conserveront aux services publics une race précieuse qui, sans elles, tomberait avant peu dans le discrédit et l'abandon. Laissons faire; l'expérience dira bientôt ce qu'il y a d'utilité vraie dans l'application des courses au trot à l'élévation rapide de nos races inférieures, au perfectionnement bien compris du cheval commun.

Les courses d'Illiers, essayées en 1847, se sont définitivement constituées en 1848, au moment où l'institution, violemment attaquée au sein de l'assemblée, paraissait devoir officiellement disparaître. Elles protestaient, ici comme sur beaucoup d'autres points, contre l'ignorance et le mauvais vouloir; elles montraient la vérité dans tout son jour et se faisaient populaires quand on leur reprochait d'être essentiellement aristocratiques dans leur but.

Courtalin prêtait main-forte à son voisinage et formait un établissement en tout semblable. Courtalin provoquait l'administration et la sollicitait de soutenir des efforts à travers lesquels il fallait entrevoir la régénération du cheval percheron.

Les deux requêtes furent accueillies. Les Sociétés hippiques d'Illiers et de Courtalin reçurent l'une et l'autre une petite subvention de 500 fr. C'était peu; c'était beaucoup. Les courses ont eu lieu, elles se sont renouvelées en 1849 et promettent de grandir, de s'élever au niveau de la pensée même qui a présidé à leur fondation.

Les courses d'Illiers se tiennent vers la mi-septembre; leur spécialité est le trot; nous ne doutons pas qu'ici on y soit fidèle. Elles admettent les chevaux de race percheronne et « les chevaux de race croisée, nés dans Eure-et-Loir, ou élevés dans ce département depuis l'âge de dix-huit mois au moins. » Telle est la porte ouverte par la Société aux améliorations qu'elle poursuit; il est bon de le constater et d'en prendre note en passant.

Le programme établit sagement des conditions de taille, d'âge et de race — spéciales à chacun des prix offerts; il exclut les chevaux hongres, les animaux atteints d'un vice rédhibitoire ou d'une tare essentielle.

On voit bien qu'il s'agit de distinguer et de mettre en relief des sujets de choix particulièrement destinés à la production améliorée du cheval percheron.

Tout cheval admis aux courses paye une entrée de minime

importance. C'est un acheminement vers le système et l'usage des poules, de ces enjeux légers qui, après un laps de temps nécessaire à la bonne éducation, à la préparation bien entendue de l'animal, sont ensuite disputés avec honneur et gagnés par celui qui a fait les sacrifices les plus intelligents en faveur du but même de l'institution, le perfectionnement de la race.

La Société n'impose encore aucune condition de poids; elle laisse aux cavaliers la facilité de monter avec ou sans selle, mais elle exige une certaine tenue et, comme marque distinctive, s'il en est besoin, elle ajoute au costume une écharpe de couleur variée.

Lorsque la course est simple, l'épreuve est de quatre tours de l'hippodrome ou 4 kilomètres. Dans les courses en partie liée, les épreuves ne sont que de 2 kilomètres ou deux tours. On voit que la piste n'a qu'une étendue insuffisante. Pour calmer les chevaux, on leur impose un tour d'essai après lequel on les arrête. Celui-ci ne compte pas pour la lutte. Néanmoins, et sous peine d'exclusion, il doit être fourni en cinq minutes au plus. C'est un moyen d'écarter du concours de trop grandes médiocrités.

On attache, d'ailleurs, une telle importance à la vitesse des concurrents, que le programme fixe le maximum de temps accordé pour les épreuves :

8' 30" pour trois tours ou 3 kilomètres;
6' » pour deux tours ou 2 kilomètres.

Lorsqu'un cheval se présente seul dans la lice, il est tenu de fournir une course de 4 kilomètres en huit minutes (1).

Le prix est réservé quand le vainqueur n'a pas couru à l'allure du *trot naturel*. Tout cheval qui, après s'être enlevé

(1) Cette condition est évidemment trop rigoureuse ; le cas échéant, elle ne serait certainement pas remplie. Elle inflige une vitesse de 30 kilomètres à l'heure — 7 lieues 1/2 ; c'est bien fort pour un cheval percheron !

au galop, ne forme pas un temps d'arrêt bien marqué est mis hors de concours.

Enfin il est expressément interdit d'essayer les chevaux dans l'hippodrome avant la lutte.

Tel est le code des courses d'Illiers. Il n'est pas parfait, mais ses petites incorrections ne sauraient nuire, quant à présent, à l'institution; l'expérience saura les faire rectifier, elle viendra vite aux hommes dévoués qui président à l'organisation de ces courses.

Nous ne leur adresserons qu'un reproche, mais il est sérieux. Les bons hippodromes font les bonnes courses, et les bonnes courses donnent une réputation fondée aux chevaux qui y prennent part. A Illiers, il n'y a pas d'hippodrome proprement dit. Quelques jours avant la lutte on trace une piste dans un champ dont la récolte vient d'être enlevée, et on laboure profondément le sol dans le sens suivant lequel les chevaux doivent trotter. La herse et le rouleau passent ensuite pour égaliser et raffermir quelque peu la surface du terrain.

En temps sec, celui-ci est réduit en poussière sous les pas des chevaux, qui s'enfoncent de 7 à 10 centimètres; par la pluie, les chevaux courent dans une terre détrempée et lourde. Ces conditions sont mauvaises. Il faut aux courses d'Illiers un hippodrome sérieux, où les chevaux puissent venir s'exercer à l'avance, sans crainte de le rendre impraticable pour le jour des luttes officielles. Cette nécessité a déjà été comprise, et la Société est à la recherche d'un terrain convenable.

Quarante-six chevaux entiers ou juments ont couru à Illiers, en 1848 et 1849, une somme de 3,800 fr. divisée en onze prix. C'est modeste peut-être, mais toute chose a son commencement. Celle-ci, d'ailleurs, est déjà en progrès. Les haras ont élevé la subvention à 800 fr. pour 1849; le conseil général avait aussi accordé une augmentation sur l'année précédente; bref, le budget de 1848, qui n'avait été que de 1,500 fr., s'est grossi jusqu'au chiffre de 2,500 francs en 1849.

Une course attelée a été essayée aux dernières luttes et a parfaitement réussi ; elle avait réuni dix concurrents qui ont fourni l'épreuve de 4 kilomètres à une bonne vitesse, eu égard aux circonstances dans lesquelles elle a eu lieu. Des huit premiers chevaux arrivés, le plus vite n'a mis que 9′ 53″, et le moins vite 10′ 32″.

Les courses montées offrent, quant à la vitesse, une grande amélioration sur 1848 ; le succès qu'elles ont eu dans la population fait très-bien augurer de l'avenir de l'institution.

Il faut qu'on s'attache maintenant à reconnaître l'origine des meilleurs chevaux envoyés au concours, et qu'on établisse le rapport qui existe entre cette origine et la valeur constatée. C'est là le côté utile et vraiment intéressant de la question. Du jour où elles ne seraient pas un enseignement, les courses n'auraient plus aucune utilité et devraient disparaître. A qui de droit nous livrons cette réflexion.

— *Les courses de Courtalin* sont taillées sur le patron de celles d'Illiers ; elles ont eu lieu pour la première fois en juin 1848.

Une différence dans les habitudes des cultivateurs détermine une pareille différence dans les courses des deux localités. Courtalin est un centre de production ; les cultivateurs du voisinage d'Illiers se livrent plns généralement à l'élève du poulain entier. Il en résulte que les courses d'Illiers appellent plus spécialement des étalons au concours ; que celles de Courtalin s'appliquent plus particulièrement à la jument.

Le programme de Courtalin indique fort bien le fait que nous faisons ressortir ici, et prend la poulinière dans ses positions diverses, — à l'âge où elle cesse d'être pouliche,

— dans la condition de nourrice, — enfin à l'état de poulinière non suitée.

Pour être plus spéciales aux juments, les courses de Courtalin n'excluent pas complétement le cheval entier; mais elles ne lui font qu'une part très-limitée.

Comme les courses d'Illiers, celles-ci n'intéressent que des reproducteurs; elles tendent à faire connaître les plus vites parmi ceux qui sont exempts de tares et vices héréditaires; elles les recommandent aux cultivateurs, afin qu'ils les utilisent dans un intérêt d'amélioration déterminé, et que la Société est décidée à poursuivre jusqu'à réussite assurée.

Laissons, d'ailleurs, à son programme le soin de définir le but qu'elle se propose; nous y lisons ceci :

« La Société s'est imposé la tâche de déterminer les éleveurs du Perche à choisir pour la reproduction les juments aux meilleures allures, ayant assez de nerf, d'énergie et de solidité pour allier à une forte structure la légèreté recherchée aujourd'hui. Le Perche ne fournissait guère autrefois que des animaux de gros trait, destinés à opérer une traction lente sur des chemins généralement mauvais, tandis que, depuis un certain nombre d'années, on recherche spécialement le cheval léger, sinon par ses formes, du moins par ses allures et son énergie. Le Perche fournit aujourd'hui les chevaux de roulage accéléré, et un nombre considérable de carrossiers pour le service des postes, des messageries, des omnibus, et pour une infinité de services particuliers. L'administration de la guerre achète aussi pour la remonte de l'artillerie et de la grosse cavalerie. Le bon état des routes, la réduction des pentes, l'ouverture de nouvelles voies de communication tendront de plus en plus à substituer le cheval aux allures légères au cheval pesant de gros trait. En poussant l'éleveur percheron à conserver la pureté de la race et à augmenter son énergie et sa vigueur par le choix judicieux de bonnes poulinières, la Société a la conviction de desservir un intérêt capital, de satisfaire un besoin impérieux. C'est pour arriver à ce résultat qu'elle a institué, à Courtalin, des courses annuelles au trot. Elle a considéré les courses comme l'épreuve la plus impartiale et la plus sûre; car l'animal qui s'y distingue donne une preuve irrécusable de son énergie et de sa solidité. De toutes parts la Société a recueilli appui et sympathies, et, malgré les difficultés des circonstances, elle a inauguré son existence par les courses qui ont eu lieu le 4 juin, à Courtalin, sur l'hippodrome des Bordes.

« Le comice agricole de Châteaudun, qui avait institué un prix de courses, assistait à cette solennité. Une population immense, appartenant presque toute à l'agriculture, se pressait autour de l'hippodrome établi dans une situation pittoresque et ayant un développement de 900 mètres. »

Les courses de Courtalin se sont renouvelées en 1849, et paraissent devoir jeter de profondes racines dans cette partie du Perche; elles ont offert les résultats suivants :

1848, — cinq prix, — 1,100 fr., — trente et un chevaux engagés;

1849, — cinq prix, — 1,300 fr., — vingt-quatre chevaux engagés.

L'existence du choléra a beaucoup nui, dit-on, à cette dernière réunion, qui, sous le rapport du mérite des concurrents, a été supérieure à la réunion de 1848.

A Courtalin, les animaux doivent être de *pure race percheronne*, — selon l'expression du programme. Comme à Illiers, on exclut les animaux tarés. — Toutes les courses ont lieu sous l'homme, sans condition de poids ni de temps; mais on exige que les chevaux soient sellés. Les épreuves sont de 3 kilomètres. Tout cheval engagé paye une entrée de 10 fr. à chaque prix, — deux chevaux au moins ou pas de course. Aucun cheval ne peut fréquenter l'hippodrome avant l'ouverture officielle de la lice.

Les observations que nous avons rattachées à l'établissement des courses d'Illiers s'appliquent parfaitement à celles de Courtalin ; nous ne les répéterons pas.

— Le département d'Eure-et-Loir ne borne pas aux courses les encouragements qu'il accorde à la race percheronne ; il s'impose d'autres sacrifices dont l'objet est de suppléer à l'insuffisance de l'industrie particulière, qui « se préoccupe infiniment plus de la question de profits que de l'amélioration réelle de la race. » Il paye, à la suite d'un concours, des primes de possession et d'entretien ; ces primes créent un intérêt assez élevé à se procurer et à livrer à la reproduction des animaux de bon choix. Les haras se sont associés à cette nouvelle forme donnée à l'approbation des étalons particuliers ; nous souhaitons vivement qu'elle soit efficace.

Toutefois le jugement des jurys chargés d'attribuer les primes de possession serait plus certain et beaucoup mieux éclairé, si l'on faisait aux possesseurs une condition de soumettre leurs étalons aux courses d'Illiers, plus spéciales, avons-nous dit, aux chevaux entiers de la contrée. Des épreuves publiques rehausseraient le mérite des étalons primés et leur donneraient une vogue qui tournerait tout simplement à l'avantage des étalonniers et de l'amélioration.

— Depuis 1845, le département de l'Orne distribue, chaque année, en un concours public qui se tient à Mortagne, vers la fin de novembre, quatre primes de 300 fr., l'une aux propriétaires des quatre *plus* BEAUX *étalons* de race percheronne. Ces étalons doivent avoir trois ans au moins et huit ans au plus, être exempts de toutes tares et réunir au plus haut degré les qualités et la conformation qui constituent un bon reproducteur. Un état des juments saillies dans la dernière campagne appuie la candidature des animaux présentés.

Il est impossible que le conseil général de l'Orne ne convertisse pas, avant peu, cette distribution de primes en un concours plus sérieux et plus utile ; qu'il ne donne pas à ces primes le nom de prix, qu'il ne les fasse pas disputer dans des courses au trot calquées sur les courses d'essai instituées par les haras et les courses spéciales auxquelles les étalons primés par le département du Pas-de-Calais sont maintenant astreints.

Deux concours de cette nature, — l'un à Illiers, — l'autre à Mortagne, — avanceraient singulièrement la question pendante de l'appropriation plus complète aux besoins de l'époque de cette excellente race percheronne, menacée aujourd'hui dans son existence, si on ne se hâte de la modifier. Sa conservation est à ce prix.

— Si nous la prenons dans son ensemble, nous voyons que l'institution des courses, dans les deux circonscriptions du haras du Pin et de Saint-Lô, offre à l'industrie chevaline des encouragements qui ne s'élèvent pas à moins de 120,000 fr.

Cette somme, relativement faible ou importante, suivant le point de vue auquel on se place pour l'apprécier, forme, malgré et quoi qu'il en soit, un stimulant qui a son prix et sa portée. 120,000 fr. de plus ou de moins dans la caisse des éleveurs ne sont pas une chose indifférente ; ils ne profitent pas seulement à ceux qui les touchent, mais à tous ceux qui possèdent une parcelle du sol ou qui se livrent au commerce local.

En effet, les courses donnent de la valeur à la race entière ; elles sont une cause incessante de progrès, et vient un jour où toutes les petites améliorations accumulées forment une masse considérable, produisent une grande augmentation de richesse.

Mieux le cheval se vend, dans une contrée comme la Normandie, où sa production et son élevage sont une industrie féconde, plus le sol acquiert de valeur. Quand le rendement du sol s'élève, le propriétaire sait bien proportionner le prix du fermage au revenu que le fermier tire des biens exploités.

Lors donc que les propriétaires s'associent et se cotisent en vue de l'hippodrome, ils font, qu'ils le sachent bien, une chose essentiellement utile au développement de la fortune publique, mais plus profitable encore à leurs propres intérêts ; aussi n'avons-nous jamais compris que tous les propriétaires ne se hâtassent pas d'apporter aux sociétés hippiques, qui allaient à eux, la modeste souscription annuelle à laquelle ils sont conviés.

Les sociétés d'encouragement, ceci soit dit à notre honte, sont obligées de mendier, chaque année, près de chaque sociétaire, le montant de sa cotisation individuelle. La tâche des présidents, celle des trésoriers sont lourdes et pénibles. Les rentrées se font partout avec des difficultés sans fin. Ceux-là qui se dévouent à la peine, disons-le bien haut, ont un mérite immense; aussi le découragement serait prompt pour qui ne serait pas animé du feu sacré. Cette nature d'hommes, heureusement, se rencontre encore assez drue parmi ceux que l'on qualifie du nom d'amateurs. Honneur à eux, reconnaissance surtout, car ils font œuvre utile et méritoire.

FIN DU TROISIÈME VOLUME.

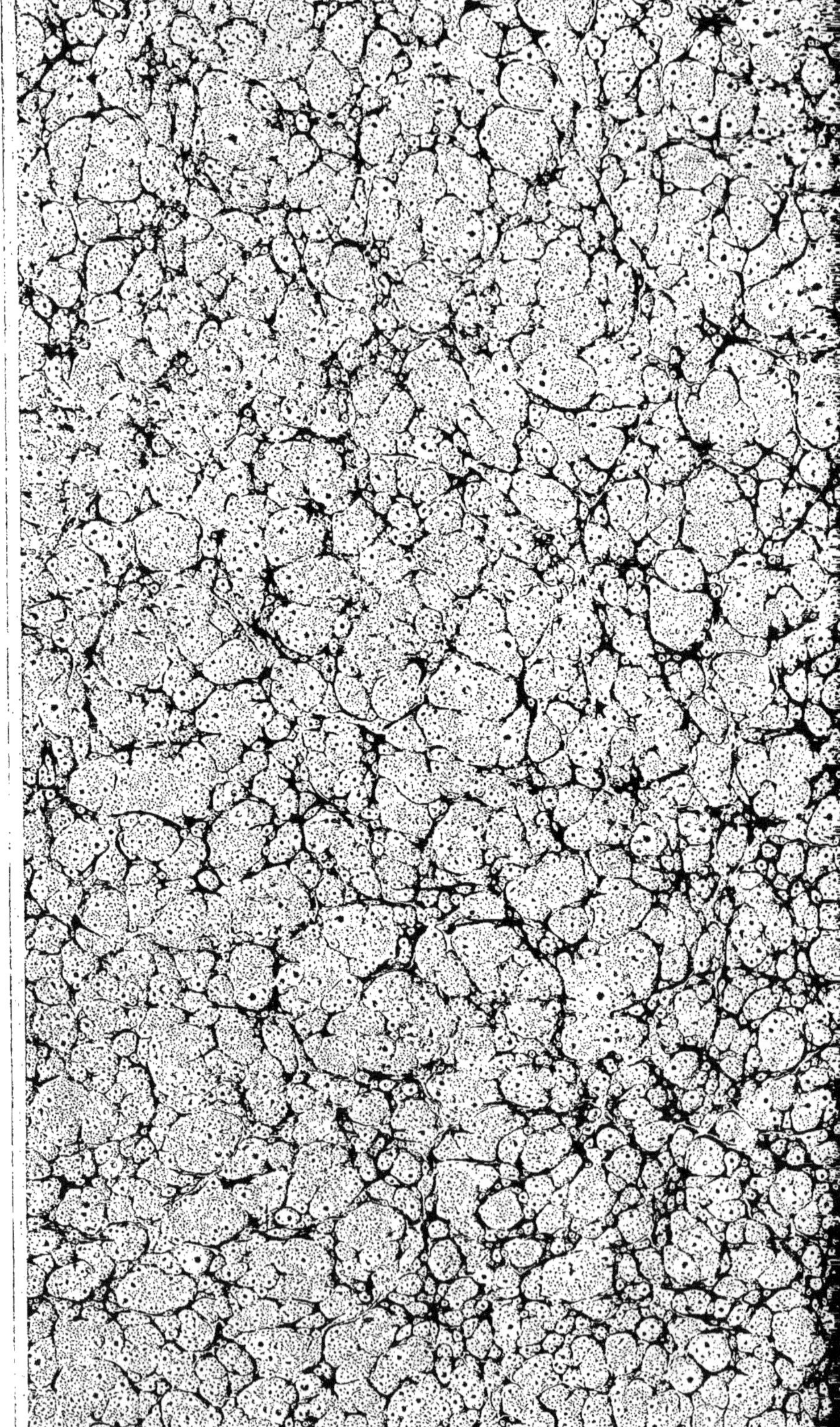

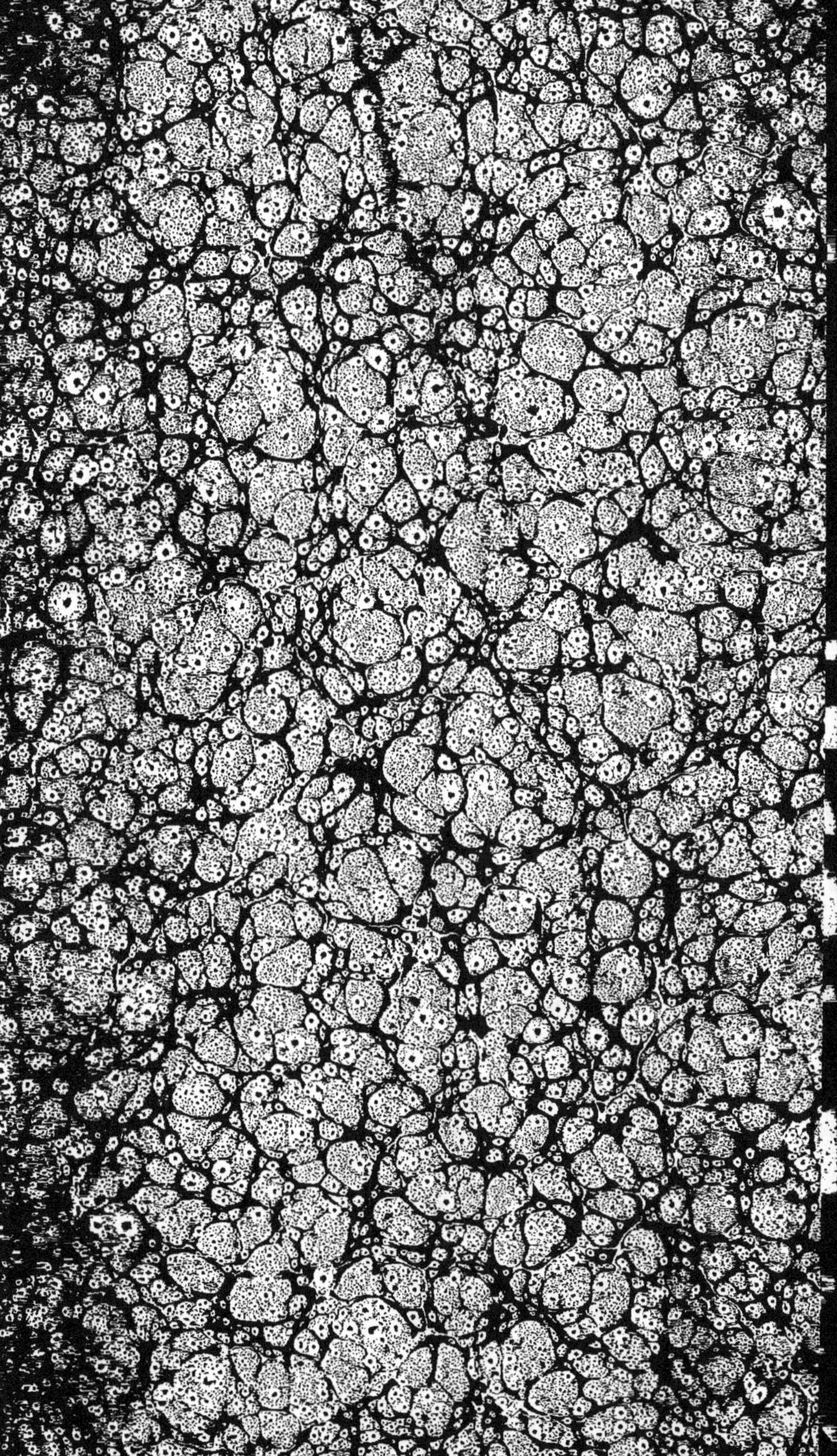

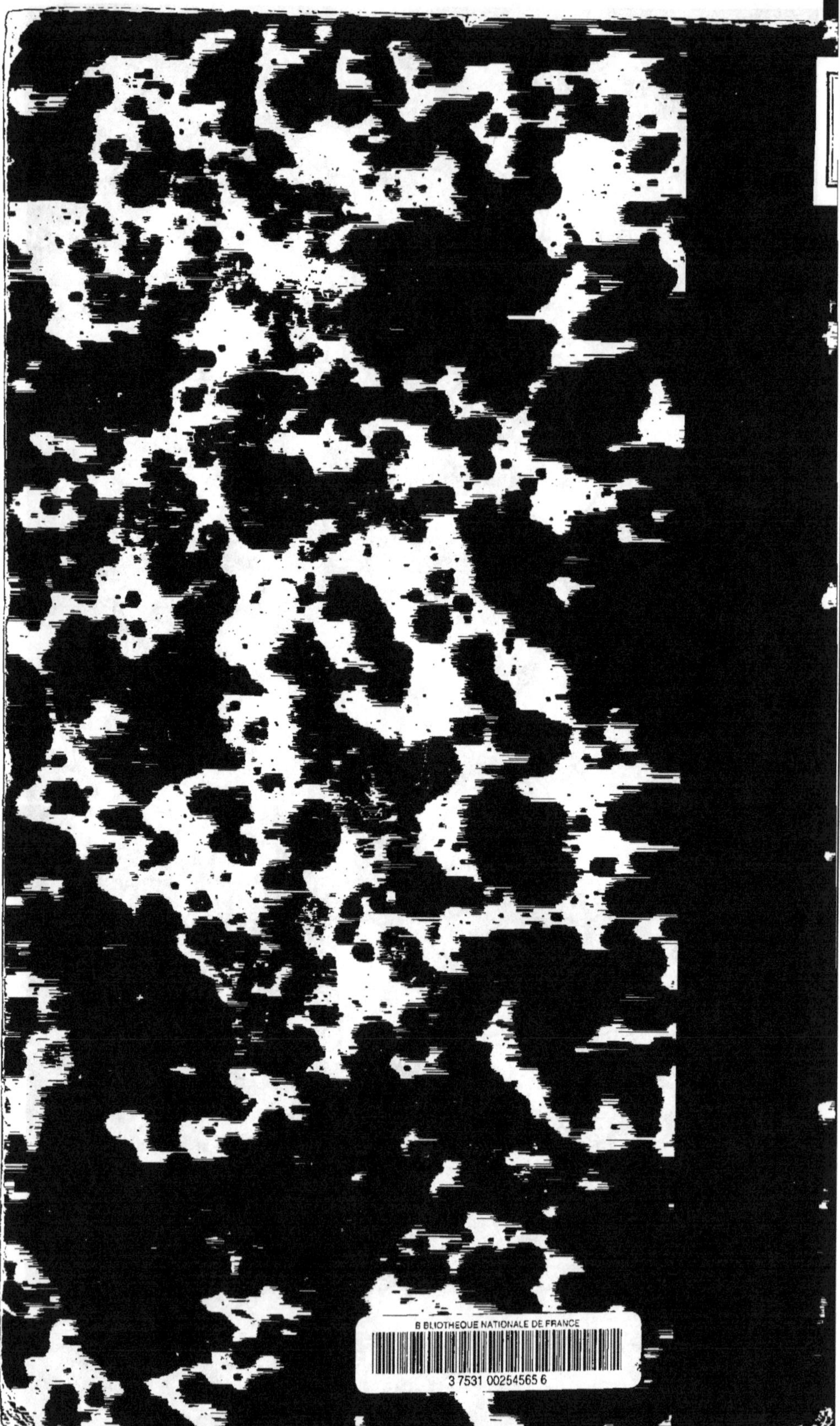

www.ingramcontent.com/pod-product-compliance
Lightning Source LLC
Chambersburg PA
CBHW060528220326
41599CB00022B/3463